高等工科数学系列课程教材

概率论与数理统计

第2版

总主编　孙振绮
主　编　孙振绮　丁效华
副主编　孙建邵　李福梅　杨　毅

机械工业出版社

本书是以教育部（原国家教委）1995年颁布的高等工科院校本科概率论与数理统计课程的教学基本要求为纲，广泛吸取国内外知名大学的教学经验编写而成的.

全书共9章：随机事件与概率，随机变量及其分布，多维随机变量及其分布，随机变量的数字特征，大数定律与中心极限定理，数理统计的基本概念，参数估计，假设检验，Matlab在概率统计中的应用. 附录部分在第1版基础上增加了随机过程概念简介（附录Ⅰ）书中配有大量例题与习题，便于自学.

本书可作为工科院校本科生的数学课教材，也可供准备报考工科硕士研究生的人员与工程技术人员参考.

图书在版编目（CIP）数据

概率论与数理统计/孙振绮，丁效华主编. —2版. —北京：机械工业出版社，2012.2（2018.1重印）
高等工科数学系列课程教材
ISBN 978-7-111-36888-5

Ⅰ.①概… Ⅱ.①孙…②丁… Ⅲ.①概率论-高等学校-教材②数理统计-高等学校-教材 Ⅳ.①O21

中国版本图书馆CIP数据核字（2011）第271039号

机械工业出版社（北京市百万庄大街22号 邮政编码100037）
策划编辑：郑 玫 责任编辑：郑 玫 李 乐
版式设计：霍永明 责任校对：吴美英
封面设计：鞠 杨 责任印制：孙 炜
保定市中画美凯印刷有限公司印刷
2018年1月第2版·第6次印刷
169mm×239mm·19印张·388千字
标准书号：ISBN 978-7-111-36888-5
定价：38.00元

凡购本书，如有缺页、倒页、脱页，由本社发行部调换

电话服务
服务咨询热线：010-88379833
读者购书热线：010-88379649

网络服务
机 工 官 网：www.cmpbook.com
机 工 官 博：weibo.com/cmp1952
教育服务网：www.cmpedu.com
金 书 网：www.golden-book.com

序

高等数学课程的教学要求、内容选取和体系编排等方面，前苏联教材与北美教材有很大的差异．面对当今科学技术的发展和社会需求，从我国实际情况出发，吸收不同国家、不同学派的优点，更好地为我国培养高质量人才是广大数学教师的责任与愿望．

我国大多数工科数学教材的内容和体系是在20世纪50年代前苏联相应教材的基础上演变发展而来的．当今不少教材在进行改革的同时，正在吸收北美等发达国家的先进理念和经验，而对前苏联教材近年来的变化注意不够．孙振绮教授对前苏联的高等数学教学进行了长期深入的研究，发表了相关论文与研究报告十余篇．这对吸收不同学派所长，推动我国工科数学教学改革、建设具有中国特色的系列教材具有重要的参考价值．

长期以来，孙振绮教授与其他教授合作，以培养高素质创新型人才为目标，力图探讨一条提高本门课程教学质量的新途径．他们结合我国的实际情况，吸收前苏联高等数学课程教学的先进理念和经验，对教学过程进行了整体的优化设计，编写了一套工科数学系列教材共9部．该系列教材的取材考虑了现代科技发展的需要，提高了知识的起点，适当运用了现代数学的观点，增加了一些现代工程需要的应用数学方法，扩大了信息量．同时，整合优化了教学体系，体现了数学有关分支间的相互交叉和渗透，加强了数学思想方法的阐述和运用数学知识解决问题能力的培养．

与当今出版的众多工科数学教材相比，本系列教材特色鲜明，颇有新意．其最突出的特点是：内容丰富，观点较高，体系优化，基础理论比较深厚，吸收了俄罗斯学派和教材的观点和特色，在国内独树一帜．对数学要求较高的专业和读者，本书不失为一套颇有特色的教材或良好的参考书．

该系列教材曾在作者所在学校和有关院校使用，反应良好，并于2005年获机械工业出版社科技进步一等奖．其中《工科数学分析教程》（上、下册）第2版被列为普通高等教育“十一五”国家级规划教材．该校使用该教材的工科数学分析系列课程被评为2005年山东省精品课程，相关的改革成果和经验，多次获该校与省教学成果奖，在国内同行中，有广泛良好的影响．笔者相信，本系列教材的出版，不仅有益于我国高质量人才的培养，也将会使广大师生集思广益，有助于本门课程教学改革的深入发展．

西安交通大学　马知恩

第2版前言

高等工科数学系列课程教材（第1版）曾获2005年机械工业出版社科技进步一等奖. 近年来，我们坚持以培养高素质、创新型人才为目标，优化教学质量系统，全面深化教学改革，先后获省高等教育教学成果一、二等奖各一项，进一步推动了系列课程教材建设. 自2007年起，我们已陆续对本系列教材的部分教材进行了修订.

本书第2版在基本保持原教材风貌的基础上补充了部分内容，适当增加数学建模内容比例与现代工程应用数学方法，精选了例题与习题，调整了某些内容顺序. 特别是增加了Matlab在概率统计中的应用随机过程概念简介（附录Ⅰ）.

全套教材（第2版）由孙振绮任总主编，本书由孙振绮、丁效华任主编，参加本书修订的有孙健邵（第3、4章）、李福梅（第6、7章）、杨毅（第1、2章）、李晓芳（第8、9章）、曲荣宁（第5章），此外还有王卫卫、钟云娇参加了编写. 王克教授审阅了教材的各部分内容并提出了有益的建议.

由于编者水平有限，缺点、疏漏之处在所难免，恳请读者批评指正！

编　者

第1版前言

为适应科学技术进步的要求，培养高素质人才，必须改革工科数学课程体系与教学方法，为此，我们进行了十多年的教学改革实践，先后在哈尔滨工业大学、黑龙江省教委立项，长期从事“高等工科数学教学过程的优化设计”课题的研究，该课题曾获哈尔滨工业大学优秀教学研究成果奖. 这套系列课程教材正是这一研究成果的最新总结. 其中包括:《工科数学分析教程》(上、下册),《空间解析几何与线性代数》,《概率论与数理统计》,《复变函数论与运算微积》,《数学物理方程》,《最优化方法》,《计算技术与程序设计》等.

这套教材在编写上广泛吸取国内外知名大学的教学经验，特别是吸取了莫斯科理工学院、乌克兰人民科技大学（原基辅工业大学）等的教学改革经验，提高了知识起点，适当地扩大了知识信息量，加强了基础，并突出了对学生的数学素质与学习能力的培养. 具体地，①加强对传统内容的理论叙述；②适当运用近代数学观点来叙述古典工科数学内容，加强了对重要的数学思想方法的阐述；③加强了系列课程内容之间的相互渗透与相互交叉，注重培养学生综合运用数学知识解决实际问题的能力；④把精选教材内容与编写典型计算题有机地结合起来，从而加强了知识间的联系，形成课程的逻辑结构，扩展了知识的深广度，使内容具备较高的系统性和逻辑性；⑤强化对学生的科学工程计算能力的培养；⑥加强对学生数学建模能力的培养；⑦突出工科特点，增加了许多现代工程应用数学方法；⑧注意到课程内容与工科研究生数学的衔接与区别.

本套教材由孙振绮任总主编.

我们知道，测度论给予空间点集一种定量的描述，以此出发来研究数学分析上的许多基本概念都得到比以前更为深刻的结果. 俄国数学家 A. H. 柯尔莫哥洛夫把概率理解为一种抽象测度，这使概率论的面目完全改观，并拓展了概率论的研究范围. 本书介绍了他提出的概率的公理化定义，包括可测集合、概率空间等概念，并由此出发介绍概率论的某些基本概念与基本定理，从而加强了概率论与数理统计这门课程有关理论基础与数学思想的叙述.

此外，我们认为，必须把教师与学生、内容与方法、教学活动看做是教学过程中三个有机联系的整体，教学必须实现两个结合（即传授知识与培养学习能力，发挥教师主导作用与调动学习积极性的结合），为此，在教材内容的编写上十分注意教师运用启发式进行教学，有利于教师积极组织教学过程，充分调动学生学习的积极性，不断地引导学生进行深入思维.

书中每节内容都包括基本概念、基本理论、例题、练习，每章末附有综合习题. 本书注意知识间的联系，形成课程的逻辑结构，扩展了知识的深广度，使之形成一个有机的整体，使内容具有较高的系统性与逻辑性，从而有利于学生从整体结构上掌握知识的共同本质和内在联系. 作为工科数学教材，本书注意突出工科特点，密切联系实际，书中含有大量的结合实际的应用题.

本书可供工科大学自动控制、计算机、机电一体化、工程物理、通信、电子等数学要求较高的专业本科生使用. 按大纲讲授需50学时，全讲需64学时.

本书由孙振绮、丁效华任主编，伊晓东、孙建邵任副主编. 参加本书编写的还有哈尔滨工业大学（威海）的李福梅、邹巾英、杨毅、范德军. 刘铁夫教授、李宝家副教授分别审阅了教材的各部分内容，提出了许多宝贵意见，在此对他们的辛勤劳动表示衷心的感谢！

这里，对哈尔滨工业大学多年来一直支持这项教学改革的领导、专家、教授深表谢意！

由于编者水平有限，缺点、疏漏在所难免，恳请读者批评指正！

编　者

目　录

第1章　随机事件与概率

概率论是研究具有随机不确定性现象的规律的数学学科. 本章介绍随机事件及其概率的定义、古典概率、几何概率、条件概率、全概率与贝叶斯公式、事件的独立性和泊松定理. 这些内容是概率论的基础知识.

1.1　随机事件

1.1.1　随机现象与随机事件

自然界中普遍存在两种现象，一种是在一定的条件下必然发生的现象，例如，水在摄氏零度以下会结冰，物种在适当的条件下成长，人类的生存与进化等，我们把这些现象称为确定性现象. 另一种现象是具有不确定性的，例如，投掷一枚骰子结果会是几个点的面向上？你买到的彩票能否中奖？刘翔能否在2012年奥运会上夺得金牌？这些问题尽管在事先是不能给出肯定的答案的，但是我们可以知道所有可能发生的结果. 骰子向上面的点数一定是1~6中的一个；彩票要么中奖要么不中奖等. 这些现象具有不确定性，这种不确定是随机的，我们称其为随机现象. 概率论研究的主要对象是随机现象.

随机试验，是指对随机现象进行观察、研究的活动，简称为试验. 随机试验有以下特征:①可重复性，条件相同可以反复进行；②可观察性，试验得出的结果是可以观察到的；③随机性，每次试验事先不能知道结果，但是知道可能出现什么结果.

随机事件，是指在随机试验中一切可能发生和不发生的结果，简称为事件，一般用大写的英文字母表示，如 A, B, C, X, Y, Z 等. 例如，对100件产品进行检查，"有1件次品"，"次品数不超过10件"，"次品数是奇数"，"至少有2件次品"，这些都是随机事件.

基本事件，把随机试验的每一个可能结果称为基本事件. 例如，投掷一枚硬币，"正面向上"，"反面向上"是基本事件；检查10件产品的次品数，"有1件次品"，"有2件次品"，…，"有10件次品"和"没有次品"是基本事件.

复合事件，是由一些基本事件组成的事件. 例如，在检查10件产品的次品数试验中，"次品数至少有2件"，"次品数不超过1件"是复合事件.

必然事件，是必然发生的事件.

不可能事件，是不会发生的事件. 由此可见，"必然事件"与"不可能事件"失去了"不确定性"，所以称其为特殊的随机事件.

"随机事件"、"随机事件的概率"等严格的数学概念应从对应的"日常通俗概念”中概括出来，既要反映它们的本质特点，同时又应是完全精确的概念.

概率论的基本概念的建立基于一个简单但又非常有益的思想，即样本空间的思想.

1.1.2 样本空间

正如前面指出的，一个随机试验将要出现的结果是不确定的，但其所有可能结果是明确的. 我们把随机试验的每一个可能结果称为一个**样本点**，即基本事件，因而一个随机试验的所有样本点也是明确的，它们的全体，称为**样本空间**，通常用 S 表示. S 中的点，即样本点，用 e 表示.

例 1.1 在投掷一枚硬币观察其出现正面还是反面的试验中，有两个样本点：正面、反面. 样本空间为

$$S=\{正面，反面\}$$

记 e_1 =“正面”，e_2 =“反面”，则样本空间可表示为

$$S=\{e_1, e_2\}$$

例 1.2 在投掷一枚骰子，观察其出现的点数的试验中，有 6 个样本点：1 点，2 点，…，6 点. 样本空间为

$$S=\{1\text{ 点}, 2\text{ 点}, \cdots, 6\text{ 点}\}$$

或干脆将样本点分别简记为 1，2，…，6，相应地，样本空间记为

$$S=\{1, 2, \cdots, 6\}$$

例 1.3 投掷两枚匀称硬币，观察正、反面出现的情况也是随机试验.

基本事件：{(上，下)}(第一枚正面朝上，第二枚正面朝下)，{(下，上)}，{(上，上)}，{(下，下)}；

样本空间 S = {(上，上)，(上，下)，(下，上)，(下，下)}.

事件 A(两个正面朝上) = {(上，上)}，是基本事件之一；

事件 B(至少一个正面朝上) = {(上，上)，(上，下)，(下，上)}，是复合事件.

1.2 事件的关系与运算

在实际问题中，往往要在同一个试验中同时研究几个事件以及它们之间的联系. 详细分析事件之间的关系，不仅可以帮助我们更深入地认识事件的本质，而且可以简化一些复杂的事件.

在下面的叙述中，为直观起见，用平面上的一个矩形域表示样本空间 S，矩形内的每一点表示样本点(基本事件)，并用矩形中的小圆和大圆分别表示事件 A 和事件 B，下面我们来定义事件之间的各种关系和运算.

1. 事件的包含

若事件 A 中的每一个样本点都属于事件 B，则称事件 B 包含事件 A，记为 $B\supset$

A，或 $A\subset B$(图 1.1).

2. 事件相等

若 $A\supset B$ 且 $B\supset A$，则称事件 A 与 B 相等，记为 $A=B$.

3. 事件 A 与 B 之并(和)

$A\cup B$(或 $A+B$)表示事件 A 与 B 至少有一个发生(图 1.2).

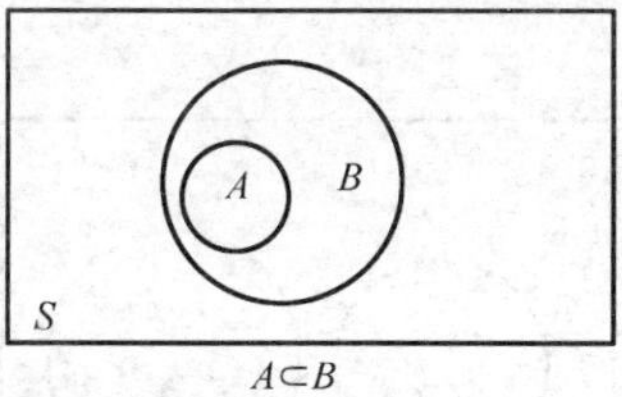

图 1.1

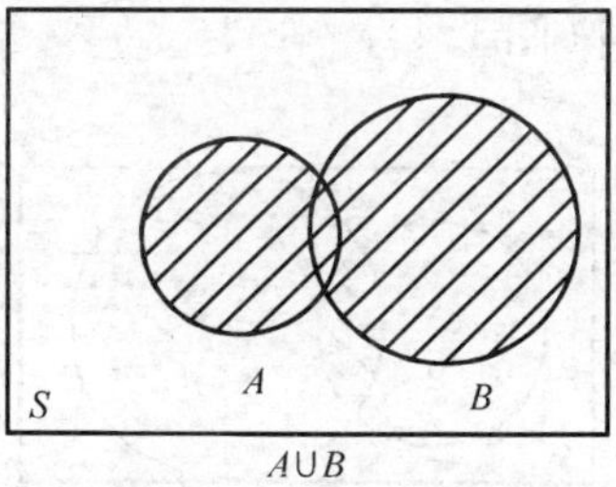

图 1.2

推广：

$A_1\cup A_2\cup\cdots\cup A_k\cup\cdots\cup A_n=\bigcup\limits_{k=1}^{n}A_k$ 表示 n 个事件 $A_1, A_2, \cdots, A_n$ 至少有一个发生.

$A_1\cup A_2\cup\cdots\cup A_k\cup\cdots=\bigcup\limits_{k=1}^{\infty}A_k$ 表示 $A_1, A_2, \cdots, A_k, \cdots$至少有一个发生.

性质：

(1) $A\subset A\cup B$, $B\subset A\cup B$

(2) $A\cap(A\cup B)=A$, $B\cap(A\cup B)=B$

(3) $A\cup A=A$

4. 事件 A 与 B 的差

$A-B$ 表示事件 A 发生而 B 不发生.

性质：

(1) $A-B\subset A$

(2) $(A-B)\cup A=A$, $(A-B)\cup B=A\cup B$

5. 事件 A 与 B 的积

$A\cap B$(或 AB)表示事件 A 与 B 同时发生(图 1.3).

推广：

$A_1\cap A_2\cap\cdots\cap A_n=\bigcap\limits_{k=1}^{n}A_k$ 表示 n 个事件 $A_1, A_2, \cdots, A_n$ 同时发生.

$A_1\cap A_2\cap\cdots\cap A_k\cap\cdots=\bigcap\limits_{k=1}^{\infty}A_k$ 表示无穷个事件 $A_1, A_2, \cdots, A_k, \cdots$同时发生.

性质：

(1) $A\cap B\subset A$, $A\cap B\subset B$

(2) $(A\cap B)\cup A=A$, $(A\cap B)\cup B=B$

(3) $A\cap A=A$

(4) $(A-B)\cap A=A-B$, $(A-B)\cap B=\varnothing$

6. 互斥事件

在试验中，若事件 A 与 B 不能同时发生，即 $A\cap B=\varnothing$，则称 A、B 为互斥（不相容）事件（图 1.4）.

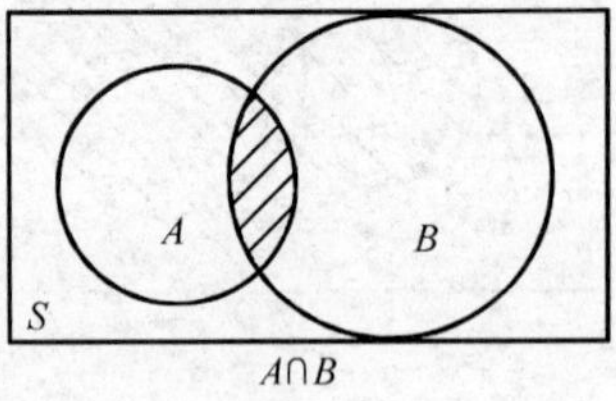

图 1.3

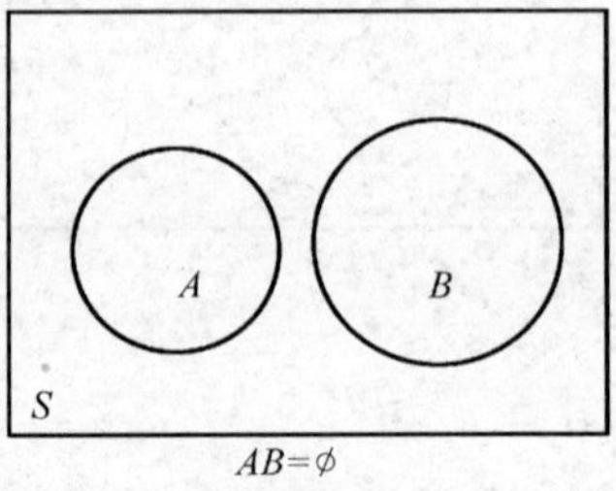

图 1.4

推广：在试验中，若事件组 $A_1, A_2, \cdots, A_n$ 任意两个都是互斥的（不相容），则该事件组称为互斥（不相容）事件组.

7. 对立事件

每次试验中，"事件 A 不发生"的事件称为事件 A 的对立事件或逆事件. A 的对立事件记为 $\overline{A}$（图 1.5）.

性质：

(1) $A\cup\overline{A}=S$（必然事件）

(2) $A\cap\overline{A}=\varnothing$（不可能事件）

由定义可知：对立事件一定是互斥事件，但互斥事件不一定是对立事件.

8. 事件的运算律（与集合的运算律相似）

(1) 交换律　$A\cup B=B\cup A$, $A\cap B=B\cap A$

(2) 结合律　$(A\cup B)\cup C=A\cup(B\cup C)$

$(A\cap B)\cap C=A\cap(B\cap C)$

(3) 分配律　$(A\cup B)\cap C=(A\cap C)\cup(B\cap C)$

$A\cup(B\cap C)=(A\cup B)\cap(A\cup C)$

(4) 摩根律　$\overline{A_1\cup A_2}=\overline{A_1}\cap\overline{A_2}$, $\overline{A_1\cap A_2}=\overline{A_1}\cup\overline{A_2}$

$$\overline{\bigcup_{k=1}^{n}A_k}=\bigcap_{k=1}^{n}\overline{A_k},\quad \overline{\bigcap_{k=1}^{n}A_k}=\bigcup_{k=1}^{n}\overline{A_k}$$

$$\overline{\bigcup_{k=1}^{\infty}A_k}=\bigcap_{k=1}^{\infty}\overline{A_k},\quad \overline{\bigcap_{k=1}^{\infty}A_k}=\bigcup_{k=1}^{\infty}\overline{A_k}$$

(5) 减法运算 $A-B=A\overline{B}$(或 $A\cap\overline{B}$)图(1.6)

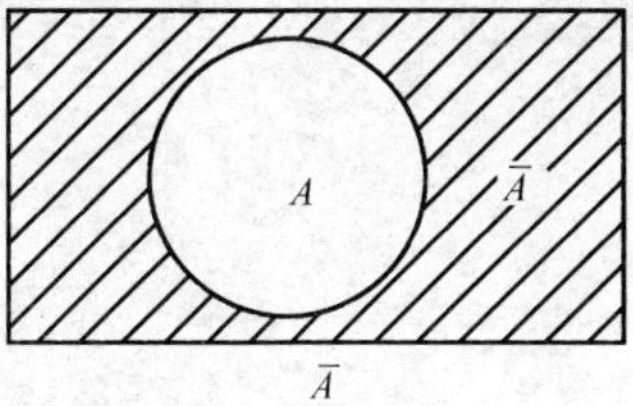

图 1.5

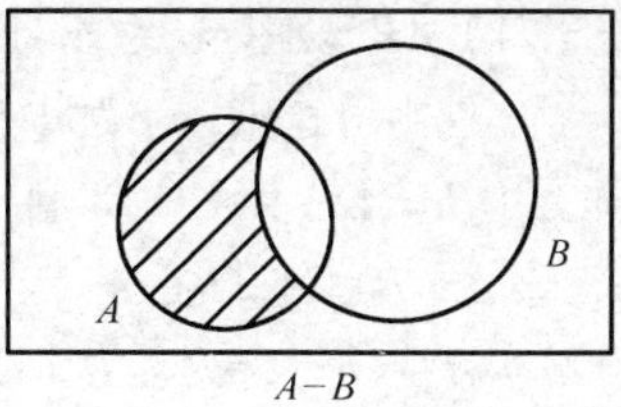

图 1.6

前面利用集合的概念叙述了事件的概念、关系及运算. 现将概率论与集合论中相应部分作一对照,如表 1.1 所示.

表 1.1 概率论与集合论中相应部分对照表

符号	概率论	集合论
S	样本空间,必然事件	空间(全集)S
$\varnothing$	不可能事件	空集
e	基本事件(样本点)	元素
A	事件	子集 A
$\overline{A}$	A 的对立事件	A 的余集
$A\subset B$	事件 A 发生必然导致事件 B 发生	A 是 B 的子集
$A=B$	事件 A 与事件 B 相等	A 与 B 相等
$A\cup B$	事件 A 与事件 B 至少有一个发生	A 与 B 的并集
$A\cap B$	事件 A 与事件 B 同时发生	A 与 B 的交集
$A-B$	事件 A 发生而事件 B 不发生	A 与 B 的差集
$A\cap B=\varnothing$	事件 A 与事件 B 互不相容	A 与 B 没有公共元素

例 1.4 设 A, B, C 表示三个随机事件,试将下列事件用 A, B, C 表示出来.

(1) A 出现, B, C 都不出现. (2) A, B 都出现, C 不出现.

(3) 三个事件都出现. (4) 三个事件中至少有一个出现.

(5) 三个事件都不出现. (6) 不多于一个事件出现.

(7) 不多于两个事件出现. (8) 三个事件至少有两个出现.

(9) A, B 至少有一个出现, C 不出现. (10) A, B, C 中恰好有两个出现.

解 (1) $A\overline{B}\,\overline{C}$ (2) $AB\overline{C}$ (3) ABC (4) $A+B+C$ (5) $\overline{A}\,\overline{B}\,\overline{C}$

(6) $\overline{A}\,\overline{B}\,\overline{C}+A\overline{B}\,\overline{C}+\overline{A}B\overline{C}+\overline{A}\,\overline{B}C$ 或 $\overline{AB+BC+AC}$

(7) $\overline{A}\,\overline{B}\,\overline{C}+A\overline{B}\,\overline{C}+\overline{A}B\overline{C}+\overline{A}\,\overline{B}C+AB\overline{C}+A\overline{B}C+\overline{A}BC$ 或 $\overline{ABC}$

(8) $ABC+AB\overline{C}+A\overline{B}C+\overline{A}BC$ 或 $AB+BC+AC$

(9) $(A+B)\overline{C}$

(10) $AB\overline{C}+A\overline{B}C+\overline{A}BC$

例 1.5 下列各式说明什么包含关系.

(1) $AB=A$. (2) $A+B=A$. (3) $A+B+C=A$.

解 (1) $AB=A \Leftrightarrow AB \subset A$ 且 $A \subset AB$

由 $A \subset AB \Rightarrow A \subset A$ 且 $A \subset B \Rightarrow A \subset B$

(2) $A+B=A \Leftrightarrow A+B \subset A$ 且 $A \subset A+B$

由 $A+B \subset A \Rightarrow B \subset A$

(3) $A+B+C=A \Leftrightarrow A+B+C \subset A$ 且 $A \subset A+B+C$

由 $A+B+C \subset A \Rightarrow B+C \subset A$

1.3 古典概率

在做随机试验时，有的随机事件出现的可能性大，有的小，也有的基本相同. 为了研究随机事件发生的可能性，需要引入一个重要的概念——概率.

定义 1.1 设 E 是随机试验，若 E 的样本空间 S 满足：

(1) 只有有限个基本事件.

(2) 每个基本事件发生的可能性相同，则称 E 为古典概型随机试验，事件 A 的概率定义为

$$P(A)=\frac{A\text{ 所包含的基本事件数}}{\text{基本事件总数}}=\frac{m}{n} \tag{1.1}$$

例 1.6 某袋中有 5 个白球，3 个黑球，从袋中任取 2 个球，求取出的都是白球的概率.

解 设 $A=\{$取出的两个球都是白球$\}$.

基本事件的总数 $n=C_8^2=28$

事件 A 包含的基本事件个数 $m=C_5^2=10$

$$P(A)=\frac{m}{n}=\frac{10}{28}=0.357$$

1.4 古典概率的性质与计算

定理 1.1 事件的古典概率具有如下性质：

(1) 对任一事件 A，有 $0 \leqslant P(A) \leqslant 1$.

(2) $P(S)=1$

(3) 若 A, B 互不相容，则

$$P(A \cup B)=P(A)+P(B)$$

证 由古典概率的定义，性质(1)、性质(2)是显然的，现证性质(3).

设 $S=\{e_1, e_2, \cdots, e_n\}$, $A=\{e_{i_1}, e_{i_2}, \cdots, e_{i_r}\}$, $B=\{e_{k_1}, e_{k_2}, \cdots, e_{k_l}\}$. 由于 A, B 互不相容，它们不包含相同的基本事件. 故

$$A \cup B = \{e_{i_1}, \cdots, e_{i_r}, e_{k_1}, \cdots, e_{k_l}\}$$

由式(1.1)

$$P(A \cup B) = \frac{r+l}{n} = \frac{r}{n} + \frac{l}{n} = P(A) + P(B)$$

证毕.

性质(3)不难推广到任意 n 个事件中，即若 $A_1, A_2, \cdots, A_n$ 是互不相容的，则

$$P(A_1 \cup A_2 \cup \cdots \cup A_n) = P(A_1) + P(A_2) + \cdots + P(A_n) \tag{1.2}$$

式(1.2)称为概率的加法公式，也称为概率的有限可加性.

由定理 1.1 可推出下列古典概率的性质：

(1) $P(\overline{A}) = 1 - P(A)$

(2) $P(A-B) = P(A) - P(AB)$

特别地，当 $B \subset A$ 时，$P(A-B) = P(A) - P(B)$，且 $P(B) \leqslant P(A)$.

(3) $P(A \cup B) = P(A) + P(B) - P(AB)$

$$P(A \cup B \cup C) = P(A) + P(B) + P(C) - P(AB) - P(BC) - P(AC) + P(ABC)$$

一般地，对任意 n 个事件 $A_1, A_2, \cdots, A_n$ 有

$$P(\bigcup_{i=1}^{n} A_i) = \sum_{i=1}^{n} P(A_i) - \sum_{1 \leqslant i < j \leqslant n} P(A_iA_j) + \sum_{1 \leqslant i < j < k \leqslant n} P(A_iA_jA_k) + \cdots + (-1)^{n-1} P(A_1A_2\cdots A_n)$$

例 1.7 已知 $P(A) = P(B) = P(C) = \frac{1}{4}$，$P(AB) = 0$，$P(AC) = P(BC) = \frac{1}{8}$，则 A，B，C 全不发生的概率为________.

解
$$\begin{aligned} P(\overline{A}\,\overline{B}\,\overline{C}) &= 1 - P(A \cup B \cup C) \\ &= 1 - P(A) - P(B) - P(C) + P(AB) + P(AC) + P(BC) - P(ABC) \\ &= 1 - \frac{3}{4} + \frac{2}{8} - P(ABC) \\ &= 1 - \frac{3}{4} + \frac{1}{4} - 0 \text{(因为 } ABC \subset AB\text{)} \\ &= \frac{1}{2} \end{aligned}$$

例 1.8 $P(A) = 0.7$，$P(A-B) = 0.3$，则 $P(\overline{AB}) =$________.

解 因为 $P(A-B) = P(A) - P(AB) = 0.3$

故
$$P(AB) = 0.4$$
$$P(\overline{AB}) = 1 - P(AB) = 1 - 0.4 = 0.6$$

下面我们将介绍利用古典概率的定义及性质来计算有关古典概率的几个典型问

题:摸球问题、分房问题、随机取数问题.

首先指出，古典概率的计算常需用到排列组合中的几个基本结论.

1. 加法原理

设完成一件事有 n 类方法(只要选择其中一类方法即可完成这件事)，若第一类方法有 m_1 种，第二类方法有 m_2 种，…，第 n 类方法有 m_n 种，则完成这件事共有

$$N=m_1+m_2+\cdots+m_n$$

种方法.

2. 乘法原理

设完成一件事需有 n 个步骤(仅当 n 个步骤都完成，才能完成这件事)，若第一步有 m_1 种方法，第二步有 m_2 种方法，…，第 n 步有 m_n 种方法，则完成这件事共有

$$N=m_1\times m_2\times\cdots\times m_n$$

种方法.

3. 排列

从 n 个不同元素中任取 $m(m\leqslant n)$ 个按照一定的顺序排成一列，称为从 n 个不同元素中取出 m 个元素的一个排列. 从 n 个不同元素中取出 m 个元素的所有排列种数记为

$$\mathrm{A}_n^m=n(n-1)\cdots[n-(m-1)]=\frac{n!}{(n-m)!}$$

从 n 个不同元素中全部取出的排列称为全排列，其排列的种数记为

$$\mathrm{A}_n^n=n\cdot(n-1)\cdot\cdots\cdot 1=n!$$

规定 $0!=1$.

4. 允许重复的排列

从 n 个不同元素中有放回地取 m 个按照一定顺序排列成一列. 其排列的种数为

$$N=\underbrace{n\cdot n\cdot\cdots\cdot n}_{m\text{个}}=n^m$$

5. 不全相异元素的全排列

若 n 个元素中，有 m 类($1<m\leqslant n$)本质不同的元素，而每类元素中分别有 k_1，k_2，…，k_m 个元素($k_1+k_2+\cdots+k_m=n$)，则 n 个元素全部取出的排列称为不全相异元素的一个全排列. 其排列的种数为

$$N=\frac{n!}{k_1!\ k_2!\ \cdots k_m!}$$

6. 组合

从 n 个不同元素中取出 m 个元素，不管其顺序并成一组，称为从 n 个不同元素中取出 m 个元素的一个组合，其组合总数，记为 C_n^m，且有

$$C_n^m = \frac{A_n^m}{m!} = \frac{n(n-1)\cdots(n-m+1)}{m!} = \frac{n!}{m!(n-m)!}$$

组合的性质：

(1) $C_n^m = C_n^{n-m}$

(2) $C_n^m = C_{n-1}^m + C_{n-1}^{m-1}$

现介绍典型古典概率计算问题.

1.4.1 摸球问题(产品的随机抽样问题)

例 1.9 已知 12 个产品中有 2 个次品，从这些产品中任意抽取 4 个产品，求：

(1) 恰好取得 1 个次品的概率.

(2) 至少取得 1 个次品的概率.

解 (1) 方法一 假设从 12 个产品中随机地抽取 4 个，与先后次序无关，则 S 含有 $C_{12}^4 = 495$ 个基本事件. 并设

$$A = \{恰好取得 1 个次品\}$$

故 A 包含 $C_{10}^3 C_2^1$ 个基本事件，从而有

$$P(A) = \frac{C_{10}^3 C_2^1}{C_{12}^4} = \frac{240}{495} = 0.485$$

方法二 假设从 12 个产品中随机地抽取 4 个与先后次序有关，则 S 含有 A_{12}^4 个基本事件，A 包含 $C_{10}^3 C_2^1 \cdot 4!$ 个基本事件，故有

$$P(A) = \frac{C_{10}^3 \cdot C_2^1 \cdot 4!}{A_{12}^4} = 0.485$$

(2) 设 $B = \{至少取得 1 个次品\}$.

按抽取产品与先后次序无关，则 S 含有 C_{12}^4 个基本事件，B 的对立事件 $\overline{B}$ 包含 C_{10}^4 个基本事件，从而有

$$P(B) = 1 - P(\overline{B}) = 1 - \frac{C_{10}^4}{C_{12}^4} = 0.58$$

注意 (1) 考虑次序要一致，即样本空间中的元素考虑了次序，则事件中的元素也要考虑次序；若不考虑次序，则样本空间与事件中的元素都不考虑次序.

(2) 所求中有“至少”的问题，通常用“对立事件”解答比较简便.

例 1.10 某人有 5 把钥匙,其中有 2 把房门钥匙,但忘记了开房门是哪 2 把,只好逐次试开. 此人在三次内能打开房门的概率是多少?

解 本题是从 5 把钥匙中任选 3 把试开房门(每次 1 把，试后不收回)的试验. S 包含的基本事件的个数为 A_5^3.

设 $A = \{三次内打开房门\}$. 因为 5 把内有 2 把房门钥匙，因此三次都打不开房门共有 $C_3^1 \times C_2^1 \times C_1^1 = 6$ 种，去掉打不开房门的种数，就是能打开房门的种数，故 A 含有 $60 - 6 = 54$ 个基本事件，从而

$$P(A)=\frac{54}{60}=0.9$$

1.4.2 分房问题(球在盒中的分布问题)

例 1.11 将张三、李四、王五 3 人等可能地分配到三间房中去，试求每个房间恰有 1 人的概率.

解 先求样本空间包含的基本事件的总数，即把 3 个人等可能地分配到三间房中去的总分法数.

首先将张三分配到三间房中的任意一间去，有 3 种分法. 然后将李四分配到三间房中的任意一间去，也有 3 种分法. 最后，将王五分配到三间房中的任意一间也有 3 种分法，故由乘法原理可知，

$$S \text{ 含有 } 3\times3\times3=27 \text{ 种分法.}$$

设 $A=\{$每个房间恰好有一人$\}$.

首先给张三分配房间，有 3 种分法. 再为李四分配时只有两间空房了，故只有 2 种分法. 最后剩一间空房分给王五，只有 1 种分法. 同样，由乘法原理知，

$$A \text{ 含有 } 3\times2\times1=6 \text{ 种分法.}$$

所以
$$P(A)=\frac{6}{27}=\frac{2}{9}$$

注意 分房问题中的人与房子一般都是有个性的，处理这类问题是将人一个一个地往房间里面分配. 处理类似问题时，要分清什么是“人”，什么是“房子”，一般不可颠倒. 常遇到的分房问题有：几个人的生日问题、几封信装入几个信封的问题、掷几枚骰子的问题.

例 1.12 在电话号码簿中任取一个电话号码，求后面 4 个数全不相同的概率(设后面 4 个数中的每一个数都是等可能性地取自 0，1，2，…，9).

解 本题与电话号码的位数无关，电话号码的数字是允许重复的，此题可以作为分房问题处理，但应把电话号码的 4 个数位看成 4 个人，而把 0，1，2，…，9 等 10 个数字看成 10 间房，故样本空间 S 含有 10^4 个基本事件.

设 $A=\{$号码由完全不同的 4 个数字排列而成$\}$，故 A 含有 A_{10}^4 个基本事件，从而

$$P(A)=\frac{\mathrm{A}_{10}^4}{10^4}=0.504$$

例 1.13 一学生宿舍有 6 名学生，他们的生日分布在同一个星期. 试求下列事件的概率.

(1) 至少有两人的生日是同一天.

(2) 至少有一人的生日是星期天.

解 这个问题实质上是分房问题，这里的关键是将生日作为“房子”. 因为每个人的生日都可能是七天中的任何一天，且是等可能的，因此 S 应包含的基本事件的总数为 7^6.

(1) 设 $A=\{$至少有两人的生日是同一天$\}$，注意到 $\overline{A}$，即没有两人的生日是同

一天的事件，应含有 $7\times6\times\cdots\times2=\mathrm{A}_7^6$，因此

$$P(A)=1-\frac{\mathrm{A}_7^6}{7^6}=1-\frac{7\times6\times5\times4\times3\times2}{7\times7\times7\times7\times7\times7}=0.96$$

(2) 设 $B=\{$至少有一人的生日是星期天$\}$，则 $\overline{B}$ 是包含 6^6 个基本事件，故

$$P(B)=1-P(\overline{B})=1-\frac{6^6}{7^6}=0.6$$

1.4.3 随机取数问题

例 1.14 从 1 ~ 100 的 100 个整数中任取一个数，试求取到的数能被 6 或 8 整除的概率.

解 设 $A=\{$取到的数能被 6 整除$\}$，$B=\{$取到的数能被 8 整除$\}$，$C=\{$取到的数能被 6 或 8 整除$\}$.

显然，$C=A\cup B$. S 中含有 100 个基本事件，因为 $16<\frac{100}{6}<17$，故 A 含有 16 个基本事件.

由于 $12<\frac{100}{8}<13$，故 B 含有 12 个基本事件. 又因为 $4<\frac{100}{24}<5$，故 AB 含有 4 个基本事件.

所以
$$P(C)=P(A\cup B)=P(A)+P(B)-P(AB)$$
$$=\frac{16}{100}+\frac{12}{100}-\frac{4}{100}=\frac{24}{100}=0.24$$

1.5 统计概率与几何概率 概率的公理化定义

1.5.1 统计概率

我们指出，存在另一种处理"概率"概念的方法，这种方法不依赖于样本空间. 这就是我们要介绍的适用于一般试验的统计概率定义，它是以事件的频率具有稳定性为基础的. 在一组固定的条件下，进行大量重复试验，可以观察到某一个事件的发生是具有稳定规律的.

定义 1.2 在不变的条件下，将试验 E 重复进行 n 次，事件 A 出现的次数记为 n_A，称比值

$$f_n(A)=\frac{n_A}{n} \tag{1.3}$$

为事件 A 出现的频率.

由于在任意 n 次试验中，事件 A 发生的次数 n_A 具有偶然性，故对任意固定的 n，$f_n(A)$ 是不确定的，但当 n 越来越大时，$f_n(A)$ 就呈现出明显的规律性——频率的

稳定性. 这种稳定性说明事件发生的可能性有一定的大小可言. 当频率稳定于较大数值时, 相应事件发生的可能性较大; 反之就较小. 从而, 频率所稳定的这个数值, 就是相应事件发生可能性大小的一个客观度量, 称之为相应事件的概率. 一般定义如下:

定义 1.3 在一组固定条件下, 重复做 n 次试验, 如果当 n 增大时, 事件 A 出现的频率 $f_n(A)$ 围绕某一个常数 p 摆动. 而且一般说来, 随着 n 的增大, 摆动的幅度愈来愈小, 则称常数 p 为事件 A 的概率, 即

$$P(A)=p$$

这样定义的概率称为统计概率, 它适用于一切类型的试验.

事实上, 可证明(贝努利大数定理): 如果对事件 A 有确定的古典概率 p, 且记 m_n 表示在 n 次独立重复试验中事件 A 发生的次数, 则当 n 充分大时频率 $\frac{m_n}{n}$ 与 p 的差的绝对值几乎总是很小的.

因此, 可以说统计概率的定义是一个经过数学严格证明的概念.

可以证明: 统计概率具有如下性质:

(1) 对于任意事件 A, 有 $0\leqslant P(A)\leqslant 1$.

(2) $P(S)=1$

(3) 若 $A_1, A_2, \cdots, A_n$ 是互不相容的, 则

$$P(A_1\cup A_2\cup\cdots\cup A_n)=P(A_1)+P(A_2)+\cdots+P(A_n)$$

1.5.2 几何概率

概率的古典定义是在样本空间的基本事件具有有限性和等可能性的情况下给出的. 对于基本事件为无穷多的情况, 古典概率的定义就不适用了. 考虑如何进一步推广古典概率的定义, 使之适用于无限多个基本事件而又有某种等可能的场合, 从而引出了几何概率的定义.

在平面上的区域 S 中, A 是 S 中的一部分(图 1.7), 若向区域 S 内投掷一个质点, 质点落入区域 A 内的概率为

$$P(A)=\frac{A\text{ 的面积}}{S\text{ 的面积}} \tag{1.4}$$

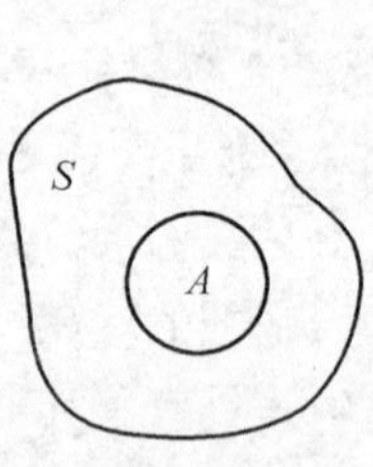

图 1.7

称其为几何概率. 由于区域的状态很广泛, 可能是一维的实数区间, 或者是三维的立体区域, 还可能是多维的可度量空间区域, 因此, 几何概率的定义如下:

定义 1.4 向区域 S 内投掷一个质点 M, 如果 M 必然落入 S 内, 并且落入 S 内的任何部分区域 A 的可能性与 A 的测度(如长度、面积、体积等)成正比, 则称这样的试验为几何型试验, 质点 M 落入 A 内的概率为

$$P(A)=\frac{L(A)}{L(S)} \tag{1.5}$$

称其为几何概率. $L(A)$与$L(S)$为A与S的测度.

例 1.15 （约会问题）甲、乙两人约定于6时到7时在某地见面，先到者等10min后离去，求两人能见面的概率.

解 设x、y分别表示二人到达的时间，则有

$$6\leqslant x\leqslant 7,\ 6\leqslant y\leqslant 7$$

满足上述不等式的点$(x,\ y)$的集合可用边长为1的正方形区域表示(图1.8)，两人能见面的充要条件是

$$|x-y|\leqslant\frac{1}{6}$$

因而相会的概率

$$p=\frac{11/36}{(7-6)^2}=\frac{11}{36}$$

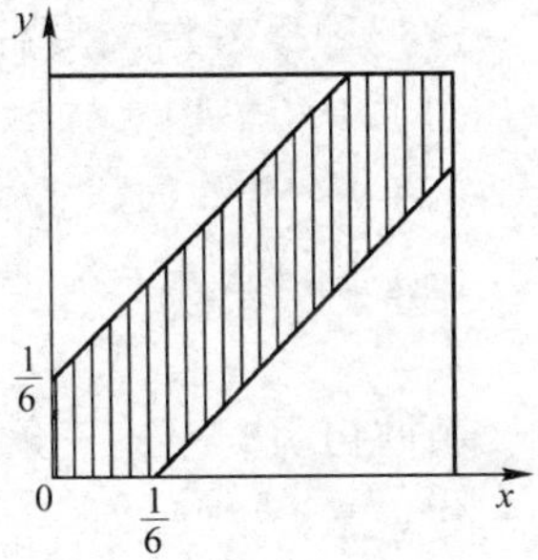

图 1.8

例 1.16 向半圆$0<y<\sqrt{2ax-x^2}\ (a>0)$内任掷一点，该点落在半圆内任何区域的概率均与该区域的面积成正比，该点和原点连线与轴的夹角小于$\dfrac{\pi}{4}$的概率为多少?

解 半圆内部面积为$\dfrac{1}{2}\pi a^2$.

设夹角小于$\dfrac{\pi}{4}$的半圆内部的点构成的区域为G，其面积为$\dfrac{1}{4}\pi a^2+\dfrac{a^2}{2}$. 设$A=$ {所掷点落在G上}，则

$$P(A)=\left(\frac{1}{4}\pi a^2+\frac{1}{2}a^2\right)\Big/\left(\frac{1}{2}\pi a^2\right)=\frac{1}{2}+\frac{1}{\pi}$$

例 1.17 若在区间$(0,\ 1)$内任取两个数，则事件“两数之和小于$\dfrac{6}{5}$”的概率为多少?

解 设$G=\{(x,\ y)\mid 0<x<1,\ 0<y<1\}$，$G_1=\left\{(x,\ y)\mid x+y<\dfrac{6}{5},\ (x,\ y)\in G\right\}$(图1.9)，易见，区域$G$的面积$=1$.

区域G_1的面积$=\dfrac{1}{2}\times\left(\dfrac{6}{5}\right)^2-\left(\dfrac{6}{5}-1\right)^2=\dfrac{18}{25}-\dfrac{1}{25}=\dfrac{17}{25}$

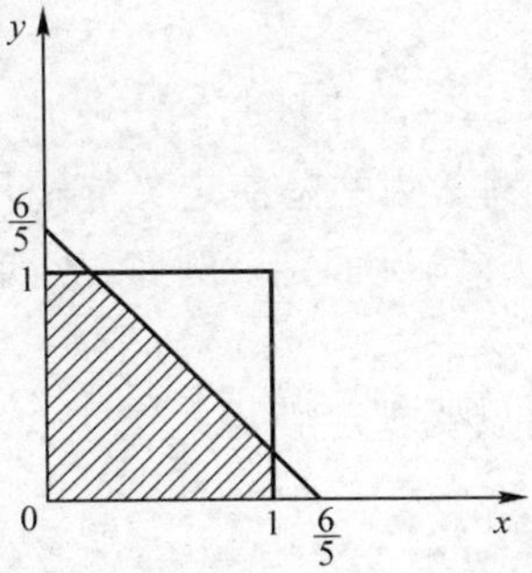

图 1.9

$$P\left\{x+y<\frac{6}{5}\right\}=\frac{G_1\text{的面积}}{G\text{的面积}}=\frac{17}{25}$$

1.5.3 概率的公理化定义

从古典概率、几何概率到概率的统计定义，都有一定的局限性，不能成为严格的数学概念. 但是，这三种概率的定义，对抽象出概率的数学定义奠定了基础.

这三种概率定义具有相同的性质：

(1) $0\leqslant P(A)\leqslant 1$, A 为任意一个事件.

(2) $P(S)=1$, S 为样本空间.

(3) 当 $A_1, A_2, \cdots, A_n$ 互不相容时，则

$$P(A_1+A_2+\cdots+A_n)=P(A_1)+P(A_2)+\cdots+P(A_n)$$

由此可见，上述三条性质是概率的基本属性. 通过数学的抽象可以得出概率的公理化定义.

定义 1.5 设 S 是一个样本空间，$P(\cdot)$ 是事件域 $\mathscr{F}$ 上的实值函数，如果满足下列三条公理：

公理 1 $P(S)=1$

公理 2 $P(A)\geqslant 0$, A 为任意事件.

公理 3 若 $A_1, A_2, \cdots, A_n, \cdots$ 互不相容，则有

$$P\left(\bigcup_{i=1}^{\infty}A_i\right)=\sum_{i=1}^{\infty}P(A_i)$$

则称 $P(A)$ 是事件 A 的概率，称 S 为概率空间. 记为 (S, P).

由上面三条公理可以得出下面的推论：

推论 1 $P(\varnothing)=0$ （证明略）

推论 2 $0\leqslant P(A)\leqslant 1$, A 为任意事件.

证 因为

$$1=P(S)=P(A+\overline{A})=P(A)+P(\overline{A})$$

而 $P(\overline{A})\geqslant 0$，所以 $P(A)\leqslant 1$. 故

$$0\leqslant P(A)\leqslant 1$$

公理化概率的定义中，没有具体给出概率的计算方法，只给出了概率应满足的公理，为的是使定义能适用于各种不同的情况. 在实际问题中如何规定 $P(A)$，要视具体情况而定. 例如，如果样本空间 S 只含有有限个样本点，即

$$S=\{e_1, e_2, \cdots, e_n\}$$

则只要规定满足

$$P(e_i)\geqslant 0,\ i=1, 2, \cdots, n$$

$$P(e_1)+P(e_2)+\cdots+P(e_n)=1$$

的一组数 $P(e_1), P(e_2), \cdots, P(e_n)$ 就可以了. 这时由概率的可加性，就可推得任一事件 $A=\{e_{i_1}, e_{i_2}, \cdots, e_{i_k}\}$ 的概率为

$$P(A)=P(e_{i_1})+P(e_{i_2})+\cdots+P(e_{i_k})$$

若基本事件的发生是等可能的，即

$$P(e_1)=P(e_2)=\cdots=P(e_n)=\frac{1}{n}$$

则
$$P(A)=\frac{k}{n}$$

这就是古典概率的计算公式.

如果样本空间 S 含可列无穷多个样本点，即

$$S=\{e_1, e_2, \cdots\}$$

则定义 $P(e_i)=p_i$，$i=1, 2, \cdots$，使其满足：

(1) $p_i \geqslant 0$，$i=1, 2, \cdots$

(2) $\sum_{i=1}^{\infty} p_i = 1$

对于任意事件 A，定义

$$P(A) = \sum_{e_i \in A} p_i$$

1.6 条件概率 乘法定理

如果事件 B 发生与否对事件 A 的概率没有影响，则称事件 A 与事件 B 是独立的事件. 否则，称事件 A 与事件 B 相关.

1.6.1 条件概率

定义 1.6 给定概率空间 (S, P)，A，B 是其上的两个事件，且 $P(A)>0$，则称

$$P(B|A)=\frac{P(AB)}{P(A)} \tag{1.6}$$

为已知事件 A 发生的条件下，事件 B 发生的**条件概率**. 随着 B 在事件域 $\mathscr{F}$ 中变化，$P(B|A)$ 便成为 $\mathscr{F}$ 上的函数，称之为在已知 A 发生的条件下的**条件概率**.

不难验证，对给定的事件 A，$P(A)>0$，条件概率测度 $P(\cdot|A)$ 满足概率的三条公理：

(1) $P(S|A)=1$

(2) 对任意事件 B，有 $P(B|A) \geqslant 0$.

(3) 对任意可数个两两不相容的事件 $A_1, A_2, \cdots, A_n, \cdots$，有

$$P\left(\bigcup_{i=1}^{\infty} A_i \middle| A\right) = \sum_{i=1}^{\infty} P(A_i|A)$$

例 1.18 一袋中装有 10 个球，其中 3 个黑球，7 个白球，先后两次从袋中各取一球(不放回).

(1) 已知第一次取出的是黑球，求第二次取出的仍是黑球的概率.

(2) 已知第二次取出的是黑球，求第一次取出的也是黑球的概率.

解 记 A_i 为事件"第 i 次取到的是黑球"$(i=1,2)$.

(1) 在已知 A_1 发生，即第一次取到的是黑球的条件下，第二次取球就在剩下的 2 个黑球、7 个白球共 9 个球中任取一个，根据古典概率计算，取到黑球的概率为 $\frac{2}{9}$，即有

$$P(A_2 \mid A_1)=\frac{2}{9}$$

(2) 在已知 A_2 发生，即第二次取到的是黑球的条件下，第一次取球发生在第二次取球之前，问题的结构不像(1)那么直观. 采用式(1.6)计算 $P(A_1 \mid A_2)$ 更方便一些. 因为

$$P(A_1A_2)=\frac{\mathrm{A}_3^2}{\mathrm{A}_{10}^2}=\frac{1}{15},\ P(A_2)=\frac{3}{10}$$

由式(1.6)可得

$$P(A_1 \mid A_2)=\frac{P(A_1A_2)}{P(A_2)}=\frac{2}{9}$$

1.6.2 乘法定理(乘法公式)

由条件概率定义中的式(1.6)立即可导出下列公式：

$$P(AB)=P(A)P(B \mid A),\ P(A)>0 \tag{1.7}$$

对称地，如果 $P(B)>0$，由

$$P(A \mid B)=\frac{P(AB)}{P(B)} \tag{1.8}$$

可得

$$P(AB)=P(B)P(A \mid B),\ P(B)>0 \tag{1.9}$$

式(1.7)和式(1.9)通常称为两个事件积的概率的**乘法定理**. 在有些问题中，条件概率 $P(B \mid A)$ 或 $P(A \mid B)$ 容易得到，于是可用乘法公式计算积的概率 $P(AB)$.

例 1.19 某批产品中，甲厂生产的产品占 60%，已知甲厂的产品的次品率为 10%，从这批产品中随意地抽取一件，求该件产品是甲厂生产的次品的概率.

解 记 A 表示事件"产品是甲厂生产的"，B 表示事件"产品是次品"，由题设知

$$P(A)=60\%,\ P(B \mid A)=10\%$$

根据乘法公式，有

$$P(AB)=P(A)P(B \mid A)=60\% \times 10\% =6\%$$

例 1.20 一袋中装 10 个球，其中 3 个黑球、7 个白球，先后两次从中随意各取一球(不放回)，求两次取到的均为黑球的概率.

这一概率，我们曾用古典概型方法计算过，这里我们使用乘法公式来计算. 在本例中，问题本身提供了分两步完成一个试验的结构，这恰恰与乘法公式的形式相

对应，合理地利用问题本身的结构来使用乘法公式往往是使问题得到简化的关键.

解 设 A_i 表示事件"第 i 次取到的是黑球"($i=1,2$)，则 $A_1\cap A_2$ 表示事件"两次取到的均为黑球". 由题设知：

$$P(A_1)=\frac{3}{10},\ P(A_2\mid A_1)=\frac{2}{9}$$

$$P(A_1A_2)=P(A_1)P(A_2\mid A_1)=\frac{3}{10}\times\frac{2}{9}=\frac{1}{15}$$

我们指出，乘法公式(1.7)和式(1.9)可以推广到任意有限个事件的积的概率的乘法公式：

$$P(A_1A_2\cdots A_n)=P(A_1)P(A_2\mid A_1)P(A_3\mid A_1A_2)\cdots P(A_n\mid A_1A_2\cdots A_{n-1})\quad(1.10)$$

例 1.21 一批灯泡共 100 只，次品率为 10%. 不放回抽取三次，每次 1 只，求第三次才取得合格品的概率.

解 设 $A_i=\{$第 i 次取得合格品$\}$，$i=1,2,3$.

由题意知，第一次与第二次取得的均是次品，第三次取得合格品，只有这三件事一起发生才是题意所求的事件，故此题是积事件的概率计算问题. 因为

$$P(\overline{A}_1)=\frac{10}{100},\ P(\overline{A}_2\mid\overline{A}_1)=\frac{9}{99},\ P(A_3\mid\overline{A}_1\overline{A}_2)=\frac{90}{98}$$

所以

$$P(\overline{A}_1\overline{A}_2A_3)=P(\overline{A}_1)P(\overline{A}_2\mid\overline{A}_1)P(A_3\mid\overline{A}_1\overline{A}_2)$$

$$=\frac{10}{100}\times\frac{9}{99}\times\frac{90}{98}=0.008$$

例 1.22 假设一批产品中一、二、三等品各占 60%、30%、10%，从中随意取出一件，结果不是三等品，则取到的是一等品的概率是多少?

解 设 $A_i=\{$取出的产品为第 i 等品$\}$，$i=1,2,3$，则 A_1,A_2,A_3 是互不相容的，故所求的概率为

$$P(A_1\mid A_1\cup A_2)=\frac{P[A_1(A_1\cup A_2)]}{P(A_1\cup A_2)}=\frac{P(A_1)}{P(A_1\cup A_2)}=\frac{0.6}{0.6+0.3}=\frac{2}{3}$$

例 1.23 设 10 件产品中有 4 件不合格品，从中任取 2 件，已知两件中有一件是不合格的，求另一件也是不合格品的概率.

解 1 设 $A=\{$第一件为正品$\}$，$B=\{$第二件为正品$\}$，故所求的概率为

$$P(\overline{A}\cdot\overline{B}\mid\overline{A}\cup\overline{B})=\frac{P(\overline{A}\cdot\overline{B})}{P(\overline{A}\cup\overline{B})}=\frac{P(\overline{A}\cdot\overline{B})}{P(\overline{AB})}=\frac{P(\overline{A}\cdot\overline{B})}{1-P(AB)}$$

$$=\frac{\mathrm{A}_4^2}{\mathrm{A}_{10}^2}\Big/\left(1-\frac{\mathrm{A}_6^2}{\mathrm{A}_{10}^2}\right)=\frac{4\times3}{10\times9}\Big/\left(1-\frac{6\times5}{10\times9}\right)=\frac{1}{5}$$

解 2 设 $A=\{$两件都不合格$\}$，$B=\{$两件中有一件不合格$\}$

则

$$P(AB)=\frac{4}{10}\times\frac{3}{9},\ P(B)=1-P(\overline{B})=1-\frac{6}{10}\times\frac{5}{9}=\frac{2}{3}$$

而所求概率为

$$P(A\mid B)=\frac{P(AB)}{P(B)}$$

由于 $A\subset B$，故 $AB=A$，于是

$$P(A\mid B)=\frac{P(AB)}{P(B)}=\frac{\frac{4}{10}\times\frac{3}{9}}{\frac{2}{3}}=\frac{1}{5}$$

1.7 全概率公式与贝叶斯公式

这节将研究利用条件概率去求未知的较复杂事件的概率，其中有两个重要公式:全概率公式与贝叶斯公式.

1.7.1 全概率公式

先看一个例子，已知一袋中有10个球，其中3个黑球，7个白球，从中先后随意各取一球(不放回)，求第二次取到的是黑球的概率.

这一概率，我们在前面古典概型中也计算过，这里我们用一种新的方法来计算. 将事件"第二次取到的是黑球"根据第一次取球的情况分解成两个互不相容的部分，分别计算其概率再求和.

解 记 A_i 为事件"第 i 次取到的是黑球"($i=1,2$)，则有

$$P(A_2)=P(A_1A_2)+P(\overline{A}_1A_2)=P(A_1)P(A_2\mid A_1)+P(\overline{A}_1)P(A_2\mid\overline{A}_1)$$

由题设易知

$$P(A_1)=\frac{3}{10},\ P(\overline{A}_1)=\frac{7}{10}$$

$$P(A_2\mid A_1)=\frac{2}{9},\ P(A_2\mid\overline{A}_1)=\frac{3}{9}$$

于是有

$$P(A_2)=\frac{3}{10}\times\frac{2}{9}+\frac{7}{10}\times\frac{3}{9}=\frac{3}{10}$$

定理1.2 (全概率公式)假设 $B_1, B_2, \cdots, B_k$ 是两两互不相容的事件组且对应事件的概率为 $P(B_1), P(B_2), \cdots, P(B_k)$. 设事件 A 仅可能伴随事件组 $B_1, B_2, \cdots, B_k$ 之一发生，$P_{B_1}(A), P_{B_2}(A), \cdots, P_{B_k}(A)$ 分别表示当 $B_1, B_2, \cdots, B_k$ 发生时事件 A 的条件概率. 则有

$$P(A)=P(B_1)P(A\mid B_1)+P(B_2)P(A\mid B_2)+\cdots+P(B_k)P(A\mid B_k)\qquad(1.11)$$

证 由条件知

$$A(B_1+B_2+\cdots+B_k)=A$$

且

$$AB_1+AB_2+\cdots+AB_k=A$$

先运用加法定理，再运用概率乘法定理，得

$$\begin{aligned}P(A)&=P(AB_1)+P(AB_2)+\cdots+P(AB_k)\\&=P(B_1)P_{B_1}(A)+P(B_2)P_{B_2}(A)+\cdots+P(B_k)P_{B_k}(A)\\&=P(B_1)P(A\mid B_1)+P(B_2)P(A\mid B_2)+\cdots+P(B_k)P(A\mid B_k)\end{aligned}$$

1.7.2 贝叶斯公式

定理 1.3 （贝叶斯(Bayes)公式）设 B_1，B_2，…，B_k 是两两互不相容的事件组，且设事件 A 仅可能伴随事件组 B_1，B_2，…，B_k 之一发生. 已知 B_1，B_2，…，B_k 的概率分别为 $P(B_1)$，$P(B_2)$，…，$P(B_k)$，而在 B_i 发生的条件下，事件 A 发生的概率为 $P_{B_i}(A)$，$i=1, 2, \cdots, k$. 同时已知事件 A 发生，则在事件 A 发生的条件下事件 B_i 发生的概率为

$$P_A(B_i)=\frac{P(B_i)P(A\mid B_i)}{P(B_1)P(A\mid B_1)+P(B_2)P(A\mid B_2)+\cdots+P(B_k)P(A\mid B_k)},\ i=1,2,\cdots,k \tag{1.12}$$

证 根据概率乘法定理得

$$P(AB_i)=P_A(B_i)P(A)=P(B_i)P_{B_i}(A)$$

由此得

$$P_A(B_i)=\frac{P(B_i)P_{B_i}(A)}{P(A)}=\frac{P(B_i)P(A\mid B_i)}{P(A)} \tag{1.13}$$

把式(1.11)的右端代入式(1.13)，便得到式(1.12).

说明 称概率 $P_A(B_i)$ 为事件 B_i 的后验概率. 而称 $P(B_i)$ 是事件 B_i 的先验概率. 它们的区别将通过下面的例子加以解释.

例 1.24 某仓库有同样规格的产品 6 箱，其中有 3 箱、2 箱和 1 箱依次是由甲、乙、丙三个厂生产的，且三厂的次品率分别为 $\frac{1}{10}$，$\frac{1}{15}$，$\frac{1}{20}$. 现从这 6 箱中任取一箱，再从取得的一箱中任取一件，试求取得的一件是次品的概率.

解 设 A = {取得的一件是次品}

B_1 = {取得的一件是甲厂生产的}

B_2 = {取得的一件是乙厂生产的}

B_2 = {取得的一件是丙厂生产的}

显然，B_1，B_2，B_3 是导致 A 发生的一组原因，这组原因构成了完备事件组，且 A 只能与 B_1，B_2，B_3 之一同时发生，故有

$$A=B_1A+B_2A+B_3A$$

从而有

$$P(A)=P(B_1)P(A\mid B_1)+P(B_2)P(A\mid B_2)+P(B_3)P(A\mid B_3)$$

由于 $$P(A\mid B_1)=\frac{1}{10},\ P(A\mid B_2)=\frac{1}{15},\ P(A\mid B_3)=\frac{1}{20}$$

且 $$P(B_1)=\frac{3}{6},\ P(B_2)=\frac{2}{6},\ P(B_3)=\frac{1}{6}$$

所以 $$P(A)=\frac{3}{6}\times\frac{1}{10}+\frac{2}{6}\times\frac{1}{15}+\frac{1}{6}\times\frac{1}{20}=0.08$$

例 1.25 假设有两箱同种零件:第一箱内装 50 件，其中 10 件一等品；第二箱内装 30 件，其中 18 件一等品. 现从两箱中随意取出一箱，然后从该箱中先后随机取两个零件(取出的零件不放回)，试求：

(1) 先取出的零件是一等品的概率 p.

(2) 在先取出的零件是一等品的条件下，第二次取出的零件仍然是一等品的概率 q.

解 令 $H_i=\{$被挑出的第 i 箱$\}$, $i=1, 2$

$A_i=\{$第 i 次取出的零件是一等品$\}$, $i=1, 2$

由题意有

$$P(H_1)=P(H_2)=\frac{1}{2},\ P(A_1\mid H_1)=\frac{10}{50},\ P(A_1\mid H_2)=\frac{18}{30}$$

(1) 由全概率公式有

$$p=P(A_1)=P(H_1)P(A_1\mid H_1)+P(H_2)P(A_1\mid H_2)$$
$$=\frac{1}{2}\times\frac{10}{50}+\frac{1}{2}\times\frac{18}{30}=\frac{2}{5}$$

(2) 由贝叶斯公式有

$$q=P(A_2\mid A_1)=\frac{P(A_1A_2)}{P(A_1)}$$
$$=\frac{1}{P(A_1)}[P(H_1)P(A_1A_2\mid H_1)+P(H_2)P(A_1A_2\mid H_2)]=\cdots$$

余下请读者算出.

例 1.26 玻璃杯成箱出售，每箱 20 只，假设各箱含 0, 1, 2 只残次品的概率相应为 0.8, 0.1 和 0.1. 一顾客欲购一箱玻璃杯，在购买时，售货员随意取一箱，而顾客随机地察看 4 只；若无残次品，则买下该箱玻璃杯子，否则退回. 试求：

(1) 购客买下该箱的概率 α.

(2) 在顾客买下的一箱中，确实没有残次品的概率 β.

解 令 $A=\{$顾客买下所察看的一箱$\}$

$B_i=\{$箱中恰好有 i 只残次品$\}$, $i=0, 1, 2$

由题设知 $P(B_0)=0.8$, $P(B_1)=0.1$, $P(B_2)=0.1$

$$P(A \mid B_0)=1, P(A \mid B_1)=\frac{C_{19}^4}{C_{20}^4}=\frac{4}{5}, P(A \mid B_2)=\frac{C_{18}^4}{C_{20}^4}=\frac{12}{19}$$

(1) 由全概率公式有

$$\alpha = P(A) = \sum_{i=0}^{2} P(B_i)P(A \mid B_i) = 0.8 \times 1 + 0.1 \times \frac{4}{5} + 0.1 \times \frac{12}{19} = 0.94$$

(2) 由贝叶斯公式有

$$\beta = P(B_0 \mid A) = \frac{P(B_0)P(A \mid B_0)}{P(A)} = \frac{0.8}{0.94} = 0.85$$

1.8 独立试验序列

1.8.1 事件的独立性

定义 1.7 设(S, P)是一个概率空间，A, B 是其上的两个事件，如果

$$P(AB)=P(A)P(B)$$

则称 A 与 B **相互独立**，简称 A 与 B **独立**.

例 1.27 投掷一枚均匀的骰子.

(1) 设 A 表示事件“点数小于 5”，B 表示事件“点数为奇数”，则有

$$P(A)=\frac{4}{6}, P(B)=\frac{3}{6}, P(AB)=\frac{2}{6}=\frac{1}{3}$$

由于

$$P(AB)=P(A)P(B)=\frac{1}{3}$$

故 A 与 B 独立.

(2) 设 A 表示事件“点数小于 4”，B 同(1)，则有

$$P(A)=\frac{3}{6}, P(B)=\frac{3}{6}, P(AB)=\frac{2}{6}=\frac{1}{3}$$

由于

$$P(AB) \neq P(A)P(B)$$

故 A 与 B 不独立.

定义 1.8 设 A, B, C 是三个事件，如果

$$\left.\begin{aligned} P(AB)=P(A)P(B) \\ P(AC)=P(A)P(C) \\ P(BC)=P(B)P(C) \end{aligned}\right\} \tag{1.14}$$

则称 A, B, C 两两相互独立.

若还有

$$P(ABC)=P(A)P(B)P(C) \tag{1.15}$$

成立，则称三事件 A，B，C 相互独立.

一般地，n 个事件相互独立的定义如下：

定义 1.9 设 A_1，A_2，…，A_n 是 n 个事件，如果对任意数 $k(1\leqslant k\leqslant n)$，任意 $1\leqslant i_1<i_2<\cdots<i_k\leqslant n$，满足等式

$$P(A_{i_1}, A_{i_2}, \cdots, A_{i_k})=P(A_{i_1})P(A_{i_2})\cdots P(A_{i_k}) \tag{1.16}$$

则称 A_1，A_2，…，A_n 是相互独立的.

式(1.16)的意义是，从 A_1，A_2，…，A_n 中任意抽出 $k(1\leqslant k\leqslant n)$个，它们乘积的概率等于概率的乘积. 它包括

$$C_n^2+C_n^3+\cdots+C_n^n=(1+1)^n-C_n^1-C_n^0=2^n-n-1$$

个等式.

显然，若 n 个事件相互独立，则它们中的任意 $m(2\leqslant m<n)$个事件也相互独立.

例 1.28 有两批零件，其合格品率分别为 0.95 与 0.85，在每批零件中随机地抽取一件，求：

(1) 两件都是合格品的概率.

(2) 至少有一件是合格品的概率.

(3) 恰好有一件是合格品的概率.

解 设 $A_i=\{$在第 i 批零件中抽到合格品$\}$，$i=1, 2$，则

(1) 求的是 $P(A_1A_2)=P(A_1)P(A_2)=0.95\times0.85=0.8075$

(2) 求的是 $P(A_1\cup A_2)=P(A_1)+P(A_2)-P(A_1A_2)$

$$=0.95+0.85-0.8075=0.9925$$

(3) 求的是 $P(A_1\overline{A}_2\cup\overline{A}_1A_2)=P(A_1\overline{A}_2)+P(\overline{A}_1A_2)$

$$\begin{aligned}&=P(A_1)P(\overline{A}_2)+P(\overline{A}_1)P(A_2)\\&=0.95\times0.15+0.05\times0.85\\&=0.185\end{aligned}$$

例 1.29 一射手命中 10 环的概率等于 0.7，命中 9 环的概率等于 0.3，求该射手打三发得到不少于 29 环的概率.

解 设 $A_i=\{$第 i 次射击，中 10 环$\}$，$i=1, 2, 3$.

$B_j=\{$第 j 次射击，中 9 环$\}$，$j=1, 2, 3$.

$A=\{$打三发，不少于 29 环$\}$.

则

$$A=(A_1\cap A_2\cap A_3)\cup(A_1\cap A_2\cap B_3)\cup(A_1\cap B_2\cap A_3)\cup(B_1\cap A_2\cap A_3)$$

上述右端四个事件是互不相容的，其中 A_i 与 B_j 又是相互独立的，故有

$$P(A)=(0.7)^3+3(0.7^2\times0.3)=0.78$$

例 1.30 某门课程一份试卷由甲、乙、丙三个学生去答，已知甲、乙、丙各获

得 90 分以上的概率分别为$\frac{2}{3}$，$\frac{3}{5}$，$\frac{1}{2}$，试求：

（1）至少有一个人取得 90 分以上的概率.

（2）至少有两人取得 90 分以上的概率.

解 设 A, B, C 分别表示甲、乙、丙各获得 90 分以上的事件，则(1)是求：

$$P(A\cup B\cup C)=P(A)+P(B)+P(C)-P(AB)-P(AC)-P(BC)+P(ABC)$$
$$=\frac{2}{3}+\frac{3}{5}+\frac{1}{2}-\frac{2}{3}\times\frac{3}{5}-\frac{2}{3}\times\frac{1}{2}-\frac{3}{5}\times\frac{1}{2}+\frac{2}{3}\times\frac{3}{5}\times\frac{1}{2}$$
$$=\frac{14}{15}$$

而(2)是求：

$$P(AB\cup AC\cup BC)=P(AB)+P(AC)+P(BC)-2P(ABC)$$
$$=\frac{2}{3}\times\frac{3}{5}+\frac{2}{3}\times\frac{1}{2}+\frac{3}{5}\times\frac{1}{2}-2\times\frac{2}{3}\times\frac{3}{5}\times\frac{1}{2}$$
$$=\frac{19}{30}$$

1.8.2 独立试验序列

下面我们将研究一类重要的随机试验，它可在相同的条件下将一个试验重复进行 n 次，且在每次试验中，任一事件出现的概率与其他各次的试验的结果无关，称这类试验为 n 次重复独立试验.

若一个试验只有 A 与 $\overline{A}$ 两个结果，则称这个试验为贝努利(Bernoulli)试验. 它的 n 次重复独立试验，称为 n 重贝努利试验.

为使叙述更生动，我们把贝努利试验的两个结果之一的 A(或 $\overline{A}$)叫做“成功”，其概率记为 p，另一个结果 $\overline{A}$(或 A)叫做“失败”，其概率记为 q. 这里 $p+q=1$.

定理 1.4 如果在 n 重贝努利试验中，成功的概率是 $p(0<p<1)$，则成功恰好发生 k 次的概率为

$$P_n(k)=C_n^k p^k q^{n-k} \tag{1.17}$$

其中，$p+q=1$，$k=0, 1, \cdots, n$.

由于 $C_n^k p^k q^{n-k}(k=0, 1, 2, \cdots, n)$恰好是$(p+q)^n$ 按二项式展开的各项，所以式(1.17)称贝努利公式. 显然有

推论
$$\sum_{k=0}^{n}P_n(k)=1 \tag{1.18}$$

下面来推导贝努利公式.

我们来考虑这样一个 n 重贝努利试验序列，它含有 k 次“成功”与 $n-k$ 次“失败”，它们的分布是任意的，但都有固定的序号. 每个这样的序列都给定了 n 重贝努利试验的事件. 由概率乘法定理知，这样的事件的概率为 $p^k q^{n-k}$，而含有 k 次“成

功”与 $n-k$ 次“失败”的事件个数等于对应的 n 重贝努利试验序列的个数 C_n^k，且这 C_n^k 个事件又两两互斥，故由概率加法定理知

$$P_n(k)=C_n^k p^k q^{n-k},\ i=0,1,2,\cdots,n$$

例 1.31 设一批晶体管的次品率为 0.01，今从这批晶体管中抽取 4 个，求其中恰有 1 个次品和恰有 2 个次品的概率.

解 设 $A_1=\{$恰有 1 个次品$\}$，$A_2=\{$恰有 2 个次品$\}$.

$$P(A_1)=C_4^1 0.01\times(1-0.01)^3\approx 0.039$$

$$P(A_2)=C_4^2(0.01)^2\times(1-0.01)^2\approx 0.0006$$

例 1.32 考试时有 4 道选择题，每道题附有 4 个答案，其中只有 1 个是正确的. 一个考生随意地选择每道题的答案，求他至少做对 3 道题的概率.

解 设 $A_i=\{$答对 i 道题$\}$，$i=0,1,2,3,4$，则所求概率为

$$P(A_3)+P(A_4)=C_4^3\left(\frac{1}{4}\right)^3\times\left(1-\frac{1}{4}\right)+C_4^4\left(\frac{1}{4}\right)^4=\frac{13}{256}$$

例 1.33 设在贝努利试验中，成功的概率为 p，求第 n 次试验时得到第 r 次成功的概率.

解 所求即为前 $n-1$ 次试验有 $r-1$ 次成功，$n-r$ 次不成功，第 n 次试验成功的概率为

$$[C_{n-1}^{r-1}p^{r-1}(1-p)^{n-r}]p=C_{n-1}^{r-1}p^r(1-p)^{n-r}$$

定理 1.5 （泊松(Poisson)定理）设 $n\to\infty$ 时，$\lambda>0$ 是常数且 $p=\dfrac{\lambda}{n}$，在 n 重贝努利试验中，事件 A(成功)在一次试验中出现的概率为 p，则有等式

$$P_n(k)\approx P(k)=e^{-\lambda}\cdot\frac{\lambda^k}{k!} \tag{1.19}$$

成立.

证

$$P_n(0)=\left(1-\frac{\lambda}{n}\right)^n=1-n\frac{\lambda}{n}+\frac{n(n-1)}{2}\frac{\lambda^2}{n^2}+\cdots$$

$$=1-\lambda+\frac{\lambda^2}{2!}-\frac{\lambda^3}{3!}+\cdots+o(1)$$

其中

$$o(1)\to 0,\ n\to\infty$$

因此

$$P_n(0)\approx e^{-\lambda} \tag{1.20}$$

其次，由贝努利公式得

$$P_n(k+1)=P_n(k)\frac{(n-k)p}{(k+1)(1-p)}=P_n(k)\frac{(n-k)\dfrac{\lambda}{n}}{(k+1)\left(1-\dfrac{\lambda}{n}\right)}$$

$$\approx P_n(k)\frac{\lambda}{k+1} \tag{1.21}$$

其中，$k=0,1,2,\cdots$.

根据式(1.20)并逐次运用式(1.21)，得

$$P_n(1)\approx e^{-\lambda}\frac{\lambda}{1},\ P_n(2)\approx e^{-\lambda}\frac{\lambda^2}{2!},\ P_n(3)\approx e^{-\lambda}\frac{\lambda^3}{3!},\ \cdots,\ P_n(k)\approx e^{-\lambda}\frac{\lambda^k}{k!}$$

说明 $P_n(k)\approx e^{-\lambda}\dfrac{\lambda^k}{k!}$，可通过查表求得 $e^{-\lambda}\dfrac{\lambda^k}{k!}$的近似值.

例 1.34 一本 500 页的书共有 100 个错字，每个错字等可能地出现在每一页上，试求在给定的一页上至少有 2 个错字的概率.

分析 本题的关键是如何建立其概型. 由题意，每个错字出现在某页上的概率均为$\dfrac{1}{500}$，100 个错字就可看成做 100 次贝努利试验，于是问题就迎刃而解了.

解 设 A 表示“某页上至少有 2 个错字”，于是有

$$P(A)=1-P(\overline{A})=1-\sum_{i=0}^{1}C_{100}^{i}\left(\frac{1}{500}\right)^{i}\left(1-\frac{1}{500}\right)^{100-i}$$

$$=1-\left(1-\frac{1}{500}\right)^{100}-100\times\frac{1}{500}\times\left(1-\frac{1}{500}\right)^{99}$$

$$\approx 1-e^{-1/5}-\frac{1}{5}e^{-1/5}\text{（由泊松定理）}\approx 0.017523\text{（查表）}$$

1.9 例题选解

例 1.35 设事件 A，B 相互独立，且 $P(A)=\dfrac{3}{5}$，$P(B)=\dfrac{3}{4}$，求 $P(A\cup B)$，$P(B|A)$，$P(A\overline{B})$，$P(\overline{AB})$，$P(\overline{B}|A)$.

解 因为 A，B 相互独立，故有

$$P(AB)=P(A)P(B)=\frac{3}{5}\times\frac{3}{4}=\frac{9}{20}$$

于是

$$P(A\cup B)=P(A)+P(B)-P(AB)=\frac{3}{5}+\frac{3}{4}-\frac{9}{20}=\frac{9}{10}$$

$$P(B\mid A)=P(B)=\frac{3}{4}$$

$$P(A\overline{B})=P(A)P(\overline{B})=\frac{3}{5}\times\frac{1}{4}=\frac{3}{20}$$

$$P(\overline{AB})=1-P(AB)=1-\frac{9}{20}=\frac{11}{20}$$

$$P(\overline{B}\mid A)=P(\overline{B})=\frac{1}{4}$$

例 1.36 设 $P(A)>0$，试证：$P(B\mid A)\geqslant 1-\dfrac{P(\overline{B})}{P(A)}$.

分析 通常用逆推法，若不等式成立，则

$$P(A)P(B\mid A)\geqslant P(A)-P(\overline{B})$$

即

$$P(AB)\geqslant P(A)-1+P(B)\Rightarrow P(A)+P(B)-P(AB)\leqslant 1$$
$$\Rightarrow P(A\cup B)\leqslant 1$$

证 因为 $P(A\cup B)\leqslant 1$，则

$$\begin{aligned}P(A)+P(B)-P(AB)\leqslant 1&\Rightarrow P(A)+P(B)-P(A)P(B\mid A)\leqslant 1\\&\Rightarrow P(A)P(B\mid A)\geqslant P(A)-[1-P(B)]\\&\Rightarrow P(A)P(B\mid A)\geqslant P(A)-P(\overline{B})\end{aligned}$$

因为 $P(A)>0$，所以

$$P(B\mid A)\geqslant 1-\frac{P(\overline{B})}{P(A)}$$

例 1.37 设 $1>P(A)P(B)>0$，且 $P(A\mid B)+P(\overline{A}\mid\overline{B})=1$，试证明：事件 A，B 相互独立.

证 因为 $1>P(A)P(B)>0$，所以 $P(A)\neq 0$，$P(B)\neq 0$.

$$\begin{aligned}1&=P(A\mid B)+P(\overline{A}\mid\overline{B})=\frac{P(AB)}{P(B)}+\frac{P(\overline{A}\,\overline{B})}{P(\overline{B})}\\&=\frac{P(AB)}{P(B)}+\frac{P(\overline{A\cup B})}{1-P(B)}\\&=\frac{P(AB)}{P(B)}+\frac{1-P(A)-P(B)+P(AB)}{1-P(B)}\end{aligned}$$

等式两边同乘以 $P(B)(1-P(B))$，有

$$P(AB)=P(A)P(B)$$

即事件 A，B 相互独立.

例 1.38 设 A, B 独立, $AB \subset D$, $\overline{A}\,\overline{B} \subset \overline{D}$, 证明: $P(AD) \geqslant P(A)P(D)$.

证 因为 $\overline{A}\,\overline{B} \subset \overline{D} \Rightarrow D \subset A \cup B$, 于是有图 1.10 所示的关系.

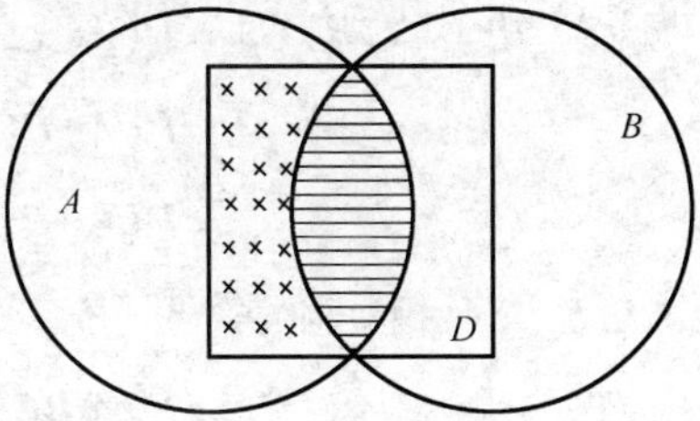

图 1.10

由于 $$AD = AB + D\overline{B}$$

故 $$P(AD) = P(AB) + P(D\overline{B})$$

而 $$P(AB) = P(A)P(B) \geqslant P(A)P(DB)$$
$$P(D\overline{B}) \geqslant P(A)P(D\overline{B})$$

则 $$\begin{aligned} P(AD) &= P(AB) + P(D\overline{B}) \\ &= P(A)P(B) + P(D\overline{B}) \geqslant P(A)P(DB) + P(A)P(D\overline{B}) \\ &= P(A)[P(DB) + P(D\overline{B})] \\ &= P(A)P(D) \end{aligned}$$

即 $$P(AD) \geqslant P(A)P(D)$$

例 1.39 (1) 已知 A_1 与 A_2 同时发生则 A 发生, 试证: $P(A) \geqslant P(A_1) + P(A_2) - 1$.

(2) 若 $A_1A_2A_3 \subset A$, 试证: $P(A) \geqslant P(A_1) + P(A_2) + P(A_3) - 2$.

证 (1) 由题意, 有 $A_1A_2 \subset A$ 且 $P(A_1 \cup A_2) \leqslant 1$, 故

$$\begin{aligned} P(A) &\geqslant P(A_1A_2) = P(A_1) + P(A_2) - P(A_1 \cup A_2) \\ &\geqslant P(A_1) + P(A_2) - 1 \end{aligned}$$

(2) 由于 $A_1A_2A_3 \subset A$, 利用(1)的结果有

$$\begin{aligned} P(A) &\geqslant P(A_1A_2A_3) \geqslant P(A_3) + P(A_1A_2) - 1 \\ &\geqslant P(A_3) + P(A_1) + P(A_2) - 1 - 1 \\ &= P(A_1) + P(A_2) + P(A_3) - 2 \end{aligned}$$

例 1.40 若 A 与 B 互不相容, 且 $0 < P(B) < 1$, 试证:

$$P(A \mid \overline{B}) = \frac{P(A)}{1 - P(B)}$$

证 因为 $P(A \mid \overline{B}) = \dfrac{P(A\overline{B})}{P(\overline{B})} = \dfrac{P(A\overline{B})}{1 - P(B)}$

又因为 A 与 B 互不相容, 故有 $A\overline{B} = A$, 从而

$$P(A \mid \overline{B}) = \frac{P(A)}{1 - P(B)}$$

例 1.41 设 A, B, C 三事件相互独立, 求证: AB, $A \cup B$, $A - B$ 都与 C 相互独立.

证 (1) $P(ABC) = P(A)P(B)P(C) = P(AB)P(C)$

故 AB 与 C 相互独立.

(2) $$\begin{aligned}P[(A\cup B)C]&=P(AC\cup BC)=P(AC)+P(BC)-P(ABC)\\&=P(A)P(C)+P(B)P(C)-P(A)P(B)P(C)\\&=P(C)P(A\cup B)\end{aligned}$$

故 $A\cup B$ 与 C 相互独立.

(3) $$\begin{aligned}P[(A-B)C]&=P(A\overline{B}C)=P[AC(S-B)]\\&=P(AC)-P(ABC)\\&=P(A)P(C)-P(A)P(B)P(C)\\&=P(C)[P(A)-P(AB)]\\&=P(C)P(A-B)\end{aligned}$$

故 $A-B$ 与 C 相互独立.

例 1.42 证明:当 $P(A)=a$, $P(B)=b>0$ 时, 则有 $P(A\mid B)\geqslant\dfrac{a+b-1}{b}$.

证 由题意及条件概率公式有

$$\begin{aligned}P(A\mid B)&=\frac{P(AB)}{P(B)}=\frac{P(A)+P(B)-P(A\cup B)}{P(B)}\geqslant\frac{P(A)+P(B)-1}{P(B)}\\&=\frac{a+b-1}{b}\end{aligned}$$

例 1.43 甲、乙、丙三人依次抛一枚均匀硬币, 先抛出正面者获胜, 求每个人获胜的概率.

解 设用 A, B, C 依次表示甲、乙、丙抛出正面, 则

$$\{甲获胜\}=A+\overline{A}\,\overline{B}\,\overline{C}A+\overline{A}\,\overline{B}\,\overline{C}\,\overline{A}\,\overline{B}\,\overline{C}A+\overline{A}\,\overline{B}\,\overline{C}\,\overline{A}\,\overline{B}\,\overline{C}\,\overline{A}\,\overline{B}\,\overline{C}A+\cdots$$

于是甲获胜的概率

$$\begin{aligned}P_{甲}&=\frac{1}{2}+\frac{1}{2}\times\left(\frac{1}{8}\right)+\frac{1}{2}\times\left(\frac{1}{8}\right)^2+\frac{1}{2}\times\left(\frac{1}{8}\right)^3+\cdots\\&=\frac{1}{2}\sum_{k=0}^{\infty}\left(\frac{1}{8}\right)^k=\frac{1}{2}\times\frac{1}{1-1/8}=\frac{4}{7}\end{aligned}$$

同样

$$\{乙获胜\}=\overline{A}B+\overline{A}\,\overline{B}\,\overline{C}\,\overline{A}B+\overline{A}\,\overline{B}\,\overline{C}\,\overline{A}\,\overline{B}\,\overline{C}\,\overline{A}B+\cdots$$

$$\begin{aligned}P_{乙}&=\frac{1}{4}+\frac{1}{4}\times\left(\frac{1}{8}\right)+\frac{1}{4}\times\left(\frac{1}{8}\right)^2+\frac{1}{4}\times\left(\frac{1}{8}\right)^3+\cdots\\&=\frac{1}{4}\sum_{k=1}^{\infty}\left(\frac{1}{8}\right)^{k-1}=\frac{2}{7}\end{aligned}$$

相仿可以得

$$P_{丙}=\frac{1}{7}\left(亦可由\ P_{丙}=1-P_{甲}-P_{乙}=\frac{1}{7}\right)$$

例 1.44 甲、乙、丙三门火炮向同一辆坦克射击，击中的概率分别为0.6，0.8，0.9，若只有一门火炮击中，则坦克被击毁的概率为0.3. 如果有两门火炮击中，则坦克被击毁的概率为0.7. 如果三门火炮都击中，则坦克一定被击毁. 现已知坦克被击毁，求恰是两门火炮击中的概率.

解 设A_1，A_2，A_3分别表示甲、乙、丙击中坦克；B_i表示有i门火炮击中坦克($i=1, 2, 3$)，D表示坦克被击毁. 根据题意，要求的是

$$P(B_2 \mid D)=\frac{P(DB_2)}{P(D)}$$

$$=\frac{P(B_2)P(D \mid B_2)}{P(B_1)P(D \mid B_1)+P(B_2)P(D \mid B_2)+P(B_3)P(D \mid B_3)}$$

而其中

$$P(B_1)=P(A_1\overline{A}_2\overline{A}_3+\overline{A}_1A_2\overline{A}_3+\overline{A}_1\overline{A}_2A_3)=0.116$$

$$P(B_2)=P(A_1A_2\overline{A}_3+A_1\overline{A}_2A_3+\overline{A}_1A_2A_3)=0.444$$

$$P(B_3)=P(A_1A_2A_3)=0.432$$

$$P(D \mid B_1)=0.3,\ P(D \mid B_2)=0.7,\ P(D \mid B_3)=1$$

代入第1个式子便得

$$P(B_2 \mid D)=\frac{0.444\times 0.7}{0.116\times 0.3+0.444\times 0.7+0.432}=0.3997$$

例 1.45 设一大炮对某目标进行n次独立轰击，每次轰击的命中率都是p，若目标被击中k次，则目标被摧毁的概率为$1-\frac{1}{5^k}$，$k=0, 1, 2, 3, \cdots, n$. 求轰击n次后目标被摧毁的概率.

解 设$A=\{目标被摧毁\}$

$B_k=\{目标被击中\ k\ 次\}$，$k=0, 1, 2, 3, \cdots, n$

则按重复独立试验有

$$P_n(B_k)=\mathrm{C}_n^k p^k(1-p)^{n-k}$$

按题设又有$P(A \mid B_k)=1-\frac{1}{5^k}$. 于是按全概率公式有

$$P(A)=\sum_{k=0}^{n}P_n(B_k)P(A \mid B_k)=\sum_{k=0}^{n}\mathrm{C}_n^k p^k(1-p)^{n-k}\left(1-\frac{1}{5^k}\right)$$

$$=\sum_{k=0}^{n}\mathrm{C}_n^k p^k(1-p)^{n-k}-\sum_{k=0}^{n}\mathrm{C}_n^k\left(\frac{p}{5}\right)^k(1-p)^{n-k}$$

$$=1-\left(\frac{p}{5}+1-p\right)^{n}=1-\left(1-\frac{4}{5}p\right)^{n}$$

例 1.46 一个质点自图 1.11 中 a 点处沿网络轨道自上而下运动，每到交叉点处(包括 a 点)均以 $\frac{3}{4}$ 和 $\frac{1}{4}$ 的概率分别沿左边或右边往下，求四个质点独立自 a 点沿网络自上而下运动，恰好有三个质点经过 b 点到达 c 点的概率.

解 将四个质点经过 b 点到达 c 点看做是重复独立试验，则问题便转化为求质点通过 b 点、c 点的概率，记

$$B=\{质点通过\ b\ 点\}$$
$$C=\{质点通过\ c\ 点\}$$

则 $BC=\{质点通过\ b\ 点且又到达\ c\ 点\}$. 注意，质点通过 b 点的充要条件是自 a 点出发向左边走 2 步，向右边走 3 步，共走 5 步，再把这也看做是重复独立试验，则

$$P(B)=C_5^2\left(\frac{3}{4}\right)^2\times\left(\frac{1}{4}\right)^3$$

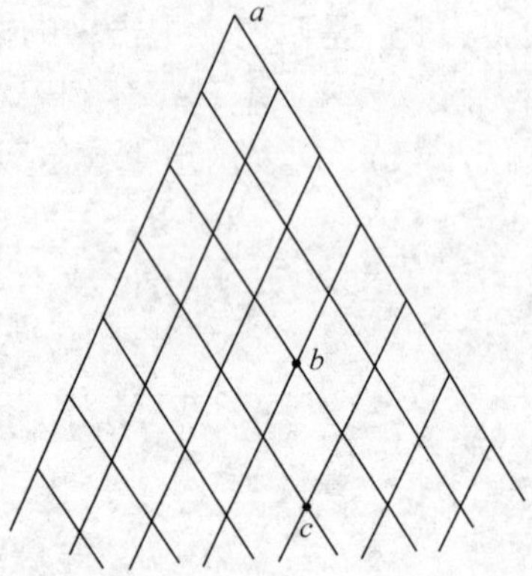

图 1.11

类似地，又有

$$P(C\mid B)=C_1^2\left(\frac{3}{4}\right)\times\left(\frac{1}{4}\right)$$

于是

$$P(BC)=P(B)P(C\mid B)=C_5^2\left(\frac{3}{4}\right)^2\times\left(\frac{1}{4}\right)^3C_2^1\left(\frac{3}{4}\right)\times\left(\frac{1}{4}\right)\approx 0.033$$

最后，所求的概率为

$$P_4(3)=C_4^3(0.033)^3\times(1-0.033)=0.00014$$

例 1.47 有 2500 人参加人寿保险，每人在年初向保险公司交 12 元保险金，若在这一年内死亡，则可领得 2000 元赔偿. 假设每个保险人在这一年内死亡的概率是 0.002，试求：

(1) 一年中保险公司获利不少于 10000 元的概率.

(2) 保险公司亏损的概率.

解 若将每个保险人一年内死亡与不死亡看做是独立试验序列，所求的概率都涉及一年内的死亡人数 x 的大小. 这可从

$$2500\times 12-2000x\geqslant 10000$$

便可知当死亡人数 $x\leqslant 10$ 时，保险公司获利就不少于 10000 元. 又从

$$2000x>2500\times 12$$

即 $x>15$ 时，便知保险公司将亏损. 于是，设 A 表示死亡人数不多于 10 人，$P(A)$ 就

是(1)所求的概率，而

$$P(A)=\sum_{m=0}^{10}P_{2500}(m)=\sum_{m=0}^{10}C_{2500}^{10}(0.002)^{m}(0.998)^{2500-m}$$

由于 $n=2500$ 很大，$P=0.002$ 很小，故可采用近似公式，

$$P(A)\approx\sum_{m=0}^{10}\frac{5^{m}}{m!}e^{-5}\approx 0.9863(\lambda=np=5)$$

可见保险公司获得10000元及以上几乎是必定的.

若设 B 表示保险公司亏损，$P(B)$ 就是(2)所求的概率，则

$$P(B)=\sum_{m=16}^{2500}P_{2500}(m)=1-\sum_{m=0}^{15}P_{2500}(m)\approx 1-\sum_{m=0}^{15}\frac{5^{m}}{m!}e^{-5}=0.0001$$

习 题 1

A组 基本练习题

1. 一名射手连续向某一目标射击三次，事件 A_i 表示该射手第 i 次击中目标($i=1,2,3$). 试用 A_i 表示下列事件.

(1) 第三次击中而第二次未击中目标.

(2) 三次都击中目标.

(3) 前两次击中目标，第三次未击中目标.

(4) 后两次射击至少有一次击中目标.

(5) 三次射击中至少有一次击中目标.

(6) 三次射击至少有两次击中目标.

(7) 三次射击至多有一次击中目标.

(8) 三次射击恰有一次击中目标.

(9) 三次射击至多有两次击中目标.

(10) 三次射击恰有两次击中目标.

(11) 前两次射击至少有一次未击中目标.

(12) 后两次射击都未击中目标.

(13) 第一次未击中目标，后两次至少有一次击中目标.

2. 从一批产品中每次取出一个产品进行检验(取出不再放回)，事件 $A_i(i=1,2,3,4,5)$ 表示第 i 次取到次品. 试用 A_i 表示如下事件.

(1) 五次全取到正品.

(2) 五次中恰好有四次取到正品.

(3) 五次中至少有四次取到次品.

(4) 五次中至多有一次取到正品.

(5) 五次中恰好有一次取到正品.

(6) 五次中至少有四次取到正品.

3. 一部五卷本文集，任意地排列在书架上，问卷号自左向右或自右向左恰好为12345顺序的概率是多少？

4. 一批晶体管共40只，其中3只是坏的，今从中任取5只，求：

(1) 5只全是好的概率.

(2) 5只中至少有2只是坏的概率.

5. 袋中有编号为1到10的十个球，今从袋中任取三个球，求：

(1) 三个球的最小号码为5的概率.

(2) 三个球的最大号码为5的概率.

6. 将n个球放入N个盒子中，每个球都以$1/N$的概率进入每个盒子中，求指定的某盒是空盒的概率.

7. (1) 教室里有r个学生($r<365$)，求他们的生日都不相同的概率.

(2) 房间里有四个人，求至少有两个人的生日在同一个月的概率.

8. 设一个人的生日在星期几是等可能的，求六个人的生日都集中在一星期中的某两天，但不在同一天的概率.

9. 已知$P(A)=P(B)=\dfrac{1}{2}$，试证:$P(AB)=P(\overline{A}\,\overline{B})$.

10. 设$AB\subset C$，试证:$P(A)+P(B)-P(C)\leqslant 1$.

11. 设事件A，B及$A\cup B$的概率分别为p，q及r，求$P(AB)$，$P(A\overline{B})$，$P(\overline{A}B)$，$P(\overline{A}\,\overline{B})$.

12. 设A，B，C是三个事件，且$P(A)=P(B)=P(C)=1/4$，$P(AB)=P(BC)=0$，$P(AC)=1/8$，求A，B，C中至少有一个发生的概率.

13. (约会问题)甲乙两艘轮船驶向一个不能同时停泊两艘轮船的码头，它们在一昼夜内到达的时间是等可能的. 如果甲船停泊的时间是1h，乙船停泊的时间是2h，求它们中任何一艘都不需要等候码头空出的概率是多少?

14. 在长度为a的线段内任取两点将其分成三段，求它们可以构成一个三角形的概率.

15. 加工某一零件共需经过四道工序，设各工序的次品率分别为2%，3%，5%，3%，假定各工序互不影响，求加工出的零件是次品的概率.

16. 三人独立地去破译一个密码，他们能译出的概率分别是$\dfrac{1}{5}$，$\dfrac{1}{3}$，$\dfrac{1}{4}$，求他们能将此密码译出的概率.

17. 设事件A，B相互独立，若这两个事件仅发生A的概率和仅发生B的概率都是$\dfrac{1}{4}$，求$P(A)$和$P(B)$.

18. 设$P(A)>0$，$P(B)>0$，证明：A，B相互独立与A，B互不相容不能同时成立.

19. 如果$P(A\mid B)=P(A\mid\overline{B})$，证明:事件$A$与$B$相互独立.

20. 若事件A，B，C相互独立，且$P(A)\neq 0$，$0<P(C)<1$，证明:$\overline{AC}$与$\overline{C}$不独立.

21. 两台车床加工同样的零件，它们出现废品的概率分别为0.03和0.02，加工出来的零件放在一起，设第一台加工的零件比第二台加工的多一倍，求任取一个零件是合格品的概率.

22. 甲袋中有3个白球、2个黑球，乙袋中有4个白球、4个黑球，今从甲袋中任取2个球放入乙袋，再从乙袋中任取1个球，求该球是白球的概率. 若已知该球是白球，求从甲袋中取出的球是一白一黑的概率.

23. 电报发射台发出“·”和“-”的比例为5∶3，由于干扰，传送“·”时失真率为2/5，传送“-”时失真率为1/3，求接收台收到“·”时发出信号恰是“·”的概率.

B 组综合练习题

填空题

1. 同时抛掷三枚质地均匀的硬币，出现三个正面的概率是____，恰出现一个正面的概率是____.

2. 设随机事件 A, B 的和事件为 $A\cup B$, B 和 $A\cup B$ 的概率分别为 0.3, 0.6. 若 $\overline{B}$ 表示 B 的对立事件，则 $P(A-B)=$____.

3. 从(0, 1)中随机地取两个数，则这两数之和小于 1.2 的概率是____.

4. 某市有 50% 的住户订日报，65% 的住户订晚报，85% 的住户至少订这两种报纸中的一种，则同时订这两种报纸的住户的比例是____.

5. 三台机器相互独立运转，设第一、第二、第三台机器不发生故障的概率依次为 0.9, 0.8, 0.7，则这三台机器中至少有一台发生故障的概率为____.

6. 一批晶体管共有 100 只，次品率为 10%，接连两次从其中任取一只(取后不收回)，第二次才取到正品的概率为____.

单项选择题

1. 若事件 A 与 B 对立(互逆)，则下列结论正确的是(　　).

(A) $P(A\cup B)=P(A)+P(B)-P(A)P(B)$　　(B) $P(AB)=P(A)P(B)$

(C) $P(A)=1-P(B)$　　(D) $P(B\mid A)=P(B)$

2. 设 A 与 B 为相互独立的事件，且 $P(A\cup B)=0.6$, $P(A)=0.4$，则 $P(B)=$(　　).

(A) $\frac{1}{5}$　　(B) $\frac{1}{3}$　　(C) $\frac{3}{5}$　　(D) $\frac{2}{5}$

3. n 张奖券中含有 m 张有奖的，k 个人每人购买一张，其中至少有一个人中奖的概率是(　　).

(A) $\frac{m}{C_n^k}$　　(B) $1-\frac{C_{n-m}^k}{C_n^k}$　　(C) $\frac{C_m^1 C_{n-m}^{k-1}}{C_n^k}$　　(D) $\sum_{i=1}^{k}\frac{C_m^i}{C_n^k}$

4. 设有 40 只晶体管，其中有 2 只次品，今从中随机抽取 5 只，其中恰有 1 只次品的概率是(　　).

(A) $\frac{5}{156}$　　(B) $\frac{7}{156}$　　(C) $\frac{35}{156}$　　(D) $\frac{121}{156}$

5. 设有某产品一盒 10 只，已知其中有 3 只是次品，现从中取两次，每次任意取 1 只，第一次取到 1 只次品不收回，第二次再取到 1 只还是次品的概率是(　　).

(A) $\frac{3}{10}$　　(B) $\frac{2}{10}$　　(C) $\frac{2}{3}$　　(D) $\frac{2}{9}$

6. 设有一箱同类型的产品是由三家工厂生产的，已知其中有$\frac{1}{2}$的产品是由甲厂生产的，其中$\frac{1}{3}$的产品是由乙厂生产的，$\frac{1}{6}$的产品是由丙厂生产的，又知甲、乙、丙三厂产品的次品率分别为 2%, 3% 和 3%. 现从箱中任取一个产品，拿到的是次品的概率是(　　).

(A) 0.02　　(B) 0.03　　(C) 0.025　　(D) 0.08

计算题

1. 两封信随机地投向标号为Ⅰ、Ⅱ、Ⅲ、Ⅳ的四个邮筒，第二个邮筒恰好投入一封信的概率是多少？

2. 50 件衣服里只有 2 件是红色的，今从中任取 n 件，为了使这 n 件里至少有 1 件红色的衣服的概率大于 0.5，n 至少应取多少？

3. 一盒子中有 4 只次品晶体管，6 只正品晶体管，随机地抽取 1 只测试，直到 4 只次品晶体管都找到为止，求第 4 只次品晶体管在下列情况发现的概率.

（1）在第 5 次测试时发现.

（2）在第 10 次测试时发现.

4. 设 $a>0$，有任意两数 x，y，且 $0<x<a$，$0<y<a$，试求 $xy<\frac{a^2}{4}$的概率.

5. 三个箱子，第一个箱子有 4 个黑球 1 个白球，第二个箱子中有 3 个黑球 3 个白球，第三个箱子有 3 个黑球 5 个白球，现随机地取一个箱子，再从这个箱子中取出 1 个球，求：

（1）这个球是白球的概率.

（2）已知取出的球为白球，此球属于第二个箱子的概率.

6. 袋中有 12 个球，其中有 9 个是新的，第一次比赛时从中任取 3 个用，比赛后仍收回袋中，第二次比赛再从袋中任取 3 个，求：

（1）第二次取出的球都是新球的概率.

（2）又已知第二次取出的球都是新球，求第一次取到的都是新球的概率.

7. 某考生想借一本书，决定再请两个同学帮忙，他们分别到三个图书馆去借. 对每一个图书馆而言有无这本书的概率相等. 若有，能否借到的概率也相等. 假定这三个图书馆采购、出借图书相互独立，求该生能借到此书的概率.

8. 设昆虫产 k 个卵的概率为 $p_k=\frac{\lambda^k}{k!}e^{-\lambda}$，又设一个虫卵孵化成昆虫的概率为 p. 若卵的孵化相互独立，此昆虫的下一代有 L 条的概率是多少？

9. 一台仪器中装有 2000 个同样的元件，每个元件损坏的概率为 0.0005，如果任一元件损坏，仪器即停止工作，求仪器停止工作的概率.

10. 卫生部门对某地区的 5000 人进行某种疾病的检查，结果发现有 4 个患有这种疾病. 能否相信该地区这种疾病的发病率不超过 0.0001？

第 2 章　随机变量及其分布

在研究了随机事件的概率的基础上，本章进一步研究随机变量和随机变量的分布问题. 主要内容包括随机变量的概念、离散型随机变量与分布、连续型随机变量与分布和随机变量函数的分布.

2.1　随机变量的概念

2.1.1　随机变量

现在我们来研究随机变量的概念，它是概率论中最基本的概念. 在随机试验中，我们观察到的对象常常是一个随机取值的量，如果把试验中观察的对象用 X 来表示，那么 X 就具有这样的特点：随着试验的重复，X 可以取不同的值，并且在每次试验中究竟取什么值，事先无法确切预言，是带有随机性的，因此，称 X 为随机变量. 由于 X 是随着试验的结果（基本事件 e）不同而变化的，因此 X 实际上是基本事件 e 的函数，即 $X=X(e)$. 从而有下述定义.

定义 2.1　设 E 是随机试验，S 是它的样本空间，如果对于每一个 $e\in S$，都有唯一的实数 $X(e)$ 与之对应，则称 $X(e)$ 为随机变量，简记为 X.

今后我们常用大写字母 X，Y，Z 等表示随机变量.

研究随机变量，首先感兴趣的是它的可能取值集合. 如果这个集合是数的有限集合或是数的可数集合且不含有极限点（如整数集合 $\mathbf{Z}$），则称这种随机变量是离散型的随机变量. 若随机变量的取值集合为数轴上的整个区间，则称它为连续型的随机变量.

描述随机试验的统计规律，除了要指出随机变量 X 能取什么值，还应指出它以多大的概率取这些值.

2.1.2　离散型随机变量

对于离散型随机变量 X，它的可能取值 x_1，x_2，…，x_n，…是有限个或可数个，且有 $P\{X=x_k\}=p_k$，$k=1$，2，…，n，…，$\sum\limits_k p_k=1$，则称

X	x_1	x_2	$\cdots$	x_n	$\cdots$
P	p_1	p_2	$\cdots$	p_n	$\cdots$

为 X 的概率分布列.

下面介绍几种常见的分布列.

1. 两点分布

若随机变量 X 只可能取 0 和 1 两个值，且

$$P\{X=1\}=p,\ P\{X=0\}=1-p=q,\ 0<p<1 \tag{2.1}$$

则 X 有分布列

X	0	1
P	$1-p$	p

且记为 $X\sim(0-1)$，即 X 服从两点分布. 显然，贝努利试验可用两点分布来描述.

2. 二项分布

若随机变量 X 有分布列

$$P\{X=k\}=\mathrm{C}_n^k p^k q^{n-k},\ k=0,1,2,\cdots,n \tag{2.2}$$

其中，$0<p<1$，$q=1-p$，则称 X 服从参数为 n，p 的二项分布，记为 $X\sim B(n,p)$.

由定理 1.4 可知，在 n 重贝努利试验中，成功的次数是服从二项分布的.

对二项分布来讲，概率分布列的两个性质显然成立. 因为

$$P\{X=k\}=\mathrm{C}_n^k p^k q^{n-k}>0,\ k=0,1,\cdots,n$$

又由式(1.18)得

$$\sum_{k=1}^{n} P\{X=k\}=\sum_{k=1}^{n}\mathrm{C}_n^k p^k q^{n-k}=1$$

下面来观察 $P\{X=k\}=\mathrm{C}_n^k p^k q^{n-k}$ 随 k 取值不同而变化的情况.

$$\frac{P\{X=k\}}{P\{X=k-1\}}=\frac{\mathrm{C}_n^k p^k q^{n-k}}{\mathrm{C}_n^{k-1} p^{k-1} q^{n-k+1}}=\frac{(n-k+1)p}{kq}$$

$$=1+\frac{(n+1)p-k}{kq},\ k=1,2,\cdots,n$$

当 $k<(n+1)p$ 时，$P\{X=k\}>P\{X=k-1\}$，此时 $P\{X=k\}$ 随 k 增加而上升.

当 $k>(n+1)p$ 时，$P\{X=k\}<P\{X=k-1\}$，此时 $P\{X=k\}$ 随 k 增加而下降.

当 $k=(n+1)p$ 为整数时，$P\{X=k\}=P\{X=k-1\}$. 此时，$P\{X=k\}$ 在 $k=(n+1)p$ 及 $k=(n+1)p-1$ 时，都达到最大值. 若 $(n+1)p$ 不是整数，令 $k_0=[(n+1)p]$（表示 $(n+1)p$ 的整数部分)，则 $P\{X=k_0\}$ 为最大值.

3. 几何分布

在重复独立试验中，事件 A 发生的概率为 p，设 X 为直到 A 发生为止所进行的试验的次数，显然 X 的可能取值是全体正整数，且由定理 1.4 的证明过程知其分布为

$$P\{X=k\}=q^{k-1}p \xlongequal{\text{def}} g(k,\ p),\ k\geqslant 1 \tag{2.3}$$

由于 $g(k,\ p)=q^{k-1}p$ 是一个几何数列(或称等比数列)，因而将以式(2.3)为概率分布的随机变量称为服从参数为 p 的**几何分布**.

4. 泊松分布

若随机变量 X 的分布列为

$$P\{X=k\}=\frac{\lambda^k}{k!}\mathrm{e}^{-\lambda},\ \lambda>0,\ k=0,\ 1,\ 2,\ \cdots \tag{2.4}$$

则称 X 服从参数为 λ 的泊松分布，记为 $X\sim P(\lambda)$. 服从泊松分布的随机变量也称为泊松变量.

由式(2.4)知，$P\{X=k\}>0(k=0,\ 1,\ 2,\ \cdots)$，且有

$$\sum_{k=0}^{\infty}P\{X=k\}=\sum_{k=0}^{\infty}\frac{\lambda^k}{k!}\mathrm{e}^{-\lambda}=\mathrm{e}^{-\lambda}\sum_{k=0}^{\infty}\frac{\lambda^k}{k!}=\mathrm{e}^{-\lambda}\mathrm{e}^{\lambda}=1$$

故泊松分布 $P(\lambda)$满足分布列的两个性质.

由定理1.5知，以 n, p 为参数的二项分布，当 n 很大 p 很小时近似于以 $\lambda=np$ 为参数的泊松分布. 这一事实，可以看成泊松分布的一个来源，这是1837年法国数学家泊松引入的.

泊松分布的应用很广泛，在实际中有许多随机现象都服从泊松分布. 例如，电话交换台接到的呼唤次数，到达车站的乘客数，经过某片天空的流星数，放射性物质放射的质点数等. 这些随机现象，都可用随机地不断出现的质点数来描述；这种源源不断出现的随机质点构成的序列称为随机质点流. 一种重要的随机质点流——泊松流，讨论了产生泊松分布的一般条件.

2.1.3 随机变量的分布函数

对离散型随机变量，可以用分布列来描述. 对非离散型随机变量，由于它可能取的值不可数，所以不能用分布列来描述. 例如，灯泡的寿命是一个可以在某一个区间上任意取值的随机变量 X，也就是说，X 的可能值连续地充满了一个区间，不是集中在有限个或可列无穷多个点上，因此其概率规律不能用分布列描述.

如果能够确知 X 在任意区间$(x_1,\ x_2]$上取值的概率 $P\{x_1<X\leqslant x_2\}$，就能够掌握它取值的概率分布规律了，但

$$P\{x_1<X\leqslant x_2\}=P\{X\leqslant x_2\}-P\{X\leqslant x_1\}$$

等式右端两项具有完全相同的形式. 如果对于任意的实数 x，概率 $P\{X\leqslant x\}$ 都能求出来，则概率 $P\{x_1<X\leqslant x_2\}$ 就可求出来了. 这样，研究随机变量落在一个区间上的概率问题，就转化为研究对任意的实数 x 求概率 $P\{X\leqslant x\}$ 的问题了. 而 $P\{X\leqslant x\}$ 是 x 的函数，所以引入下面的定义.

定义 2.2 设 X 为一随机变量，称函数

$$F(x)=P\{X\leqslant x\} \tag{2.5}$$

为 X 的分布函数，其中 x 为任意实数.

分布函数是一个普通的函数，它与数学分析中的函数具有同样的意义. 正是这个缘故，我们才能够用数学分析的工具来研究随机现象.

由定义，事件“$x<X\leqslant x_2$”的概率可写成

$$P\{x_1<X\leqslant x_2\}=F(x_2)-F(x_1) \tag{2.6}$$

分布函数具有如下性质：

(1) $0\leqslant F(x)\leqslant 1,\ -\infty<x<+\infty$ (2.7)

(2) 若 $x_1<x_2$，则 $F(x_1)\leqslant F(x_2)$，即 $F(x)$是单调非减的.

(3) $F(-\infty)=\lim\limits_{x\to-\infty}F(x)=0,\ F(+\infty)=\lim\limits_{x\to+\infty}F(x)=1$ (2.8)

(4) $F(x+0)=F(x)$，即 $F(x)$是右连续的.

说明　分布函数的定义对离散型随机变量 X 也适用.

一般情况，设离散型随机变量 X 的分布列为

$$P\{X=x_i\}=p_i,\ i=1,\ 2,\ \cdots$$

则 X 的分布函数为

$$F(x)=P\{X\leqslant x\}=\sum_{x_i\leqslant x}P\{X=x_i\},\ x\in(-\infty,+\infty) \tag{2.9}$$

其中，和式是对所有满足 $x_i\leqslant x$ 的 i 求和.

2.1.4　连续型随机变量

下面我们引入连续型随机变量的一般定义.

定义 2.3　设 $F(x)$是随机变量 X 的分布函数，若存在一个非负的函数 $p(x)$ $(-\infty<x<+\infty)$，使对于一切实数 x 有

$$F(x)=\int_{-\infty}^{x}p(t)\,\mathrm{d}t \tag{2.10}$$

则称 X 为连续型随机变量. 同时称 $p(x)$为 X 的概率密度函数，简称概率密度.

概率密度 $p(x)$具有如下的性质：

(1) $p(x)\geqslant 0$

(2) $\int_{-\infty}^{+\infty}p(x)\,\mathrm{d}x=1$

(3) $P\{x_1<X\leqslant x_2\}=F(x_2)-F(x_1)=\int_{x_1}^{x_2}p(t)\,\mathrm{d}t$ (2.11)

(4) 在 $p(x)$的连续点处有

$$F'(x)=p(x) \tag{2.12}$$

性质(1)~性质(3)可由概率密度的定义、分布函数的性质及式(2.6)直接得

到. 由积分学的知识知，性质(4)当然成立. 性质(1)与性质(2)是概率密度的基本性质. 一个概率密度函数必须满足性质(1)、性质(2). 可以证明，满足性质(1)、性质(2)的函数，一定是某一连续型随机变量的概率密度.

概率密度函数的图形，称为密度曲线(图2.1)，性质(1)说明密度曲线位于x轴上方. 性质(2)说明，密度曲线与x轴所夹的面积等于1，所以密度曲线一定是以x轴为渐近线或部分重合于x轴. 性质(3)说明，随机变量X落在区间$(x_1, x_2]$上的概率$P\{x_1<X\leqslant x_2\}$等于以$(x_1, x_2]$为底、以密度曲线$p(x)$为顶的曲边梯形B的面积，这就是性质(1)~性质(3)的几何说明. 以$(-\infty, x]$为底，以曲线$p(x)$为顶的曲边梯形A的面积表示$F(x)$的值，这就是式(2.10)的几何说明.

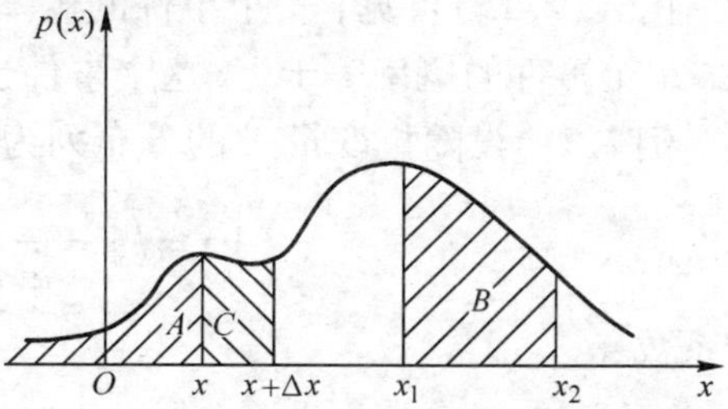

图 2.1

性质(4)说明了“密度”术语的由来. 因为

$$p(x)=F'(x)=\lim_{\Delta x\to 0}\frac{F(x+\Delta x)-F(x)}{\Delta x}=\lim_{\Delta x\to 0}\frac{P(x<X\leqslant x+\Delta x)}{\Delta x}$$

如果把概率看做质量，则上式右端恰好是在x点的线密度，所以我们称$p(x)$为概率密度.

图2.1中以$(x, x+\Delta x]$为底，以密度曲线为顶的曲边梯形C的面积，表示概率$P\{x<X\leqslant x+\Delta x\}$的值. 由于

$$P\{x<X\leqslant x+\Delta x\}=\int_x^{x+\Delta x}p(t)\,\mathrm{d}t\approx p(x)\Delta x \tag{2.13}$$

因此，概率密度$p(x)$的数值反映了随机变量X取x附近值的概率的大小.

由积分学知识可得，式(2.10)给出的函数$F(x)$在整个数轴上是连续的，即连续型随机变量的分布函数一定是连续的. 由此可以推出:连续型随机变量取任何一个值的概率等于零，即对任何x值，总有$P\{X=x\}=0$.

事实上，设X的分布函数为$F(x)$，则有

$$0\leqslant P\{X=x\}\leqslant P\{x-\Delta x<X\leqslant x\}=F(x)-F(x-\Delta x) \tag{2.14}$$

由$F(x)$的处处连续性，得

$$\lim_{\Delta x\to 0}[F(x)-F(x-\Delta x)]=0$$

而$P\{X=x\}$与Δx无关，故得

$$P\{X=x\}=0 \tag{2.15}$$

由于连续型随机变量取个别值的概率为0，所以想用列举连续型随机变量取单个值的概率来描述这种随机变量，这种想法不仅做不到，而且是无意义的. 另外，当计算连续型随机变量落在某一区间的概率时，区间是否包含端点，是无需考虑的，即若连续型随机变量的概率密度为$p(x)$，分布函数为$F(x)$，则

$$P\{a<X\leqslant b\}=P\{a\leqslant X\leqslant b\}=P\{a\leqslant X<b\}=P\{a<X<b\}$$
$$=\int_a^b p(x)\,\mathrm{d}x = F(b)-F(a) \tag{2.16}$$

由式(2.15)可见，一个事件的概率等于零，这个事件不一定是不可能事件. 同样，一个事件的概率等于1，这个事件也未必是必然事件.

例 2.1 设随机变量 X 的分布列为

$$P\{X=k\}=\frac{A}{k(k+1)},\ k=1,\ 2,\ \cdots$$

求系数 A.

解 利用分布列的性质 $\sum\limits_{k=1}^{\infty}P\{X=k\}=1$，故有

$$1=\sum_{k=1}^{\infty}\frac{A}{k(k+1)}=A\sum_{k=1}^{\infty}\frac{1}{k(k+1)}=A\sum_{k=1}^{\infty}\left(\frac{1}{k}-\frac{1}{k+1}\right)=A$$

所以 $A=1$.

例 2.2 设随机变量 X 的概率密度为

$$f(x)=\begin{cases}A\cos x & |x|\leqslant\dfrac{\pi}{2}\\[2ex] 0 & |x|>\dfrac{\pi}{2}\end{cases}$$

试求：

（1）系数 A.

（2）X 的分布函数及其图形.

（3）X 落在区间 $\left(0,\ \dfrac{\pi}{4}\right)$ 内的概率.

解 （1）利用概率密度的性质有

$$1=\int_{-\infty}^{+\infty}f(x)\,\mathrm{d}x=\int_{-\frac{\pi}{2}}^{\frac{\pi}{2}}A\cos x\,\mathrm{d}x=2A$$

故 $A=\dfrac{1}{2}$.

（2）当 $x<-\dfrac{\pi}{2}$ 时，$F(x)=\int_{-\infty}^{x}f(x)\,\mathrm{d}x=0$

当 $-\dfrac{\pi}{2}\leqslant x<\dfrac{\pi}{2}$ 时，$F(x)=\dfrac{1}{2}\int_{-\frac{x}{2}}^{x}\cos x\,\mathrm{d}x=\dfrac{1}{2}(1+\sin x)$

当 $x\geqslant\dfrac{\pi}{2}$ 时，$F(x)=\int_{-\frac{\pi}{2}}^{\frac{\pi}{2}}\dfrac{1}{2}\cos x\,\mathrm{d}x=1$

故 X 分布函数为

$$F(x)=\begin{cases}0 & x<-\dfrac{\pi}{2}\\ \dfrac{1}{2}(1+\sin x) & -\dfrac{\pi}{2}\leqslant x<\dfrac{\pi}{2}\\ 1 & x\geqslant\dfrac{\pi}{2}\end{cases}$$

$F(x)$的图形如图 2.2 所示.

(3) $P\left\{0<X<\dfrac{\pi}{4}\right\}=\int_0^{\frac{\pi}{4}}\dfrac{1}{2}\cos x\mathrm{d}x=\dfrac{\sqrt{2}}{4}$

或者用下面的方法求

$$P\left\{0<X<\frac{\pi}{4}\right\}=F\left(\frac{\pi}{4}\right)-F(0)$$

$$=\left(\frac{1}{2}+\frac{1}{2}\sin\frac{\pi}{4}\right)-\left(\frac{1}{2}+0\right)=\frac{\sqrt{2}}{4}$$

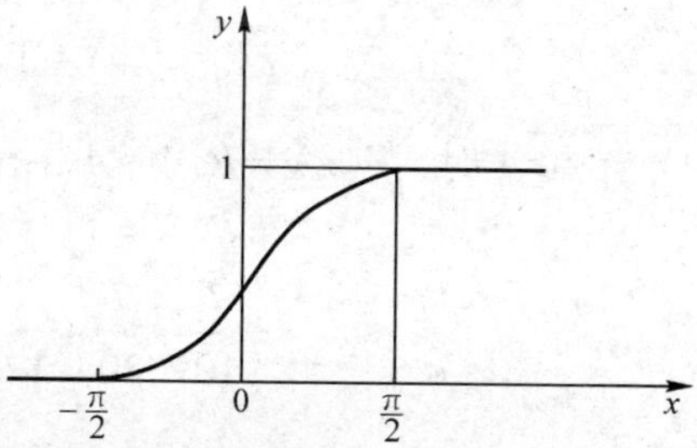

图 2.2

例 2.3 口袋中有 10 个球，7 个新的 3 个旧的，按下述两种方式进行抽取，①不放回地抽取；②有放回地抽取. 每次从中任取一个. X 表示直至取到新球为止所进行的抽取次数. 求：

(1) X 的分布列.

(2) 对于抽取方式①，求 X 的分布函数.

解 (1) 抽取方式①显然 X 有 4 种可能的取值：

$$P\{X=1\}=\frac{7}{10},\ P\{X=2\}=\frac{3}{10}\times\frac{7}{9}=\frac{7}{30}$$

$$P\{X=3\}=\frac{3}{10}\times\frac{2}{9}\times\frac{7}{8}=\frac{7}{120},\ P\{X=4\}=\frac{3}{10}\times\frac{2}{9}\times\frac{1}{8}\times\frac{7}{7}=\frac{1}{120}$$

X	1	2	3	4
p_k	$\frac{7}{10}$	$\frac{7}{30}$	$\frac{7}{120}$	$\frac{1}{120}$

对于抽取方式②，X 的可能取值是无穷多个，且有

$$P\{X=k\}=P\{\text{第 } k \text{ 次才取到，前 } k-1 \text{ 次均未取到}\}$$

$$=\left(\frac{3}{10}\right)^{k-1}\times\left(\frac{7}{10}\right)=0.3^{k-1}\times0.7,\ k=1,2,\cdots$$

(2) 当 $x<1$ 时，$\{X<1\}=\varnothing$，$F(x)=0$

当 $1\leqslant x<2$ 时，$F(x)=P\{X\leqslant x\}=P\{X\leqslant1\}+P\{1<X\leqslant x\}$

$$=P\{X=1\}=\frac{7}{10}$$

当 $2\leqslant x<3$ 时，$F(x)=P\{X\leqslant x\}=P\{X\leqslant 2\}+P\{2<X\leqslant x\}$

$$=P\{X=1\}+P\{X=2\}=\frac{7}{10}+\frac{7}{30}=\frac{28}{30}$$

当 $3\leqslant x<4$ 时，$F(x)=P\{X\leqslant 3\}+P\{3<X\leqslant x\}$

$$=P\{X=1\}+P\{X=2\}+P\{X=3\}=\frac{119}{120}$$

当 $x\geqslant 4$ 时，$F(x)=P\{X\leqslant 4\}+P\{4<X\leqslant x\}$

$$=P\{X=1\}+P\{X=2\}+P\{X=3\}+P(X=4)$$

$$=\frac{7}{10}+\frac{7}{30}+\frac{7}{120}+\frac{1}{120}=1$$

故有

$$F(x)=\begin{cases}0 & x<1\\ \frac{7}{10} & 1\leqslant x<2\\ \frac{28}{30} & 2\leqslant x<3\\ \frac{119}{120} & 3\leqslant x<4\\ 1 & x\geqslant 4\end{cases}$$

例 2.4 设随机变量 X 的分布函数为

$$F(x)=P\{X\leqslant x\}=\begin{cases}0 & x<-1\\ 0.4 & -1\leqslant x<1\\ 0.8 & 1\leqslant x<3\\ 1 & x\geqslant 3\end{cases}$$

求 X 的分布列.

解 因为

$$P\{X=x_0\}=P\{X\leqslant x_0\}-P\{X<x_0\}$$

所以

$$P\{X=-1\}=F(-1)-P\{X<-1\}=0.4$$

$$P\{X=1\}=F(1)-P\{X<1\}=0.8-0.4=0.4$$

$$P\{X=3\}=F(3)-P\{X<3\}=1-0.8=0.2$$

从而 X 的分布列为

X	-1	1	3
p_k	0.4	0.4	0.2

例 2.5 设连续型随机变量 X 的分布函数为

$$F(x)=\begin{cases}A & x<0\\ Bx^2 & 0\leqslant x<1\\ Cx-\dfrac{1}{2}x^2-1 & 1\leqslant x<2\\ 1 & x\geqslant 2\end{cases}$$

求：

(1) A, B, C.

(2) X 的概率密度.

(3) $P\left\{X>\dfrac{1}{2}\right\}$.

解 (1) 由连续型随机变量分布函数的性质可知，$F(x)$在$(-\infty, +\infty)$内连续且 $F(-\infty)=0$, $F(+\infty)=1$，所以

$$A=\lim_{x\to-\infty}F(x)=0,\ A=0$$

$$\lim_{x\to1}F(x)=F(1)$$

即 $B=C-\dfrac{1}{2}-1$.

又因

$$\lim_{x\to2}F(x)=F(2)=1$$

得 $2C-3=1$.

解得 $C=2$, $B=\dfrac{1}{2}$，从而有

$$F(x)=\begin{cases}0 & x<0\\ \dfrac{1}{2}x^2 & 0\leqslant x<1\\ 2x-\dfrac{1}{2}x^2-1 & 1\leqslant x<2\\ 1 & x\geqslant 2\end{cases}$$

(2) X 的概率密度为

$$f(x)=\begin{cases}x & 0\leqslant x<1\\ 2-x & 1\leqslant x<2\\ 0 & 其他\end{cases}$$

(3) $P\left\{X>\dfrac{1}{2}\right\}=1-P\left\{X\leqslant\dfrac{1}{2}\right\}=1-F\left(\dfrac{1}{2}\right)=1-\dfrac{1}{2}\times\left(\dfrac{1}{2}\right)^2=\dfrac{7}{8}$

或 $$P\left\{X>\frac{1}{2}\right\}=\int_{\frac{1}{2}}^{+\infty}f(x)\,\mathrm{d}x=\int_{\frac{1}{2}}^{1}x\,\mathrm{d}x+\int_{1}^{2}(2-x)\,\mathrm{d}x=\frac{7}{8}$$

例 2.6 为了保证设备正常工作，需要配备适量的维修工人(工人配备多了浪费，配备少了又要影响生产)，现有同类设备 300 台，各台相互独立工作，发生故障的概率都是 0.01.

(1) 通常情况下一台设备的故障可由一人来处理，问至少需配备多少名工人，才能保证设备发生故障时不能及时维修的概率小于 0.01.

(2) 若由一人负责维修 20 台设备，求设备发生故障不能及时处理的概率.

解 把每台设备工作作为一次试验. 现有 300 台设备同时工作，可以看做是 300 重贝努利试验. 把每台设备发生故障作为一个事件，用 X 表示同一时刻设备发生故障的台数，则 $X \sim B(300, 0.01)$. 同时注意到，当 $n \geqslant 10$，$p \leqslant 0.1$ 时，有 $C_n^k p^k q^{n-k} \approx \dfrac{\lambda^k}{k!}e^{-\lambda}(\lambda = np)$.

(1) 设需要配备 N 名工人，则

$$P\{X > N\} \leqslant 0.01,\ np = 3$$

$$P\{X > N\} = 1 - P\{X \leqslant N\} \approx 1 - \sum_{k=0}^{N} \frac{3^k e^{-3}}{k!} = \sum_{k=N+1}^{\infty} \frac{3^k e^{-3}}{k!} \leqslant 0.01$$

查表得，$N = 8$，故至少应配备 8 名工人.

(2) 这里 $n = 20$，$\lambda = np = 0.2$，故有

$$P\{X > 1\} = P\{X \geqslant 2\} \approx \sum_{k=2}^{\infty} \frac{(0.2)^k}{k!} e^{-0.2} = 0.0175$$

下面介绍几种重要的连续型随机变量.

1. 均匀分布

若连续型随机变量 X 在有限区间 $[a, b]$ 上取值，且其概率密度为

$$p(x) = \begin{cases} \dfrac{1}{b-a} & a \leqslant x \leqslant b \\ 0 & \text{其他} \end{cases}$$

则称 X 在 $[a, b]$ 上服从均匀分布，或称 X 服从 $[a, b]$ 上的均匀分布(图 2.3)，记为 $X \sim U[a, b]$.

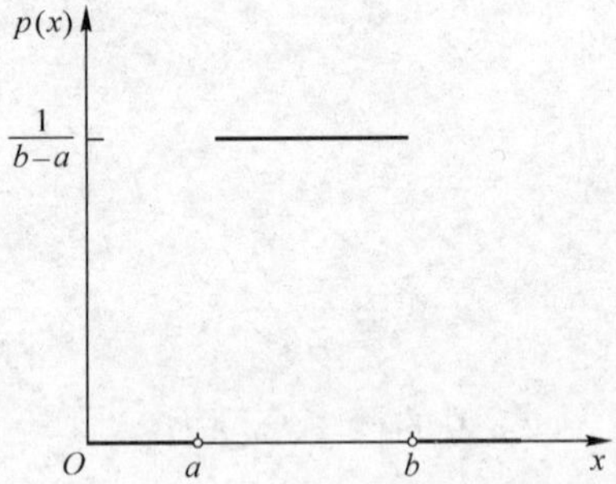

图 2.3

若 $X \sim U[a, b]$，则 X 的分布函数为

$$F(x) = \begin{cases} 0 & x < a \\ \dfrac{x-a}{b-a} & a \leqslant x < b \\ 1 & x \geqslant b \end{cases} \tag{2.17}$$

由于 $p(x)\geqslant 0$，且 $\int_{-\infty}^{+\infty}p(x)\mathrm{d}x = \int_a^b \frac{1}{b-a}\mathrm{d}x = 1$，故 $p(x)$ 的确是概率密度函数.

若 $X\sim U[a, b]$，$[x_1, x_2]\subset[a, b]$，则

$$P\{x_1 \leqslant X \leqslant x_2\} = \int_{x_1}^{x_2}\frac{1}{b-a}\mathrm{d}x = \frac{1}{b-a}(x_2 - x_1)$$

这说明 X 落在 $[a, b]$ 的任何子区间的概率，与该子区间的长度成正比，而与子区间的位置无关，就是说 X 的概率分布是很“均匀的”，这就是均匀分布的概率意义.

在实际问题中，服从均匀分布的例子是很多的，例如：

(1) 设通过某站的汽车每 10min 一辆，那么乘客候车时间 X 是在 $[0, 10]$ 上服从均匀分布的随机变量.

(2) 通常的舍入误差 X，是一个在 $[-0.5, 0.5]$ 上服从均匀分布的随机变量.

例 2.7 设随机变量 X 在 $[2, 5]$ 上服从均匀分布，现在对 X 进行三次独立观测，试求至少有两次观察值大于 3 的概率.

解 因为 X 的概率密度为

$$f(x) = \begin{cases}\frac{1}{3} & 2\leqslant x\leqslant 5\\ 0 & \text{其他}\end{cases}$$

所以
$$P\{X > 3\} = \int_3^5 \frac{1}{3}\mathrm{d}x = \frac{2}{3}$$

令 Y 表示三次独立观测中观察值大于 3 的次数，则 $Y\sim B\left(3, \frac{2}{3}\right)$.

所以
$$P\{Y\geqslant 2\} = \mathrm{C}_3^2\left(\frac{2}{3}\right)^2\times\frac{1}{3} + \mathrm{C}_3^3\left(\frac{2}{3}\right)^3 = \frac{20}{27}$$

例 2.8 若随机变量 X 在 $(1, 6)$ 上服从均匀分布，方程 $x^2 + Xx + 1 = 0$ 有实根的概率是多少？

解 因为 X 在 $(1, 6)$ 上服从均匀分布，所以 X 的概率密度为

$$f(x) = \begin{cases}\frac{1}{5} & 1 < x < 6\\ 0 & \text{其他}\end{cases}$$

又方程 $x^2 + Xx + 1 = 0$ 有实根的条件是

$$\Delta = X^2 - 4\geqslant 0\text{，即 } X^2\geqslant 4\text{，}|X|\geqslant 2$$

所以

$$P\{|X| \geqslant 2\} = P\{(X \leqslant -2) \cup (X \geqslant 2)\} = \int_2^6 \frac{1}{5}dx = \frac{4}{5} = 0.8$$

2. 指数分布

若连续型随机变量 X 的概率密度为

$$p(x) = \begin{cases} 0 & x \leqslant 0 \\ \beta e^{-\beta x} & x > 0 \end{cases} \tag{2.18}$$

其中，β 是正常数，则称 X 服从参数为 β 的指数分布，记为 $X \sim E(\beta)$.

由式(2.10)，相应于式(2.18)的分布函数为

$$F(x) = \begin{cases} 0 & x \leqslant 0 \\ 1 - e^{-\beta x} & x > 0 \end{cases} \tag{2.19}$$

由式(2.18)看出，$p(x) \geqslant 0$，且

$$\int_0^{+\infty} p(x)dx = \int_0^{+\infty} \beta e^{-\beta x}dx = 1$$

即 $p(x)$ 满足概率密度的性质(1)和性质(2).

指数分布有更重要的应用，在保险业和可靠性工程中，常用它来近似地表示各种“寿命”的分布.

例 2.9 假设一大型设备在任何长为 t 的时间内发生故障的次数 $N(t)$ 服从参数为 λt 的泊松分布.

(1) 求相继两次故障之间时间间隔 T 的概率分布.

(2) 求在设备已无故障工作 8h 的情形下，再无故障运行 8h 的概率 Q.

解 (1) 求概率分布，由题目所给的条件，求 T 的分布函数较为方便.

当 $t \leqslant 0$ 时，由于 T 是非负的随机变量，故有

$$F(t) = P\{T \leqslant t\} = 0$$

当 $t > 0$ 时，事件 $\{T \leqslant t\}$ 表示相邻两次故障之间的时间间隔 T 不大于 t，也就是在 t 时间内至少要发生一次故障，即 $N(t) \geqslant 1$. 反之，若 $N(t) \geqslant 1$，说明在 t 时间内发生了故障，即相邻两次故障的时间间隔 $T \leqslant t$，因此有

$$F(t) = P\{T \leqslant t\} = P\{N(t) \geqslant 1\}$$

因为
$$P\{N(t) = k\} = \frac{(\lambda t)^k e^{-\lambda t}}{k!} \quad (k = 0, 1, 2, \cdots)$$

所以当 $t > 0$ 时，

$$\begin{aligned} F(t) &= P\{T \leqslant t\} = P\{N(t) \geqslant 1\} = 1 - P\{N(t) < 1\} \\ &= 1 - P\{N(t) = 0\} = 1 - e^{-\lambda t} \end{aligned}$$

所以 T 的分布函数为

$$F(t) = \begin{cases} 1 - e^{-\lambda t} & t > 0 \\ 0 & t \leqslant 0 \end{cases}$$

即 T 服从参数为 λ 的指数分布.

(2) $Q=P\{T\geqslant 16 \mid T\geqslant 8\}=\dfrac{P\{(T\geqslant 16)\cap(T\geqslant 8)\}}{P\{T\geqslant 8\}}$

$$=\frac{P\{T\geqslant 16\}}{P\{T\geqslant 8\}}=\frac{1-F(16)}{1-F(8)}=\frac{e^{-16\lambda}}{e^{-8\lambda}}=e^{-8\lambda}$$

在连续型随机变量中，最重要的分布是正态分布（或高斯分布），下节将重点介绍.

2.2 正态分布

在一元函数微分学中曾提到过高斯曲线，即函数 $y=\dfrac{1}{\sqrt{2\pi}}e^{-x^2/2}$，$x\in\mathbf{R}$ 的曲线，事实上，它恰好是服从标准正态分布的连续型随机变量 X 的概率密度函数.

定义 2.4 若连续型随机变量 X 的概率密度为

$$p(x)=\frac{1}{\sigma\sqrt{2\pi}}e^{-\frac{(x-\mu)^2}{2\sigma^2}},\ -\infty<x<+\infty \tag{2.20}$$

μ，σ 为常数，且 $\sigma>0$，则称 X 服从参数为 μ，σ^2 的正态分布，也称 X 为正态变量，记作 $X\sim N(\mu,\sigma^2)$.

可以验证式(2.20)是满足概率密度性质(1)和性质(2)的. 即有

$$p(x)\geqslant 0 \text{ 与} \int_{-\infty}^{+\infty}p(x)\,dx=1$$

利用数学分析的知识，可以画出 $p(x)$ 的图形(图 2.4)，这种图形称为正态曲线，它具有以下特点:形状如悬钟；关于 $x=\mu$ 对称，当固定 σ 值而改变 μ 值时，$p(x)$ 的图形沿 Ox 轴平移且不改变形状；当 $x=\mu$ 时，$p(x)$ 取最大值 $p(\mu)=\dfrac{1}{\sigma\sqrt{2\pi}}$，所以对固定的 μ 值，当 σ 大时曲线平缓，当 σ 小时曲线陡峭，且对称中心不变(图 2.5)；在 $x=\mu\pm\sigma$ 处有拐点；当 $x\to\pm\infty$ 时，曲线以 x 轴为渐近线.

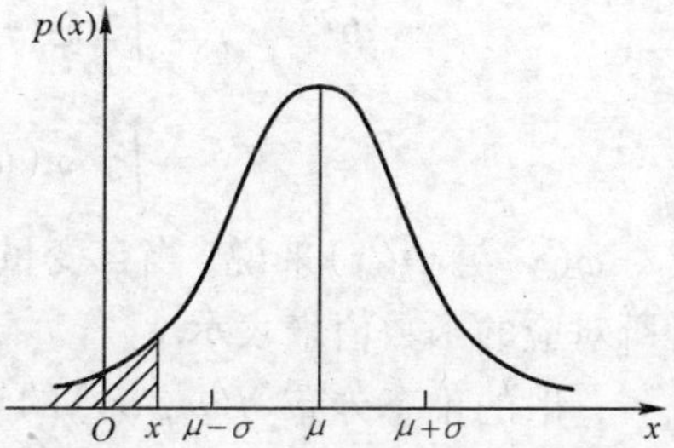

图 2.4

由式(2.20)，X 的分布函数为

$$F(x)=\frac{1}{\sigma\sqrt{2\pi}}\int_{-\infty}^{x}e^{-\frac{(t-\mu)^2}{2\sigma^2}}\,dt \tag{2.21}$$

它的图形如图 2.6 所示. 在图 2.4 中，$F(x)$ 表示阴影部分的面积.

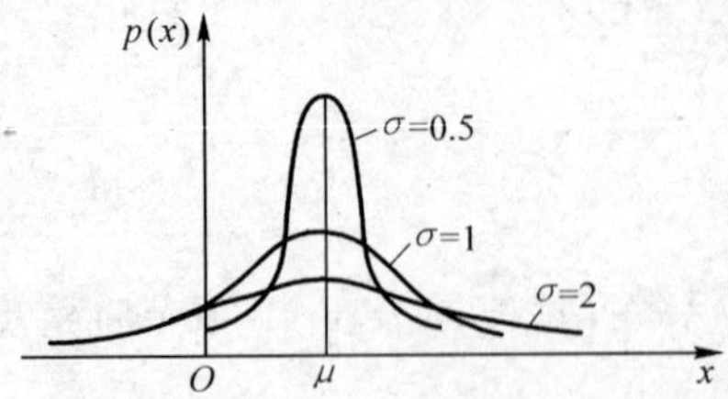

图 2.5

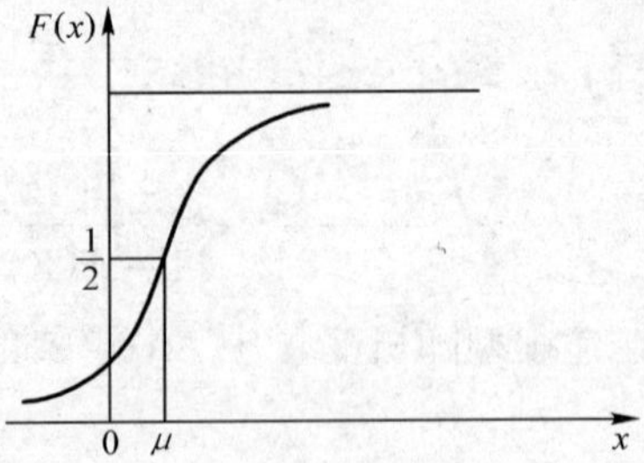

图 2.6

参数$\mu=0$，$\sigma^2=1$ 的正态分布，即 $N(0,1)$是一个重要的特殊情况，称为标准正态分布，对应的概率密度和分布函数分别用 $\varphi(x)$ 与 $\Phi(x)$来表示，由式(2.20)和式(2.21)立即得到

$$\varphi(x)=\frac{1}{\sqrt{2\pi}}\mathrm{e}^{-\frac{x^2}{2}},\quad -\infty<x<+\infty \tag{2.22}$$

$$\Phi(x)=\frac{1}{\sqrt{2\pi}}\int_{-\infty}^{x}\mathrm{e}^{-\frac{t^2}{2}}\mathrm{d}t,\quad -\infty<x<+\infty \tag{2.23}$$

由式(2.22)知，$\varphi(x)$是偶函数，由此可得

$$\varphi(x)=\varphi(-x) \tag{2.24}$$

$$\Phi(-x)=1-\Phi(x) \tag{2.25}$$

式(2.25)成立是因为

$$\begin{aligned}\Phi(-x)&=\int_{-\infty}^{-x}\varphi(t)\mathrm{d}t=\int_{x}^{+\infty}\varphi(u)\mathrm{d}u\\&=\int_{-\infty}^{+\infty}\varphi(u)\mathrm{d}u-\int_{-\infty}^{x}\varphi(u)\mathrm{d}u=1-\Phi(x)\end{aligned}$$

故对 $\varphi(x)$与 $\Phi(x)$来说，当自变量取负值时所对应的函数值可用自变量取相应正值时所对应的函数值来表示.

一般的正态分布 $N(\mu,\sigma^2)$的分布函数 $F(x)$与标准正态分布 $N(0,1)$的分布函数 $\Phi(x)$有下面的关系：

$$F(x)=\Phi\left(\frac{x-\mu}{\sigma}\right) \tag{2.26}$$

事实上，

$$F(x)=\int_{-\infty}^{t}\frac{1}{\sigma\sqrt{2\pi}}\mathrm{e}^{-\frac{(x-\mu)^2}{2\sigma^2}}\mathrm{d}x$$

$$\xlongequal{t=\frac{x-\mu}{\sigma}}\frac{1}{\sqrt{2\pi}}\int_{-\infty}^{\frac{x-\mu}{\sigma}}\mathrm{e}^{-\frac{t^2}{2}}\mathrm{d}t=\Phi\left(\frac{x-\mu}{\sigma}\right)$$

由式(2.26)，若 $X \sim N(\mu, \sigma^2)$ 则有

$$P\{x_1 < X \leqslant x_2\} = F(x_2) - F(x_1) = \Phi\left(\frac{x_2 - \mu}{\sigma}\right) - \Phi\left(\frac{x_1 - \mu}{\sigma}\right) \tag{2.27}$$

其中，$x_1 < x_2$ 是任意两实数.

这就是说，计算 X 落在任一区间内的概率都归结于计算 $\Phi(x)$ 的数值. 为了计算方便，人们按式(2.23)编制了 $x \geqslant 0$ 的 $\Phi(x)$ 的数值表(见附表2)，在计算中需要求 $\Phi(x)$ 的值，即可直接查表.

例 2.10 设 $X \sim N(\mu, \sigma^2)$，求 $P\{|X-\mu| < k\sigma\}$，$k=1, 2, 3$.

解 利用式(2.27)及附表2，有

$$\begin{aligned} P\{|X-\mu| < k\sigma\} &= P\{-k\sigma < X-\mu < k\sigma\} \\ &= P\{\mu - k\sigma < X < \mu + k\sigma\} \\ &= \Phi(k) - \Phi(-k) = 2\Phi(k) - 1 \end{aligned}$$

当 $k=1$ 时，$P\{|X-\mu| < \sigma\} = 0.6826$

当 $k=2$ 时，$P\{|X-\mu| < 2\sigma\} = 0.9544$

当 $k=3$ 时，$P\{|X-\mu| < 3\sigma\} = 0.9973$

由此可见，在一次试验里，X 几乎总是落在$(\mu-3\sigma, \mu+3\sigma)$之中.

本题的几何意义如图 2.7 所示.

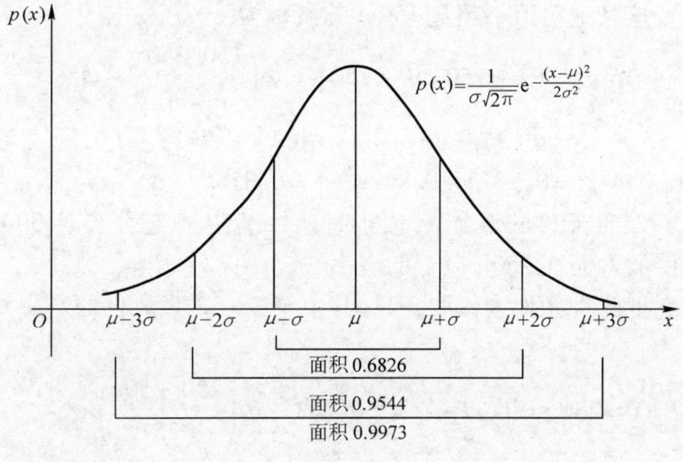

图 2.7

例 2.11 某抽样调查结果表明，考生的外语成绩(百分制)近似服从正态分布，平均成绩为 72 分，96 分以上的占考生总数的 2.3%，试求考生的外语成绩在 60 分至 84 分之间的概率.

解 设 X 为考生的外语成绩，由题设知 $X \sim N(\mu, \sigma^2)$，其中 $\mu = 72$. 现在求 σ^2. 由已知条件知

$$P\{X \geqslant 96\} = 0.023$$

亦即是

$$P\left\{\frac{X-\mu}{\sigma} \geqslant \frac{96-72}{\sigma}\right\}=0.023$$

从而有
$$1-\Phi\left(\frac{24}{\sigma}\right)=0.023, \ \Phi\left(\frac{24}{\sigma}\right)=0.977$$

由 $\Phi(x)$ 的数值表，可见 $\frac{24}{\sigma}=2$，因此 $\sigma=12$，这样 $X \sim N(72, 12^2)$，所求概率为

$$\begin{aligned} P\{60 \leqslant X \leqslant 84\} &= P\left\{\frac{60-72}{12} \leqslant \frac{X-\mu}{\sigma} \leqslant \frac{84-72}{12}\right\} \\ &= P\left\{-1 \leqslant \frac{X-\mu}{\sigma} \leqslant 1\right\} = \Phi(1)-\Phi(-1) \\ &= 2\Phi(1)-1 = 2 \times 0.841-1 = 0.682 \end{aligned}$$

例 2.12 测量某一目标的距离时，测量误差服从 $\mu=-50$，$\sigma=100$ 的正态分布（单位：m），试求测量距离的误差按其绝对值不超过 150m 的概率.

解 设 X 为测量距离的误差，于是 X 的概率密度为

$$f(x)=\frac{1}{100\sqrt{2\pi}} \mathrm{e}^{-\frac{(x+50)^2}{20000}}$$

测量距离的误差按其绝对值不超过 150m 的概率为

$$\begin{aligned} P\{|X|<150\} &= P\{-150<X<150\} = \Phi\left(\frac{150+50}{100}\right)-\Phi\left(\frac{-150+50}{100}\right) \\ &= \Phi(2)-\Phi(-1) = \Phi(2)+\Phi(1)-1 \\ &= 0.9772+0.8413-1 = 0.8185 \end{aligned}$$

例 2.13 设某种元件的寿命 X（以小时计），服从正态分布 $N(300, 25^2)$.

（1）求元件的寿命在 250h 以上的概率.

（2）从一大批此种元件中任取 3 只，其中至少有 2 只元件的寿命大于 250h 的概率是多少？

解 （1）$P\{X>250\}=1-P\{X \leqslant 250\}=1-\Phi\left(\frac{250-300}{25}\right)$

$$=1-\Phi(-2)=\Phi(2)=0.9772$$

（2）设 $A=\{$任取 3 只元件中至少有 2 只元件的寿命大于 250h$\}$，则

$$P(A)=1-P(\overline{A})=1-\mathrm{C}_3^0[1-\Phi(2)]^3\Phi(2)^0-\mathrm{C}_3^1[1-\Phi(2)]^2\Phi(2)^1=0.9985$$

2.3 随机变量函数的分布

设 $f(x)$ 是定义在随机变量 X 的一切可能值 x 的集合上的函数，若随机变量 Y 随

着 X 取 x 的值而取 $y=f(x)$ 的值，则称随机变量 Y 为随机变量 X 的函数，记为 $Y=f(X)$.

例如，设 X 为质点运动的速度，则质点的动能 $Y=\frac{1}{2}mX^2$（m 为质点的质量）是随机变量 X 的函数.

我们的任务是，根据已知的 X 的分布寻求 $Y=f(X)$ 的分布.

2.3.1 离散型随机变量函数的分布

设离散型随机变量 X 的分布列为

$$P\{X=x_i\}=p_i,\ i=1,2,\cdots$$

$Y=f(X)$ 是 X 的函数，则 Y 的分布列可如下求出：

Y 的可能值为 $y_i=f(x_i)$，$i=1,2,\cdots$

如果 y_i 的值互不相同，则 Y 的分布列为

$$P\{Y=y_i\}=p_i,\ i=1,2,\cdots$$

如果有相同的 y_i，则根据概率的可加性把它们的概率相加，进而得到 Y 的分布列.

例 2.14 设随机变量 X 的分布列为

X	-1	0	1	2	$\frac{5}{2}$
P	$\frac{1}{5}$	$\frac{1}{10}$	$\frac{1}{10}$	$\frac{3}{10}$	$\frac{3}{10}$

，试求：

(1) $2X$ 的分布列.

(2) X^2 的分布列.

解 (1) 由于 $2X$ 的取值为 $(-2,0,2,4,5)$，其中没有相同者，这说明 $2X$ 取每个值的概率与原 X 取各个值的概率相同，即得知 $2X$ 的分布列为

X	-2	0	2	4	5
P	$\frac{1}{5}$	$\frac{1}{10}$	$\frac{1}{10}$	$\frac{3}{10}$	$\frac{3}{10}$

(2) 由于 X^2 取值为 $\left(1,0,1,4,\frac{25}{4}\right)$，其中 $X^2=1$ 的值出现了两次，这说明

$$P\{X^2=1\}=P\{X=-1\}+P\{X=1\}=\frac{3}{10}$$

于是，X^2 的分布列为

X	0	1	4	$\frac{25}{4}$
P	$\frac{1}{10}$	$\frac{3}{10}$	$\frac{3}{10}$	$\frac{3}{10}$

2.3.2 连续型随机变量函数的分布

定理 2.1 设 X 是连续型随机变量，其概率密度为 $p_X(x)$，若 $y=f(x)$ 为严格单调的连续函数且其反函数 $x=h(y)$ 有连续导数，则 $Y=f(X)$ 也是连续型随机变量，且概率密度为

$$p_Y(y)=p_X[h(y)]\,|h'(y)| \tag{2.28}$$

证 下面仅给出 $f(x)$ 单调上升情况的证明，下降的情况同样可证.

设 $f(x)$ 是严格单调上升的连续函数，定义域为 $(a, b)(-\infty<a<b<+\infty)$，其值域为 $(A, B)(-\infty<A<B<+\infty)$，则反函数 $x=h(y)$ 在 (A, B) 上有定义，且也是严格单调上升的连续函数，即 $h'(y)>0$，易知

$$F_Y(y)=P\{Y\leqslant y\}=P\{f(X)\leqslant y\}=P\{X\leqslant h(y)\}=\int_a^{h(y)}p_X(x)\,\mathrm{d}x$$

令 $x=h(t)$，则

$$F_Y(y)=\int_A^y p_X[h(t)]h'(t)\,\mathrm{d}t=\int_{-\infty}^y p_X[h(t)]h'(t)\,\mathrm{d}t \tag{2.29}$$

这里，对使函数 $h(t)$ 及 $h'(t)$ 无意义的 t 值($t<A$ 及 $t>B$)，约定被积函数为0，由式(2.29)及连续型随机变量的定义可知 Y 是连续型随机变量，且概率密度为

$$p_Y(y)=p_X[h(y)]h'(y)$$

由于 $h'(y)>0$，故式(2.28)成立.

在定理 2.1 中，我们假设 $f(x)$ 是严格单调的连续函数，当 $f(x)$ 为一般的连续函数时，则有下面的定理.

定理 2.2 设 X 为连续型随机变量，其概率密度为 $p_X(x)$. 若 $y=f(x)$ 为一般连续函数，它在不相重叠的区间 I_1, I_2, …上逐段严格单调(图 2.8)，对应的反函数分别为 $h_1(y)$, $h_2(y)$, …，而且 $h_1'(y)$, $h_2'(y)$, …均为连续函数，那么 $Y=f(X)$ 也是连续型随机变量，且概率密度为

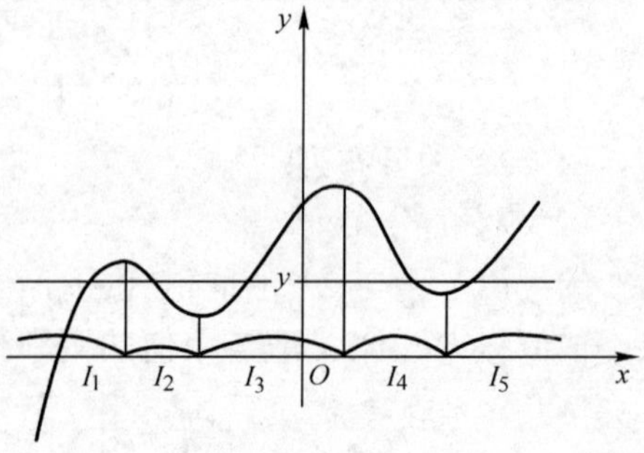

图 2.8

$$p_Y(y)=\sum_i p_X[h_i(y)]\,|h_i'(y)| \tag{2.30}$$

证 对任意实数 y，有

$$\begin{aligned}F_Y(y)&=P\{Y\leqslant y\}=P\{f(X)\leqslant y\}=P\{\bigcup_i(f(X)\leqslant y, X\in I_i)\}\\&=\sum_i P\{f(X)\leqslant y, X\in I_i\}\end{aligned}$$

如图 2.8 所示，在 $f(x)$ 的每一个单调区间上，分别应用定理 2.1 的证明方法可得

$$F_Y(y)=\sum_i\int_{-\infty}^y p_X[h_i(t)]\,|h_i'(t)|\,\mathrm{d}t=\int_{-\infty}^y\sum_i p_X[h_i(t)]\,|h_i'(t)|\,\mathrm{d}t,$$

由连续型随机变量的定义可知，Y 是连续型随机变量，且概率密度为

$$p_Y(y) = \sum_i p_X[h_i(y)]\,|h_i'(y)|$$

例 2.15 设 $Y = aX + b$，且 $X \sim N(\mu, \sigma^2)$，求 Y 的概率密度.

解 由条件，得

$$p_X(x) = \frac{1}{\sigma\sqrt{2\pi}} e^{-\frac{(x-\mu)^2}{2\sigma^2}}, \quad -\infty < x < +\infty$$

函数 $y = ax + b$，$a \neq 0$ 的反函数为

$$x = h(y) = \frac{y-b}{a}$$

定理 2.1 的条件显然满足，于是由式(2.28)，得

$$p_Y(y) = p_X\left(\frac{y-b}{a}\right)\cdot\frac{1}{|a|} = \frac{1}{\sigma\sqrt{2\pi}} e^{-\frac{(y-b-a\mu)^2}{2\sigma^2|a|^2}}\cdot\frac{1}{|a|}$$

$$= \frac{1}{|a|\sigma\sqrt{2\pi}} e^{-\frac{-[y-(a\mu+b)]^2}{2|a|^2\sigma^2}}, \quad -\infty < y < +\infty \tag{2.31}$$

可见，$Y = aX + b \sim N(a\mu + b, |a|^2\sigma^2)$，这说明正态随机变量的线性函数仍为正态随机变量. 特别是当 $X \sim N(\mu, \sigma^2)$ 时，$Y = \frac{X-\mu}{\sigma} \sim N(0, 1)$.

例 2.16 测量球的直径. 设 X 为球的直径，且 X 在区间 (a, b) 内服从均匀分布，求球的体积的概率密度.

解 由已知 X 的概率密度为

$$p_X(x) = \begin{cases} \frac{1}{b-a} & a < x < b \\ 0 & \text{其他} \end{cases}$$

设 Y 表示球的体积，则有

$$Y = \frac{\pi}{6}X^3$$

故有 $y = f(x) = \frac{\pi}{6}x^3$，其反函数为

$$x = h(x) = \left(\frac{6y}{\pi}\right)^{\frac{1}{3}}, \quad \frac{\pi}{6}a^3 < y < \frac{\pi}{6}b^3$$

定理 2.1 的条件显然满足，于是由式(2.28)得

$$p_Y(y) = p_X\left[\left(\frac{6y}{\pi}\right)^{\frac{1}{3}}\right]\left|\left[\left(\frac{6y}{\pi}\right)^{\frac{1}{3}}\right]'\right| = \frac{1}{b-a}\sqrt[3]{\frac{2}{9\pi}}\cdot y^{-\frac{2}{3}}, \quad \frac{\pi}{6}a^3 < y < \frac{\pi}{6}b^3$$

当 $y\leqslant\frac{\pi}{6}a^3$ 或 $y\geqslant\frac{\pi}{6}b^3$ 时，$p_Y(y)=0$.

故

$$p_Y(y)=\begin{cases}\frac{1}{b-a}\sqrt[3]{\frac{2}{9\pi}}\cdot y^{-\frac{2}{3}} & \frac{\pi}{6}a^3<y<\frac{\pi}{6}b^3\\ 0 & 其他\end{cases}$$

例 2.17 假设随机变量 X 服从参数为 2 的指数分布，证明：$Y=1-e^{-2X}$在区间(0, 1)上服从均匀分布.

证 由题意知 X 的概率密度为

$$f(x)=\begin{cases}2e^{-2x} & x>0\\ 0 & x\leqslant 0\end{cases}$$

方法一 因为 $y=1-e^{-2x}$，$y'=2e^{-2x}>0$，故 y 在$(0,\infty)$内是单调增加的. 由于 $x=-\frac{1}{2}\ln(1-y)$，而 $y(0)=0$，$y(+\infty)=1$.

所以

$$\psi_Y(y)=\begin{cases}f[h(y)]\,|h'(y)| & 0<y<1\\ 0 & 其他\end{cases}=\begin{cases}1 & 0<y<1\\ 0 & 其他\end{cases}$$

所以 $Y=1-e^{-2X}$在(0, 1)上服从均匀分布.

方法二 先求 Y 的分布函数，再求 $\psi_Y(y)$.

当 $y<0$ 时，$F(y)=0$.

当 $0\leqslant y<1$ 时，$F(y)=P\{Y\leqslant y\}=P\{1-e^{-2X}\leqslant y\}$

$$=P\{e^{-2X}\geqslant 1-y\}=P\left\{X\leqslant -\frac{1}{2}\ln(1-y)\right\}$$

$$=\int_0^{-\frac{1}{2}\ln(1-y)}2e^{-2x}\mathrm{d}x$$

所以

$$\psi_Y(y)=\begin{cases}1 & 0<y<1\\ 0 & 其他\end{cases}$$

所以 $Y=1-e^{-2X}$在(0, 1)上服从均匀分布.

2.4 例题选解

例 2.18 设 X 为连续型随机变量，$F(x)$为 X 的分布函数，则 $F(x)$在其定义域内一定为(　　).

(A) 非阶梯间断函数

(B) 可导函数

(C) 连续但不一定可导的函数

(D) 阶梯函数

解 由连续型随机变量的定义，存在非负可积函数 $\varphi(x)$，使 $F(x)=\int_{-\infty}^{x}\varphi(t)\mathrm{d}t$，故 $F(x)$ 一定是连续函数，但不一定可导，即应选(C).

例 2.19 设随机变量 X 的密度函数为 $\varphi(x)$，且 $\varphi(-x)=\varphi(x)$，$F(x)$ 是 X 的分布函数，则对任意实数 a，有(　　).

(A) $F(-a)=1-\int_{0}^{a}\varphi(x)\mathrm{d}x$

(B) $F(-a)=\dfrac{1}{2}-\int_{0}^{a}\varphi(x)\mathrm{d}x$

(C) $F(-a)=F(a)$

(D) $F(-a)=2F(a)-1$

解 因为 $F(x)=\int_{-\infty}^{x}\varphi(x)\mathrm{d}x$

所以

$$F(-a)=\int_{-\infty}^{-a}\varphi(t)\mathrm{d}t \xlongequal{\text{令 } x=-t} \int_{+\infty}^{a}\varphi(-x)(-\mathrm{d}x)$$

$$\xlongequal{\varphi(-x)=\varphi(x)} \int_{a}^{+\infty}\varphi(x)\mathrm{d}x=\int_{a}^{0}\varphi(x)\mathrm{d}x+\int_{0}^{+\infty}\varphi(x)\mathrm{d}x$$

$$=\frac{1}{2}-\int_{0}^{a}\varphi(x)\mathrm{d}x\left(\text{因为}\int_{-\infty}^{+\infty}\varphi(x)\mathrm{d}x=1\text{，所以}\int_{0}^{+\infty}\varphi(x)\mathrm{d}x=\frac{1}{2}\right)$$

故选(B).

例 2.20 设随机变量 X 的概率密度为 $\varphi(x)=\dfrac{1}{2}\mathrm{e}^{-|x|}(-\infty<x<+\infty)$，则其分布函数 $F(x)$ 是(　　).

(A) $F(x)=\begin{cases}\dfrac{1}{2}\mathrm{e}^{x} & x<0\\ 1 & x\geqslant 0\end{cases}$

(B) $F(x)=\begin{cases}\dfrac{1}{2}\mathrm{e}^{x} & x<0\\ 1-\dfrac{1}{2}\mathrm{e}^{-x} & x\geqslant 0\end{cases}$

(C) $F(x)=\begin{cases}1-\dfrac{1}{2}\mathrm{e}^{-x} & x<0\\ 1 & x\geqslant 0\end{cases}$

$$(D)\ F(x)=\begin{cases}\frac{1}{2}e^{x} & x<0\\ 1-\frac{1}{2}e^{-x} & 0\leqslant x<1\\ 1 & x\geqslant 1\end{cases}$$

解 $F(x)=\int_{-\infty}^{x}\varphi(x)dx=\int_{-\infty}^{x}\frac{1}{2}e^{-|x|}dx$

当 $x<0$ 时，$F(x)=\frac{1}{2}\int_{-\infty}^{x}e^{x}dx=\frac{1}{2}e^{x}$

当 $x\geqslant 0$ 时，$F(x)=\frac{1}{2}\left(\int_{-\infty}^{0}e^{x}dx+\int_{0}^{x}e^{-x}dx\right)=1-\frac{1}{2}e^{-x}$

故
$$F(x)=\begin{cases}\frac{1}{2}e^{x} & x<0\\ 1-\frac{1}{2}e^{-x} & x\geqslant 0\end{cases}$$

可选应选(B).

本题易犯的错误是受离散型随机变量分布函数的影响，错误地认为：在 x 的最右边的一个区间段 $F(x)=1$，因而错选(D).

例 2.21 若要 $\varphi(x)=\cos x$ 可以成为随机变量 X 的分布密度，则 X 的可能取值区间为(　　).

(A) $\left[0,\frac{\pi}{2}\right]$　　(B) $\left[\frac{\pi}{2},\pi\right]$

(C) $[0,\pi]$　　(D) $\left[\frac{3}{2}\pi,\frac{7}{4}\pi\right]$

解 由随机变量 X 的分布密度函数 $\varphi(x)$ 的非负性可知(B)、(C)不该入选.

又
$$\int_{-\infty}^{+\infty}\varphi(x)dx=1$$

从而验证(A) $\int_{-\infty}^{+\infty}\varphi(x)dx=\int_{0}^{\frac{\pi}{2}}\cos x dx=\sin x\Big|_{0}^{\frac{\pi}{2}}=1$

(D) $\int_{-\infty}^{+\infty}\varphi(x)dx=\int_{\frac{3}{2}\pi}^{\frac{7}{4}\pi}\cos x dx=\sin x\Big|_{\frac{3}{2}\pi}^{\frac{7}{4}\pi}=1-\frac{\sqrt{2}}{2}$

由此可知该选(A).

例 2.22 设离散型随机变量 X 的分布列为

$$P\{X=k\}=b\lambda^{k},\ k=1,2,\cdots,\ 且\ b>0$$

则 λ 为(　　).

(A) $\lambda>0$ 的任意实数　　(B) $\lambda=b+1$

(C) $\lambda = \dfrac{1}{1+b}$　　　　(D) $\lambda = \dfrac{1}{b-1}$

解　因为

$$\sum_{k=1}^{\infty} P\{X = k\} = \sum_{k=1}^{\infty} b\lambda^{k} = 1$$

$$S_n = \sum_{k=1}^{n} b\lambda^{n} = b \cdot \frac{(1-\lambda^{n})\lambda}{1-\lambda}$$

所以

$$\lim_{n\to\infty} S_n = \lim_{n\to\infty} b \cdot \lambda \frac{(1-\lambda^{n})}{1-\lambda} = 1$$

因此可知，当 $|\lambda| < 1$ 时，$b \cdot \dfrac{\lambda}{1-\lambda} = 1 \Rightarrow \lambda = \dfrac{1}{1+b} < 1$（因为 $b > 0$），故选择(C).

例 2.23　下面四个函数中，(　　)不能作为随机变量 X 的分布函数.

(A) $F_1(x) = \begin{cases} 0 & x < 0 \\ \dfrac{1}{3} & 0 \leqslant x < 1 \\ \dfrac{1}{2} & 1 \leqslant x < 2 \\ 1 & x \geqslant 2 \end{cases}$

(B) $F_2(x) = \begin{cases} 0 & x < 0 \\ \dfrac{\ln(1+x)}{1+x} & x \geqslant 0 \end{cases}$

(C) $F_3(x) = \begin{cases} 0 & x < 0 \\ \dfrac{1}{4}x^2 & 0 \leqslant x < 2 \\ 1 & x \geqslant 2 \end{cases}$

(D) $F_4(x) = \begin{cases} 1 - \mathrm{e}^{-x} & x \geqslant 0 \\ 0 & x < 0 \end{cases}$

解　随机变量 X 的分布函数 $F(x)$ 具有四个性质（见定义 2.2）. 反之，若函数 $F(x)$ 满足性质(1)～性质(4)，则其可作为随机变量 X 的分布函数.

因为 $\lim\limits_{x\to+\infty} F_2(x) = \lim\limits_{x\to+\infty} \dfrac{\ln(1+x)}{1+x} = \lim\limits_{x\to+\infty} \dfrac{\frac{1}{1+x}}{1} = 0 \neq 1$

所以 $F_2(x)$ 不能作为 X 的分布函数.

故选(B).

例 2.24　设随机变量 X 服从正态分布 $N(2, \sigma^2)$，且 $P\{2 < X < 4\} = 0.3$，则 $P\{X < 0\} =$ ____.

解 因为 $P\{2<X<4\}=\Phi\left(\frac{4-2}{\sigma}\right)-\Phi\left(\frac{2-2}{\sigma}\right)$

$$=\Phi\left(\frac{2}{\sigma}\right)-\Phi(0)=0.3$$

$$\Rightarrow\Phi\left(\frac{2}{\sigma}\right)=\Phi(0)+0.3=\frac{1}{2}+0.3=0.8$$

$$\Rightarrow P\{X<0\}=\Phi\left(\frac{0-2}{\sigma}\right)=\Phi\left(-\frac{2}{\sigma}\right)=1-\Phi\left(\frac{2}{\sigma}\right)$$

$$=1-0.8=0.2$$

故应填0.2.

注 利用正态概率密度曲线很容易得出结论.

例2.25 设连续型随机变量 X 的分布函数为

$$F(x)=\begin{cases}0 & x<0\\ Ax^2 & 0\leqslant x<1\\ 1 & x\geqslant 1\end{cases}$$

试求:

(1) 系数 A.

(2) X 落在 $\left(-1,\frac{1}{2}\right)$ 及 $\left(\frac{1}{3},2\right)$ 内的概率.

(3) X 的分布密度.

解 (1) 由 $F(x)$ 的连续性，有

$$\lim_{x\to 1^-}F(x)=F(1)$$

即

$$\lim_{x\to 1^-}Ax^2=1\Rightarrow A=1$$

于是

$$F(x)=\begin{cases}0 & x<0\\ x^2 & 0\leqslant x<1\\ 1 & x\geqslant 1\end{cases}$$

(2) $P\left\{-1<X<\frac{1}{2}\right\}=F\left(\frac{1}{2}\right)-F(-1)=\left(\frac{1}{2}\right)^2-0=\frac{1}{4}$

$$P\left\{\frac{1}{3}<X<2\right\}=F(2)-F\left(\frac{1}{3}\right)=1-\left(\frac{1}{3}\right)^2=\frac{8}{9}$$

(3) $\varphi(x)=F'(x)=\begin{cases}2x & 0\leqslant x<1\\ 0 & \text{其他}\end{cases}$

例2.26 在贝努利试验中，每次试验成功的概率为 p，试验进行到成功与失败均出现时停止，求试验次数的分布列.

解 设 X 表示试验次数，于是 X 的可能取值为2，3，…，当 $X=k$ 时，表示前面

第 $k-1$ 次试验失败、第 k 次成功或前面 $k-1$ 次成功、第 k 次失败，于是 X 的分布列为

$$P\{X=k\}=(1-p)^{k-1}p+p^{k-1}(1-p),\ k=2,3,4,\cdots$$

例 2.27 甲、乙两人从装有 a 个白球与 b 个黑球的口袋中轮流摸取一个球，甲先取，乙后取，每次取后不放回，直到两个中有一人取到白球时停止. 试求取球次数的分布列和甲先取到白球的概率.

解 令 X 表示取球次数，则 X 的可能取值为 $1, 2, \cdots, b+1$，并且分布列为

$$P\{X=1\}=\frac{a}{a+b}$$

$$P\{X=2\}=\frac{b}{a+b}\frac{a}{a+b-1}$$

$$\vdots$$

$$P\{X=k\}=\frac{b}{a+b}\cdot\frac{b-1}{a+b-1}\cdot\cdots\cdot\frac{b-(k-2)}{a+b-(k-2)}\cdot\frac{a}{a+b-(k-1)}$$

$$\vdots$$

$$P\{X=b+1\}=\frac{ab!}{(a+b)(a+b-1)\cdots(a+1)a}=\frac{b!}{(a+1)(a+2)\cdots(a+b)}$$

因为甲先取到白球，即 X 取奇数值，故

$$P\{\text{甲先取到白球}\}=\sum_{1\leqslant 2k+1\leqslant b+1}P\{X=2k+1\}$$

例 2.28 一辆汽车沿一街行驶，要过三个有信号灯的路口. 每个信号灯为红或绿，与其他信号灯为红或绿相互独立，且红、绿信号显示的时间相等. 求此汽车首次遇到红灯前已通过的路口数 X 的概率分布.

解 令 $A=\{\text{遇到红灯}\}$，则 $P(A)=\dfrac{1}{2}$，故有

$$P\{X=0\}=\frac{1}{2}$$

$$P\{X=1\}=\frac{1}{2}\times\frac{1}{2}=\frac{1}{4}$$

$$P\{X=2\}=\left(\frac{1}{2}\right)^2\times\frac{1}{2}=\frac{1}{8}$$

$$P\{X=3\}=\left(\frac{1}{2}\right)^3=\frac{1}{8}$$

即分布列为

X	0	1	2	3
P	$\frac{1}{2}$	$\frac{1}{4}$	$\frac{1}{8}$	$\frac{1}{8}$

例 2.29 两名篮球队员轮流投篮，直到某人投中为止，若第一名队员投中的概率为0.4，第二名队员投中的概率为0.6，求每名队员投篮次数的分布列.

解 设 X，Y 分别表示第一名和第二名队员的投篮次数，则有

$$P\{X=k\}=(0.6)^{k-1}\times(0.4)^{k-1}\times0.4+(0.6)^{k}\times(0.4)^{k-1}\times0.6$$
$$=0.76\cdot(0.24)^{k-1}\quad(k=1,2,\cdots)$$
$$P\{Y=0\}=0.4$$
$$P\{Y=k\}=(0.6)^{k}\times(0.4)^{k-1}\times0.6+(0.6)^{k}\times(0.4)^{k}\times0.4$$
$$=1.9\cdot(0.24)^{k}\quad(k=1,2,\cdots)$$

例 2.30 已知 X 的分布列为

X	-1	0	1	2
P	0.1	0.2	0.3	0.4

试求 $Y=2X^2+1$ 的分布列与分布函数.

解 $Y=2X^2+1$ 的所有可能取值为1，3，9，且

$$P\{Y=1\}=P\{X=0\}=0.2$$
$$P\{Y=3\}=P\{X=-1\}+P\{X=1\}=0.1+0.3=0.4$$
$$P\{Y=9\}=P\{X=2\}=0.4$$

即 Y 的分布列为

Y	1	3	9
P	0.2	0.4	0.4

下面求 Y 的分布函数，由分布函数的定义得

$$F_Y(y)=P\{Y\leqslant y\}=\begin{cases}0 & y<1\\ 0.2 & 1\leqslant y<3\\ 0.6 & 3\leqslant y<9\\ 1 & y\geqslant 9\end{cases}$$

例 2.31 设 $X\sim U(0,2)$，求 $Y=X^2$ 在 $(0,4)$ 内的概率分布密度 $f_Y(y)=$ ________.

解 因为 x 在 $(0,2)$ 中变化时，$y=x^2$ 为单调函数，从而可直接用公式法得

$$f_Y(y)=\frac{1}{2}(\sqrt{y})'=\frac{1}{4\sqrt{y}},\ 0<y<4$$

故应填$\frac{1}{4\sqrt{y}}$.

例 2.32 设随机变量 X 的概率密度为

$$f(x)=\begin{cases}\frac{2x}{\pi^2} & 0<x<\pi\\ 0 & 其他\end{cases}$$

求 $Y=\sin X$ 的概率密度.

解 当 $0<y<1$ 时，

$$\begin{aligned}F_Y(y)&=P\{Y\leqslant y\}=P\{\sin X\leqslant y\}\\&=P\{0\leqslant X\leqslant \arcsin y \text{ 或 } \pi-\arcsin y\leqslant X\leqslant \pi\}\\&=\int_0^{\arcsin y}\frac{2x}{\pi^2}\mathrm{d}x+\int_{\pi-\arcsin y}^{\pi}\frac{2x}{\pi^2}\mathrm{d}x\end{aligned}$$

$$\begin{aligned}f_Y(y)&=\frac{2}{\pi^2}\arcsin y\frac{1}{\sqrt{1-y^2}}+\frac{2}{\pi^2}(\pi-\arcsin y)\frac{1}{\sqrt{1-y^2}}\\&=\frac{2}{\pi}\frac{1}{\sqrt{1-y^2}}\end{aligned}$$

另知，当 $y\leqslant 0$ 时，$F_Y(y)=0$. 当 $y\geqslant 1$ 时，$F_Y(y)=1$.

所以

$$f_Y(y)=\begin{cases}\frac{2}{\pi}\frac{1}{\sqrt{1-y^2}} & 0<y<1\\ 0 & 其他\end{cases}$$

例 2.33 设连续型随机变量 X 有严格单调增加的分布函数 $F(x)$，试求 $Y=F(X)$的分布函数与密度函数.

解 由分布函数的定义得

$$F_Y(y)=P\{Y\leqslant y\}=P\{F(X)\leqslant y\}$$

因 $F(x)$为分布函数，故 $0\leqslant F(x)\leqslant 1$，所以

当 $y<0$ 时，$F_Y(y)=0$.

当 $y\geqslant 1$ 时，$F_Y(y)=1$.

当 $0\leqslant y<1$ 时，

$$F_Y(y)=P\{X\leqslant F^{-1}(y)\}=F(F^{-1}(y))=y$$

所以

$$F_Y(y)=\begin{cases}0 & y<0\\ y & 0\leqslant y<1\\ 1 & y\geqslant 1\end{cases}$$

从而，Y 的密度函数为

$$f_Y(y)=F_Y'(y)=\begin{cases}1 & 0\leqslant y<1\\ 0 & 其他\end{cases}$$

2.5 小结

2.5.1 基本概念与公式(表 2.1，表 2.2)

表 2.1 随机变量分布

一维随机变量 X 的分布	几何表示
随机变量 X 的分布函数 $F(x)\overset{\Delta}{=\!=}P\{X\leqslant x\}$，$-\infty<x<+\infty$ 性质：(1) $0\leqslant F(x)\leqslant 1$ (2) $F(x_1)\leqslant F(x_2)$，$x_1<x_2$ (3) $\lim\limits_{x\to-\infty}F(x)=0$，$\lim\limits_{x\to+\infty}F(x)=1$ (4) $F(x+0)=F(x)$，即 $F(x)$ 是右连续的	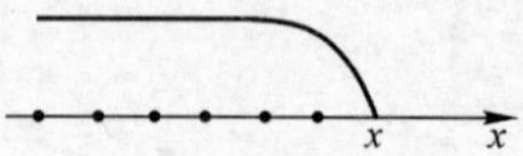

X 为离散型	X 为连续型
概率分布：$P\{X=x_k\}=p_k$，$k=1,2,\cdots$ 分布列 $\begin{array}{c\|ccccc} X & x_1 & x_2 & \cdots & x_n & \cdots \\ \hline P & p_1 & p_2 & \cdots & p_n & \cdots \end{array}$ 性质：(1) $p_k\geqslant 0$，$k=1,2,\cdots$ (2) $\sum\limits_{k=1}^{\infty}p_k=1$ 分布函数 $F(x)=\sum\limits_{x_k\leqslant x}p_k$ 或 $\sum P\{X=x_k\}$，$k=1,2,\cdots$	概率密度 $\varphi(x)$，$-\infty<x<+\infty$ 性质： (1) $\varphi(x)\geqslant 0$ (2) $\int_{-\infty}^{+\infty}\varphi(x)\mathrm{d}x=1$ (3) $P\{x_1<X\leqslant x_2\}=\int_{x_1}^{x_2}\varphi(x)\mathrm{d}x$ (4) $F'(x)=\varphi(x)$，x 为 $\varphi(x)$ 的连续点，分布函数 $F(x)=\int_{-\infty}^{x}\varphi(x)\mathrm{d}x$

表 2.2 随机变量函数的分布

一维随机变量函数 $Y=f(X)$ 的分布	
设 X 为离散型，其概率分布为 $\begin{array}{c\|ccccc} X & x_1 & x_2 & \cdots & x_k & \cdots \\ \hline P & p_1 & p_2 & \cdots & p_k & \cdots \end{array}$ 则 $Y=f(X)$ 的概率分布为 (1) 当 $y_i=f(x_i)$ $(i=1,2,\cdots)$ 的各值 y_i 互不相等时，Y 的概率分布为 $\begin{array}{c\|ccccc} Y & y_1 & y_2 & \cdots & y_k & \cdots \\ \hline P & p_1 & p_2 & \cdots & p_k & \cdots \end{array}$	定理　设 X 为连续型，分布密度为 $\varphi_X(x)$，又 $y=f(x)$ 处处可导，且对任意的 x 有 $f'(x)>0$（或 $f'(x)<0$），则 $Y=f(X)$ 的分布密度为 $\varphi_Y(y)=\begin{cases}\varphi(f^{-1}(y))\left\|(f^{-1}(y))'\right\| & \alpha<y<\beta\\ 0 & 其他\end{cases}$ 其中，$f^{-1}(y)$ 是 $f(x)$ 的反函数 $\alpha=\min\{f(-\infty),f(+\infty)\}$ $\beta=\max\{f(-\infty),f(+\infty)\}$ 也可这样求 $\varphi_Y(y)$：

（续）

<table>
<tr><th colspan="2">一维随机变量函数 $Y=f(X)$ 的分布</th></tr>
<tr><td>（2）当 $y_i=f(x_i)\ (i=1,2,\cdots)$ 的各值不是互不相等时，应把相等的值分别合并，并相应地将其概率相加，例如 $y_i=y_j$，则 Y 的概率分布为
<table>
<tr><td>Y</td><td>y_1</td><td>y_2</td><td>$\cdots$</td><td>y_i</td><td>$\cdots$</td><td>y_k</td><td>$\cdots$</td></tr>
<tr><td>P</td><td>p_1</td><td>p_2</td><td>$\cdots$</td><td>(p_i+p_j)</td><td>$\cdots$</td><td>p_k</td><td>$\cdots$</td></tr>
</table></td>
<td>（1）先求出 $F(y)=P\{Y\leqslant y\}=P\{f(X)\leqslant y\}=P\{X\in S\}$
其中，S 为所有使 $f(x)\leqslant y$ 成立的 x 值的集合
（2）再把 $F(y)$ 对 y 求导，即 $\varphi_Y(y)=\dfrac{\mathrm{d}F(y)}{\mathrm{d}y}$</td></tr>
</table>

2.5.2 重要的一维分布

1. 两点分布

其分布列为

X	1	0
P	p	$1-p$

其中，p 为事件 A 出现的概率，$0<p<1$.

2. 二项分布

在 n 重贝努利试验中事件 A 恰好发生 k 次的概率为

$$P_n(k)=\mathrm{C}_n^k p^k q^{n-k},\ k=0,1,2,\cdots,n$$

其中，p 为事件 A 在每次试验中出现的概率，q 为不出现的概率，$q=1-p$.

随机变量 X 服从二项分布，通常记为 $X\sim B(n,p)$.

3. 泊松分布

其分布列为

$$P\{X=k\}=\frac{\lambda^k}{k!}\mathrm{e}^{-\lambda},\ k=0,1,2,\cdots,\lambda>0$$

则称 X 服从参数为 λ 的泊松分布，简记为 $X\sim P(\lambda)$.

4. 正态分布

（1）标准正态分布. 若随机变量 X 的概率密度为

$$\varphi(x)=\frac{1}{\sqrt{2\pi}}\mathrm{e}^{-\frac{x^2}{2}},\ -\infty<x<+\infty$$

则称 X 服从标准正态分布，记为 $X\sim N(0,1)$. 其分布函数为

$$\Phi(x)=\int_{-\infty}^{x}\frac{1}{\sqrt{2\pi}}\mathrm{e}^{-\frac{x^2}{2}}\mathrm{d}x$$

（2）一般正态分布. 若随机变量 X 的密度函数为

$$\varphi(x)=\frac{1}{\sigma\sqrt{2\pi}}e^{-\frac{(x-\mu)^2}{2\sigma^2}},\ -\infty<x<+\infty$$

其中，$\sigma>0$，则称 X 服从参数为 μ 与 σ 的正态分布，记为 $X\sim N(\mu,\ \sigma^2)$.

5. 均匀分布

若 X 的概率密度为

$$\varphi(x)=\begin{cases}\dfrac{1}{b-a} & a\leqslant x\leqslant b\\ 0 & \text{其他}\end{cases}$$

则称 X 在 $[a,\ b]$ 上服从均匀分布，记为 $X\sim U(a,\ b)$. 其分布函数为

$$F(x)=\begin{cases}0 & x<a\\ \dfrac{x-a}{b-a} & a\leqslant x<b\\ 1 & x\geqslant b\end{cases}$$

6. 指数分布

若 X 的概率密度为

$$\varphi(x)=\begin{cases}\lambda e^{-\lambda x} & x\geqslant 0\\ 0 & x<0\end{cases}$$

其中，$\lambda>0$，则称 X 服从参数为 λ 的指数分布，记为 $X\sim E(\lambda)$. 其分布函数为

$$F(x)=\begin{cases}1-e^{-\lambda x} & x\geqslant 0\\ 0 & x<0\end{cases}$$

7. 超几何分布

其分布列为

$$P\{X=i\}=\frac{C_M^i C_{N-M}^{n-i}}{C_N^n},\ 0\leqslant i\leqslant n\leqslant N,\ i\leqslant M$$

记为 $X\sim H(N,\ M,\ n)$.

8. 几何分布

其分布列为

$$P\{X=i\}=(1-p)^{i-1}p,\ i=1,\ 2,\ \cdots,\ 0<p<1$$

记为 $X\sim G(p)$.

注意 （1）两点分布即二项分布在 $n=1$ 时的情形，也就是 1 重贝努利试验中事件成功次数的分布.

（2）若 $X\sim N(0,\ 1)$，则 $\varphi(0)=\dfrac{1}{\sqrt{2\pi}}$，$\Phi(0)=\dfrac{1}{2}$，$\Phi(-a)=1-\Phi(a)$，$P\{|X|\leqslant a\}=2\Phi(a)-1$.

(3) 若 $X \sim N(\mu, \sigma^2)$，则 $\frac{x-\mu}{\sigma} \sim N(0, 1)$.

习　题　2

A 组　基本练习题

1. 下面列出的是否为某个随机变量的分布列？

(1)

X	1	3	5
P	0.5	0.3	0.2

(2)

X	1	2	3
P	0.7	0.1	0.1

(3)

X	1	2	…	n	…
P	$\frac{1}{2}$	$\frac{1}{4}$	…	$\frac{1}{2^n}$	…

2. 设随机变量 X 只取正整数值 N，且 $P\{X=N\}$ 与 N^2 成反比，求 X 的分布列.

3. 自动生产线在调整以后出现废品的概率为 $p(0<p<1)$，设生产过程中出现废品立即进行重新调整，求在两次调整之间生产的合格品数的分布列.

4. 掷一枚非均匀的硬币，出现正面的概率为 $p(0<p<1)$，以 X 表示直至掷到正、反面都出现时为止所需投掷的次数，求 X 的分布列.

5. 在一汽车行驶的道路上有四处设有红、绿信号灯. 若汽车遇到绿灯顺利通过和遇到红灯停止前进的概率是相同的，求汽车停止前进时通过的信号灯数的分布列.

6. 袋中有 a 个白球，b 个黑球，从袋中任意取出 r 个球，求 r 个球中黑球个数 X 的分布列.

7. 在贝努利试验中，设成功的概率为 p，以 X 表示首次成功所需的试验次数，求 X 的分布列（该题和第 3 题的分布称为几何分布）. 设 $p=\frac{3}{4}$，求 X 取偶数的概率.

8. 设随机变量 X 的分布列为

$$P\{X=k\}=\frac{k}{15},\ k=1, 2, 3, 4, 5$$

求：

(1) $P\left\{\frac{1}{2}<X<\frac{5}{2}\right\}$

(2) $P\{1 \leqslant X \leqslant 2\}$.

9. 设随机变量 X 服从泊松分布，且已知 $P\{X=1\}=P\{X=2\}$. 求 $P\{X=4\}$.

10. 设某商店每月销售某种商品的数量服从参数为 5 的泊松分布. 问在月初要库存多少此种产品，才能保证当月不脱销的概率为 0.99977.

11. 设事件 A 在每次试验中发生的概率为 0.3，当 A 发生不少于 3 次时，指示灯发出信号，求在下列情况下指示灯发出信号的概率：

(1) 进行 5 次独立试验.　　　　(2) 进行 7 次独立试验.

12. 一批产品中有 15% 的次品，今进行重复抽样检查. 设抽取 20 个样品，问这 20 个样品中次品数等于多少时概率最大？概率等于多少？

13. 电子计算机内装有 2000 个同样的电子管，设在某段时间内每一电子管损坏的概率等于

0.0005，求在这段时间内至少有两个电子管损坏的概率.

14. 设 $X \sim P(\lambda)$，当 k 取何值时，$P\{X=k\}$ 取最大值?

15. 证明：$\int_{-\infty}^{+\infty} \mathrm{e}^{-\frac{t^2}{2}} \mathrm{d}t = \sqrt{2\pi}$.

16. 设电子管寿命 X 的概率密度为

$$p(x)=\begin{cases}\dfrac{100}{x^2} & x>100\\ 0 & x\leqslant 100\end{cases}$$

若一架收音机上装有三个这种电子管，在最初使用的 150h 内，求：

(1) 至少两个电子管被烧坏的概率.

(2) 烧坏的电子管数的分布列.

(3) 烧坏的电子管数的分布函数.

17. 设随机变量 X 的分布函数为

$$F(x)=A+B\arctan x,\quad -\infty<x<\infty$$

求：

(1) 系数 A 与 B.

(2) $P\{|X|<1\}$.

(3) X 的概率密度.

18. 设随机变量 X 的分布函数为

$$F(x)=\begin{cases}1-\mathrm{e}^{-x} & x>0\\ 0 & x\leqslant 0\end{cases}$$

求：

(1) $P\{X\leqslant 2\}$，$P\{X>3\}$.

(2) X 的概率密度.

19. 设随机变量 X 的概率密度为

$$p(x)=\begin{cases}x & 0\leqslant x<1\\ 2-x & 1\leqslant x<2\\ 0 & \text{其他}\end{cases}$$

求 X 的分布函数.

20. 公共汽车站每隔 5min 有一辆汽车通过，汽车到达汽车站的任一时刻是等可能的，求乘客候车时间不超过 3min 的概率.

21. 设 K 在 $[0, 5]$ 上服从均匀分布，求方程 $4x^2+4Kx+K+2=0$ 有实根的概率.

22. 设 $X \sim N(0, 1)$，求：

(1) $P\{0.02<X<2.33\}$

(2) $P\{-1.85<X<0.04\}$

(3) $P\{-2.80<X<-1.21\}$

23. 若随机变量 $X \sim N(10, 4)$，求：

(1) $P\{6<X<9\}$

(2) $P\{7<X<12\}$

(3) $P\{13<X<15\}$

24. 设随机变量 $X \sim N(108, 3^2)$.

(1) 求 $P\{101.1 < X < 117.6\}$.

(2) 求常数 a, 使 $P\{X < a\} = 0.90$.

(3) 求常数 a, 使 $P\{|X - a| > a\} = 0.01$.

25. 测量某一目标的距离所产生的误差 X(单位为 m)具有概率密度

$$p(x) = \frac{1}{40\sqrt{2\pi}} e^{-\frac{(x-20)^2}{3200}}$$

求在三次测量中, 至少有一次误差的绝对值不超过 30m 的概率.

26. 已知离散型随机变量 X 的分布列为

X	-2	-1	0	1	3
P	$\frac{1}{5}$	$\frac{1}{6}$	$\frac{1}{5}$	$\frac{1}{15}$	$\frac{11}{30}$

求 $Y = X^2$ 的分布列.

27. 设 X 在 $[0, 1]$ 上服从均匀分布, 试求方程组

$$\begin{cases} Z + Y = 2X + 1 \\ Z - Y = X \end{cases}$$

的解 Z, Y 各自落在 $[0, 1]$ 中的概率.

28. 设随机变量 X 在 $(0, 1)$ 上服从均匀分布.

(1) 求 $Y = e^X$ 的概率密度.

(2) 求 $Y = -2\ln X$ 的概率密度.

29. 设 $X \sim N(\mu, \sigma^2)$, 求 $Y = e^X$ 的概率密度.

30. 设 $X \sim N(0, 1)$, 求 $Y = |X|$ 的概率密度.

B 组　综合练习题

填空题

1. 若 $f(x) = \begin{cases} kx & 0 < x < 1 \\ 0 & \text{其他} \end{cases}$ 是某连续型随机变量 X 的概率密度, 则 $k =$ ________.

2. 设随机变量 X 的概率密度为

$$f(x) = \begin{cases} 2x & 0 < x < 1 \\ 0 & \text{其他} \end{cases}$$

以 Y 表示对 X 的三次独立重复观察事件 $\left\{X \leqslant \frac{1}{2}\right\}$ 出现的次数, 则 $P\{Y = 2\} =$ ________.

3. 设某批电子元件的正品率为 $\frac{4}{5}$, 次品率为 $\frac{1}{5}$, 现对这批元件进行测试, 只要测得一个正品就停止测试工作, 则测试次数 X 的分布列是________.

4. 设 $X \sim N(3, 2^2)$, 若 $P\{X > C\} = P\{X \leqslant C\}$, 则 $C =$ ________.

单项选择题

1. 下列各项中, 构成概率分布的是(　　).

(A) $P\{X=k\}=\dfrac{1}{3^k}$, $k=0, 1, 2, \cdots$

(B) $P\{X=k\}=\dfrac{1}{2}\times 3^{k-1}$, $k=0,1, 2, \cdots$

(C) $P\{X=k\}=\dfrac{2}{3^k}$, $k=1, 2, \cdots$

(D) $P\{X=k\}=\dfrac{1}{2}\times 3^{k-1}$, $k=1, 2, \cdots$

2. 若 $X\sim N(0, 1)$，则 X 的分布函数是 $\Phi(x)(-\infty<x<+\infty)$，且 $P\{X>x\}=a\in(0, 1)$，则 $x=$(　　).

(A) $\Phi^{-1}(1-a)$　　(B) $\Phi^{-1}\left(1-\dfrac{a}{2}\right)$　　(C) $\Phi^{-1}(a)$　　(D) $\Phi^{-1}\left(\dfrac{a}{2}\right)$

计算题

1. 设随机变量 X 的概率密度为 $f(x)$，且 $f(-x)=f(x)$，$F(x)$ 是 X 的分布函数. 试证：$F(-a)=1-F(a)=\dfrac{1}{2}-\int_0^a f(x)\mathrm{d}x$.

2. 已知随机变量 X 的分布函数为

$$F(x)=\begin{cases}0 & x\leqslant -a\\ A+B\arcsin\dfrac{x}{a} & -a<x<a,\ a>0\\ 1 & x\geqslant a\end{cases}$$

求：

(1) A 和 B 取何值时分布函数是连续的？

(2) 随机变量 X 在$\left(-\dfrac{a}{2}, \dfrac{a}{2}\right)$内的概率.

(3) X 的概率密度.

3. 某射手有五发子弹，每次射击命中目标的概率为 0.9，如果命中了就停止射击，如果不命中就一直射到子弹用尽，求子弹剩余数 X 的分布列及分布函数.

4. 已知一大批产品的次品率为 0.005，从中任取 1000 件，试求：

(1) 其中至少有 2 件次品的概率.

(2) 其中次品数不超过 5 件的概率.

(3) 以不小于 90% 的保证，其中次品数不超过多少？

5. 已知 X 的分布列为

X	0	1	2	3	4	5
P	$\frac{1}{12}$	$\frac{1}{6}$	$\frac{1}{3}$	$\frac{1}{12}$	$\frac{2}{9}$	$\frac{1}{9}$

试求 $Y=(X-2)^2$ 的分布列.

6. 已知随机变量 X 的概率密度为

$$f(x)=\begin{cases}xe^{-\frac{x^2}{2}} & x>0\\ 0 & x\leqslant 0\end{cases}$$

求随机变量 $Y=3X-1$ 的分布函数.

7. 测量圆的直径，设其近似值在区间(a, b)内服从均匀分布$(a>0, b>0)$，求圆面积的概率密度.

8. 现有三封信，逐封随机地投入编号分别为1，2，3，4的四个空邮筒，以随机变量X表示不空邮筒的最小号码(例如"$X=3$"表示第1，2号邮筒中未投入信，而第3号邮筒中至少投入了一封信)，求：

(1) 随机变量X的分布列.

(2) X的分布函数.

第 3 章　多维随机变量及其分布

3.1　多维随机变量及其分布函数　边缘分布函数

3.1.1　分布函数

在第 2 章中，我们讨论了随机变量及其概率分布，利用它，可以研究某些随机现象的统计规律，但是，在很多随机现象中，往往涉及多个随机变量. 例如，向某地域发射一颗导弹，那么，弹着点的位置就由经度 X 和纬度 Y 构成. 再如，飞行中的飞机在某一时刻的位置，需用三个随机变量来描述. 若要研究天气的变化，情况就更复杂了，要涉及更多的随机变量，如温度、湿度、气压、风向、风力等. 一般说来，这些随机变量之间有着某种联系，因此需要把它们作为一个整体（即向量）来研究，这就引出了随机向量的概念.

定义 3.1　若 $X_1(e),X_2(e),\cdots,X_n(e)$ 是定义在同一个样本空间 S 上的 n 个随机变量，$e\in S$，则由它们构成的一个 n 维向量 $(X_1(e),X_2(e),\cdots,X_n(e))$ 称为 n 维随机向量或 n 维随机变量，简记为 $(X_1,X_2,\cdots,X_n)$.

显然，第 2 章讲的随机变量即为一维随机变量. 下面着重讨论二维随机变量 (X,Y) 的情况，多维的情况不难类推.

类似一维随机变量的分布函数，定义二维随机变量的分布函数如下：

定义 3.2　设 (X,Y) 为二维随机变量，x,y 为任意实数，则二元函数

$$F(x,y)=P\{X\leqslant x,Y\leqslant y\} \tag{3.1}$$

称为 (X,Y) 的分布函数，或称为 X 和 Y 的联合分布函数.

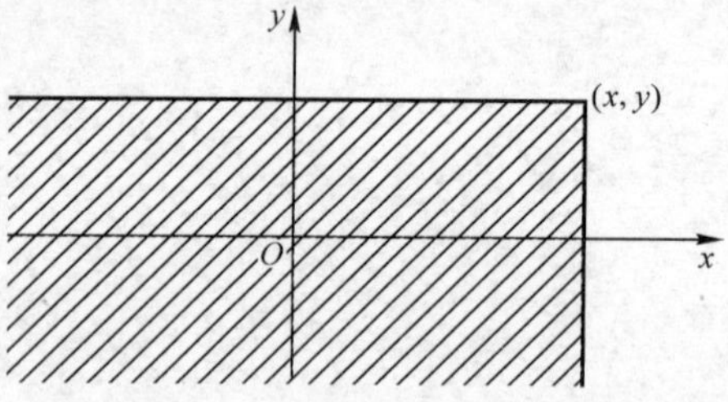

图　3.1

如果将二维随机变量 (X,Y) 看做平面上随机点的坐标，则 $F(x,y)$ 就是二维随机点 (X,Y) 落在以点 (x,y) 为顶点的左下方的无穷矩形域内的概率（图 3.1）.

分布函数 $F(x,y)$ 具有下列基本性质：

(1) $0\leqslant F(x,y)\leqslant 1$ 且 $F(x,-\infty)=0$，$F(-\infty,y)=0,F(-\infty,-\infty)=0,F(+\infty,+\infty)=1$.

(2) $F(x,y)$ 对 x 和 y 分别是单调不减的，即对于任意固定的 y，若 $x_1<x_2$，则 $F(x_1,y)\leqslant F(x_2,y)$；对于任意固定的 x，若 $y_1<y_2$，则 $F(x,y_1)\leqslant F(x,y_2)$.

(3) $F(x,y)=F(x+0,y)$，$F(x,y)$ 关于 x 右连续.

$F(x,y)=F(x,y+0)$，$F(x,y)$关于 y 右连续.

(4) 对于任意的点(x_1,y_1)，(x_2,y_2)，$x_1<x_2$，$y_1<y_2$，有

$$P\{x_1<X\leqslant x_2,y_1\leqslant Y\leqslant y_2\}=F(x_2,y_2)-F(x_2,y_1)+F(x_1,y_1)-F(x_1,y_2)\geqslant 0$$

3.1.2 边缘分布

1. 边缘分布函数

设 $F(x,y)$是(X,Y)的联合分布函数，则

$$F_X(x)=P\{X\leqslant x,Y<+\infty\}=F(x,+\infty)$$
$$F_Y(y)=P\{X<+\infty,Y\leqslant y\}=F(+\infty,y)$$

分别将其称为(X,Y)关于 X 与 Y 的边缘分布函数.

2. 二维离散型随机变量

如果二维随机变量(X,Y)所有可能取的值是有限对或可数对值，则称(X,Y)为二维离散型随机变量，且称

$$P\{X=x_i,Y=y_j\}=p_{ij},i,j=1,2,\cdots$$

为(X,Y)的分布列，或称 X 与 Y 的联合分布列. 一般可用表格列出：

X \ Y	y_1	y_2	$\cdots$	y_j	$\cdots$
x_1	p_{11}	p_{12}	$\cdots$	p_{1j}	$\cdots$
x_2	p_{21}	p_{22}	$\cdots$	p_{2j}	$\cdots$
$\vdots$	$\vdots$	$\vdots$		$\vdots$	
x_i	p_{i1}	p_{i2}	$\cdots$	p_{ij}	$\cdots$
$\vdots$	$\vdots$	$\vdots$		$\vdots$	

分布列的性质：

(1) $p_{ij}\geqslant 0,i,j=1,2,\cdots$

(2) $\sum\limits_{i=1}^{\infty}\sum\limits_{j=1}^{\infty}p_{ij}=1$

(X,Y) 的联合分布函数为

$$F(x,y)=P\{X\leqslant x,Y\leqslant y\}=\sum_{x_i\leqslant x}\sum_{y_j\leqslant y}p_{ij}$$

3. 离散型随机变量的边缘分布列

设(X,Y)是二维离散型随机变量，其分布列为

$$P\{X=x_i,Y=y_j\}=p_{ij},i,j=1,2,\cdots$$

(1) 关于 X 的边缘分布列为

$$p_{i\cdot}=P\{X=x_i\}=\sum_j p_{ij},i=1,2,\cdots$$

(2) 关于 Y 的边缘分布列为

$$p_{\cdot j}=P\{Y=y_j\}=\sum_i p_{ij}, j=1,2,\cdots$$

说明 （1）边缘分布列具有一维分布列的性质.

（2）联合分布列唯一决定边缘分布列. 具体求法是将联合分布列写成表格形式，然后各行分别相加得关于 X 的边缘分布列，各列分别相加得关于 Y 的边缘分布列.

4. 二维连续型随机变量

如果对于 (X,Y) 的分布函数 $F(x,y)$，存在非负的函数 $f(x,y)$，使对于任意实数 x,y 有

$$F(x,y)=\int_{-\infty}^{x}\int_{-\infty}^{y}f(u,v)\,\mathrm{d}u\mathrm{d}v$$

则称 (X,Y) 为二维连续型随机变量. 函数 $f(x,y)$ 称为 (X,Y) 的概率密度，或称 X 与 Y 的联合概率密度.

$f(x,y)$ 具有以下性质：

（1）$f(x,y)\geqslant 0$

（2）$\int_{-\infty}^{+\infty}\int_{-\infty}^{+\infty}f(x,y)\,\mathrm{d}x\mathrm{d}y=1$

（3）若 $f(x,y)$ 在点 (x,y) 连续，则有 $\dfrac{\partial^2 F(x,y)}{\partial x\partial y}=f(x,y)$.

（4）设 G 是 xOy 面上的一区域，点 (X,Y) 落在 G 内的概率为

$$P\{(X,Y)\in G\}=\iint_G f(x,y)\,\mathrm{d}x\mathrm{d}y$$

5. 二维连续型随机变量的边缘概率密度

设 $f(x,y)$ 是 X 与 Y 的联合概率密度，则关于 X 的边缘概率密度为

$$f_X(x)=\int_{-\infty}^{+\infty}f(x,y)\,\mathrm{d}y$$

关于 Y 的边缘概率密度为

$$f_Y(y)=\int_{-\infty}^{+\infty}f(x,y)\,\mathrm{d}x$$

例 3.1 设二维随机变量 (X,Y) 的概率密度为

$$f(x,y)=\begin{cases}Axy & 0\leqslant x\leqslant 1, 0\leqslant y\leqslant 1\\ 0 & \text{其他}\end{cases}$$

则 $A=$__________，$P\left\{X<\dfrac{1}{2}\right\}=$__________.

解 （1）由概率密度的性质：$\int_{-\infty}^{+\infty}\int_{-\infty}^{+\infty}f(x,y)\,\mathrm{d}x\mathrm{d}y=1$

所以

$$1=A\int_0^1 x\,\mathrm{d}x\int_0^1 y\,\mathrm{d}y=\frac{A}{4}$$

从而得 $A=4$，所以

$$f(x,y)=\begin{cases}4xy & 0\leqslant x\leqslant 1,0\leqslant y\leqslant 1\\ 0 & \text{其他}\end{cases}$$

(2) $P\left\{X<\dfrac{1}{2}\right\}=4\int_0^{\frac{1}{2}}x\mathrm{d}x\int_0^1 y\mathrm{d}y=\dfrac{1}{4}$

例 3.2 若(X,Y)的分布列为

X \ Y	1	2	3
1	$\frac{1}{6}$	$\frac{1}{9}$	$\frac{1}{18}$
2	$\frac{1}{3}$	α	β

则 α,β 应满足的条件是__________.

解 因为 $\sum\limits_{i=1}^{\infty}\sum\limits_{j=1}^{\infty}p_{ij}=1$

所以$\dfrac{1}{6}+\dfrac{1}{9}+\dfrac{1}{18}+\dfrac{1}{3}+\alpha+\beta=1$

从而得 $\alpha+\beta=\dfrac{1}{3}$.

例 3.3 设二维随机变量(X,Y)的分布函数为

$$F(x,y)=A(B+\arctan x)\left(\frac{\pi}{2}+\arctan y\right),(x,y)\in\mathbf{R}^2$$

则常数 A,B 分别为(　　).

(A) $\dfrac{1}{\pi},\dfrac{\pi}{2}$　　(B) $\dfrac{1}{\pi^2},\dfrac{\pi}{2}$　　(C) $\pi^2,\dfrac{2}{\pi}$　　(D) $\dfrac{1}{\pi},\dfrac{\pi}{4}$

解 由分布函数 $F(x,y)$的性质,$F(+\infty,+\infty)=1,F(-\infty,y)=0$,得

$$\begin{cases}A\left(B+\dfrac{\pi}{2}\right)\left(\dfrac{\pi}{2}+\dfrac{\pi}{2}\right)=1\\ A\left(B-\dfrac{\pi}{2}\right)\left(\dfrac{\pi}{2}+\arctan y\right)=0\end{cases}$$

故有 $B=\dfrac{\pi}{2},A=\dfrac{1}{\pi^2}$. 应选(B).

例 3.4 已知随机变量 X 和 Y 的联合概率密度为

$$f(x,y)=\begin{cases}kxy & 0\leqslant x\leqslant 1,0\leqslant y\leqslant 1\\ 0 & \text{其他}\end{cases}$$

(1) 求 X 和 Y 的联合分布函数.

(2) 计算 $P\{Y\leqslant X\}$.

解 (1) 由例 3.1 知 $k=4$.

当 $x<0$ 或 $y<0$ 时,$F(x,y)=0$(图 3.2)

当 $0\leqslant x<1, 0\leqslant y<1$ 时,$F(x,y)=\int_0^x\int_0^y 4xy\mathrm{d}x\mathrm{d}y=x^2y^2$

当 $0\leqslant x<1$,且 $y\geqslant 1$ 时,$F(x,y)=\int_0^x\int_0^1 4xy\mathrm{d}x\mathrm{d}y=x^2$

当 $x\geqslant 1$,且 $0\leqslant y<1$ 时,$F(x,y)=\int_0^1\mathrm{d}x\int_0^y 4xy\mathrm{d}y=y^2$

当 $x\geqslant 1, y\geqslant 1$ 时,$F(x,y)=\int_0^1\mathrm{d}x\int_0^1 4xy\mathrm{d}y=1$

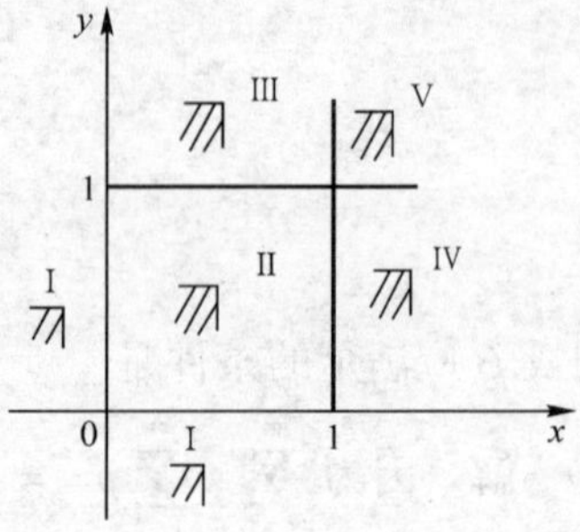

图 3.2

故 X 和 Y 的联合分布函数为

$$F(x,y)=\begin{cases}0 & x<0\text{ 或 }y<0\\ x^2y^2 & 0\leqslant x<1, 0\leqslant y<1\\ x^2 & 0\leqslant x<1, y\geqslant 1\\ y^2 & x\geqslant 1, 0\leqslant y<1\\ 1 & x\geqslant 1, y\geqslant 1\end{cases}$$

(2) $P\{Y\leqslant X\}=\int_0^1 4x\mathrm{d}x\int_0^x y\mathrm{d}y=\dfrac{1}{2}$

例 3.5 下面四个二元函数中,(　　)不能作为二维随机变量(X,Y)的分布函数.

(A) $F_1(x,y)=\begin{cases}(1-\mathrm{e}^{-x})(1-\mathrm{e}^{-y}) & 0<x<+\infty, 0<y<+\infty\\ 0 & \text{其他}\end{cases}$

(B) $F_2(x,y)=\dfrac{1}{\pi^2}\left(\dfrac{\pi}{2}+\arctan\dfrac{x}{2}\right)\left(\dfrac{\pi}{2}+\arctan\dfrac{y}{3}\right)$

(C) $F_3(x,y)=\begin{cases}1 & x+2y\geqslant 1\\ 0 & x+2y<1\end{cases}$

(D) $F_4(x,y)=\begin{cases}1-2^{-x}-2^{-y}+2^{-x-y} & 0<x<+\infty, 0<y<+\infty\\ 0 & \text{其他}\end{cases}$

解 二维随机变量(X,Y)的分布函数具有性质(1)~性质(4),因此只有满足性质(1)~性质(4)的函数才能作为(X,Y)的分布函数.

对 $F_3(x,y)$ 取四点(1,0)(0,1)(1,1)(0,0)有

$$F(1,1)-F(1,0)-F(0,1)+F(0,0)=1-1-1+0=-1<0$$

即 $F_3(x,y)$ 不满足性质(4),故选(C).

例 3.6 设随机变量(X,Y)的概率密度为

$$\varphi(x,y)=\begin{cases}C\mathrm{e}^{-(3x+4y)} & x>0, y>0\\ 0 & \text{其他}\end{cases}$$

试求:

(1) 常数 C.

(2) 联合分布函数 $F(x,y)$.

(3) $P\{0<X\leqslant1,0<Y\leqslant2\}$

解 (1) 因为 $\int_{-\infty}^{+\infty}\int_{-\infty}^{+\infty}\varphi(x,y)\mathrm{d}x\mathrm{d}y = 1$

所以

$$1 = \int_{-\infty}^{+\infty}\int_{-\infty}^{+\infty}\varphi(x,y)\mathrm{d}x\mathrm{d}y = \int_{-\infty}^{+\infty}\int_{-\infty}^{+\infty}C\mathrm{e}^{-(3x+4y)}\mathrm{d}x\mathrm{d}y$$

$$= C\int_{0}^{+\infty}\mathrm{e}^{-3x}\mathrm{d}x\int_{0}^{+\infty}\mathrm{e}^{-4y}\mathrm{d}y = \frac{C}{12}$$

解得 $C=12$.

(2) (X,Y)的分布函数 $F(x,y)$满足:

当 $x>0,y>0$ 时,

$$F(x,y) = \int_{-\infty}^{x}\int_{-\infty}^{y}\varphi(x,y)\mathrm{d}x\mathrm{d}y = \int_{0}^{x}\int_{0}^{y}12\mathrm{e}^{-(3x+4y)}\mathrm{d}x\mathrm{d}y$$

$$= (1-\mathrm{e}^{-3x})(1-\mathrm{e}^{-4y})$$

当 x,y 为其他情形时, $F(x,y)=0$.

故

$$F(x,y)=\begin{cases}(1-\mathrm{e}^{-3x})(1-\mathrm{e}^{-4y}) & x>0,y>0\\0 & \text{其他}\end{cases}$$

(3)
$$P\{0<X\leqslant1,0<Y\leqslant2\}=F(1,2)-F(1,0)-F(0,2)+F(0,0)$$
$$=(1-\mathrm{e}^{-3})(1-\mathrm{e}^{-8})$$

说明 求 $P\{0<X\leqslant1,0<Y\leqslant2\}$ 也可直接计算二重积分 $\int_{0}^{1}\int_{0}^{2}12\mathrm{e}^{-(3x+4y)}\mathrm{d}x\mathrm{d}y$.

3.2 二维均匀分布与二维正态分布

这节将介绍二维连续型随机变量(X,Y)的两种重要分布——均匀分布与正态分布.

3.2.1 二维均匀分布

设 G 为平面上的有界区域,其面积为 A,若二维随机变量(X,Y)具有概率密度

$$p(x,y)=\begin{cases}\dfrac{1}{A} & (x,y)\in G\\0 & \text{其他}\end{cases} \tag{3.2}$$

则称(X,Y)在 G 上服从均匀分布.

由于 $p(x,y)\geqslant0$,且

$$\int_{-\infty}^{+\infty}\int_{-\infty}^{+\infty}p(x,y)\mathrm{d}x\mathrm{d}y = \iint\limits_{G}\frac{1}{A}\mathrm{d}x\mathrm{d}y = 1$$

故 $p(x,y)$满足概率密度的两个基本性质.

设(X,Y)在有界区域G上服从均匀分布，概率密度为式(3.2)，若D是G中的任一子区域，其面积为A_D，则

$$P\{(X,Y)\in D\} = \iint_D p(x,y)\mathrm{d}x\mathrm{d}y = \iint_D \frac{1}{A}\mathrm{d}x\mathrm{d}y = \frac{A_D}{A}$$

该式表明，(X,Y)落在子区域D中的概率仅与D的面积成正比，而与D的形状及在G中的位置无关，故只要各子区域的面积相同，(X,Y)落在它们中的概率就是相等的，"均匀分布"中"均匀"就是这种"等可能"的意思.

3.2.2 二维正态分布

若二维随机变量(X,Y)的概率密度为

$$p(x,y) = \frac{1}{2\pi\sigma_1\sigma_2\sqrt{1-\rho^2}}\exp\left\{-\frac{1}{2(1-\rho^2)}\cdot\left[\frac{(x-\mu_1)^2}{\sigma_1^2} - 2\rho\frac{(x-\mu_1)(y-\mu_2)}{\sigma_1\sigma_2} + \frac{(y-\mu_2)^2}{\sigma_2^2}\right]\right\}$$

$$-\infty < x < +\infty,\ -\infty < y < +\infty \tag{3.3}$$

其中，$\mu_1,\mu_2,\sigma_1,\sigma_2,\rho$均为常数，且$\sigma_1>0$，$\sigma_2>0$，$|\rho|<1$，$\exp\{\cdots\}=\mathrm{e}^{\{\cdots\}}$. 则称$(X,Y)$服从参数为$\mu_1,\mu_2,\sigma_1^2,\sigma_2^2,\rho$的二维正态分布，记为$(X,Y)\sim N(\mu_1,\mu_2,\sigma_1^2,\sigma_2^2,\rho)$.

二维正态分布的概率密度的示意图如图3.3所示.

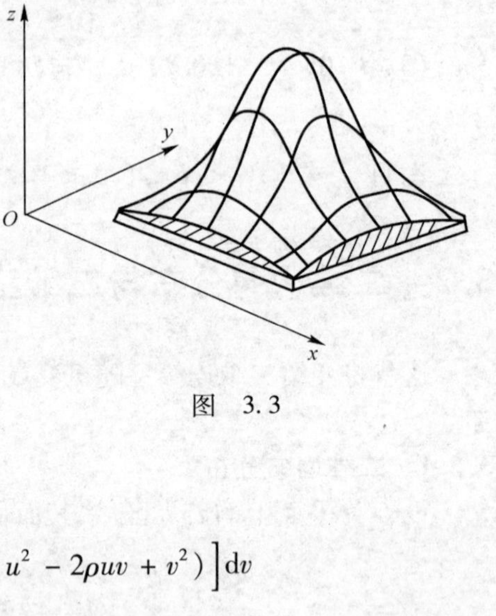

图 3.3

现在我们来讨论服从二维正态分布的随机变量(X,Y)的边缘概率密度.

令 $\dfrac{x-\mu_1}{\sigma_1}=u$，$\dfrac{y-\mu_2}{\sigma_2}=v$，则

$$\begin{aligned}
p_X(x) &= \int_{-\infty}^{+\infty} p(x,y)\mathrm{d}y \\
&= \int_{-\infty}^{+\infty}\frac{1}{2\pi\sigma_1\sqrt{1-\rho^2}}\exp\left[-\frac{1}{2(1-\rho^2)}(u^2-2\rho uv+v^2)\right]\mathrm{d}v \\
&= \frac{1}{\sigma_1\sqrt{2\pi}}\int_{-\infty}^{+\infty}\frac{1}{\sqrt{2\pi(1-\rho^2)}}\cdot\exp\left\{-\frac{1}{2(1-\rho^2)}\left[(v-\rho u)^2+(1-\rho^2)u^2\right]\right\}\mathrm{d}v \\
&= \frac{1}{\sigma_1\sqrt{2\pi}}\mathrm{e}^{-\frac{u^2}{2}}\int_{-\infty}^{+\infty}\frac{1}{\sqrt{2\pi(1-\rho^2)}}\exp\left[-\frac{(v-\rho u)^2}{2(1-\rho^2)}\right]\mathrm{d}v \\
&= \frac{1}{\sigma_1\sqrt{2\pi}}\mathrm{e}^{-\frac{u^2}{2}} = \frac{1}{\sigma_1\sqrt{2\pi}}\mathrm{e}^{-\frac{(x-\mu_1)^2}{2\sigma_1^2}},\ -\infty < y < +\infty
\end{aligned} \tag{3.4}$$

同理可得

$$p_Y(y)=\frac{1}{\sigma_2\sqrt{2\pi}}\mathrm{e}^{-\frac{(y-\mu_2)^2}{2\sigma_2^2}},-\infty<y<+\infty \tag{3.5}$$

上面的结果表明:二维正态分布的边缘分布仍然是正态分布,即

若$(X,Y)\sim N(\mu_1,\mu_2,\sigma_1^2,\sigma_2^2,\rho)$,则

$$X\sim N(\mu_1,\sigma_1^2),Y\sim N(\mu_2,\sigma_2^2)$$

由于边缘概率密度与参数ρ无关,故对不同的二维正态分布,只要参数$\mu_1,\mu_2,\sigma_1^2,\sigma_2^2$相同,它们的边缘分布就是相同的. 这一事实告诉我们,X,Y的联合分布可以决定边缘分布,但边缘分布不能唯一地决定它们的联合分布.

最后,我们指出,由式(3.3)定义的函数$p(x,y)$满足概率密度的两条基本性质:

$p(x,y)>0$是显然的.

又

$$\int_{-\infty}^{+\infty}\int_{-\infty}^{+\infty}p(x,y)\mathrm{d}x\mathrm{d}y=\int_{-\infty}^{+\infty}\left[\int_{-\infty}^{+\infty}p(x,y)\mathrm{d}y\right]\mathrm{d}x=\int_{-\infty}^{+\infty}p_X(x)\mathrm{d}x=1$$

故$p(x,y)$满足概率密度的基本性质(1)和性质(2).

3.3 随机变量的条件分布与独立性

3.3.1 随机变量的条件分布

对于两个事件,可以讨论它们的条件概率;对于两个随机变量,则可以讨论它们的条件分布. 我们先讨论离散的情况.

设二维离散型随机变量(X,Y)的分布列为$P\{X=x_i,Y=y_j\}=p_{ij}(i,j=1,2,\cdots)$,边缘分布列为$p_{\cdot j}=P\{Y=y_j\}>0$. 由条件概率公式得

$$P\{X=x_i\mid Y=y_j\}=\frac{P\{X=x_i,Y=y_j\}}{P\{Y=y_j\}}=\frac{p_{ij}}{p_{\cdot j}},i=1,2,\cdots \tag{3.6}$$

式(3.6)称为随机变量X在条件$Y=y_j$下的条件分布列.

显然,$P\{X=x_i\mid Y=y_j\}\geqslant 0$

且

$$\sum_i P\{X=x_i\mid Y=y_j\}=\sum_i\frac{p_{ij}}{p_{\cdot j}}=\frac{\sum_i p_{ij}}{p_{\cdot j}}=1$$

即条件分布列式(3.6)满足分布列的两条基本性质.

同理,随机变量Y在条件$X=x_i$下的条件分布列定义为

$$P\{Y=y_j\mid X=x_i\}=\frac{p_{ij}}{p_{i\cdot}},j=1,2,\cdots \tag{3.7}$$

其中，$p_{i\cdot}=P\{X=x_i\}>0$.

下面讨论二维连续型随机变量(X,Y)的条件分布问题.

由于连续型随机变量取单点值的概率为零，不能像离散型随机变量那样，直接应用条件概率公式引出条件分布. 例如，若对 $P\{X\leqslant x|Y=y\}$ 形式地按条件概率公式计算，则应得到

$$P\{X\leqslant x|Y=y\}=\frac{P\{X\leqslant x,Y=y\}}{P\{Y=y\}}$$

但是，对连续型随机变量 $P\{Y=y\}=0,P\{X\leqslant x,Y=y\}=0$，因此，上式右端是无意义的. 为了解决这个矛盾，我们用极限的方法来处理.

定义 3.3 设 y 取定值，对任意 $\Delta y>0$，均有 $P\{y-\Delta y<Y<y+\Delta y\}>0$. 若极限

$$\lim_{\Delta y\to 0+0}P\{X\leqslant x|y-\Delta y<Y<y+\Delta y\}$$

存在，则称此极限为在 $Y=y$ 的条件下，X 的条件分布函数，记作

$$P\{X\leqslant x|Y=y\}=\lim_{\Delta y\to 0+0}P\{X\leqslant x|y-\Delta y<Y<y+\Delta y\}\tag{3.8}$$

简记为 $F_{X|Y}(x|y)$. 并定义在 $Y=y$ 的条件下，X 的条件概率密度为非负函数 $p_{X|Y}(x|y)$，$x\in\mathbf{R}$，且满足式

$$F_{X|Y}(x|y)=\int_{-\infty}^{x}p_{X|Y}(u|y)\mathrm{d}u$$

可以证明在 $Y=y$ 的条件下，X 的条件概率密度为

$$p_{X|Y}(x|y)=\frac{p(x,y)}{p_Y(y)},p_Y(y)>0\tag{3.9}$$

在 $X=x$ 的条件下，Y 的条件概率密度为

$$p_{X|Y}(x|y)=\frac{p(x,y)}{p_X(x)},p_X(x)>0\tag{3.10}$$

容易验证，条件概率密度式(3.9)与式(3.10)是满足概率密度的两个基本性质的. 例如对式(3.9)而言，$p_{X|Y}(x|y)\geqslant 0$，且

$$\int_{-\infty}^{+\infty}p_{X|Y}(x|y)\mathrm{d}x=\frac{1}{p_Y(y)}\int_{-\infty}^{+\infty}p(x,y)\mathrm{d}x=1$$

设$(X,Y)\sim N(\mu_1,\mu_2,\sigma_1^2,\sigma_2^2,\rho)$，在 $Y=y$ 条件下，X 的条件分布是

$$N\left(\mu_1+\rho\frac{\sigma_1}{\sigma_2}(y-\mu_2),\sigma_1^2(1-\rho^2)\right)$$

在 $X=x$ 的条件下，Y 的条件分布是

$$N\left(\mu_2+\rho\frac{\sigma_2}{\sigma_1}(x-\mu_1),\sigma_2^2(1-\rho^2)\right)$$

故二维正态分布的条件分布仍为正态分布.

3.3.2 随机变量的独立性

随机变量的独立性是概率论中一个很重要的概念，它可借助于事件的独立性引

出来.

设 X,Y 为两个随机变量,对于任意的实数 x,y,“$X\leqslant x$”和“$Y\leqslant y$”为两个事件.根据事件的独立性定义,“$X\leqslant x$”、“$Y\leqslant y$”相互独立,相当于式

$$P\{X\leqslant x,Y\leqslant y\}=P\{X\leqslant x\}P\{Y\leqslant y\}$$

成立. 或写成

$$F(x,y)=F_X(x)F_Y(y)$$

于是得到如下的两个随机变量相互独立的定义.

定义 3.4 设 $F(x,y)$,$F_X(x)$,$F_Y(y)$ 依次为 (X,Y),X,Y 的分布函数,若对任意实数 x,y 有

$$F(x,y)=F_X(x)F_Y(y) \tag{3.11}$$

成立,则称 X 与 Y 是相互独立的.

设 X,Y 分别有概率密度 $p_X(x)$,$p_Y(y)$,则 X 与 Y 相互独立的充要条件是,二元函数

$$p_X(x)p_Y(y) \tag{3.12}$$

是二维随机变量 (X,Y) 的概率密度.

事实上,若 X,Y 相互独立,则

$$\begin{aligned} F(x,y) &= F_X(x)F_Y(y) = \int_{-\infty}^{x} p_X(u)\,\mathrm{d}u \cdot \int_{-\infty}^{y} p_Y(v)\,\mathrm{d}v \\ &= \int_{-\infty}^{x}\int_{-\infty}^{y} p_X(u)p_Y(v)\,\mathrm{d}u\mathrm{d}v \end{aligned}$$

故 $p_X(x)p_Y(y)$ 是 (X,Y) 的概率密度.

反之,若 $p_X(x)p_Y(y)$ 是 (X,Y) 的概率密度,则

$$\begin{aligned} F(x,y) &= \int_{-\infty}^{x}\int_{-\infty}^{y} p_X(u)p_Y(v)\,\mathrm{d}u\mathrm{d}v \\ &= \int_{-\infty}^{x} p_X(u)\,\mathrm{d}u \cdot \int_{-\infty}^{y} p_Y(v)\,\mathrm{d}v \\ &= F_X(x)F_Y(y) \end{aligned}$$

即式(3.11)成立,故 X,Y 相互独立.

从式(3.11)可见,若 X,Y 相互独立,又 $p(x,y)$,$p_X(x)$,$p_Y(y)$ 分别为 (X,Y),X,Y 的概率密度,而且分别在 (x,y),x,y 处连续,则

$$p(x,y)=p_X(x)p_Y(y) \tag{3.13}$$

当 (X,Y) 为离散型随机变量时,则 X,Y 相互独立的充要条件是,对一切 i,j,式

$$p_{ij}=p_{i\cdot}\cdot p_{\cdot j} \tag{3.14}$$

成立. 这里 p_{ij},$p_{i\cdot}$,$p_{\cdot j}$ 分别为 (X,Y),X,Y 的分布列(证明从略).

由式(3.13)、式(3.14)可知,要判断两个随机变量是否独立,只要验证 X 和 Y 的联合分布(概率密度或分布列)是否等于边缘分布(概率密度或分布列)的乘积就可以了. 一般说来,这是比较容易的.

下面证明:若$(X,Y)\sim N(\mu_1,\mu_2,\sigma_1^2,\sigma_2^2,\rho)$,则$X$与$Y$相互独立的充要条件是$\rho=0$.

证 X,Y的联合密度函数为

$$p(x,y)=\frac{1}{\sigma_1\sigma_2\sqrt{2\pi}\sqrt{2\pi}\sqrt{1-\rho^2}}\exp\left\{-\frac{1}{2(1-\rho^2)}\left[\frac{(x-\mu_1)^2}{\sigma_1^2}+\frac{(y-\mu_2)^2}{\sigma_2^2}-2\rho\frac{(x-\mu_1)(y-\mu_2)}{\sigma_1\sigma_2}\right]\right\}$$

边缘密度的乘积为

$$p_X(x)p_Y(y)=\frac{1}{\sigma_1\sigma_2\sqrt{2\pi}\sqrt{2\pi}}\exp\left\{-\frac{1}{2}\left[\frac{(x-\mu_1)^2}{\sigma_1^2}+\frac{(y-\mu_2)^2}{\sigma_2^2}\right]\right\}$$

显然

$$p(x,y)=p_X(x)p_Y(y)\Leftrightarrow\rho=0$$

又$p(x,y),p_X(x)p_Y(y)$均为连续函数,故X,Y独立的充要条件为$\rho=0$.

证毕.

我们指出,如果随机变量X,Y相互独立,则任一随机变量的条件概率密度(或分布列)与关于该变量的边缘密度(或分布列)是相等的. 例如,对连续情况有

$$p_{X|Y}(x|y)=\frac{p(x,y)}{p_Y(y)}=\frac{p_X(x)p_Y(y)}{p_Y(y)}=p_X(x)\tag{3.15}$$

同理有

$$p_{Y|X}(y|x)=p_Y(y)\tag{3.16}$$

前面所讲的有关二维随机变量的一些概念不难推广到n维随机变量中,例如,

1. 分布函数

设$(X_1,X_2,\cdots,X_n)$是n维随机变量,$x_1,x_2,\cdots,x_n$为任意实数,则n元函数

$$F(x_1,x_2,\cdots,x_n)=P\{X_1\leqslant x_1,X_2\leqslant x_2,\cdots,X_n\leqslant x_n\}\tag{3.17}$$

称为$(X_1,X_2,\cdots,X_n)$的分布函数,或$X_1,X_2,\cdots,X_n$的联合分布函数.

2. 概率密度

设$F(x_1,x_2,\cdots,x_n)$为n维随机变量$(X_1,X_2,\cdots,X_n)$的分布函数,若存在非负函数$p(x_1,x_2,\cdots,x_n)$对任意实数$x_1,x_2,\cdots,x_n$有

$$F(x_1,x_2,\cdots,x_n)=\int_{-\infty}^{x_1}\int_{-\infty}^{x_2}\cdots\int_{-\infty}^{x_n}p(t_1,t_2,\cdots,t_n)\mathrm{d}t_1\mathrm{d}t_2\cdots\mathrm{d}t_n\tag{3.18}$$

则称$(X_1,X_2,\cdots,X_n)$为n维连续型随机变量. 函数$p(x_1,x_2,\cdots,x_n)$称为n维随机变量的概率密度.

3. n个随机变量的独立性

设$F(x_1,x_2,\cdots,x_n)$为n维随机变量$(X_1,X_2,\cdots,X_n)$的分布函数,关于$X_1,X_2,\cdots,$

X_n 的边缘分布函数分别为 $F_{X_1}(x_1),F_{X_2}(x_2),\cdots,F_{X_n}(x_n)$，如果对任意实数 $x_1,x_2,\cdots,x_n$ 有

$$F(x_1,x_2,\cdots,x_n)=F_{X_1}(x_1)F_{X_2}(x_2)\cdots F_{X_n}(x_n) \tag{3.19}$$

则称 $X_1,X_2,\cdots,X_n$ 是相互独立的.

例 3.7 将一枚均匀硬币连掷三次，以 X 表示三次试验中出现正面的次数，Y 表示出现正面的次数与出现反面的次数的差的绝对值，求 (X,Y) 的分布列.

解 因为 (X,Y) 的所有可能取值为 $(0,3),(1,1),(2,1),(3,3)$，于是由二项概率公式易得

$$P\{X=0,Y=3\}=\left(\frac{1}{2}\right)^3=\frac{1}{8}$$

$$P\{X=1,Y=1\}=C_3^1\left(\frac{1}{2}\right)\times\left(\frac{1}{2}\right)^2=\frac{3}{8}$$

$$P\{X=2,Y=1\}=C_3^2\left(\frac{1}{2}\right)^2\times\left(\frac{1}{2}\right)=\frac{3}{8}$$

$$P\{X=3,Y=3\}=\left(\frac{1}{2}\right)^3=\frac{1}{8}$$

即 (X,Y) 的分布列为

$X \backslash Y$	1	3
0	0	$\frac{1}{8}$
1	$\frac{3}{8}$	0
2	$\frac{3}{8}$	0
3	0	$\frac{1}{8}$

例 3.8 设随机变量 X 在 1,2,3,4 四个整数中等可能地取值，另一随机变量 Y 在 $1\sim X$ 中等可能地取一整数值，试求 (X,Y) 的分布列，X,Y 的边缘分布列.

解 $\{X=i,Y=j\}$ 的取值情况是：$i=1,2,3,4$，j 是不大于 i 的正整数，由概率的乘法公式有 $P\{X=i,Y=j\}=P\{X=i\}P\{Y=j|X=i\}=\frac{1}{4}\frac{1}{i}$，$i=1,2,3,4$，$j\leqslant i$，于是 (X,Y) 的分布列，X,Y 的边缘分布列为

Y \ X	1	2	3	4	$P\{Y=j\}=p_{\cdot j}$
1	$\frac{1}{4}$	$\frac{1}{8}$	$\frac{1}{12}$	$\frac{1}{16}$	$\frac{25}{48}$
2	0	$\frac{1}{8}$	$\frac{1}{12}$	$\frac{1}{16}$	$\frac{13}{48}$
3	0	0	$\frac{1}{12}$	$\frac{1}{16}$	$\frac{7}{48}$
4	0	0	0	$\frac{1}{16}$	$\frac{3}{48}$
$P\{X=i\}=p_{i\cdot}$	$\frac{1}{4}$	$\frac{1}{4}$	$\frac{1}{4}$	$\frac{1}{4}$	1

说明 从直观不难发现 X 与 Y 之间没有独立性,故而求联合分布列时一般均用乘法公式计算.

例 3.9 一整数 n 等可能地在 1,2,3,…,10 十个值中取一个值. 设 $d=d(n)$ 是能整除 n 的正整数的个数,$F=F(n)$ 是能整除 n 的素数的个数,试求 d 与 F 的联合分布列.

解 经逐个验算可得 10 个整数的 d 与 F 的值为

n	1	2	3	4	5	6	7	8	9	10
$d(n)$	1	2	2	3	2	4	2	4	3	4
$F(n)$	0	1	1	1	1	2	1	1	1	2

于是有

$$P\{d=1,F=0\}=\frac{1}{10},P\{d=1,F=1\}=0$$

$$P\{d=1,F=2\}=0,P\{d=2,F=1\}=\frac{4}{10}$$

其他类似可得,故(d,F)的分布列为

$F(n)$ \ $d(n)$	1	2	3	4
0	$\frac{1}{10}$	0	0	0
1	0	$\frac{4}{10}$	$\frac{2}{10}$	$\frac{1}{10}$
2	0	0	0	$\frac{2}{10}$

例 3.10　设某班车起点站上客人数 X 服从参数为 $\lambda(\lambda>0)$ 的泊松分布，每位乘客在中途下车的概率为 $p(0<p<1)$，且中途下车与否相互独立. 以 Y 表示在中途下车的人数，求：

(1) 在发车时有 n 个乘客的条件下，中途有 m 人下车的概率.

(2) 二维随机变量 (X,Y) 的概率分布.

解　(1) $P\{Y=m|X=n\}=C_n^m p^m(1-p)^{n-m}, 0\leqslant m\leqslant n$

(2) $P\{X=n,Y=m\}=P\{Y=m|X=n\}P\{X=n\}$

$$=C_n^m p^m(1-p)^{n-m}\frac{\lambda^n}{n!}e^{-\lambda}$$

$$0\leqslant m\leqslant n, n=0,1,2,\cdots$$

例 3.11　设事件 A,B 满足 $P(A)=\frac{1}{4}, P(B|A)=P(A|B)=\frac{1}{2}$. 令

$$X=\begin{cases}1 & \text{若 } A \text{ 发生}\\ 0 & \text{若 } A \text{ 不发生}\end{cases}, Y=\begin{cases}1 & \text{若 } B \text{ 发生}\\ 0 & \text{若 } B \text{ 不发生}\end{cases}$$

试求 (X,Y) 的分布列.

解　因为 $P(A)=\frac{1}{4}, \frac{P(AB)}{P(A)}=\frac{P(AB)}{P(B)}=\frac{1}{2}$

故
$$P(AB)=\frac{1}{8}, P(B)=\frac{1}{4}$$

而
$$P\{X=0,Y=0\}=P(\bar{A}\bar{B})=1-P(A\cup B)$$
$$=1-P(A)-P(B)+P(AB)=\frac{5}{8}$$

$$P\{X=0,Y=1\}=P(\bar{A}B)=P(B)-P(AB)=\frac{1}{8}$$

$$P\{X=1,Y=0\}=P(A\bar{B})=P(A)-P(AB)=\frac{1}{8}$$

$$P\{X=1,Y=1\}=P(AB)=\frac{1}{8}$$

故所求 (X,Y) 的联合分布列为

X \ Y	0	1
0	$\frac{5}{8}$	$\frac{1}{8}$
1	$\frac{1}{8}$	$\frac{1}{8}$

例 3.12　已知随机变量 X_1 和 X_2 的概率分布列分别为

X_1	-1	0	1
P	$\frac{1}{4}$	$\frac{1}{2}$	$\frac{1}{4}$

X_2	0	1
P	$\frac{1}{2}$	$\frac{1}{2}$

且 $P\{X_1X_2=0\}=1$

(1) 求 X_1 和 X_2 的联合分布列.

(2) X_1 和 X_2 是否独立？为什么？

解 (1) 由 $P\{X_1X_2=0\}=1$,有 $P\{X_1X_2\neq 0\}=0$,故

$$P\{X_1=-1,X_2=1\}=P\{X_1=1,X_2=1\}=0$$

于是

$$P\{X_1=-1,X_2=0\}=P\{X_1=-1\}=\frac{1}{4}$$

$$P\{X_1=0,X_2=1\}=P\{X_2=1\}=\frac{1}{2}$$

$$P\{X_1=1,X_2=0\}=P\{X_1=1\}=\frac{1}{4}$$

$$P\{X_1=0,X_2=0\}=1-\left(\frac{1}{4}+\frac{1}{2}+\frac{1}{4}\right)=0$$

所以,X_1 和 X_2 的联合分布列为

X_2 \ X_1	-1	0	1	$P\{X_2=j\}$
0	$\frac{1}{4}$	0	$\frac{1}{4}$	$\frac{1}{2}$
1	0	$\frac{1}{2}$	0	$\frac{1}{2}$
$P\{X_1=i\}$	$\frac{1}{4}$	$\frac{1}{2}$	$\frac{1}{4}$	1

(2) 因为 $P\{X_1=0,X_2=0\}=0\neq P\{X_1=0\}P\{X_2=0\}=\frac{1}{2}\times\frac{1}{2}$,故 X_1 和 X_2 不独立.

例 3.13 设 X 与 Y 是两个相互独立的随机变量,它们均匀地分布在 $(0,l)$ 内,试求方程 $t^2+Xt+Y=0$ 有实根的概率.

解 由题设,X,Y 的概率密度分别为

$$f_X(x)=\begin{cases}\dfrac{1}{l} & 0<x<l\\ 0 & \text{其他}\end{cases}$$

$$f_Y(y)=\begin{cases}\dfrac{1}{l} & 0<y<l\\ 0 & \text{其他}\end{cases}$$

由于 X,Y 相互独立,故(X,Y)的概率密度为

$$f(x,y)=\begin{cases}\dfrac{1}{l^2} & 0<x<l,0<y<l\\ 0 & \text{其他}\end{cases}$$

方程 $t^2+Xt+Y=0$ 有实根的条件为 $X^2-4Y\geqslant0$,因此所求概率为 $P\{X^2-4Y\geqslant0\}$.

(1) 当 $l\leqslant4$ 时,由图 3.4 有

$$P\{X^2-4Y\geqslant0\}=\int_0^l\mathrm{d}x\int_0^{\frac{x^2}{4}}\frac{1}{l^2}\mathrm{d}y=\frac{l}{12}$$

(2) 当 $l>4$ 时,

$$P\{X^2-4Y\geqslant0\}=\int_0^l\mathrm{d}y\int_{2\sqrt{y}}^{l}\frac{1}{l^2}\mathrm{d}x=1-\frac{4}{3\sqrt{l}}$$

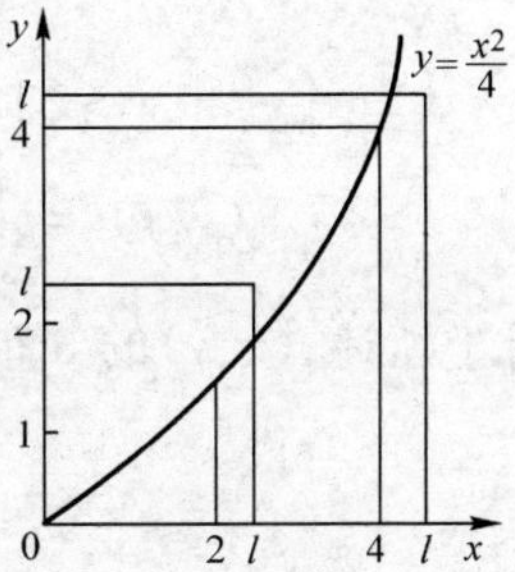

图 3.4

例 3.14 设随机变量(X,Y)的密度为

$$\varphi(x,y)=\begin{cases}x^2+\dfrac{1}{3}xy & 0\leqslant x\leqslant1,0\leqslant y\leqslant2\\ 0 & \text{其他}\end{cases}$$

试求:

(1) (X,Y)的分布函数.

(2) 关于 X,Y 的边缘分布密度.

(3) (X,Y)的两个条件分布密度.

(4) 概率 $P\{X+Y>1\}$,$P\{Y>X\}$ 及 $P\left\{Y<\dfrac{1}{2}\mid X<\dfrac{1}{2}\right\}$.

解 (1) 下面分五种情况进行讨论.

1) 当 $x\leqslant0$ 或 $y\leqslant0$ 时,

因为 $\varphi(x,y)=0$,所以 $F(x,y)=0$.

2) 当 $0<x\leqslant1,0<y\leqslant2$ 时,

因为 $\varphi(x,y)=x^2+\dfrac{1}{3}xy$

所以

$$F(x,y) = \int_{-\infty}^{x}\int_{-\infty}^{y}\varphi(u,v)\mathrm{d}u\mathrm{d}v = \int_{0}^{x}\int_{0}^{y}\left(u^2 + \frac{1}{3}uv\right)\mathrm{d}u\mathrm{d}v$$

$$= \frac{1}{3}x^3y + \frac{1}{12}x^2y^2$$

3）当 $0 < x \leqslant 1, y > 2$ 时，

$$F(x,y) = \int_{-\infty}^{x}\int_{-\infty}^{y}\varphi(u,v)\mathrm{d}u\mathrm{d}v = \int_{0}^{x}\int_{0}^{y}\varphi(u,v)\mathrm{d}u\mathrm{d}v$$

$$= \int_{0}^{x}\int_{0}^{2}\varphi(u,v)\mathrm{d}u\mathrm{d}v = \int_{0}^{x}\int_{0}^{2}\left(u^2 + \frac{1}{3}uv\right)\mathrm{d}u\mathrm{d}v = \frac{1}{3}x^2(2x+1)$$

4）当 $x > 1, 0 < y \leqslant 2$ 时，

$$F(x,y) = \int_{-\infty}^{x}\int_{-\infty}^{y}\varphi(u,v)\mathrm{d}u\mathrm{d}v = \int_{0}^{1}\int_{0}^{y}\varphi(u,v)\mathrm{d}u\mathrm{d}v$$

$$= \int_{0}^{1}\int_{0}^{y}\left(u^2 + \frac{1}{3}uv\right)\mathrm{d}u\mathrm{d}v = \frac{1}{12}y(4+y)$$

5）当 $x > 1, y > 2$ 时，

$$F(x,y) = \int_{0}^{1}\int_{0}^{2}\left(u^2 + \frac{1}{3}uv\right)\mathrm{d}u\mathrm{d}v = \int_{0}^{1}\mathrm{d}u\int_{0}^{2}\left(u^2 + \frac{1}{3}uv\right)\mathrm{d}v = 1$$

综上所述，(x,y)的分布函数为

$$F(x,y) = \begin{cases} 0 & x \leqslant 0 \text{ 或 } y \leqslant 0 \\ \frac{1}{3}x^2y\left(x + \frac{y}{4}\right) & 0 < x \leqslant 1, 0 < y \leqslant 2 \\ \frac{1}{3}x^2(2x+1) & 0 < x \leqslant 1, y > 2 \\ \frac{1}{12}y(4+y) & x > 1, 0 < y \leqslant 2 \\ 1 & x > 1, y > 2 \end{cases}$$

（2）当 $0 \leqslant x \leqslant 1$ 时，

$$\varphi_X(x) = \int_{-\infty}^{+\infty}\varphi(x,y)\mathrm{d}y = \int_{0}^{2}\left(x^2 + \frac{xy}{3}\right)\mathrm{d}y = 2x^2 + \frac{2}{3}x$$

故
$$\varphi_X(x) = \begin{cases} 2x^2 + \frac{2}{3}x & 0 \leqslant x \leqslant 1 \\ 0 & \text{其他} \end{cases}$$

当 $0 \leqslant y \leqslant 2$ 时，

$$\varphi_Y(y) = \int_{-\infty}^{+\infty}\varphi(x,y)\mathrm{d}x = \int_{0}^{1}\left(x^2 + \frac{xy}{3}\right)\mathrm{d}x = \frac{1}{3} + \frac{1}{6}y$$

故
$$\varphi_Y(y) = \begin{cases} \frac{1}{3} + \frac{1}{6}y & 0 \leqslant y \leqslant 2 \\ 0 & \text{其他} \end{cases}$$

(3) 当$0\leqslant y\leqslant 2$时,X关于$Y=y$的条件分布密度为

$$\varphi(x|y)=\frac{\varphi(x,y)}{\varphi_Y(y)}=\frac{6x^2+2xy}{2+y}$$

当$0\leqslant x\leqslant 1$时,Y关于$X=x$的条件分布密度为

$$\varphi(y|x)=\frac{\varphi(x,y)}{\varphi_X(x)}=\frac{3x+y}{6x+2}$$

(4) 如图3.5所示,有

$$P\{X+Y>1\}=\iint\limits_{x+y>1}\varphi(x,y)\mathrm{d}x\mathrm{d}y=\int_0^1\mathrm{d}x\int_{1-x}^2\left(x^2+\frac{xy}{3}\right)\mathrm{d}y=\frac{65}{72}$$

如图3.6所示,有

$$P\{Y>X\}=\iint\limits_{y>x}\varphi(x,y)\mathrm{d}x\mathrm{d}y=\int_0^1\mathrm{d}x\int_x^2\left(x^2+\frac{xy}{3}\right)\mathrm{d}y=\frac{17}{24}$$

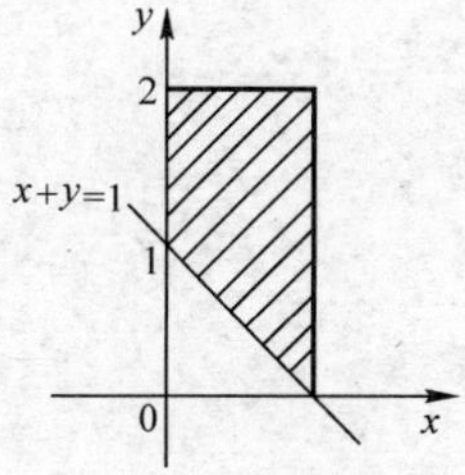

图 3.5

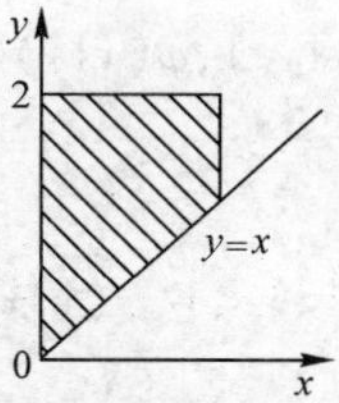

图 3.6

$$P\left\{Y<\frac{1}{2}|X<\frac{1}{2}\right\}=\frac{P\left\{X<\frac{1}{2},Y<\frac{1}{2}\right\}}{P\left\{X<\frac{1}{2}\right\}}=\frac{F\left(\frac{1}{2},\frac{1}{2}\right)}{F_X\left(\frac{1}{2}\right)}=\frac{\frac{1}{3}x^2y\left(x+\frac{y}{4}\right)\Big|_{\left(\frac{1}{2},\frac{1}{2}\right)}}{\int_0^{\frac{1}{2}}\varphi_X(x)\mathrm{d}x}=\frac{5}{32}$$

例3.15 设随机变量(X,Y)的概率密度为

$$\varphi(x,y)=\begin{cases}1 & |y|<x,0<x<1\\0 & \text{其他}\end{cases}$$

试求:

(1) 条件概率密度$\varphi(x|y)$,$\varphi(y|x)$.

(2) $P\left\{X>\frac{1}{2}|Y>0\right\}$.

解 (1) 如图 3.7 所示,有

$$\varphi_Y(y)=\int_{-\infty}^{+\infty}\varphi(x,y)\,\mathrm{d}x=\begin{cases}\int_y^1 \mathrm{d}x=1-y & 0\leqslant y<1\\ \int_{-y}^1 \mathrm{d}x=1+y & -1<y<0\\ 0 & \text{其他}\end{cases}=\begin{cases}1-|y| & |y|<1\\ 0 & \text{其他}\end{cases}$$

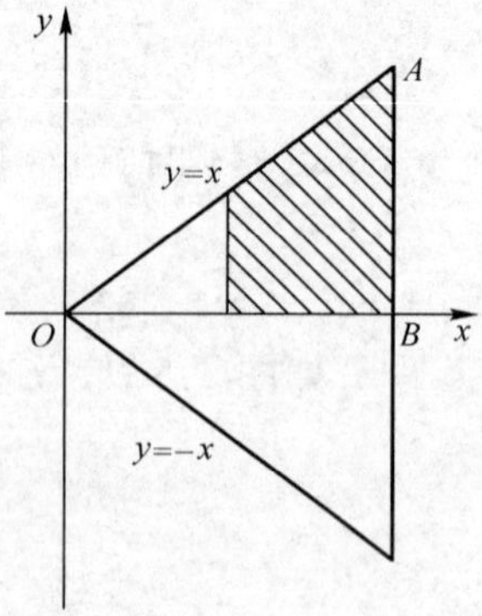

图 3.7

$$\varphi_X(x)=\int_{-\infty}^{+\infty}\varphi(x,y)\,\mathrm{d}y=\begin{cases}\int_{-x}^{x}\mathrm{d}y=2x & 0<x<1\\ 0 & \text{其他}\end{cases}$$

于是,条件概率密度分别为

对一切$|y|<1$,$\varphi(x|y)=\dfrac{\varphi(x,y)}{\varphi_Y(y)}=\begin{cases}\dfrac{1}{1-|y|} & |y|<x<1\\ 0 & \text{其他}\end{cases}$

对一切$0<x<1$,$\varphi(y|x)=\dfrac{\varphi(x,y)}{\varphi_X(x)}=\begin{cases}\dfrac{1}{2x} & |y|<x\\ 0 & \text{其他}\end{cases}$

(2) $P\left\{X>\dfrac{1}{2}|Y>0\right\}=\dfrac{P\left\{X>\dfrac{1}{2},Y>0\right\}}{P\{Y>0\}}=\dfrac{\text{图中阴影面积}}{\triangle AOB\text{ 的面积}}=\dfrac{3}{4}$

说明 对$|y|\geqslant1$,条件概率密度$\varphi(x|y)$不存在;对$x\leqslant0$或$x\geqslant1$,条件密度$\varphi(y|x)$也不存在.

例 3.16 设(X,Y)的密度函数为

$$\varphi(x,y)=\begin{cases}\mathrm{e}^{-y} & x>0,y>x\\ 0 & \text{其他}\end{cases}$$

试求:

(1) X,Y的边缘密度函数,并判别其独立性.

(2) (X,Y)的条件分布密度.

(3) $P\{X>2|Y<4\}$(图 3.8).

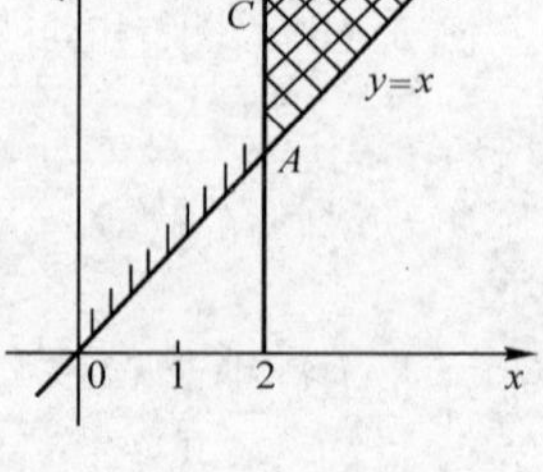

图 3.8

解 (1) 因为当$x>0$时,

$$\varphi_X(x)=\int_{-\infty}^{+\infty}\varphi(x,y)\,\mathrm{d}y=\int_{-\infty}^{+\infty}\mathrm{e}^{-y}\,\mathrm{d}y=\mathrm{e}^{-x}$$

所以
$$\varphi_X(x)=\begin{cases}\mathrm{e}^{-x} & x>0\\ 0 & \text{其他}\end{cases}$$

同理有

$$\varphi_Y(y) = \int_{-\infty}^{+\infty} \varphi(x,y)\mathrm{d}x = \begin{cases} \int_0^y \mathrm{e}^{-y}\mathrm{d}x = y\mathrm{e}^{-y} & y > 0 \\ 0 & \text{其他} \end{cases}$$

因为 $\varphi(x,y) \neq \varphi_X(x)\varphi_Y(y)$，故 X 与 Y 不独立.

(2) $\varphi(y|x) = \dfrac{\varphi(x,y)}{\varphi_X(x)} = \begin{cases} \mathrm{e}^{x-y} & y > x > 0 \\ 0 & \text{其他} \end{cases}$

$$\varphi(x|y) = \frac{\varphi(x,y)}{\varphi_Y(y)} = \begin{cases} \dfrac{1}{y} & y > x > 0 \\ 0 & \text{其他} \end{cases}$$

(3) $$P\{X > 2 \mid Y < 4\} = \frac{P\{X > 2, Y < 4\}}{P\{Y < 4\}} = \frac{\iint\limits_{\triangle ABC} \mathrm{e}^{-y}\mathrm{d}x\mathrm{d}y}{\int\limits_{y<4} \varphi_Y(y)\mathrm{d}y}$$

$$= \frac{\int_2^4 \mathrm{d}x \int_x^4 \mathrm{e}^{-y}\mathrm{d}y}{\int_0^4 y\mathrm{e}^{-y}\mathrm{d}y} = \frac{\mathrm{e}^{-2} - 3\mathrm{e}^{-4}}{1 - 5\mathrm{e}^{-4}}$$

3.4 二维随机变量函数的分布

前面曾讨论过一个随机变量 X 的函数 $Y=f(X)$ 的分布问题，这里将进一步讨论两个随机变量 X 与 Y 的函数 $Z=f(X,Y)$ 的分布问题. 下面仅就几个重要的特殊类型进行讨论.

3.4.1 和的分布

假设 X 和 Y 是离散型随机变量且有分布列

$$P\{X=k\} = p_k, k=0,1,2,\cdots$$
$$P\{Y=l\} = q_l, l=0,1,2,\cdots$$

对于 $Z=X+Y$，有下述定理.

定理 3.1 随机变量 $Z=X+Y$ 有分布列

$$P\{X+Y=m\} = \sum_{k+l=m} P\{X=k, Y=l\}$$
$$= \sum_{k=0}^{m} P\{X=k, Y=m-k\}, m=0,1,2,\cdots \tag{3.20}$$

若随机变量 X 和 Y 是独立的，则随机变量 $X+Y$ 取值为 m 的概率为

$$P\{X+Y=m\} = \sum_{k+l=m} p_k q_l \tag{3.21}$$

证 事件 $X+Y=m$ 是互不相容事件 $A_k = \{X=k, Y=m-k\}$ 的和事件，而 $P(A_k)$

$=P\{X=k,Y=m-k\}$,由此得

$$P\{X+Y=m\}=\sum P(A_k)=\sum_{k+l=m}P\{X=k,Y=l\}$$

当 X 与 Y 是独立的随机变量时,则有

$$P\{X=k,Y=m-k\}=p_k q_{m-k}=p_k q_l,k+l=m \tag{3.22}$$

例 3.17 连续掷两次骰子,设 X 表示第一次出现的点数,Y 表示第二次出现的点数,求随机变量 $X+Y$ 的分布列.

解 $P\{X=k\}=\dfrac{1}{6},k=1,2,\cdots,6$

$$P\{Y=l\}=\frac{1}{6},l=1,2,\cdots,6$$

记 $P_m=P\{X+Y=m\}$,因 X 与 Y 是独立的,故有

$$P_2=p_1q_1=\frac{1}{36}$$

$$P_3=p_1q_2+p_2q_1=\frac{2}{36}$$

$$P_4=p_3q_1+p_2q_2+p_1q_3=\frac{3}{36}$$

$$P_5=p_4q_1+p_3q_2+p_2q_3+p_1q_4=\frac{4}{36}$$

$$P_6=p_5q_1+p_4q_2+p_3q_3+p_2q_4+p_1q_5=\frac{5}{36}$$

$$P_7=p_1q_6+p_2q_5+p_3q_4+p_4q_3+p_5q_2+p_6q_1=\frac{6}{36}$$

$$P_8=p_6q_2+p_5q_3+p_4q_4+p_3q_5+p_2q_6=\frac{5}{36}$$

$$P_9=p_6q_3+p_5q_4+p_4q_5+p_3q_6=\frac{4}{36}$$

$$P_{10}=p_6q_4+p_5q_5+p_4q_6=\frac{3}{36}$$

$$P_{11}=p_6q_5+p_5q_6=\frac{2}{36}$$

$$P_{12}=p_6q_6=\frac{1}{36}$$

例 3.18 设 X,Y 是相互独立的随机变量,它们分别服从参数为 λ_1,λ_2 的泊松分布,求 $Z=X+Y$ 的分布列.

解 将 X,Y,Z 的取值分别用 k,j,i 表示,由式(3.22)得

$$P\{Z=i\}=\sum_{k=0}^{i}P\{X=k\}P\{Y=i-k\},i=0,1,2,\cdots$$

因为 $X\sim P(\lambda_1),Y\sim P(\lambda_2)$,故

$$P\{X=k\}=\frac{\lambda_1^k}{k!}e^{-\lambda_1},P\{Y=j\}=\frac{\lambda_2^j}{j!}e^{-\lambda_2},k,j=0,1,2,\cdots$$

于是 Z 的分布列为

$$P\{Z=i\}=\sum_{k=0}^{i}\frac{\lambda_1^k e^{-\lambda_1}}{k!}\cdot\frac{\lambda_2^{i-k}e^{-\lambda_2}}{(i-k)!}=e^{-(\lambda_1+\lambda_2)}\sum_{k=0}^{i}\frac{\lambda_1^k\lambda_2^{i-k}}{k!(i-k)!}$$
$$=\frac{1}{i!}e^{-(\lambda_1+\lambda_2)}\sum_{k=0}^{i}C_i^k\lambda_1^k\lambda_2^{i-k}=\frac{(\lambda_1+\lambda_2)^i}{i!}e^{-(\lambda_1+\lambda_2)},i=0,1,2,\cdots \tag{3.23}$$

由式(3.23)可见,Z 服从参数为 $\lambda_1+\lambda_2$ 的泊松分布.

由此可以推知:两个相互独立的泊松变量之和仍是一个泊松变量,且其参数等于相应的随机变量分布参数的和.类似的结论对其他一些分布也是成立的.

例 3.19 设 X_1 与 X_2 相互独立,且 $X_1\sim B(n_1,p)$,$X_2\sim B(n_2,p)$,则 $X=X_1+X_2\sim$ ( ).

(A) $B(n_1+n_2,p)$ (B) $B(n_1+n_2,2p)$

(C) $B\left(\frac{n_1+n_2}{2},p\right)$ (D) $B\left(\frac{n_1+n_2}{2},2p\right)$

解 因为 $X_1\sim B(n_1,p)$,$X_2\sim B(n_2,p)$,故

$$P\{X_1=i\}=C_{n_1}^i p^i(1-p)^{n_1-i},i=0,1,\cdots,n_1$$
$$P\{X_2=j\}=C_{n_2}^j p^j(1-p)^{n_2-j},j=0,1,\cdots,n_2$$

所以
$$\begin{aligned}P\{X=k\}&=P\{X_1+X_2=k\}\\&=P\{X_1=0,X_2=k\}+\cdots+P\{X_1=k,X_2=0\}\\&=P\{X_1=0\}P\{X_2=k\}+P\{X_1=1\}P\{X_2=k-1\}\\&\quad+\cdots+P\{X_1=k\}P\{X_2=0\}\\&=\sum_{m=0}^{k}(C_{n_1}^m p^m q^{n_1-m})(C_{n_2}^{k-m}p^{k-m}q^{n_2-(k-m)})\\&=\sum_{m=0}^{k}C_{n_1}^m C_{n_2}^{k-m}p^k(1-p)^{n_1+n_2-k}\\&=C_{n_1+n_2}^k p^k(1-p)^{n_1+n_2-k},k=0,1,\cdots,n_1+n_2\end{aligned}$$

应选(A).

说明 本题在推导过程中利用了组合公式 $\sum_{m=0}^{k}C_{n_1}^m C_{n_2}^{k-m}=C_{n_1+n_2}^k$.

现在来讨论两个连续型随机变量之和的分布.

设(X,Y)是二维连续型随机变量,其概率密度为 $p(x,y)$,求和 $Z=X+Y$ 的分布.

为了确定 Z 的分布,考虑 Z 的分布函数

$$F_Z(x)=P\{Z\leqslant z\}=P\{X+Y\leqslant z\}$$
$$=P\{(X,Y)\in G\}$$

其中,G 为平面域 $\{(x,y)|x+y<z\}$(图 3.9).

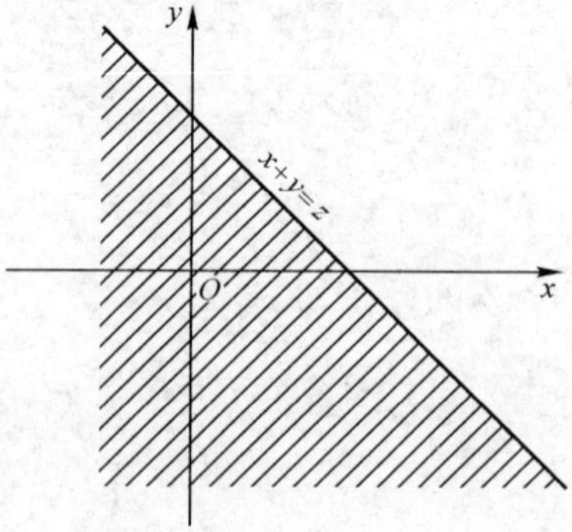

图 3.9

由分布函数定义得

$$F_Z(z)=\iint\limits_G p(x,y)\mathrm{d}x\mathrm{d}y=\int_{-\infty}^{+\infty}\left[\int_{-\infty}^{z-x}p(x,y)\mathrm{d}y\right]\mathrm{d}x$$

令 $y=u-x$,得

$$F_Z(z)=\int_{-\infty}^{+\infty}\left[\int_{-\infty}^{z}p(x,u-x)\mathrm{d}u\right]\mathrm{d}x$$

交换积分次序得

$$F_Z(z)=\int_{-\infty}^{z}\left[\int_{-\infty}^{+\infty}p(x,u-x)\mathrm{d}x\right]\mathrm{d}u$$

由式(2.10)知,Z 是连续型随机变量且其概率密度为

$$p_Z(z)=\int_{-\infty}^{+\infty}p(x,z-x)\mathrm{d}x \tag{3.24}$$

同理也可得出

$$p_Z(z)=\int_{-\infty}^{+\infty}p(z-y,y)\mathrm{d}y \tag{3.25}$$

如果 X,Y 是相互独立的,则由式(3.12)得

$$p_Z(z)=\int_{-\infty}^{+\infty}p_X(x)p_Y(z-x)\mathrm{d}x \tag{3.26}$$

和

$$p_Z(z)=\int_{-\infty}^{+\infty}p_X(z-y)p_Y(y)\mathrm{d}y \tag{3.27}$$

由式(3.26)和式(3.27)给出的运算称为卷积. 因此也称上两式为卷积公式,简记为

$$p_Z(z)=p_X*p_Y \tag{3.28}$$

式(3.28)用语言叙述即为:两个相互独立的连续型随机变量和的概率密度等于它们概率密度的卷积.

例 3.20 设 X 和 Y 是两个相互独立的随机变量,其概率密度分别为

$$f_X(x)=\begin{cases}1 & 0\leqslant x\leqslant 1\\ 0 & 其他\end{cases},\quad f_Y(y)=\begin{cases}\mathrm{e}^{-y} & y>0\\ 0 & y\leqslant 0\end{cases}$$

求随机变量 $Z=X+Y$ 的概率密度.

解 方法一 利用卷积公式和平行穿线法求概率密度 $f_Z(z)$.

$$f_Z(z)=f_X*f_Y=\int_{-\infty}^{+\infty}f_X(x)f_Y(z-x)\mathrm{d}x$$

要使被积表达式不为零,只需 $\begin{cases}0\leqslant x\leqslant 1\\ z-x>0\end{cases}$,即 $\begin{cases}0\leqslant x\leqslant 1\\ z>x\end{cases}$,如图 3.10 所示.

所以　当$0\leqslant z<1$时，$f_Z(x)=\int_0^z e^{-(z-x)}dx=1-e^{-z}$.

当$z\geqslant 1$时，$f_Z(z)=\int_0^1 e^{-(z-x)}dx=(e-1)e^{-z}$.

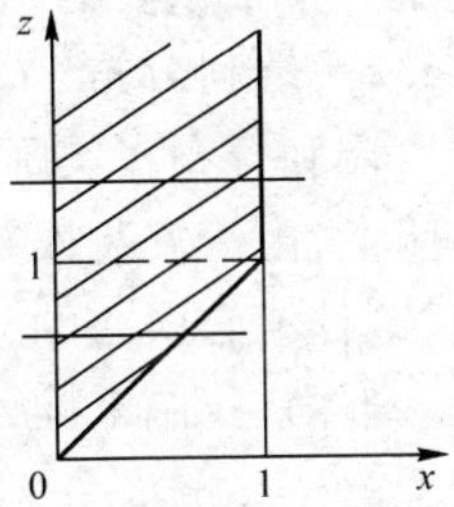

图　3.10

$Z=X+Y$的概率密度为

$$f_Z(z)=\begin{cases}1-e^{-z} & 0\leqslant z<1\\(e-1)e^{-z} & z\geqslant 1\\0 & z<0\end{cases}$$

方法二　由于X与Y相互独立，所以

$$f(x,y)=f_X(x)f_Y(y)=\begin{cases}e^{-y} & 0\leqslant x\leqslant 1, y>0\\0 & \text{其他}\end{cases}$$

显然，当$z<0$时，$f(x,y)=0, F_Z(z)=0$.

当$0\leqslant z<1$时(图3.11a)，

$$F_Z(z)=\iint\limits_{x+y\leqslant z}f(x,y)dxdy=\int_0^z dx\int_0^{z-x}e^{-y}dy=z-1+e^{-z}$$

当$z\geqslant 1$时(图3.11b)，

$$F_Z(z)=\iint\limits_{x+y\leqslant z}f(x,y)dxdy=\int_0^1 dx\int_0^{z-x}e^{-y}dy=1+(1-e)e^{-z}$$

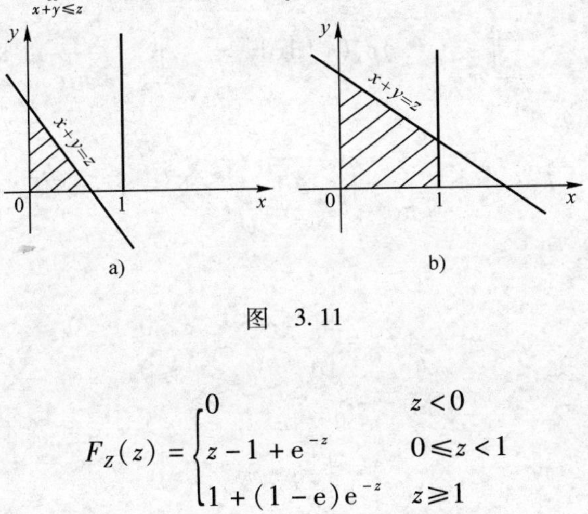

a)　　b)

图　3.11

所以
$$F_Z(z)=\begin{cases}0 & z<0\\z-1+e^{-z} & 0\leqslant z<1\\1+(1-e)e^{-z} & z\geqslant 1\end{cases}$$

$$f_Z(z)=\begin{cases}0 & z<0\\1-e^{-z} & 0\leqslant z<1\\(e-1)e^{-z} & z\geqslant 1\end{cases}$$

对于正态分布，有下面的结论：设X,Y相互独立，且$X\sim N(\mu_1,\sigma_1^2)$，$Y\sim N(\mu_2,\sigma_2^2)$，则它们的和仍然服从正态分布，参数等于$X,Y$相应参数的和，即

$$X+Y\sim N(\mu_1+\mu_2,\sigma_1^2+\sigma_1^2)$$

这个结论可以推广到n个相互独立的正态随机变量之和的情况，即若$X_i\sim$

$N(\mu_i,\sigma_i^2)(i=1,2,\cdots,n)$且$X_1,X_2,\cdots,X_n$相互独立,则

$$\sum_{i=1}^{n} a_iX_i \sim N\left(\sum_{i=1}^{n} a_i\mu_i, \sum_{i=1}^{n}(a_i\sigma_i)^2\right) \tag{3.29}$$

这是一个很重要的结论.

3.4.2 瑞利分布

瑞利分布在实际生产、生活中经常碰到. 例如,加工齿轮时,要把齿轮毛坯安装到车床上,由于安装误差使被加工的齿轮中心与加工中心不吻合,产生了加工的偏心误差. 这种偏心误差的分布,就是瑞利分布.

下面,我们来推导服从瑞利分布的随机变量的分布.

设X,Y是相互独立且服从同一正态分布$N(0,\sigma^2)$的随机变量,求$Z=\sqrt{X^2+Y^2}$的分布. 考虑Z的分布函数$F_Z(z)$.

显然,当$z\leqslant 0$时,

$$F_Z(z)=P\{Z\leqslant z\}=P\{\sqrt{X^2+Y^2}\leqslant z\}=0$$

当$z>0$时,

$$F_Z(z)=P\{\sqrt{X^2+Y^2}\leqslant z\}=\iint\limits_{\sqrt{x^2+y^2}\leqslant z} p(x,y)\,\mathrm{d}x\mathrm{d}y$$

其中,$p(x,y)$是X,Y的联合概率密度. 由于X,Y独立,故有

$$F_Z(z)=\iint\limits_{\sqrt{x^2+y^2}<z} p_X(x)p_Y(y)\,\mathrm{d}x\mathrm{d}y=\iint\limits_{\sqrt{x^2+y^2}<z}\frac{1}{2\pi\sigma^2}\mathrm{e}^{-\frac{x^2+y^2}{2\sigma^2}}\mathrm{d}x\mathrm{d}y$$

令$x=r\cos\theta,y=r\sin\theta$,得

$$F_Z(z)=\frac{1}{2\pi\sigma^2}\int_0^{2\pi}\mathrm{d}\theta\int_0^z \mathrm{e}^{-\frac{r^2}{2\sigma^2}}r\mathrm{d}r=1-\mathrm{e}^{-\frac{z^2}{2\sigma^2}}$$

于是,Z的分布函数为

$$F_Z(z)=\begin{cases}1-\mathrm{e}^{-\frac{z^2}{2\sigma^2}} & z>0\\ 0 & z\leqslant 0\end{cases} \tag{3.30}$$

Z的概率密度为

$$p_Z(z)=\begin{cases}\dfrac{z}{\sigma^2}\mathrm{e}^{-\frac{z^2}{2\sigma^2}} & z>0\\ 0 & z\leqslant 0\end{cases} \tag{3.31}$$

称以式(3.31)为概率密度(或以式(3.30)为分布函数)的分布为瑞利(Rayleigh)分布.

例3.21 设随机变量X与Y相互独立,其概率密度分别为

$$\varphi(x)=\begin{cases}\dfrac{2}{\sqrt{\pi}}\mathrm{e}^{-x^2} & 0<x<+\infty\\ 0 & 其他\end{cases}$$

$$\varphi(y)=\begin{cases}\dfrac{2}{\sqrt{\pi}}e^{-y^2} & 0<y<+\infty \\ 0 & \text{其他}\end{cases}$$

求 $Z=\sqrt{X^2+Y^2}$ 的概率密度.

解 如图 3.12 所示,由于 X,Y 相互独立,于是 (X,Y) 的概率密度为

$$f(x,y)=\varphi(x)\varphi(y)=\begin{cases}\dfrac{4}{\pi}e^{-(x^2+y^2)} & 0<x<+\infty, 0<y<+\infty \\ 0 & \text{其他}\end{cases}$$

显然,当 $z<0$, $F_Z(z)=0$.

当 $z\geqslant 0$ 时,

$$F_Z(z)=\iint\limits_{\sqrt{x^2+y^2}\leqslant z^2} f(x,y)\mathrm{d}x\mathrm{d}y=\frac{4}{\pi}\int_0^{\frac{\pi}{2}}\mathrm{d}\theta\int_0^z e^{-r^2},r\mathrm{d}r$$
$$=1-e^{-z^2}$$

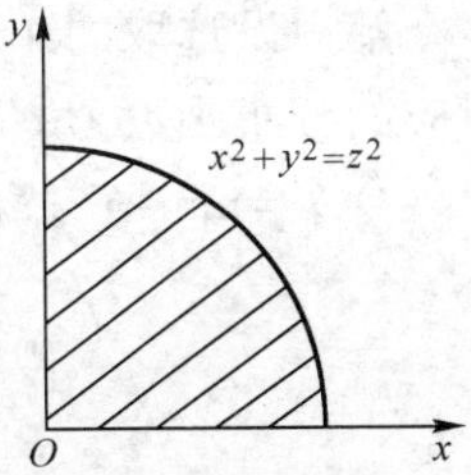

图 3.12

故 $Z=\sqrt{X^2+Y^2}$ 的概率密度为

$$\varphi(z)=\begin{cases}0 & z<0 \\ 2ze^{-z^2} & z\geqslant 0\end{cases}$$

3.4.3 max{X,Y}及 min{X,Y}的分布

设随机变量 $M=\max\{X,Y\}$, $N=\min\{X,Y\}$ 分别表示随机变量 X 与 Y 间的最大值和最小值;又 X 与 Y 的分布函数分别为 $F_X(x)$, $F_Y(y)$,且 X 与 Y 相互独立;求 M 及 N 的分布函数.

先求 $M=\max\{X,Y\}$ 的分布函数.

$$F_M(z)=P\{M\leqslant z\}=P\{\max\{X,Y\}\leqslant z\}$$

因为 M 不大于 z 等价于 X,Y 都不大于 z,故

$$F_M(z)=P\{x\leqslant z,Y\leqslant z\}=P\{X\leqslant z\}P\{Y\leqslant z\}=F_X(z)F_Y(z) \tag{3.32}$$

下面求 $N=\min\{X,Y\}$ 的分布函数.

$$F_N(z)=P\{N\leqslant z\}=P\{\min\{X,Y\}\leqslant z\}=1-P\{\min\{X,Y\}>z\}$$

由于 $N=\min\{X,Y\}$ 大于 z 等价于 X,Y 都大于 z,故

$$\begin{aligned}F_N(z)&=1-P\{X>z,Y>z\}=1-P\{X>z\}P\{Y>z\}\\&=1-[1-P\{X\leqslant z\}][1-P\{Y\leqslant z\}]\\&=1-[1-F_X(z)][1-F_Y(z)]\end{aligned} \tag{3.33}$$

上面的结果可以推广到 n 个相互独立随机变量的情况. 设 $X_1,X_2,\cdots,X_n$ 是相互独立的且分布函数分别为 $F_{X_1}(x_1),F_{X_2}(x_2),\cdots,F_{X_n}(x_n)$ 的 n 个随机变量,则 $\max\{X_1,X_2,\cdots,X_n\}$ 的分布函数 $F_{\max}(z)$ 为

$$F_{\max}(z)=F_{X_1}(z)F_{X_2}(z)\cdots F_{X_n}(z) \tag{3.34}$$

$\min\{X_1,X_2,\cdots,X_n\}$ 的分布函数 $F_{\min}(z)$ 为

$$F_{\min}(z)=1-[1-F_{X_1}(z)][1-F_{X_2}(z)\cdots][1-F_{X_n}(z)] \tag{3.35}$$

特别地,当 $X_2,X_2,\cdots,X_n$ 是相互独立的且具有相同分布函数 $F(z)$ 的 n 个随机变量时,由式(3.34)、式(3.35)得

$$F_{\max}(z)=[F(z)]^n \tag{3.36}$$

$$F_{\min}(z)=1-[1-F(z)]^n \tag{3.37}$$

例 3.22 设某型号的电子元件寿命(以小时计)近似服从 $N(160,20^2)$ 分布,随机选取 4 件,求其中没有一件寿命小于 180h 的概率.

解 设选取的 4 件,其寿命分别为 $T_1,T_2,T_3,T_4,T_i\sim N(160,20^2),i=1,2,3,4$,对应的分布函数为 $F(t)$.

令 $T=\min\{T_1,T_2,T_3,T_4\}$,由式(3.37)有

$$F_{\min}(t)=P\{T\leqslant t\}=1-P\{T>t\}=1-[1-F(t)]^4$$

于是
$$P[T\geqslant 180]=1-P\{T<180\}=[1-F(180)]^4$$

因为
$$F(t)=\frac{1}{\sqrt{2\pi}\sigma}\int_{-\infty}^{t}\mathrm{e}^{-\frac{(x-\mu)^2}{2\sigma^2}}\mathrm{d}x=\Phi\left(\frac{t-\mu}{\sigma}\right)$$

其中,$\Phi(t)$ 为标准正态分布函数. 此处,$\mu=160,\sigma=20$.

所以
$$P\{T\geqslant 180\}=\left[1-\Phi\left(\frac{180-160}{20}\right)\right]^4=[1-\Phi(1)]^4$$

$$=(1-0.8413)^4=(0.1587)^4\approx 0.00063$$

例 3.23 对某种电子装置的输出测量了 5 次,得到的观察值分别为 X_1,X_2,X_3,X_4,X_5,设它们是相互独立的变量,且都服从同一分布,分布函数为

$$F(z)=\begin{cases}1-\mathrm{e}^{-\frac{z^2}{8}} & z\geqslant 0\\ 0 & \text{其他}\end{cases}$$

试求 $\max\{X_1,X_2,X_3,X_4,X_5\}>4$ 的概率.

解 令 $V=\max\{X_1,X_2,X_3,X_4,X_5\}$.

由于 X_1,X_2,X_3,X_4,X_5 相互独立,且服从同一分布,由式(3.36)有

$$F_{\max}(z)=[F(z)]^5$$

所求概率
$$P\{V>4\}=1-P\{V\leqslant 4\}=1-F_{\max}(4)$$
$$=1-[F(4)]^5=1-(1-\mathrm{e}^{-2})^5$$

说明 最大(max)、最小(min)函数是常用的两个特殊函数,需掌握其处理技巧.

例 3.24 设随机变量 (X,Y) 的分布列为

Y \ X	0	1	2	3	4	5
0	0	0.01	0.03	0.05	0.07	0.09
1	0.01	0.02	0.04	0.05	0.06	0.08
2	0.01	0.03	0.05	0.05	0.05	0.06
3	0.01	0.02	0.04	0.06	0.06	0.05

试求：

(1) $P\{X=2|Y=2\}$，$P\{Y=3|X=0\}$.

(2) $V=\max\{X,Y\}$的分布列.

(3) $U=\min\{X,Y\}$的分布列.

(4) $W=U+V$的分布列.

解 (1) $$P\{X=2|Y=2\}=\frac{P\{X=2,Y=2\}}{P\{Y=2\}}=\frac{P\{X=2,Y=2\}}{\sum_{i=0}^{5}P\{X=i,Y=2\}}=\frac{0.05}{0.25}=\frac{1}{5}$$

类似地，有

$$P\{Y=3|X=0\}=\frac{P\{Y=3,X=0\}}{P\{X=0\}}=\frac{0.01}{0.03}=\frac{1}{3}$$

(2) $$P\{V=i\}=P\{\max\{X,Y\}=i\}=P\{X=i,Y<i\}+P\{X\leqslant i,Y=i\}=\sum_{k=0}^{i-1}P\{X=i,Y=k\}+\sum_{k=0}^{i}P\{X=k,Y=i\},i=0,1,\cdots,5$$

于是

V	0	1	2	3	4	5
P	0	0.04	0.16	0.28	0.24	0.28

(3) $$P\{U=i\}=P\{\min\{X,Y\}=i\}=P\{X=i,Y\geqslant i\}+P\{X>i,Y=i\}=\sum_{k=i}^{3}P\{X=i,Y=k\}+\sum_{k=i+1}^{5}P\{X=k,Y=i\},i=0,1,2,3$$

于是

U	0	1	2	3
P	0.28	0.30	0.25	0.17

(4) 因为$W=V+U=\max\{X,Y\}+\min\{X,Y\}=X+Y$

于是有

W	0	1	2	3	4	5	6	7	8
P	0	0.02	0.06	0.13	0.19	0.24	0.19	0.12	0.05

3.5 小结

3.5.1 基本概念与公式(表 3.1,表 3.2)

表 3.1 随机变量分布

<table>
<tr><th>二维随机变量(X,Y)的分布</th><th>几何表示</th></tr>
<tr><td>性质:
(1) $0\leqslant F(x,y)\leqslant 1$
(2) $F(x,y)$是x或y的不减函数,且对任意固定的y有$F(-\infty,y)=0,F(x,-\infty)=0,F(-\infty,-\infty)=0,F(+\infty,+\infty)=1$
(3) $F(x,y)=F(x+0,y),F(x,y)=F(x,y+0)$
即$F(x,y)$关于x右连续,关于y右连续
(4) 随机点(X,Y)落在矩形域:$x_1<X\leqslant x_2,y_1<Y\leqslant y_2$的概率为$P\{x_1<X\leqslant x_2,y_1<Y\leqslant y_2\}=F(x_2,y_2)-F(x_2,y_1)-F(x_1,y_2)+F(x_1,y_1)$
且 $F(x_2,y_2)-F(x_2,y_1)-F(x_1,y_2)+F(x_1,y_1)\geqslant 0$</td><td>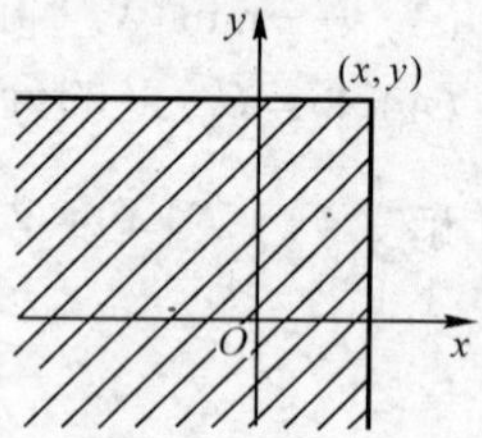</td></tr>
<tr><th>(X,Y)为离散型</th><th>(X,Y)为连续型</th></tr>
<tr><td>(X,Y)的分布列
$P\{X=x_i,Y=y_j\}=p_{ij},i,j=1,2,\cdots$
或
<table><tr><th>X \ Y</th><th>y_1</th><th>y_2</th><th>$\cdots$</th><th>y_j</th><th>$\cdots$</th></tr><tr><td>x_1</td><td>p_{11}</td><td>p_{12}</td><td>$\cdots$</td><td>p_{1j}</td><td>$\cdots$</td></tr><tr><td>x_2</td><td>p_{21}</td><td>p_{22}</td><td>$\cdots$</td><td>p_{2j}</td><td>$\cdots$</td></tr><tr><td>$\vdots$</td><td>$\vdots$</td><td>$\vdots$</td><td></td><td>$\vdots$</td><td></td></tr><tr><td>x_i</td><td>p_{i1}</td><td>p_{i2}</td><td>$\cdots$</td><td>p_{ij}</td><td>$\cdots$</td></tr><tr><td>$\vdots$</td><td>$\vdots$</td><td>$\vdots$</td><td></td><td>$\vdots$</td><td></td></tr></table>性质:
(1) $p_{ij}\geqslant 0$
(2) $\sum_{i=1}^{\infty}\sum_{j=1}^{\infty}p_{ij}=1$
分布函数:$F(x,y)=\sum_{\substack{x_i\leqslant x\\ y_j\leqslant y}}p_{ij}$</td><td>概率密度 $\varphi(x,y)$
性质:
(1) $\varphi(x,y)\geqslant 0$
(2) $\int_{-\infty}^{+\infty}\int_{-\infty}^{+\infty}\varphi(x,y)\mathrm{d}x\mathrm{d}y=1$
(3) $\frac{\partial^2 F(x,y)}{\partial x\partial y}=\varphi(x,y)$
(x,y) 为 $\varphi(x,y)$ 的连续点
(4) $P\{(X,Y)\in G\}=\iint_G\varphi(x,y)\mathrm{d}x\mathrm{d}y$
分布函数:$F(x,y)=\int_{-\infty}^{x}\int_{-\infty}^{y}\varphi(u,v)\mathrm{d}u\mathrm{d}v$</td></tr>
</table>

（续）

<table>
<tr><th>(X,Y)为离散型</th><th>(X,Y)为连续型</th></tr>
<tr><td>二维随机变量(X,Y)的边缘分布
求 X 的边缘分布，即 X 的分布
$F_X(x)=P\{X\leqslant x\}=P\{X\leqslant x,Y<+\infty\}=F(x,+\infty)$
求 Y 的边缘分布，即 Y 的分布
$F_Y(y)=P\{Y\leqslant y\}=P\{X<+\infty,Y\leqslant y\}=F(+\infty,y)$</td><td>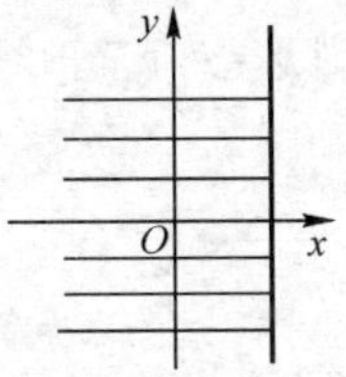

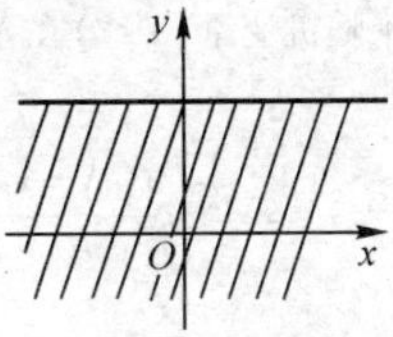
</td></tr>
<tr><td>(X,Y)的分布列为
$p_{ij}=P\{X=x_i,Y=y_j\},i,j=1,2,\cdots$
(X,Y)关于 X 的边缘分布列
$P\{X=x_i\}=\sum_{j=1}^{\infty}p_{ij}=p_{i\cdot}$（联合分布列中第 i 行各元素相加）
(X,Y)关于 Y 的边缘分布列
$P\{Y=y_j\}=\sum_{i=1}^{\infty}p_{ij}=p_{\cdot j}$（联合分布列中第 j 列各元素相加）
(X,Y)关于 X 的边缘分布函数
$F_X(x)=\sum_{x_i\leqslant x}\sum_{j=1}^{\infty}p_{ij}$
(X,Y)关于 Y 的边缘分布函数
$F_Y(y)=\sum_{y_j\leqslant y}\sum_{i=1}^{\infty}p_{ij}$</td><td>设$(X,Y)$的概率密度为 $\varphi(x,y)$
(X,Y)关于 X 的边缘分布密度为
$\varphi_X(x)=\int_{-\infty}^{+\infty}\varphi(x,y)\,\mathrm{d}y$
(X,Y)关于 Y 的边缘分布密度为
$\varphi_Y(y)=\int_{-\infty}^{+\infty}\varphi(x,y)\,\mathrm{d}x$
(X,Y)关于 X 的边缘分布函数
$F_X(x)=\int_{-\infty}^{x}\left[\int_{-\infty}^{+\infty}\varphi(x,y)\,\mathrm{d}y\right]\mathrm{d}x$
(X,Y)关于 Y 的边缘分布函数
$F_Y(y)=\int_{-\infty}^{y}\left[\int_{-\infty}^{+\infty}\varphi(x,y)\,\mathrm{d}x\right]\mathrm{d}y$</td></tr>
<tr><td colspan="2">设(X,Y)为二维随机变量，在条件 $Y=y$ 下，X 的条件分布函数
$F_{X|Y}(x|y)=P\{X\leqslant x|Y=y\}=\lim\limits_{\varepsilon\to 0}P\{X\leqslant x|y-\varepsilon<Y\leqslant y+\varepsilon\}$
$=\lim\limits_{\varepsilon\to 0}\dfrac{P\{X\leqslant x,y-\varepsilon<Y\leqslant y+\varepsilon\}}{P\{y-\varepsilon<Y\leqslant y+\varepsilon\}}$
$F_{Y|X}(y|x)=P\{Y\leqslant y|X=x\}=\lim\limits_{\varepsilon\to 0}P\{Y\leqslant y|x-\varepsilon<X\leqslant x+\varepsilon\}$
$=\lim\limits_{\varepsilon\to 0}\dfrac{P\{x-\varepsilon<X\leqslant x+\varepsilon,Y\leqslant y\}}{P\{x-\varepsilon<X\leqslant x+\varepsilon\}}$</td></tr>
</table>

（续）

(X,Y)为离散型	(X,Y)为连续型
二维随机变量(X,Y)在条件$Y=y_j$下X的条件分布列 $P\{X=x_i\|Y=y_j\}=\dfrac{P\{X=x_i,Y=y_j\}}{P\{Y=y_j\}}$ $=\dfrac{p_{ij}}{p_{\cdot j}},i=1,2,\cdots$ (X,Y)在条件$X=x_i$下Y的条件分布列 $P\{Y=y_j\|X=x_i\}=\dfrac{P\{X=x_i,Y=y_j\}}{P\{X=x_i\}}$ $=\dfrac{p_{ij}}{p_{i\cdot}},i=1,2,\cdots$	设(X,Y)的分布密度为$\varphi(x,y)$，则在条件$Y=y$下X的条件分布密度为 $\varphi(x\|y)=\dfrac{\varphi(x,y)}{\varphi_Y(y)}$ 在条件$X=x$下Y的条件分布密度为 $\varphi(y\|x)=\dfrac{\varphi(x,y)}{\varphi_X(x)}$ 其中$\varphi_Y(y),\varphi_X(x)$分别为$Y$与$X$的边缘密度，对应的条件分布函数为 $F_{Y\|X}(y\|x)=\dfrac{\int_{-\infty}^{y}\varphi(x,y)\mathrm{d}y}{\varphi_X(x)}=\int_{-\infty}^{y}\varphi_{Y\|X}(y\|x)\mathrm{d}y$ $F_{X\|Y}(x\|y)=\dfrac{\int_{-\infty}^{x}\varphi(x,y)\mathrm{d}x}{\varphi_Y(y)}=\int_{-\infty}^{x}\varphi_{X\|Y}(x\|y)\mathrm{d}x$

设随机变量X和Y的联合分布函数，边缘分布函数分别为$F(x,y)$及$F_X(x),F_Y(y)$，若对所有x,y有

$F(x,y)=F_X(x)F_Y(y)$

则称随机变量X,Y是相互独立的

(X,Y)为离散型	(X,Y)为连续型
X,Y相互独立$\triangleq p_{ij}=p_{i\cdot}\,p_{\cdot j}$ $p_{i\cdot}$与$p_{\cdot j}$分别为X与Y的边缘分布列	X,Y相互独立$\triangleq\varphi(x,y)=\varphi_X(x)\varphi_Y(y)$ 其中，$\varphi_X(x),\varphi_Y(y)$为边缘概率密度

表 3.2　二维随机变量函数 $Z=f(X,Y)$ 的分布

设(X,Y)的分布密度为$\varphi(x,y)$，则二维随机变量函数$Z=g(X,Y)$的分布函数为

$$F_Z(z)=P\{Z\leqslant z\}=P\{g(X,Y)\leqslant z\}=\iint\limits_{g(x,y)\leqslant z}\varphi(x,y)\mathrm{d}x\mathrm{d}y$$

常用的随机变量函数为

(1) $Z=X\pm Y$　(2) $Z=XY$　(3) $Z=X/Y$

(1) 两个随机变量之和，即$Z=X+Y$的分布

X,Y为离散型，(X,Y)的分布列为 $p_{ij}=P\{X=x_i,Y=y_j\},i,j=1,2,\cdots$ 则$Z=X+Y$的分布列为 $P\{Z=z_k\}=\sum\limits_{x_i+y_j=z_k}P\{X=x_i,Y=y_j\}$ $=\sum\limits_{i}P\{X=x_i,Y=z_k-x_i\}$ 或　$P\{Z=z_k\}=\sum\limits_{j}P\{X=z_k-y_j,Y=y_j\}$ $k=1,2,\cdots$	X,Y为连续型，(X,Y)的分布密度为$\varphi(x,y)$，则$Z=X+Y$的分布函数为 $F_Z(z)=P\{Z\leqslant z\}=P\{X+Y\leqslant z\}$ $=\iint\limits_{x+y\leqslant z}\varphi(x,y)\mathrm{d}x\mathrm{d}y$ $=\int_{-\infty}^{+\infty}\mathrm{d}x\int_{-\infty}^{z-x}\varphi(x,y)\mathrm{d}y$ 或 $F_Z(z)=\int_{-\infty}^{+\infty}\mathrm{d}y\int_{-\infty}^{z-y}\varphi(x,y)\mathrm{d}x$ 其概率密度为$\varphi_Z(z)=\int_{-\infty}^{+\infty}\varphi(x,z-x)\mathrm{d}x$ 或　$\varphi_Z(z)=\int_{-\infty}^{+\infty}\varphi(z-y,y)\mathrm{d}y$

（续）

（2）当 $X_1,X_2,\cdots,X_n$ 是 n 个独立随机变量，其分布函数分别为 $F_{X_1}(x),F_{X_2}(x),\cdots,F_{X_n}(x)$，则 $X_{\max}=\max\{X_1,X_2,\cdots,X_n\}$，$X_{\min}=\min\{X_1,X_2,\cdots,X_n\}$ 的分布函数分别为

$F_{\max}(x)=F_{X_1}(x)F_{X_2}(x)\cdots F_{X_n}(x)$

$F_{\min}(x)=1-[1-F_{X_1}(x)][1-F_{X_2}(x)]\cdots[1-F_{X_n}(x)]$

特别地，当 $X_1,X_2,\cdots,X_n$ 为独立同分布时（其分布函数为 $F(x)$），则

$F_{\max}(x)=[F(x)]^n$；$F_{\min}(x)=1-[1-F(x)]^n$

3.5.2 重要的二维分布

1. 二维均匀分布

若二维随机变量 (X,Y) 的概率密度为

$$\varphi(x,y)=\begin{cases}\dfrac{1}{A_D} & (x,y)\in D\\ 0 & \text{其他}\end{cases}$$

其中，A_D 为平面区域 D 的面积，则称 (X,Y) 服从 D 上的均匀分布，常记为 $U(D)$.

2. 二维正态分布

若二维随机变量 (X,Y) 的概率密度为

$$\varphi(x,y)=\frac{1}{2\pi\sigma_1\sigma_2\sqrt{1-\rho^2}}\exp\left\{-\frac{1}{2(1-\rho^2)}\left[\frac{(x-\mu_1)^2}{\sigma_1^2}-2\rho\frac{(x-\mu_1)(y-\mu_2)}{\sigma_1\sigma_2}+\frac{(y-\mu_2)^2}{\sigma_2^2}\right]\right\}$$

其中，$\sigma_1,\sigma_2>0$，$|\rho|<1$. 则称 (X,Y) 服从二维正态分布，其分布函数

$$F(x,y)=\int_{-\infty}^{x}\int_{-\infty}^{y}\varphi(u,v)\,\mathrm{d}u\mathrm{d}v$$

记为 $(X,Y)\sim N(\mu_1,\mu_2,\sigma_1^2,\sigma_2^2,\rho)$.

二维正态分布的性质：设 $(X,Y)\sim N(\mu_1,\mu_2,\sigma_1^2,\sigma_2^2,\rho)$，则有

（1）$X\sim N(\mu_1,\sigma_1^2)$，$Y\sim N(\mu_2,\sigma_2^2)$

（2）$C_1X+C_2Y\sim N(C_1\mu_1+C_2\mu_2,C_1^2\sigma_1^2+C_2^2\sigma_2^2+2\rho C_1C_2\sigma_1\sigma_2)$

（3）X 与 Y 相互独立的充要条件是 X 与 Y 不相关，即 $\rho=0$.

（4）X 关于 $Y=y$ 或 Y 关于 $X=x$ 的条件分布也是正态分布.

习 题 3

填空题

1. 设 (X,Y) 的概率密度为 $f(x,y)=\begin{cases}k(6-x-y) & 0<x<2,2<y<4\\ 0 & \text{其他}\end{cases}$

则 $k=$______，$f_X(x)=$______.

2. 已知 $P\{X=k\}=\dfrac{a}{k}, P=\{Y=-k\}=\dfrac{b}{k^2}(k=1,2,3)$，$X$ 与 Y 相互独立. 则 $a=$______，$b=$______；(X,Y) 的分布列______.

3. 设 (X,Y) 在区域 $C=\{(x,y)\mid 0<x<2,-1<y<2\}$ 上服从均匀分布，则 $P\{X\leqslant Y\}=$______，$P\{X+Y>1\}=$______.

4. 设随机变量 X 与 Y 相互独立，它们的概率密度分别为

$$f_X(x)=\begin{cases}e^{-x} & x>0\\0 & x\leqslant 0\end{cases},\quad f_Y(y)=\begin{cases}2y & 0<y<1\\0 & 其他\end{cases}$$

则 (X,Y) 的概率密度 $f(x,y)=$______，$X+Y$ 的概率密度 $f_{X+Y}(z)=$______.

单项选择题

1. 设 (X,Y) 的概率密度为

$$f(x,y)=\begin{cases}A(x+y) & 0<x<1,0<y<2\\0 & 其他\end{cases}$$

则 $A=$(　　).

(A) 3　(B) $\dfrac{1}{3}$　(C) 2　(D) $\dfrac{1}{2}$

2. 设 (X,Y) 的分布列为

X \ Y	0	1
0	$\dfrac{1}{6}$	b
1	a	$\dfrac{1}{3}$

已知事件 $\{X=0\}$ 与 $\{X+Y=1\}$ 相互独立，则 a,b 的值是(　　).

(A) $a=\dfrac{1}{6}, b=\dfrac{1}{3}$　(B) $a=\dfrac{3}{8}, b=\dfrac{1}{8}$

(C) $a=\dfrac{1}{3}, b=\dfrac{1}{6}$　(D) $a=\dfrac{1}{5}, b=\dfrac{3}{10}$

3. 设 X 与 Y 相互独立，其分布函数分别为 $F_X(x), F_Y(y)$，则 $Z=\min\{X,Y\}$ 的分布函数是(　　).

(A) $F_Z(z)=F_X(x)$　(B) $F_Z(z)=F_Y(y)$

(C) $F_Z(z)=\min\{F_X(x),F_Y(y)\}$　(D) $F_Z(z)=1-[1-F_X(z)][1-F_Y(z)]$

4. 设随机变量 X,Y 独立同分布，且 X 的分布函数为 $F(x)$，则 $Z=\max\{X,Y\}$ 的分布函数为(　　).

(A) $F^2(x)$　(B) $F(x)F(y)$

(C) $1-[1-F(x)]^2$　(D) $[1-F(x)][1-F(y)]$

5. 设随机变量 X,Y 相互独立，且 $X\sim N(0,1)$，Y 的概率分布为 $P\{Y=0\}=P\{Y=1\}=1/2$，记 $F(z)$ 为随机变量 $Z=XY$ 的分布函数，则函数 $F(z)$ 的间断点个数为(　　).

(A) 0　(B) 1　(C) 2　(D) 3

6. 设 $F_1(x)$，$F_2(x)$ 是两个分布函数，其相应的概率密度函数 $f_1(x)$，$f_2(x)$ 是连续函数，则下列选项为概率密度的是(　　).

(A) $f_1(x)f_2(x)$　　(B) $2f_2(x)F_1(x)$

(C) $f_1(x)F_2(x)$　　(D) $f_1(x)F_2(x)+F_1(x)f_2(x)$

计算题

1. 一个袋子中装有4个球，它们上面分别标有数字1,2,2,3，今从袋中任取一球后不放回，再从袋中任取一球，以 X、Y 分别表示第一次、第二次取出的球上的标号，求 (X,Y) 的分布列.

2. 将一枚硬币连掷三次，以 X 表示三次中出现正面的次数，以 Y 表示三次中出现正面次数与出现反面次数之差的绝对值，试写出 (X,Y) 的分布列及边缘分布列.

3. 投掷两枚匀称的骰子，令 X 为第一枚骰子出现的点数，Y 为两枚骰子中出现的点数最大者，试求 (X,Y) 的分布列与边缘分布列.

4. 袋中有一个红球，两个黑球，三个白球，从袋中有放回的取两次球，每次取一个，以 X,Y,Z 分别表示取出红球、黑球、白球的个数。求：

(1) $P\{X=1|Z=0\}$

(2) 随机变量 (X,Y) 的概率分布.

5. 盒子里装有3个黑球，2个红球，2个白球，从中任取4个，以 X 表示取到黑球的个数，以 Y 表示取到红球的个数. 求：

(1) X 和 Y 的联合分布列.

(2) X 和 Y 的边缘分布列.

6. 设二维随机变量 (X,Y) 的概率密度为

$$p(x,y)=\begin{cases}\dfrac{1}{2} & 0\leqslant x\leqslant 1, 0\leqslant y\leqslant 2\\ 0 & \text{其他}\end{cases}$$

求 X,Y 中至少有一个小于 $\dfrac{1}{2}$ 的概率.

7. 设 (X,Y) 的概率密度为

$$p(x,y)=\begin{cases}4xy & 0<x<1, 0<y<1\\ 0 & \text{其他}\end{cases}$$

求：

(1) $P\left\{0<x<\dfrac{1}{2},\dfrac{1}{4}<y<1\right\}$

(2) $P\{X=Y\}$

(3) $P\{X<Y\}$

(4) $P\{X\leqslant Y\}$

8. 设 (X,Y) 的概率密度为

$$p(x,y)=\begin{cases}\dfrac{1}{8}(6-x-y) & 0<x<2, 2<y<4\\ 0 & \text{其他}\end{cases}$$

求 $P\{(X,Y)\in D\}$. 其中，①$D=\{(x,y)|x<1,y<3\}$. ②$D=\{(x,y)|x+y<3\}$.

9. 设 X,Y 相互独立,且知 X 在 $[0,1]$ 上服从均匀分布,Y 服从 $\lambda=\frac{1}{2}$ 的指数分布,即 Y 的概率密度为

$$f_X(y)=\begin{cases}\frac{1}{2}e^{-\frac{1}{2}y} & y>0\\ 0 & y\leqslant 0\end{cases}$$

求:

(1) (X,Y) 的概率密度.

(2) 方程 $t^2+2Xt+Y=0$ 有实根的概率 p.

10. 设 (X,Y) 的概率密度为

$$p(x,y)=\begin{cases}C(R-\sqrt{x^2+y^2}) & x^2+y^2\leqslant R^2\\ 0 & \text{其他}\end{cases}$$

求:

(1) 系数 C.

(2) (X,Y) 落在圆 $x^2+y^2\leqslant r^2$ 内的概率 $(r<R)$.

11. 设二维随机变量 (X,Y) 在由 $y=1-x^2$ 与 $y=0$ 所围区域 D 上服从均匀分布,试写出 (X,Y) 的概率密度与边缘概率密度.

12. 设随机变量 (X,Y) 的分布函数为

$$F(x,y)=A\left(B+\arctan\frac{x}{2}\right)\left(C+\arctan\frac{y}{3}\right)$$

求:

(1) 系数 A,B,C.

(2) (X,Y) 的概率密度.

(3) 关于 X,Y 的边缘概率密度.

(4) 讨论 X,Y 是否相互独立.

13. 设 X 关于 Y 的条件概率密度为

$$p_{X|Y}(x,y)=\begin{cases}\frac{3x^2}{y^3} & 0<x<y\\ 0 & \text{其他}\end{cases}$$

Y 的概率密度为

$$p_Y(y)=\begin{cases}5y^4 & 0<y<1\\ 0 & \text{其他}\end{cases}$$

求 $P\left\{X>\frac{1}{2}\right\}$.

14. 设 (X,Y) 的分布函数为

$$F(x,y)=\begin{cases}1-a^{-x^2}-a^{-2y^2}+a^{-x^2-2y^2} & x\geqslant 0,y\geqslant 0\\ 0 & \text{其他}\end{cases}$$

试计算概率 $P\{1<X<2,1<Y<2\}$,并判断 X,Y 是否独立.(其中 a 为大于 1 的常数)

15. 设 (X,Y) 的概率密度为

$$p(x,y)=\begin{cases}e^{-(x+y)} & x>0,y>0\\ 0 & \text{其他}\end{cases}$$

问 X,Y 是否独立.

16. 设(X,Y)的概率密度为

$$p(x,y)=\begin{cases}8xy & 0\leqslant x<y\leqslant 1\\ 0 & \text{其他}\end{cases}$$

问 X,Y 是否独立.

17. 设随机变量(X,Y)的概率密度为

$$f(x,y)=\begin{cases}e^{-x} & 0<y<x\\ 0 & \text{其他}\end{cases}$$

求：

(1) 条件概率密度 $f_{Y|X}(y|x)$.

(2) 条件概率 $P\{X<1|Y<1\}$.

18. 设二维随机变量(X,Y)在 G 上服从均匀分布，G 由 $x-y=0,x+y=2,y=0$ 围成，求：

(1) 边缘概率密度 $f_X(x)$.

(2) 条件概率密度 $f_{X|Y}(x|y)$.

19. 设 X,Y 独立，分布函数分别为 $F_X(x),F_Y(y)$. 又 $Z=X+Y$ 的分布函数为 $F_Z(z)$. 证明：

(1) $[F_X(x_2)-F_X(x_1)][F_Y(y_2)-F_Y(y_1)]\leqslant F_Z(x_2+y_2)-F_Z(x_1+y_1)$，$x_1<x_2,y_1<y_2$

(2) $F_Z(x+y)\leqslant F_X(x)+F_Y(y)-F_X(x)F_Y(y)$

20. 如果 X,Y 是独立同分布的连续型随机变量，求证：$P\{Y>X\}=\dfrac{1}{2}$.

21. 设(X,Y)是离散型随机变量，概率分布列为

X \ Y	−2	1	2
−1	$\frac{1}{6}$	$\frac{1}{6}$	$\frac{1}{12}$
0	$\frac{1}{12}$	$\frac{1}{12}$	0
1	$\frac{1}{6}$	$\frac{1}{6}$	$\frac{1}{12}$

令 $U=|X|,V=Y^2$，求(U,V)的分布列与边缘分布列.

22. 设两个独立的随机变量 X,Y 的分布列分别为

X	1	3
p_k	0.3	0.7

Y	2	4
p_k	0.6	0.4

求随机变量 $Z=X+Y$ 的分布列.

23. 设 X 和 Y 为独立同分布的离散型随机变量，其概率分布列为 $P\{X=n\}=P\{Y=n\}=\dfrac{1}{2^n}$，$n=1,2,\cdots$，求 $X+Y$ 的分布列.

24. 设 X,Y 是相互独立的随机变量，它们都服从参数为 n,p 的二项分布. 证明：$Z=X+Y$ 服从

参数为 $2n,p$ 的二项分布$\left(\text{注意：}\sum_{i=n}^{k} C_n^i C_n^{k-i} = C_{2n}^k\right)$.

25. 设(X,Y)的密度为 $p(x,y)$，X,Y 的概率密度依次为 $p_X(x)$，$p_Y(y)$. 试证：$Z=X-Y$ 的概率密度为

$$p_Z(z) = \int_{-\infty}^{+\infty} p(z+y,y)\,\mathrm{d}y$$

当 X 与 Y 独立时，

$$p_Z(z) = \int_{-\infty}^{+\infty} p_X(z+y)p_Y(y)\,\mathrm{d}y$$

26. 设(X,Y)的概率密度为

$$p(x,y)=\begin{cases}3x & 0<y<x,0<x<1\\ 0 & \text{其他}\end{cases}$$

求 $Z=X-Y$ 的概率密度.

27. 设随机变量 X,Y 相互独立，且都服从$(0,a)$上的均匀分布($a>0$)，求 $Z=X/Y$ 的概率密度.

28. 设(X,Y)的概率密度为 $p(x,y)$，X,Y 的概率密度依次为 $p_X(x)$，$p_Y(y)$，试证：$Z=XY$ 的概率密度为

$$p_Z(z) = \int_{-\infty}^{+\infty} p\left(\frac{z}{y},y\right)\frac{\mathrm{d}y}{|y|}$$

当 X 与 Y 独立时，

$$p_Z(z) = \int_{-\infty}^{+\infty} \frac{2}{|y|}p_X\left(\frac{z}{y}\right)p_Y(y)\,\mathrm{d}y$$

29. 设随机变量 X,Y 相互独立，X 的概率分布为 $P(X=i)=1/3$，$i=-1,0,1$，Y 的概率密度为

$$f(y)=\begin{cases}2y & 0<y<1\\ 0 & \text{其他}\end{cases}$$

记 $Z=X+Y$，求：

(1) $P\left\{Z<\frac{1}{2}\,\middle|\,X=0\right\}$

(2) Z 的概率密度.

30. 设随机变量 X 的概率密度为

$$f(x)=\begin{cases}\dfrac{1}{3\sqrt[3]{x^2}} & x\in[1,8]\\ 0 & \text{其他}\end{cases}$$

$F(x)$是 X 的分布函数. 求随机变量 $Y=F(X)$的分布函数.

第4章　随机变量的数字特征

随机变量的概率分布（分布函数或分布列和概率密度）可以完整地描述随机变量的统计规律. 但在许多实际问题中，并不需要或不可能求出一个随机变量的概率分布，而只需或只能知道它的某些可以用数值来描述的特征，这些刻画随机变量特征的数称为随机变量的数字特征.

本章要介绍的数字特征有：数学期望、方差、协方差、相关系数和矩.

4.1　数学期望

4.1.1　离散型随机变量的数学期望

定义 4.1　设离散型随机变量 X 的分布列为

$$P\{X=x_i\}=p_i, i=1,2,\cdots$$

若级数 $\sum_{i=1}^{\infty} x_i p_i$ 绝对收敛,即 $\sum_{i=1}^{\infty} |x_i| p_i < +\infty$,则称和 $\sum_{i=1}^{\infty} x_i p_i$ 为随机变量 X 的数学期望或均值,记为 EX 或 $E(X)$,即

$$EX = \sum_i x_i p_i \tag{4.1}$$

当 $\sum_{i=1}^{\infty} |x_i| p_i$ 发散时，则称 X 的数学期望不存在.

定义中的绝对收敛条件是为了保证式（4.1）中 x_i 的顺序对求和没有影响，也就是说，不管 x_i 顺序如何改变，上述和的值总是相同的. 对一个离散型随机变量的分布来说，这一要求是必要的，也是合理的.

如果把 x_1，x_2，…，x_i，…看成 x 轴上质点的坐标，而 p_1，p_2，…，p_i，…看成相应质点的质量，质量总和为 $\sum_i p_i=1$，则式（4.1）表示质点系的重心坐标.

下面我们来计算一些常用的离散型随机变量的数学期望.

1. 两点分布

设 X 的分布列为 $P\{X=1\}=p, P\{X=0\}=1-p=q$,则

$$EX=0\cdot(1-p)+1\cdot p=p$$

2. 二项分布

设 $X\sim B(n,p)$,即 X 的分布列为

$$P\{X=k\}=C_n^k p^k q^{n-k}, k=0,1,\cdots,n, 0<p<1, q=1-p$$

则

$$EX = \sum_{k=0}^{n} k\mathrm{C}_n^k p^k q^{n-k} = \sum_{k=1}^{n} \frac{n!p^k q^{n-k}}{(k-1)!(n-k)!}$$

$$= np\sum_{k=1}^{n} \frac{(n-1)!}{(k-1)!(n-k)!}p^{k-1}q^{n-k} \xlongequal{\text{令 } m=k-1} np\sum_{m=0}^{n-1}\mathrm{C}_{n-1}^m p^m q^{n-1-m}$$

$$= np \tag{4.2}$$

3. 泊松分布

设 $X \sim P(\lambda)$，即 X 的分布列为

$$P\{X=k\} = \frac{\lambda^k}{k!}\mathrm{e}^{-\lambda}, k=0,1,2,\cdots,\lambda>0 \tag{4.3}$$

则

$$EX = \sum_{k=1}^{\infty} k\frac{\lambda^k}{k!}\mathrm{e}^{-\lambda} = \lambda\mathrm{e}^{-\lambda}\sum_{k=1}^{\infty}\frac{\lambda^{k-1}}{(k-1)!} = \lambda\mathrm{e}^{-\lambda}\mathrm{e}^{\lambda} = \lambda$$

4.1.2 连续型随机变量的数学期望

定义 4.2 设 X 为连续型随机变量，$p(x)$ 为概率密度，若积分 $\int_{-\infty}^{+\infty} xp(x)\mathrm{d}x$ 绝对收敛，即

$$\int_{-\infty}^{+\infty} |x| p(x)\mathrm{d}x < +\infty$$

则称积分 $\int_{-\infty}^{+\infty} xp(x)\mathrm{d}x$ 为 X 的数学期望或均值，记为 EX 或 $E(X)$，即

$$EX = \int_{-\infty}^{+\infty} xp(x)\mathrm{d}x \tag{4.4}$$

EX 的物理意义可理解为以线密度为 $p(x)$ 的一维连续质点系的重心坐标.

作为例子，我们来计算一些常用的连续型随机变量的数学期望.

1. 均匀分布

设 $X \sim U[a,b]$，即 X 的概率密度为

$$p(x) = \begin{cases} \dfrac{1}{b-a} & a \leqslant x \leqslant b \\ 0 & \text{其他} \end{cases}$$

则

$$EX = \int_{-\infty}^{+\infty} xp(x)\mathrm{d}x = \int_a^b \frac{x}{b-a}\mathrm{d}x = \frac{a+b}{2} \tag{4.5}$$

2. 指数分布

设 $X \sim E(\beta)$，即 X 的概率密度为

$$p(x) = \begin{cases} \beta\mathrm{e}^{-\beta x} & x \geqslant 0 \\ 0 & \text{其他} \end{cases}$$

则

$$EX = \int_{-\infty}^{+\infty} xp(x)\mathrm{d}x = \int_{0}^{+\infty} x\beta \mathrm{e}^{-\beta x}\mathrm{d}x = -\int_{0}^{+\infty} x\mathrm{d}(\mathrm{e}^{-\beta x})$$

$$= -x\mathrm{e}^{-\beta x}\Big|_{0}^{+\infty} + \int_{0}^{+\infty}\mathrm{e}^{-\beta x}\mathrm{d}x = \frac{1}{\beta} \tag{4.6}$$

3. 正态分布

设 $X \sim N(\mu,\sigma^2)$,即 X 的概率密度为

$$p(x) = \frac{1}{\sqrt{2\pi}\sigma}\mathrm{e}^{-\frac{(x-\mu)^2}{2\sigma^2}}, -\infty < x < +\infty, \sigma > 0$$

则

$$EX = \int_{-\infty}^{+\infty} x \cdot \frac{1}{\sqrt{2\pi}\sigma}\mathrm{e}^{-\frac{(x-\mu)^2}{2\sigma^2}}\mathrm{d}x$$

令 $t = \dfrac{x-\mu}{\sigma}$,则

$$EX = \int_{-\infty}^{+\infty} \frac{\mu + \sigma t}{\sqrt{2\pi}}\mathrm{e}^{-\frac{t^2}{2}}\mathrm{d}t$$

$$= \frac{\mu}{\sqrt{2\pi}}\int_{-\infty}^{+\infty}\mathrm{e}^{-\frac{t^2}{2}}\mathrm{d}t + \frac{\sigma}{\sqrt{2\pi}}\int_{-\infty}^{+\infty} t\mathrm{e}^{-\frac{t^2}{2}}\mathrm{d}t = \mu \tag{4.7}$$

数学期望的基本性质如下:

(1) $EC = C$,C 为常数.

(2) $E(CX) = CEX$,C 为常数

(3) $E(X_1 + X_2 + \cdots + X_n) = EX_1 + EX_2 + \cdots + EX_n$ (4.8)

(4) 若 $X_1, X_2, \cdots, X_n$ 相互独立,则

$$E(X_1X_2\cdots X_n) = EX_1EX_2\cdots EX_n \tag{4.9}$$

在上面的性质中,均假设数学期望是存在的(请读者自己证明).

4.2 方差

4.2.1 方差的概念

度量随机变量的偏离程度,很自然地想到采用 $|X-EX|$ 的平均值 $E|X-EX|$,但此式带有绝对值符号,运算不方便,故采用 $(X-EX)^2$ 的均值 $E(X-EX)^2$ 来代替. 显然,$E(X-EX)^2$ 的大小完全能够反映 X 离开 EX 的平均偏离程度. 这个数值就称为 X 的方差,定义如下:

定义 4.3 设 X 是一个随机变量,若 $E(X-EX)^2$ 存在,则称它为 X 的方差,记为 DX 或 $D(X)$,即

$$DX = E(X-EX)^2 \tag{4.10}$$

同时,称 $\sqrt{DX}$ 为 X 的标准差或均方差,记为 σ_X,即

$$\sigma_X = \sqrt{DX}$$

由于σ_X与X具有相同的量纲,故在实践中常被采用.

由于$(X-EX)^2$是随机变量X的函数,根据随机变量函数的数学期望公式(参看式(4.25)与式(4.26)),离散型和连续型随机变量的方差可分别用下面的表达式定义:

(1) 离散型.若随机变量X的分布列为$P\{X=x_i\}=p_i, i=1,2,\cdots$,则

$$DX = \sum_{i=1}^{\infty}(x_i - EX)^2 p_i \tag{4.11}$$

(2) 连续型.若随机变量X的概率密度为$p(x)$,则

$$DX = \int_{-\infty}^{+\infty}(x - EX)^2 p(x)\,\mathrm{d}x \tag{4.12}$$

关于方差的计算,常利用公式

$$DX = EX^2 - (EX)^2 \tag{4.13}$$

这个公式,可用数学期望的性质来证明.

证

$$\begin{aligned} DX &= E(X-EX)^2 \\ &= E[X^2 - 2XEX + (EX)^2] \\ &= EX^2 - 2EXEX + (EX)^2 \\ &= EX^2 - (EX)^2 \end{aligned}$$

4.2.2 常用分布的方差

1. 两点分布

设X的分布列为$P\{X=1\}=p, P\{X=0\}=q$,其中$0<p<1, q=1-p$,则

$$EX=p, EX^2=p$$

$$DX = EX^2 - (EX)^2 = p - p^2 = p(1-p) = pq \tag{4.14}$$

2. 二项分布

设$X\sim B(n,p)$,即X的分布列为

$$P\{X=k\} = \mathrm{C}_n^k p^k q^{n-k}, k=0,1,\cdots,n, 0<p<1, q=1-p$$

则

$$\begin{aligned} EX &= np \\ EX^2 &= \sum_{k=1}^{n} k^2 \mathrm{C}_n^k p^k q^{n-k} \\ &= \sum_{k=1}^{n} k^2 \frac{n!}{k!(n-k)!} p^k q^{n-k} \\ &= \sum_{k=1}^{n} k \frac{n(n-1)!p^k q^{n-k}}{(k-1)![n-1-(k-1)]!} \\ &= np\sum_{k=1}^{n} k \mathrm{C}_{n-1}^{k-1} p^{k-1} q^{n-k} (\text{令 } m = k-1) \end{aligned}$$

$$= np\sum_{m=0}^{n-1}(m+1)C_{n-1}^{m}p^{m}q^{n-1-m}$$

$$= np\left(\sum_{m=1}^{n-1}mC_{n-1}^{m}p^{m}q^{n-1-m}+\sum_{m=0}^{n-1}C_{n-1}^{m}p^{m}q^{n-1-m}\right)$$

$$= np[(n-1)p+1] = n^2p^2-np^2+np$$

故

$$DX=EX^2-(EX^2)=n^2p^2+np(1-p)-n^2p^2=npq \tag{4.15}$$

3. 泊松分布

设 $X\sim P(\lambda)$,即 X 的分布列为

$$P\{X=k\}=\frac{\lambda^k}{k!}e^{-\lambda},k=0,1,2,\cdots,\lambda>0$$

则

$$EX=\lambda$$

$$EX^2=\sum_{k=1}^{\infty}k^2\cdot\frac{\lambda^k}{k!}e^{-\lambda}$$

$$=\sum_{k=1}^{\infty}k\cdot\frac{\lambda^{k-1}}{(k-1)!}\lambda e^{-\lambda}$$

$$\xlongequal{m=k-1}\lambda\left[\sum_{m=0}^{\infty}(m+1)\cdot\frac{\lambda^m}{m!}e^{-\lambda}\right]=\lambda\left(\sum_{m=1}^{\infty}m\cdot\frac{\lambda^m}{m!}e^{-\lambda}+\sum_{m=0}^{\infty}\frac{\lambda^m}{m!}e^{-\lambda}\right)$$

$$=\lambda(\lambda+1)=\lambda^2+\lambda$$

故

$$DX=EX^2-(EX)^2=\lambda^2+\lambda-\lambda^2=\lambda \tag{4.16}$$

可见,泊松分布的数学期望和方差相等,都等于分布参数 λ,但是数学期望和方差相等的分布却不一定是泊松分布.

4. 均匀分布

设 $X\sim U[a,b]$,即 X 的概率密度为

$$p(x)=\begin{cases}\dfrac{1}{b-a} & a\leqslant x\leqslant b\\ 0 & 其他\end{cases}$$

则

$$EX=\frac{a+b}{2}$$

$$EX^2=\int_{-\infty}^{+\infty}x^2p(x)\mathrm{d}x$$

$$=\int_a^b x^2\cdot\frac{1}{b-a}\mathrm{d}x=\frac{b^2+ab+a^2}{3}$$

故

$$DX = EX^2 - (EX)^2 = \frac{b^2+ab+a^2}{3} - \frac{b^2+2ab+a^2}{4}$$

$$= \frac{(b-a)^2}{12} \tag{4.17}$$

5. 指数分布

设 $X \sim E(\beta)$，即 X 的概率密度为

$$p(x) = \begin{cases} \beta e^{-\beta x} & x > 0 \\ 0 & x \leqslant 0 \end{cases}$$

则

$$EX = \frac{1}{\beta}$$

$$EX^2 = \int_{-\infty}^{+\infty} x^2 p(x)\,dx$$

$$= \int_0^{+\infty} x^2 \beta e^{-\beta x}\,dx = -\int_0^{+\infty} x^2\,d(e^{-\beta x})$$

$$= \int_0^{+\infty} 2x e^{-\beta x}\,dx = \frac{2}{\beta^2}$$

故

$$DX = EX^2 - (EX)^2 = \frac{2}{\beta^2} - \frac{1}{\beta^2} = \frac{1}{\beta^2} \tag{4.18}$$

6. 正态分布

设 $X \sim N(\mu, \sigma^2)$，即 X 的概率密度为

$$p(x) = \frac{1}{\sqrt{2\pi}\sigma} e^{-\frac{(x-\mu)^2}{2\sigma^2}},\ -\infty < x < +\infty,\ \sigma > 0$$

$$DX = \int_{-\infty}^{+\infty} (x-\mu)^2 \cdot \frac{1}{\sqrt{2\pi}\sigma} e^{-\frac{(x-\mu)^2}{2\sigma^2}}\,dx \left(令 \frac{x-\mu}{\sigma} = t \right)$$

$$= \frac{\sigma^2}{\sqrt{2\pi}} \int_{-\infty}^{+\infty} t^2 e^{-\frac{t^2}{2}}\,dt$$

$$= \frac{\sigma^2}{\sqrt{2\pi}} \left\{ \left[-t e^{-\frac{t^2}{2}} \right]_{-\infty}^{+\infty} + \int_{-\infty}^{+\infty} e^{-\frac{t^2}{2}}\,dt \right\}$$

$$= \sigma^2 \int_{-\infty}^{+\infty} \frac{1}{\sqrt{2\pi}} e^{-\frac{t^2}{2}}\,dt = \sigma^2 \tag{4.19}$$

由式(4.7)和式(4.19)可知，正态分布中的参数 μ 和 σ^2 分别是相应随机变量 X 的数学期望和方差.

4.2.3 方差的性质

下面来证明方差的几个重要性质(假定遇到的随机变量的方差均存在).

(1) $DC=0$,C 为常数

(2) $D(CX)=C^2DX$,C 为常数

(3) 若 $X_1,X_2,\cdots,X_n$ 相互独立,则

$$D(X_1+X_2+\cdots+X_n)=DX_1+DX_2+\cdots+DX_n \tag{4.20}$$

(4) $DX=0$ 的充要条件是 X 取某一常数值 a 的概率为 1,即

$$P\{X=a\}=1$$

证 (1) $DC=E(C-EC)^2=E(C-C^2)=0$

(2) $D(CX)=E(CX)^2-[E(CX)]^2=C^2EX^2-C^2(EX)^2$

$$=C^2[EX^2-(EX)^2]=C^2DX$$

(3) 仅对 $n=2$ 的情况予以证明,对于一般情况,证法相同.

$$\begin{aligned}D(X_1+X_2)&=E[(X_1+X_2)-E(X_1+X_2)]^2\\&=E[(X_1-EX_1)+(X_2-EX_2)]^2\\&=E(X_1-EX_1)^2+E(X_2-EX_2)^2+\\&\quad 2E(X_1-EX_1)(X_2-EX_2)\\&=DX_1+DX_2+2E(X_1-EX_1)(X_2-EX_2)\end{aligned} \tag{4.21}$$

又

$$\begin{aligned}E(X_1-EX_1)(X_2-EX_2)&=E(X_1X_2-X_1EX_2-X_2EX_1+EX_1EX_2)\\&=E(X_1X_2)-EX_1EX_2\end{aligned} \tag{4.22}$$

因为 X_1 与 X_2 独立,故由式(4.9)可知

$$E(X_1X_2)=EX_1EX_2$$

于是

$$E(X_1-EX_1)(X_2-EX_2)=0 \tag{4.23}$$

将式(4.23)代入式(4.21)即得

$$D(X_1+X_2)=DX_1+DX_2$$

由上面的证明过程,可以发现式

$$D(X_1-X_2)=DX_1+DX_2$$

成立. 即相互独立的随机变量之差的方差也等于方差的和.

(4) 仅证明充分性.

由 $P\{X=a\}=1$ 得

$$EX=a\times 1=a \tag{4.24}$$

$$EX^2=a^2\times 1=a^2$$

故

$$DX=EX^2-(EX)^2=a^2-a^2=0$$

必要性的证明从略.

由式(4.24)可知,性质(4)中的常数 a 就是 X 的数学期望.

例 4.1 设随机变量 X 的概率密度为

$$\varphi(x)=\frac{1}{2}\mathrm{e}^{-|x|},\ -\infty<x<+\infty$$

求 EX 及 DX.

解
$$EX=\int_{-\infty}^{+\infty}x\varphi(x)\,\mathrm{d}x=\int_{-\infty}^{+\infty}x\frac{1}{2}\mathrm{e}^{-|x|}\,\mathrm{d}x=0$$

$\left(因为\frac{1}{2}\mathrm{e}^{-|x|}为偶数,x\frac{1}{2}\mathrm{e}^{-|x|}为奇数,由奇偶函数积分的性质,得 EX=0.\right)$

$$DX=\int_{-\infty}^{+\infty}(x-EX)^2\varphi(x)\,\mathrm{d}x=\int_{-\infty}^{+\infty}x^2\frac{1}{2}\mathrm{e}^{-|x|}\,\mathrm{d}x$$

$$=\int_0^{+\infty}x^2\mathrm{e}^{-x}\mathrm{d}x=-\mathrm{e}^{-x}(x^2+2x+2)\Big|_0^{+\infty}=2$$

例 4.2 已知随机变量 X 的分布函数为

$$F(x)=\begin{cases}0 & x\leqslant 0\\ \frac{x}{4} & 0<x\leqslant 4\\ 1 & x>4\end{cases}$$

求 EX 及 DX.

解 随机变量 X 的分布密度为

$$\varphi(x)=F'(x)=\begin{cases}\frac{1}{4} & 0<x\leqslant 4\\ 0 & 其他\end{cases}$$

$$EX=\int_{-\infty}^{+\infty}x\varphi(x)\,\mathrm{d}x=\int_0^4\frac{x}{4}\mathrm{d}x=\frac{x^2}{8}\Big|_0^4=2$$

$$EX^2=\int_{-\infty}^{+\infty}x^2\varphi(x)\,\mathrm{d}x=\int_0^4\frac{1}{4}x^2\mathrm{d}x=\frac{1}{4}\times\frac{1}{3}x^3\Big|_0^4=\frac{16}{3}$$

$$DX=EX^2-(EX)^2=\frac{16}{3}-2^2=\frac{4}{3}$$

例 4.3 设从学校乘汽车到火车站的途中有 3 个交通岗,设在各交通岗遇到红灯的事件是相对独立的,其概率均为$\frac{2}{5}$,试求途中遇到红灯次数的数学期望.

解 令 X 表示途中遇到的红灯次数,于是

$$X\sim B\left(3,\frac{2}{5}\right)$$

即 X 的分布列为

X	0	1	2	3
P	$\frac{27}{125}$	$\frac{54}{125}$	$\frac{36}{125}$	$\frac{8}{125}$

从而

$$EX = \sum_{k=0}^{3} kP\{X = k\} = \frac{6}{5}$$

也可由二项分布的数学期望直接得到,即

$$EX = np = 3 \times \frac{2}{5} = \frac{6}{5}$$

例 4.4 按规定某车站每天 8:00 ~ 9:00,9:00 ~ 10:00 都恰有一辆客车到站,各车到站时刻是随机的,且各车到站的时间相互独立,其规律为

到站时刻	8:10 9:10	8:30 9:30	8:50 9:50
概率	$\frac{1}{5}$	$\frac{2}{5}$	$\frac{2}{5}$

一旅客 8:20 到车站,求他候车时间的数学期望及方差.

解 该旅客乘 9:10 的车,意味着 8:00 ~ 9:00 这趟车在 8:10 开走了,他候车时间 50min,对应的概率为"第一趟车 8:10 开走,第二趟车 9:10 开,两事件同时发生的概率",即

$$P\{X = 50\} = \frac{1}{5} \times \frac{1}{5} = \frac{1}{25}$$

他候车 70min、90min 对应的概率类似处理. 于是,该旅客候车的分布列为

X	10	30	50	70	90
P	$\frac{2}{5}$	$\frac{2}{5}$	$\frac{1}{25}$	$\frac{2}{25}$	$\frac{2}{25}$

故

$$EX = 10 \times \frac{2}{5} + 30 \times \frac{2}{5} + 50 \times \frac{1}{25} + 70 \times \frac{1}{25} + 90 \times \frac{2}{25} = 30.8$$

$$EX^2 = 10^2 \times \frac{2}{5} + 30^2 \times \frac{2}{5} + 50^2 \times \frac{1}{25} + 70^2 \times \frac{2}{25} + 90^2 \times \frac{2}{25} = 1540$$

则

$$DX = EX^2 - (EX)^2 = 1540 - 30.8^2 = 591.36$$

例 4.5 对某目标进行射击,直到击中为止,如果每次命中率为 p,求射击次数的数学期望及方差.

解 设射击次数为随机变量 X,其分布列为

X	1	2	3	$\cdots$	n	$\cdots$
P	p	pq	pq^2	$\cdots$	pq^{n-1}	$\cdots$

故

$$EX = 1\times p + 2\times pq + 3\times pq^2 + \cdots + n\times pq^{n-1} + \cdots$$

$$= p(1+2q+3q^2+\cdots+nq^{n-1}+\cdots) = \frac{p}{(1-q)^2} = \frac{1}{p}\text{(因为 } 1-q=p\text{)}$$

$$\begin{aligned} EX^2 &= 1^2\times p + 2^2\times pq + 3^2\times pq^2 + \cdots + n^2\times pq^{n-1} + \cdots \\ &= p(1^2+2^2q+3^2q^2+\cdots+n^2q^{n-1}+\cdots) \\ &= p\cdot\frac{1+q}{(1-q)^3} = p\cdot\frac{2-p}{p^3} = \frac{2-p}{p^2} \end{aligned}$$

则

$$DX = EX^2 - (EX^2) = \frac{2-p}{p^2} - \left(\frac{1}{p}\right)^2 = \frac{1-p}{p^2}$$

例 4.6 某人用 n 把钥匙去开门,只有一把能打开,今逐个任取一把试开,求打开此门所需开门次数 X 的均值及方差. 假设

(1) 打不开门的钥匙不放回.

(2) 打不开门的钥匙仍放回.

解 (1) 打不开门的钥匙不放回的情况下,所需开门次数 X 的可能值为 $1,2,\cdots,n$,注意到 $X=i$ 意味着从第一次到第 $i-1$ 次均未能打开,第 i 次才打开,于是随机变量 X 的分布列为

X	1	2	3	$\cdots$	n
P	$\frac{1}{n}$	$\frac{1}{n}$	$\frac{1}{n}$	$\cdots$	$\frac{1}{n}$

故

$$EX = 1\times\frac{1}{n} + 2\times\frac{1}{n} + \cdots + n\times\frac{1}{n} = \frac{1}{n}(1+2+\cdots+n) = \frac{n+1}{2}$$

$$\begin{aligned} EX^2 &= 1^2\times\frac{1}{n} + 2^2\times\frac{1}{n} + \cdots + n^2\times\frac{1}{n} = \frac{1}{n}(1^2+2^2+\cdots+n^2) \\ &= \frac{1}{n}\cdot\frac{1}{6}n(n+1)(2n+1) = \frac{(n+1)(2n+1)}{6} \end{aligned}$$

则

$$DX = EX^2 - (EX)^2 = \frac{(n+1)(2n+1)}{6} - \left(\frac{n+1}{2}\right)^2 = \frac{1}{12}(n+1)(n-1)$$

(2) 由于试开不成功,钥匙仍放回,可知 X 可取值为 1,2,3,…,n,…,其分布列为

X	1	2	3	4	…	i	…
P	$\frac{1}{n}$	$\frac{n-1}{n}\frac{1}{n}$	$\left(\frac{(n-1)}{n}\right)^2\frac{1}{n}$	$\left(\frac{(n-1)}{n}\right)^3\frac{1}{n}$	…	$\left(\frac{n-1}{n}\right)^{i-1}\frac{1}{n}$	…

故

$$
\begin{aligned}
EX &= 1\times\frac{1}{n}+2\times\frac{n-1}{n}\frac{1}{n}+3\times\left(\frac{n-1}{n}\right)^2\frac{1}{n}+\cdots+i\times\left(\frac{n-1}{n}\right)^{i-1}\frac{1}{n}+\cdots \\
&= \frac{1}{n}\left[1+2\frac{n-1}{n}+3\left(\frac{n-1}{n}\right)^2+\cdots+i\left(\frac{n-1}{n}\right)^{i-1}+\cdots\right] \\
&= \frac{1}{n}\frac{1}{\left(1-\frac{n-1}{n}\right)^2}=\frac{1}{n}\frac{1}{\left(\frac{1}{n}\right)^2}=n
\end{aligned}
$$

$$
\begin{aligned}
EX^2 &= 1^2\times\frac{1}{n}+2^2\times\frac{n-1}{n}\frac{1}{n}+3^2\times\left(\frac{n-1}{n}\right)^2\frac{1}{n}+\cdots+ \\
&\quad i^2\times\left(\frac{n-1}{n}\right)^{i-1}\frac{1}{n}+\cdots \\
&= \frac{1}{n}\left[1+2^2\frac{n-1}{n}+3^2\left(\frac{n-1}{n}\right)^2+\cdots+i^2\left(\frac{n-1}{n}\right)^{i-1}+\cdots\right] \\
&= \frac{1}{n}\frac{1+\frac{n-1}{n}}{\left(1-\frac{n-1}{n}\right)^3}=n^2\left(1+\frac{n-1}{n}\right)
\end{aligned}
$$

则

$$
DX=EX^2-(EX)^2=n^2\left(1+\frac{n-1}{n}\right)-n^2=n(n-1)
$$

在定义 4.2 中,如果积分 $\int_{-\infty}^{+\infty}|x|p(x)\mathrm{d}x$ 不收敛,则随机变量的数学期望不存在. 下面来看一个例子.

例 4.7 (柯西分布)设 X 的概率密度为

$$
p(x)=\frac{1}{\pi(1+x^2)},-\infty<x<+\infty
$$

求 EX.

解 由于

$$\int_{-\infty}^{+\infty} |x| \frac{dx}{\pi(1+x^2)} = \frac{2}{\pi}\int_0^{+\infty} \frac{|x|}{1+x^2}dx$$

$$= \frac{2}{\pi}\int_0^{+\infty} \frac{x}{1+x^2}dx = \frac{1}{\pi}\ln(1+x^2)\Big|_0^{+\infty}$$

$$= +\infty$$

故 EX 不存在.

4.3 随机变量函数的数学期望

在许多情况下,我们需要计算随机变量 X 的函数 $f(X)$ 的数学期望,或随机向量 (X,Y) 的函数 $g(X,Y)$ 的数学期望. 但已知的仅是 X 的概率分布和 (X,Y) 的概率分布. 按照数学期望的定义,要求 $f(X)$ 及 $g(X,Y)$ 的数学期望,应先求出它们的分布列或概率密度. 但 $f(X)$ 和 $g(X,Y)$ 的概率分布并不容易求,从而使计算他们的数学期望变得十分困难,下面的定理给出了计算随机变量函数的数学期望的直接方法,每一个定理均给出了两个公式,称为随机变量函数的数学期望公式.

定理 4.1 设 $Y=f(X)$, $f(x)$ 是连续函数.

(1) 当 X 是离散型随机变量,其分布列为 $P\{X=x_i\}=p_i(i=1,2,\cdots)$,且 $\sum_{i=1}^{\infty}|f(x_i)|p_i<\infty$ 时,则有

$$EY = Ef(X) = \sum_{i=1}^{\infty} f(x_i)p_i \tag{4.25}$$

(2) 当 X 是连续型随机变量,其概率密度为 $p_X(x)$ 且 $\int_{-\infty}^{+\infty}|f(x)|p_X(x)dx<+\infty$ 时,则有

$$EY = Ef(X) = \int_{-\infty}^{+\infty} f(x)p_X(x)dx \tag{4.26}$$

定理 4.1 的证明超出了本书范围,我们仅就 $f(x)$ 的特殊情况进行验证.

(1) 离散情况. 若 $y=f(x)$ 是一个 x 与 y 一一对应的函数,并设 $y_i=f(x_i)$, $i=1,2,\cdots$,则

$$P\{Y=y_i\}=P\{X=x_i\}=p_i$$

于是

$$EY = \sum_{i=1}^{\infty} y_iP\{Y=y_i\} = \sum_{i=1}^{\infty} f(x_i)P\{X=x_i\} = \sum_{i=1}^{\infty} f(x_i)p_i$$

(2) 连续情况. 若 $y=f(x)$ 满足定理 2.1 的条件,则 $Y=f(X)$ 的概率密度为

$$p_X(y) = \begin{cases} p_X[h(y)]|h'(y)| & A\leqslant y\leqslant B \\ 0 & \text{其他} \end{cases}$$

其中, $h(y)$ 为 $y=f(x)$ 的反函数, (A,B) 为 $y=f(x)$ 的值域. 于是

$$EY = \int_{-\infty}^{+\infty} yp_Y(y)\mathrm{d}y = \int_A^B yp_X[h(y)] \mid h'(y) \mid \mathrm{d}y$$

当 $h'(y) > 0$ 时，

$$EY = \int_A^B yp_X[h(y)]h'(y)\mathrm{d}y = \int_{-\infty}^{+\infty} f(x)p_X(x)\mathrm{d}x$$

当 $h'(y) < 0$ 时，

$$EY = -\int_A^B yp_X[h(y)]h'(y)\mathrm{d}y = -\int_{+\infty}^{-\infty} f(x)p_X(x)\mathrm{d}x = \int_{-\infty}^{+\infty} f(x)p_X(x)\mathrm{d}x$$

由定理4.1可知，求 $Y=f(X)$ 的数学期望时，可以不必求出 Y 的分布，而由 X 的分布就能够直接求出. 这个定理可以推广到二维及二维以上的随机变量函数的情况. 以二维随机变量的函数 $Z=f(X,Y)$ 为例，有下面的定理.

定理 4.2 设 $Z=f(X,Y)$，$f(x,y)$ 为连续函数.

(1) 当 (X,Y) 是二维离散型随机变量，其分布列为 $P\{X=x_i,Y=y_j\}=p_{ij}$，$i,j=1,2,\cdots$，且当

$$\sum_{i=1}^{\infty}\sum_{j=1}^{\infty} \mid f(x_i,y_j) \mid p_{ij} < +\infty$$

时，则有

$$EZ = Ef(X,Y) = \sum_{i=1}^{\infty}\sum_{j=1}^{\infty} f(x_i,y_j)p_{ij} \tag{4.27}$$

(2) 当 (X,Y) 是二维连续型随机变量，其概率密度为 $p(x,y)$，且当

$$\int_{-\infty}^{+\infty}\int_{-\infty}^{+\infty} \mid f(x,y) \mid p(x,y)\mathrm{d}x\mathrm{d}y < +\infty$$

时，则有

$$EZ = Ef(X,Y) = \int_{-\infty}^{+\infty}\int_{-\infty}^{+\infty} f(x,y)p(x,y)\mathrm{d}x\mathrm{d}y \tag{4.28}$$

证明略.

由式(4.28)可以得到由 (X,Y) 的概率密度 $p(x,y)$ 求 X,Y 的数学期望公式

$$\left.\begin{aligned} EX &= \int_{-\infty}^{+\infty}\int_{-\infty}^{+\infty} xp(x,y)\mathrm{d}x\mathrm{d}y \\ EY &= \int_{-\infty}^{+\infty}\int_{-\infty}^{+\infty} yp(x,y)\mathrm{d}x\mathrm{d}y \end{aligned}\right\} \tag{4.29}$$

例 4.8 设随机变量 X 的分布列为

X	-1	0	$\frac{1}{2}$	1	2
p_k	$\frac{1}{3}$	$\frac{1}{6}$	$\frac{1}{6}$	$\frac{1}{12}$	$\frac{1}{4}$

求：

(1) $E(-X+1)$，$D(-X+1)$.

(2) EX^2, DX^2.

解

p_k	$\frac{1}{3}$	$\frac{1}{6}$	$\frac{1}{6}$	$\frac{1}{12}$	$\frac{1}{4}$
X	-1	0	$\frac{1}{2}$	1	2
$-X+1$	2	1	$\frac{1}{2}$	0	-1
X^2	1	0	$\frac{1}{4}$	1	4

(1) $E(-X+1)=2\times\frac{1}{3}+1\times\frac{1}{6}+\frac{1}{2}\times\frac{1}{6}+0\times\frac{1}{12}+(-1)\times\frac{1}{4}=\frac{2}{3}$

$$D(-X+1)=DX=EX^2-(EX)^2$$
$$=\left(\frac{1}{3}+\frac{1}{12}\right)\times 1+\frac{1}{6}\times 0+\frac{1}{6}\times\frac{1}{4}+\frac{1}{4}\times 4-$$
$$\left[\frac{1}{3}\times(-1)+\frac{1}{6}\times 0+\frac{1}{6}\times\frac{1}{2}+\frac{1}{12}\times 1+\frac{1}{4}\times 2\right]^2=\frac{97}{72}$$

(2) $EX^2=\left(\frac{1}{3}+\frac{1}{12}\right)\times 1+\frac{1}{6}\times 0+\frac{1}{6}\times\frac{1}{4}+\frac{1}{4}\times 4=\frac{35}{24}$

$$DX^2=\left(\frac{5}{12}\times 1+\frac{1}{6}\times 0+\frac{1}{6}\times\frac{1}{16}+\frac{1}{4}\times 16\right)-\left(\frac{35}{24}\right)^2=\frac{1325}{576}$$

例 4.9 设随机变量 X 服从参数为 1 的指数分布,则数学期望 $E(X+\mathrm{e}^{-2X})=$ ________.

解 由题设可知 X 的分布密度为

$$\varphi(x)=\begin{cases}\mathrm{e}^{-x} & x>0\\ 0 & x\leqslant 0\end{cases}$$

$$E(X+\mathrm{e}^{-2X})=EX+E(\mathrm{e}^{-2X})$$
$$=\int_{-\infty}^{+\infty}x\varphi(x)\mathrm{d}x+\int_{-\infty}^{+\infty}\mathrm{e}^{-2x}\varphi(x)\mathrm{d}x$$
$$=\int_{0}^{+\infty}x\mathrm{e}^{-x}\mathrm{d}x+\int_{0}^{+\infty}\mathrm{e}^{-3x}\mathrm{d}x=\frac{4}{3}$$

例 4.10 假设公共汽车起点站于每时的 10 分,30 分,50 分发车,其乘客不知发车的时间,在每小时内任一时刻到达车站是随机的,求乘客到车站等车时间的数学期望.

解 由于乘客在每小时内任一时刻到达车站是随机的,因此可以认为乘客到达车站的时刻 X 为$[0,60]$中的均匀分布,于是其分布密度为

$$\varphi(t)=\begin{cases}\dfrac{1}{60} & 0\leqslant t\leqslant 60\\ 0 & 其他\end{cases}$$

显然,乘客等候时间 Y 是其到达时刻 X 的函数,可用下式表示:

$$Y=g(X)=\begin{cases}10-X & 0\leqslant X\leqslant 10\\ 30-X & 10<X\leqslant 30\\ 50-X & 30<X\leqslant 50\\ 60-X+10 & 50<X\leqslant 60\end{cases}$$

$$\begin{aligned}EY&=Eg(X)=\int_{-\infty}^{+\infty}g(t)\varphi(t)\mathrm{d}t\\&=\int_0^{10}(10-t)\frac{1}{60}\mathrm{d}t+\int_{10}^{30}(30-t)\frac{1}{60}\mathrm{d}t+\int_{30}^{50}(50-t)\frac{1}{60}\mathrm{d}t+\int_{50}^{60}(70-t)\frac{1}{60}\mathrm{d}t\\&=\frac{1}{60}[(100-50)+(600-400)+(1000-800)+(700-550)]=10\end{aligned}$$

例 4.11 对圆的直径作近似测量,设其值均匀地分布在区间 $[a,b]$ 内,求圆面积的数学期望.

解 设圆的直径为随机变量 X,面积为随机变量 Y,则

$$Y=f(X)=\frac{\pi}{4}X^2$$

随机变量 X 的分布密度为

$$\varphi(x)=\begin{cases}\dfrac{1}{b-a} & a\leqslant x\leqslant b\\ 0 & 其他\end{cases}$$

于是有

$$\begin{aligned}EY&=Ef(X)=\int_{-\infty}^{+\infty}f(x)\varphi(x)\mathrm{d}x\\&=\int_a^b\frac{\pi}{4}x^2\cdot\frac{1}{b-a}\mathrm{d}x=\frac{\pi}{12}(b^2+ab+a^2)\end{aligned}$$

例 4.12 设随机变量 X 的分布密度为

$$\varphi(x)=\begin{cases}\cos x & 0\leqslant x\leqslant\dfrac{\pi}{2}\\ 0 & 其他\end{cases}$$

求随机变量 $Y=f(X)=X^2$ 的方差 DY.

解 $EX^2=\int_{-\infty}^{+\infty}x^2\varphi(x)\mathrm{d}x=\int_0^{\frac{\pi}{2}}x^2\cos x\mathrm{d}x=\left(\frac{\pi}{2}\right)^2-2$

$$EX^4 = \int_{-\infty}^{+\infty} x^4 \varphi(x)\,\mathrm{d}x = \int_0^{\frac{\pi}{2}} x^4 \cos x\,\mathrm{d}x$$

$$= (x^4\sin x + 4x^3\cos x - 12x^2\sin x - 24x\cos x + 24\sin x)\Big|_0^{\frac{\pi}{2}}$$

$$= \frac{\pi^4}{16} - 3\pi^2 + 24$$

$$DY = DX^2 = EX^4 - (EX^2)^2 = \frac{\pi^4}{16} - 3\pi^2 + 24 - \left[\left(\frac{\pi}{2}\right)^2 - 2\right]^2 = 20 - 2\pi^2$$

例 4.13 设随机变量 X 的概率密度为

$$\varphi(x) = \begin{cases} ax^2 + bx + c & 0 < x < 1 \\ 0 & \text{其他} \end{cases}$$

已知 $EX = 0.5$, $DX = 0.15$,求系数 a, b, c.

解 因为 $\int_{-\infty}^{+\infty} \varphi(x)\,\mathrm{d}x = 1$,所以

$$\int_0^1 (ax^2 + bx + c)\,\mathrm{d}x = 1$$

于是

$$\frac{1}{3}a + \frac{1}{2}b + c = 1 \qquad (1)$$

又

$$EX = \int_{-\infty}^{+\infty} x\varphi(x)\,\mathrm{d}x = \int_0^1 x(ax^2 + bx + c)\,\mathrm{d}x$$

所以

$$\frac{1}{4}a + \frac{1}{3}b + \frac{1}{2}c = 0.5 \qquad (2)$$

由

$$DX = EX^2 - (EX)^2, 0.15 = EX^2 - 0.5^2$$

有

$$EX^2 = 0.4 = \int_0^1 x^2(ax^2 + bx + c)\,\mathrm{d}x$$

即

$$\frac{1}{5}a + \frac{1}{4}b + \frac{1}{3}c = 0.4 \qquad (3)$$

联立式(1),(2),(3)解方程组,得 $a = 12, b = -12, c = 3$.

例 4.14 已知 $X \sim N(\mu, \sigma^2)$,求 $Y = \frac{X-\mu}{\sigma}$的数学期望.

解 $EY = \int_{-\infty}^{+\infty} \frac{x-\mu}{\sigma} \frac{1}{\sigma\sqrt{2\pi}} \mathrm{e}^{-\frac{(x-\mu)^2}{2\sigma^2}} \mathrm{d}x$

令$\frac{x-\mu}{\sigma} = t$,得

$$EY = \frac{1}{\sqrt{2\pi}} \int_{-\infty}^{+\infty} t\mathrm{e}^{-\frac{t^2}{2}} \mathrm{d}t = 0$$

例 4.15 设 X, Y 相互独立,且均服从 $N(0,1)$ 分布,$Z = \sqrt{X^2 + Y^2}$,求 EZ.

分析 读者一定能够回忆起,Z 所服从的分布称为瑞利分布,自然可以利用它的概率密度求出它的数学期望,但我们还是用式(4.28)来求它的数学期望.

解 $EZ = \int_{-\infty}^{+\infty}\int_{-\infty}^{+\infty}\sqrt{x^2+y^2}\,\frac{1}{2\pi}\mathrm{e}^{-\frac{x^2+y^2}{2}}\mathrm{d}x\mathrm{d}y$

令 $x=r\cos\theta, y=r\sin\theta$,则

$$EZ = \int_0^{2\pi}\mathrm{d}\theta\int_0^{+\infty} r\cdot\frac{1}{2\pi}\mathrm{e}^{-\frac{r^2}{2}}r\mathrm{d}r = \int_0^{+\infty} r^2\mathrm{e}^{-\frac{r^2}{2}}\mathrm{d}r = \sqrt{\frac{\pi}{2}}$$

例 4.16 设某人先写了 n 封寄往不同地址的信,再写了 n 个标有这 n 个地址的信封,然后在每个信封内随意装入一封信,试求信与地址配对的个数的数学期望与方差.

解 设 X 表示配对的个数,X_i 定义为

$$X_i = \begin{cases} 1 & \text{若第 } i \text{ 封信配对} \\ 0 & \text{否则} \end{cases}, i=1,2,\cdots,n$$

于是有

$$X = \sum_{i=1}^{n} X_i, P\{X_i = 1\} = \frac{1}{n}, P\{X_i = 0\} = 1 - \frac{1}{n}$$

因为

$$EX_i = 1\times\frac{1}{n} + 0\times\left(1-\frac{1}{n}\right) = \frac{1}{n}$$

故

$$EX = E(X_1+X_2+\cdots+X_n) = EX_1+EX_2+\cdots+EX_n = 1$$

下面我们来求方差. 求方差时一定要注意 $X_i(i=1,2,\cdots,n)$ 之间没有独立性,因而不能认为有

$$DX = DX_1 + DX_2 + \cdots + DX_n$$

因为 $DX = EX^2 - (EX)^2$,而

$$EX^2 = E(X_1+X_2+\cdots+X_n)^2$$
$$= \sum_{i=1}^{\infty} EX_i^2 + 2\sum_{1\leqslant i<j\leqslant n} E(X_iX_j)$$
$$EX_i^2 = 1^2\times\frac{1}{n} + 0^2\times\left(1-\frac{1}{n}\right) = \frac{1}{n}$$

又因为随机变量 $X_iX_j(i\neq j)$ 的可能取值为 1 和 0,且

$$P\{X_iX_j = 1\} = \frac{1}{n(n-1)}, P\{X_iX_j = 0\} = 1 - \frac{1}{n(n-1)}$$

故有
$$E(X_iX_j) = 1\times\frac{1}{n(n-1)} + 0\times\left(1-\frac{1}{n(n-1)}\right) = \frac{1}{n(n-1)}$$

于是

$$EX^2 = n \times \frac{1}{n} + 2C_n^2 \times \frac{1}{n(n-1)} = 2$$

所以

$$DX = EX^2 - (EX)^2 = 2 - 1^2 = 1$$

例 4.17 某流水作业线上生产出的每个产品为不合格品的概率是 p，当生产出 k 个不合格品时，立即停工检修一次，试求在两次检修之间所生产的产品总数的数学期望和方差.

解 设 X 表示两次检修之间生产的产品数，X_i 表示生产出第 $i-1$ 个合格品后至出现第 i 个不合格品时所生产的产品数，则有 $X = \sum_{i=1}^{k} X_i$，$X_1, X_2, \cdots, X_k$ 独立同几何分布，

$$P\{X_i = j\} = (1-p)^{j-1}p, j = 1, 2, \cdots$$

因为

$$EX_i = \frac{1}{p}, DX_i = \frac{1-p}{p^2}, i = 1, 2, \cdots, k$$

故

$$EX = \sum_{i=1}^{k} EX_i = \frac{k}{p}$$

$$DX = \sum_{i=1}^{k} DX_i = \frac{k(1-p)}{p^2}$$

例 4.18 今有两封信欲投入编号为Ⅰ、Ⅱ、Ⅲ的 3 个邮筒，设 X, Y 分别表示投入第Ⅰ号和第Ⅱ号邮筒的信的数目，试求：

(1) (X, Y) 的分布列.

(2) X, Y 是否独立？

(3) 令 $U = \max\{X, Y\}$，$V = \min\{X, Y\}$，求 EU 和 EV.

解 (1) 由题设可知，X, Y 的可取值为 0,1,2.

$P\{X=0, Y=0\} = P\{$两封信均投入第Ⅲ号邮筒$\} = \frac{1}{3^2} = \frac{1}{9}$

$P\{X=1, Y=0\} = P\{$两封信中有一封投入第Ⅰ号邮筒，另一封投入第Ⅲ号邮筒$\}$

$$= \frac{C_2^1 \cdot C_1^1}{3^2} = \frac{2}{9}$$

$$P\{X=1, Y=1\} = \frac{C_2^1 \cdot C_1^1}{3^2} = \frac{2}{9}$$

$$P\{X=2, Y=0\} = \frac{C_2^2}{3^2} = \frac{1}{9}$$

同理可求得

$P\{X=0, Y=1\} = \frac{2}{9}$，$P\{X=0, Y=2\} = \frac{1}{9}$，$P\{X=1, Y=2\} = 0$，$P\{X=2, Y=1\} =$

$0, P\{X=2, Y=2\}=0$

由此可得(X,Y)的分布列为

$X \backslash Y$	0	1	2
0	$\frac{1}{9}$	$\frac{2}{9}$	$\frac{1}{9}$
1	$\frac{2}{9}$	$\frac{2}{9}$	0
2	$\frac{1}{9}$	0	0

(2) X,Y 的边缘分布列为

X	0	1	2
$p_{i\cdot}$	$\frac{4}{9}$	$\frac{4}{9}$	$\frac{1}{9}$

Y	0	1	2
$p_{\cdot j}$	$\frac{4}{9}$	$\frac{4}{9}$	$\frac{1}{9}$

因为

$$P\{X=0,Y=0\}=\frac{1}{9}\neq P\{X=0\}P\{Y=0\}=\frac{4}{9}\times\frac{4}{9}$$

所以 X,Y 不独立.

(3) $U=\max\{X,Y\}$ 的可能取值为 0,1,2.

$$P\{U=0\}=P\{X=0,Y=0\}=\frac{1}{9}$$

$$P\{U=1\}=P\{X=0,Y=1\}+P\{X=1,Y=0\}+P\{X=1,Y=1\}=\frac{6}{9}=\frac{2}{3}$$

$$P\{U=2\}=P\{X=0,Y=2\}+P\{X=1,Y=2\}+P\{X=2,Y=0\}+P\{X=2,Y=1\}+P\{X=2,Y=2\}=\frac{2}{9}$$

所以

$$EU=0\times\frac{1}{9}+1\times\frac{2}{3}+2\times\frac{2}{9}=\frac{10}{9}$$

$V=\min\{X,Y\}$ 的可能取值为 0,1,2.

$$P\{V=0\}=P\{X=0,Y=0\}+P\{X=0,Y=1\}+P\{X=0,Y=2\}+P\{X=1,Y=0\}+P\{X=2,Y=0\}=\frac{7}{9}$$

$$P\{V=1\}=P\{X=1,Y=1\}+P\{X=1,Y=2\}+P\{X=2,Y=1\}$$
$$=\frac{2}{9}$$
$$P\{V=2\}=P\{X=2,Y=2\}=0$$

所以 $$EV=0\times\frac{7}{9}+1\times\frac{2}{9}+2\times 0=\frac{2}{9}$$

例 4.19 设随机变量 X,Y 的联合分布在以点 $(0,1),(1,0),(1,1)$ 为顶点的三角形区域上服从均匀分布，试求随机变量 $U=X+Y$ 的方差.

分析 这是一个求二维随机变量（或叫做两个随机变量）的函数 $U=X+Y$ 的方差问题，因为已知联合密度，故最简单的做法是直接用函数数学期望公式计算.

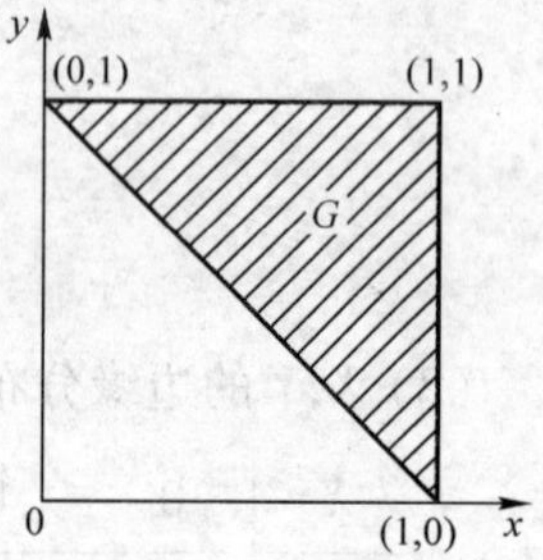

图 4.1

解 三角形区域（图 4.1）

$$G=\{(x,y):0\leqslant x\leqslant 1,0\leqslant y\leqslant 1,x+y\geqslant 1\}$$

于是 X,Y 的联合密度为

$$f(x,y)=\begin{cases}2 & (x,y)\in G\\ 0 & 其他\end{cases}$$

$$D(X+Y)=E[(X+Y)^2]-[E(X+Y)]^2$$
$$=\iint\limits_G 2(x+y)^2\mathrm{d}x\mathrm{d}y-\left[\iint\limits_G 2(x+y)\mathrm{d}x\mathrm{d}y\right]^2$$
$$=\int_0^1\left(\int_{1-x}^1 2(x+y)^2\mathrm{d}y\right)\mathrm{d}x-\left[\int_0^1\left(\int_{1-x}^1 2(x+y)\mathrm{d}y\right)\mathrm{d}x\right]^2$$
$$=\frac{11}{6}-\left(\frac{4}{3}\right)^2=\frac{1}{18}$$

例 4.20 设随机变量 X,Y 独立，且 $X\sim N(1,2)$，$Y\sim N(0,1)$，试求 $Z=2X-Y+3$ 的概率密度.

解 因为相互独立的正态随机变量的线性组合仍为正态分布，所以只需确定 Z 的数学期望 EZ 和方差 DZ 即可求出 Z 的概率密度函数.

因为 $$EZ=E(2X-Y+3)=2EX-EY+3=2\times 1-0+3=5$$

$$DZ=D(2X-Y+3)\xlongequal{X与Y独立}2^2DX+DY=2^2\times 2+1=9$$

所以 $$\varphi_Z(z)=\frac{1}{\sqrt{2\pi}\sigma}\cdot \mathrm{e}^{-\frac{(z-EZ)^2}{2\sigma^2}}=\frac{1}{3\sqrt{2\pi}}\mathrm{e}^{-\frac{(z-5)^2}{18}}$$

例 4.21 设二维随机变量 (X,Y) 在区域 D: $0<x<1$, $|y|<x$（图 4.2）内服从均匀分布，求：

(1) 关于 X 的边缘分布密度.

(2) $Z=2X+1$ 的方差 DZ.

解 (X,Y) 的分布密度为

$$\varphi(x,y)=\begin{cases}1 & (x,y)\in A\\ 0 & \text{其他}\end{cases}$$

(1) $\varphi_X(x)=\int_{-\infty}^{+\infty}\varphi(x,y)\,\mathrm{d}y=\int_{-x}^{x}1\,\mathrm{d}y$

$=2x, 0<x<1$

(2) $DZ=D(2X+1)=2^2DX=4[EX^2-(EX)^2]$

$$=4\left[\int_{-\infty}^{+\infty}x^2\varphi_X(x)\,\mathrm{d}x-\left(\int_{-\infty}^{+\infty}x\varphi_X(x)\,\mathrm{d}x\right)^2\right]$$

$$=4\left[\int_0^1x^2\cdot 2x\mathrm{d}x-\left(\int_0^1x\cdot 2x\mathrm{d}x\right)^2\right]=4\left[\frac{1}{2}x^4-\left(\frac{2}{3}x^3\right)^2\right]_0^1$$

$$=4\left(\frac{1}{2}x^4-\frac{4}{9}x^6\right)\Big|_0^1=\frac{2}{9}$$

例 4.22 设(X,Y)服从在A上的均匀分布,其中A为由x轴、y轴及直线$x+\frac{y}{2}=1$围成的三角形区域,如图4.3所示,求X,Y,XY的数学期望及方差.

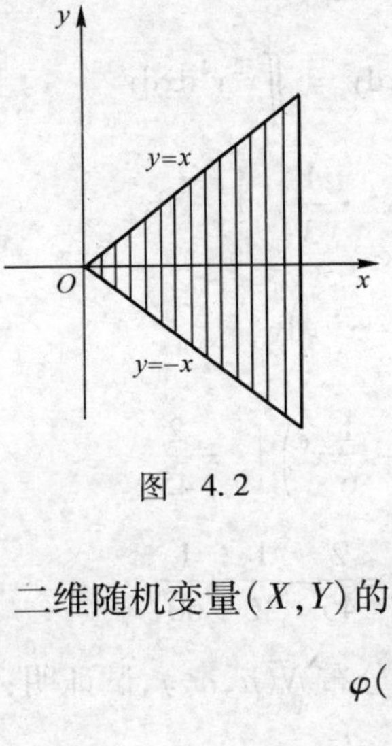

图 4.2

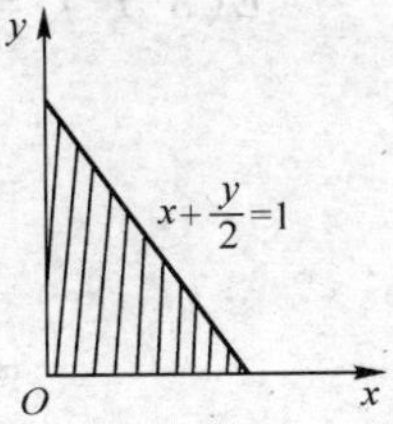

图 4.3

解 二维随机变量(X,Y)的分布密度为

$$\varphi(x,y)=\begin{cases}1 & (x,y)\in A\\ 0 & \text{其他}\end{cases}$$

$$\varphi_X(x)=\int_{-\infty}^{+\infty}\varphi(x,y)\,\mathrm{d}y=\begin{cases}2-2x & 0<x<1\\ 0 & \text{其他}\end{cases}$$

$$\varphi_Y(y)=\int_{-\infty}^{+\infty}\varphi(x,y)\,\mathrm{d}x=\begin{cases}1-\frac{y}{2} & 0<y<2\\ 0 & \text{其他}\end{cases}$$

$$EX=\int_{-\infty}^{+\infty}x\varphi_X(x)\,\mathrm{d}x=\int_0^1x(2-2x)\,\mathrm{d}x=\left(x^2-\frac{2}{3}x^3\right)\Big|_0^1=\frac{1}{3}$$

$$EX^2=\int_{-\infty}^{+\infty}x^2\varphi_X(x)\,\mathrm{d}x=\int_0^1x^2(2-2x)\,\mathrm{d}x=\left(\frac{2}{3}x^3-\frac{1}{2}x^4\right)\Big|_0^1=\frac{1}{6}$$

$$DX = EX^2 - (EX)^2 = \frac{1}{6} - \left(\frac{1}{3}\right)^2 = \frac{1}{18}$$

$$EY = \int_{-\infty}^{+\infty} y\varphi_Y(y)\,\mathrm{d}y = \int_{-\infty}^{+\infty} y\left(1 - \frac{y}{2}\right)\mathrm{d}y = \int_0^2 y\left(1 - \frac{y}{2}\right)\mathrm{d}y$$

$$= \left(\frac{1}{2}y^2 - \frac{1}{6}y^3\right)\Big|_0^2 = \frac{2}{3}$$

$$EY^2 = \int_0^2 y^2\left(1 - \frac{y}{2}\right)\mathrm{d}y = \left(\frac{1}{3}y^3 - \frac{1}{8}y^4\right)\Big|_0^2 = \frac{2}{3}$$

$$DY = EY^2 - (EY)^2 = \frac{2}{3} - \left(\frac{2}{3}\right)^2 = \frac{2}{9}$$

$$E(XY) = \int_{-\infty}^{+\infty}\int_{-\infty}^{+\infty} xy\varphi(x,y)\,\mathrm{d}x\mathrm{d}y = \iint_A xy\,\mathrm{d}x\mathrm{d}y$$

$$= \int_0^1 x\mathrm{d}x\int_0^{2-2x} y\mathrm{d}y = \int_0^1 x\cdot\frac{1}{2}(2-2x)^2\mathrm{d}x = \frac{1}{6}$$

$$E(X^2Y^2) = \int_{-\infty}^{+\infty}\int_{-\infty}^{+\infty} x^2y^2\varphi(x,y)\,\mathrm{d}x\mathrm{d}y = \iint_A x^2y^2\,\mathrm{d}x\mathrm{d}y$$

$$= \int_0^1 x^2\mathrm{d}x\int_0^{2-2x} y^2\mathrm{d}y = \int_0^1 x^2\cdot\frac{1}{3}y^3\Big|_0^{2-2x}\mathrm{d}x$$

$$= \frac{8}{3}\int_0^1 (x^2 - 3x^3 + 3x^4 - x^5)\,\mathrm{d}x$$

$$= \frac{8}{3}\left(\frac{1}{3}x^3 - \frac{3}{4}x^4 + \frac{3}{5}x^5 - \frac{1}{6}x^6\right)\Big|_0^1 = \frac{2}{45}$$

$$D(XY) = E(X^2Y^2) - [E(XY)]^2 = \frac{2}{45} - \frac{1}{36} = \frac{1}{60}$$

例 4.23 设 X_1 与 X_2 相互独立,且服从相同的分布 $N(\mu,\sigma^2)$,试证明:

$$E(\max\{X_1,X_2\}) = \mu + \frac{\sigma}{\sqrt{\pi}}$$

证 方法一 由随机变量函数的数学期望公式,有

$$E(\max\{X_1,X_2\}) = \int_{-\infty}^{+\infty}\int_{-\infty}^{+\infty} \max\{x,y\}f(x,y)\,\mathrm{d}x\mathrm{d}y$$

其中

$$f(x,y) = f_{X_1}(x)f_{X_2}(y)$$

$$= \frac{1}{2\pi\sigma^2}\exp\left[-\frac{(x-\mu)^2+(y-\mu)^2}{2\sigma^2}\right]$$

于是

$$E(\max\{X_1,X_2\}) = \int_{-\infty}^{+\infty}\mathrm{d}x\int_{-\infty}^{x} xf(x,y)\,\mathrm{d}y + \int_{-\infty}^{+\infty}\mathrm{d}x\int_{x}^{+\infty} yf(x,y)\,\mathrm{d}y$$

$$= \int_{-\infty}^{+\infty}\mathrm{d}x\int_{-\infty}^{x} (x-\mu)f(x,y)\,\mathrm{d}y +$$

$$\int_{-\infty}^{+\infty}\mathrm{d}x\int_{x}^{+\infty} (y-\mu)f(x,y)\,\mathrm{d}y + \mu$$

$$= \int_{-\infty}^{+\infty}\mathrm{d}y\int_{-\infty}^{+\infty} (x-\mu)f(x,y)\,\mathrm{d}x + \int_{-\infty}^{+\infty}\mathrm{d}y\int_{-\infty}^{+\infty} (x-\mu)f(y,x)\,\mathrm{d}x + \mu$$

$$= \mu + 2\int_{-\infty}^{+\infty}\mathrm{d}y\int_{y}^{+\infty} (x-\mu)f(x,y)\,\mathrm{d}x$$

$$= \mu + 2\int_{-\infty}^{+\infty}\frac{1}{2\pi\sigma^2}\mathrm{e}^{-\frac{(y-\mu)^2}{2\sigma^2}}\mathrm{d}y\int_{y}^{+\infty} (x-\mu)\mathrm{e}^{-\frac{(x-\mu)^2}{2\sigma^2}}\mathrm{d}x$$

$$= \mu + \frac{1}{\pi}\int_{-\infty}^{+\infty}\mathrm{e}^{-\frac{(y-\mu)^2}{\sigma^2}}\mathrm{d}y = \mu + \frac{\sigma}{\sqrt{\pi}}\text{(利用概率积分)}$$

方法二　设

$$Y_1 = \frac{X_1-\mu}{\sigma}, Y_2 = \frac{X_2-\mu}{\sigma}$$

则 Y_1, Y_2 独立,且都服从 $N(0,1)$,而

$$\max\{X_1,X_2\} = \max\{\mu+\sigma Y_1, \mu+\sigma Y_2\} = \mu + \sigma\max\{Y_1,Y_2\}$$

又因为

$$\max\{Y_1,Y_2\} = \frac{1}{2}(Y_1 + Y_2 + |Y_1 - Y_2|)$$

故

$$E(\max\{Y_1,Y_2\}) = \frac{1}{2}[EY_1 + EY_2 + E(|Y_1-Y_2|)] = \frac{1}{2}E(|Y_1-Y_2|)$$

因为 $Y_1 - Y_2 \sim N(0,2)$,故

$$E(|Y_1-Y_2|) = \int_{-\infty}^{+\infty}|u|\cdot\frac{1}{\sqrt{2\pi}\cdot\sqrt{2}}\mathrm{e}^{-\frac{u^2}{4}}\mathrm{d}u = \frac{1}{\sqrt{\pi}}\int_0^{+\infty}u\mathrm{e}^{\frac{u^2}{4}}\mathrm{d}u = \frac{2}{\sqrt{\pi}}$$

所以有

$$E(\max\{X_1,X_2\}) = E(\mu + \sigma\max\{Y_1,Y_2\})$$

$$= \mu + \sigma E(\max\{Y_1,Y_2\}) = \mu + \sigma\cdot\frac{1}{2}E(|Y_1-Y_2|)$$

$$= \mu + \frac{\sigma}{\sqrt{\pi}}$$

4.4 协方差和相关系数

对二维随机变量(X,Y)来说，数学特征DX,DY只反映了X与Y各自离开平均值的偏离程度，它们对X与Y之间的相互联系没有提供任何信息，自然，我们也希望有一个数字特征能够在一定程度上反映这种相互联系. 在证明方差的性质(3)时曾得到式(4.23)，由此可知，如果X与Y相互独立，则

$$E(X-EX)(Y-EY)=0$$

这说明，当$E(X-EX)(Y-EY)\neq 0$时，X,Y肯定不独立. 进一步的研究表明，$E(X-EX)(Y-EY)$的数值在一定程度上反映了X与Y之间的相互联系，因而引入如下的定义.

定义 4.4 设(X,Y)是一个二维随机变量，如果$E(X-EX)(Y-EY)$存在，则称它为X与Y的协方差，记作

$$\mathrm{Cov}(X,Y)=E(X-EX)(Y-EY) \tag{4.30}$$

由定义 4.4 及式(4.21)可知，对任意两个随机变量X,Y有

$$D(X\pm Y)=DX+DY\pm 2\mathrm{Cov}(X,Y) \tag{4.31}$$

由式(4.22)可得

$$\mathrm{Cov}(X,Y)=E(XY)-EXEY \tag{4.32}$$

由协方差的定义，可得下面的性质：

(1) $\mathrm{Cov}(X,Y)=\mathrm{Cov}(Y,X)$ (4.33)

(2) $\mathrm{Cov}(aX,bY)=ab\mathrm{Cov}(X,Y)$，$a,b$为常数 (4.34)

(3) $\mathrm{Cov}(X_1+X_2,Y)=\mathrm{Cov}(X_1,Y)+\mathrm{Cov}(X_2,Y)$ (4.35)

协方差是有量纲的，所取单位不同，则其数值也不同，这种现象对于评价两个随机变量之间相依关系的程度大小是不利的，因此，人们将其"标准化"，引出了相关系数的概念.

定义 4.5 设(X,Y)是一个二维随机变量，若X与Y的协方差$\mathrm{Cov}(X,Y)$存在，且$DX>0,DY>0$，则称$\dfrac{\mathrm{Cov}(X,Y)}{\sqrt{DX}\sqrt{DY}}$为$X$与$Y$的相关系数(或标准协方差)，记为$\rho_{XY}$，即

$$\rho_{XY}=\frac{\mathrm{Cov}(X,Y)}{\sqrt{DX}\sqrt{DY}}=\frac{E(X-EX)(Y-EY)}{\sqrt{DX}\sqrt{DY}} \tag{4.36}$$

在不引起混淆的情况下，ρ_{XY}也简记为ρ.

相关系数ρ到底反映X与Y之间什么样的联系？为此，介绍下面的定理.

定理 4.3 设ρ为X与Y的相关系数，则

(1) $|\rho|\leqslant 1$

(2) $|\rho|=1$的充要条件是$P\{Y=a+bX\}=1$，$a,b(b\neq 0)$为常数.

证 因为方差总是非负的，所以对任意的实数t，有

$$
\begin{aligned}
0 \leqslant D(Y-tX) &= E[(Y-tX)-E(Y-tX)]^2 \\
&= E[(Y-EY)-t(X-EX)]^2 \\
&= E(Y-EY)^2 - 2tE(Y-EY)(X-EX) + t^2E(X-EX)^2 \\
&= t^2DX - 2t\mathrm{Cov}(X,Y) + DY \\
&= \left[t\sqrt{DX} - \frac{\mathrm{Cov}(X,Y)}{\sqrt{DX}}\right]^2 + DY - \frac{\mathrm{Cov}^2(X,Y)}{DX} \\
&= DX\left(t - \frac{\mathrm{Cov}(X,Y)}{DX}\right)^2 + DY - \frac{\mathrm{Cov}^2(X,Y)}{DX}
\end{aligned}
$$

令 $b=\dfrac{\mathrm{Cov}(X,Y)}{DX}$,于是当 $t=b$ 时(此时上式达最小值)得

$$
\begin{aligned}
0 \leqslant D(Y-bX) &= DY - \frac{\mathrm{Cov}^2(X,Y)}{DX} = DY\left(1-\frac{\mathrm{Cov}^2(X,Y)}{DXDY}\right) \\
&= DY(1-\rho^2) \qquad (4.37)
\end{aligned}
$$

故 $1-\rho^2 \geqslant 0$,从而有 $|\rho| \leqslant 1$.

于是,定理 4.3 的第一个结论得证. 下面证明第二个结论.

由式(4.37)可见 $|\rho|=1$ 等价于

$$D(Y-bX)=0 \qquad (4.38)$$

由方差的性质(4),式(4.38)又等价于

$$P\{Y-bX=a\}=1$$

其中,a 为常数,故得 $|\rho|=1$ 与 $P\{Y=a+bX\}=1$ 等价,于是定理的第二个结论也得到证明.

定理告诉我们,当 $|\rho|=1$ 时,Y,X 存在着线性关系这一事件的概率为 1.

式(4.37)表明,ρ 的绝对值越接近于 1,$D(Y-bX)$ 越接近于 0,Y,X 越近似地有线性关系. 所以 X,Y 的相关系数 ρ 是刻画 X,Y 之间线性相关程度的一个数字特征,而且 ρ 是一个无量纲的量,用起来十分方便.

定义 4.6 若 X,Y 的相关系数 $\rho=0$,则称 X,Y 不相关;若 $|\rho|=1$,则称 X,Y 完全相关.

定理 4.4 随机变量 X,Y 不相关与下面的每一个结论等价.

(1) $\mathrm{Cov}(X,Y)=0$

(2) $D(X+Y)=DX+DY$

(3) $E(XY)=EXEY$

证 因

$$\rho=\frac{\mathrm{Cov}(X,Y)}{\sqrt{DX}\sqrt{DY}}$$

故 $\rho=0$ 与 $\mathrm{Cov}(X,Y)=0$ 等价.

由式(4.31)可知,$\mathrm{Cov}(X,Y)=0$ 与 $D(X+Y)=DX+DY$ 等价.

由式(4.32)可知,$\mathrm{Cov}(X,Y)=0$ 与 $E(XY)=EX\cdot EY$ 等价.

证毕.

说明 X,Y 不相关和 X,Y 相互独立是两个不相同的概念. X,Y 不相关是指 X,Y 之间不存在线性关系,并不是说它们之间不存在其他关系. 即由 X,Y 不相关,推不出 X,Y 独立. 但反过来,若 X,Y 相互独立,则 X,Y 一定不相关.

例 4.24 设 $X\sim N(0,1)$,$Y=X^2$,证明 X 与 Y 不相关但不相互独立.

证 $\mathrm{Cov}(X,Y)=E(XX^2)-EXEX^2=EX^3=\int_{-\infty}^{+\infty}x^3\cdot\frac{1}{\sqrt{2\pi}}\mathrm{e}^{-\frac{x^2}{2}}\mathrm{d}x=0$

故 $\mathrm{Cov}(X,Y)=0$ 即 $\rho=0$,所以 X 与 Y 不相关.

设 $F(x,y)$ 是 (X,Y) 的分布函数,则

$$F(1,1)=P\{X\leqslant 1,Y\leqslant 1\}=P\{X\leqslant 1,X^2\leqslant 1\}=P\{X^2\leqslant 1\}$$

$$F_X(1)F_Y(1)=P\{X\leqslant 1\}P\{Y\leqslant 1\}=P\{X\leqslant 1\}P\{X^2\leqslant 1\}$$

显然 $F(1,1)\neq F_X(1)F_Y(1)$,所以,X 与 Y 不独立.

例 4.25 设 $(X,Y)\sim N(\mu_1,\mu_2,\sigma_1^2,\sigma_2^2,\rho)$,求 X 与 Y 的相关系数.

解 $\mathrm{Cov}(X,Y)=E(X-EX)(Y-EY)=E(X-\mu_1)(Y-\mu_2)$

$$=\int_{-\infty}^{+\infty}\int_{-\infty}^{+\infty}(x-\mu_1)(y-\mu_2)\frac{1}{2\pi\sigma_1\sigma_2\sqrt{1-\rho^2}}$$

$$=\exp\left\{-\frac{1}{2(1-\rho^2)}\left[\frac{(x-\mu_1)^2}{\sigma_1^2}-2\rho\frac{(x-\mu_1)(y-\mu_2)}{\sigma_1\sigma_2}+\frac{(y-\mu_2)^2}{\sigma_2^2}\right]\right\}\mathrm{d}x\mathrm{d}y$$

$$=\frac{\sigma_1\sigma_2}{2\pi\sqrt{1-\rho^2}}\int_{-\infty}^{+\infty}\int_{-\infty}^{+\infty}uv\cdot\mathrm{e}^{-\frac{1}{2(1-\rho^2)}(u^2-2\rho uv+v^2)}\mathrm{d}u\mathrm{d}v$$

$$\left(其中,u=\frac{x-\mu_1}{\sigma_1},v=\frac{y-\mu_2}{\sigma_2}\right)$$

$$=\frac{\sigma_1\sigma_2}{2\pi\sqrt{1-\rho^2}}\int_{-\infty}^{+\infty}\left[\int_{-\infty}^{+\infty}uv\cdot\mathrm{e}^{-\frac{1}{2(1-\rho^2)}[(u-\rho v)^2+(1-\rho^2)v^2]}\mathrm{d}u\right]\mathrm{d}v$$

$$=\frac{\sigma_1\sigma_2}{\sqrt{2\pi}}\int_{-\infty}^{+\infty}\left[v\mathrm{e}^{-\frac{1}{2}v^2}\cdot\frac{1}{\sqrt{2\pi}\sqrt{1-\rho^2}}\int_{-\infty}^{+\infty}u\mathrm{e}^{-\frac{1}{2(1-\rho^2)}(u-\rho v)^2}\mathrm{d}u\right]\mathrm{d}v$$

注意到上式方括号内的因子

$$\frac{1}{\sqrt{2\pi}\sqrt{1-\rho^2}}\cdot\int_{-\infty}^{+\infty}u\mathrm{e}^{-\frac{1}{2(1-\rho^2)}(u-\rho v)^2}\mathrm{d}u$$

是 $N(\rho v,(1-\rho^2))$ 的均值,所以它等于 ρv. 于是得

$$\mathrm{Cov}(X,Y)=\frac{\sigma_1\sigma_2}{\sqrt{2\pi}}\int_{-\infty}^{+\infty}\rho v^2\mathrm{e}^{-\frac{1}{2}v^2}\mathrm{d}v=\rho\sigma_1\sigma_2$$

于是

$$\rho_{XY}=\frac{\mathrm{Cov}(X,Y)}{\sqrt{DX}\sqrt{DY}}=\rho$$

这就是说,二维正态随机变量 (X,Y) 的概率密度 $p(x,y)$ 中的参数 ρ,就是 X,Y 的相关系数. 至此 $p(x,y)$ 中各个参数的含义已全部解释清楚了.

由上例易得下列结论:

若 $(X,Y)\sim N(\mu_1,\mu_2,\sigma_1^2,\sigma_2^2,\rho)$,则 X 与 Y 独立的充要条件是 X 与 Y 不相关.

例 4.26 已知随机变量 X,Y 分别服从正态分布 $N(1,3^2)$ 和 $N(0,4^2)$,且 X,Y 的相关系数 $\rho_{XY}=-\dfrac{1}{2}$,设 $Z=\dfrac{X}{3}+\dfrac{Y}{2}$.

(1) 求 Z 的数学期望 EZ 和方差 DZ.

(2) 求 X 与 Z 的相关系数 ρ_{XZ}.

解 $X\sim N(1,3^2)$,$Y\sim N(0,4^2)$

(1) $EZ=E\left(\dfrac{X}{3}+\dfrac{Y}{2}\right)=\dfrac{1}{3}EX+\dfrac{1}{2}EY=\dfrac{1}{3}\times1+\dfrac{1}{2}\times0=\dfrac{1}{3}$

$$\begin{aligned}DZ&=D\left(\frac{X}{3}+\frac{Y}{2}\right)=\left(\frac{1}{3}\right)^2D(X)+\left(\frac{1}{2}\right)^2D(Y)+2\rho_{XY}\sqrt{D\left(\frac{X}{3}\right)}\sqrt{D\left(\frac{Y}{2}\right)}\\&=\left(\frac{1}{3}\right)^2\times3^2+\left(\frac{1}{2}\right)^2\times4^2+2\times\left(-\frac{1}{2}\right)\sqrt{\frac{1}{3^2}\times3^2}\sqrt{\frac{1}{2^2}\times4^2}\\&=1+4-2=3\end{aligned}$$

(2) $$\begin{aligned}\mathrm{Cov}(X,Z)&=\mathrm{Cov}\left(X,\frac{X}{3}+\frac{Y}{2}\right)=\frac{1}{3}\mathrm{Cov}(X,X)+\frac{1}{2}\mathrm{Cov}(X,Y)\\&=\frac{1}{3}DX+\frac{1}{2}\rho_{XY}\sqrt{D(X)}\sqrt{D(Y)}\\&=\frac{1}{3}\times3^2+\frac{1}{2}\times\left(-\frac{1}{2}\right)\times3\times4=0\end{aligned}$$

故
$$\rho_{XY}=\frac{\mathrm{Cov}(X,Z)}{\sqrt{D(X)}\sqrt{D(Z)}}=0$$

例 4.27 设随机变量 $X\sim N(0,\sigma^2)$，$Y\sim N(0,\sigma^2)$，X 与 Y 相互独立，又设 $\xi=\alpha X+\beta Y$，$\eta=\alpha X-\beta Y$，α,β 为不相等常数，求：

(1) $E\xi,E\eta,D\xi,D\eta,\rho_{\xi\eta}$.

(2) 当 α,β 满足什么关系时，ξ,η 不相关？

解 (1) $E\xi=E(\alpha X+\beta Y)=\alpha EX+\beta EY=\alpha\times 0+\beta\times 0=0$

$$E\eta=E(\alpha X-\beta Y)=\alpha EX-\beta EY=\alpha\times 0-\beta\times 0=0$$

$$D\xi=D(\alpha X+\beta Y)=\alpha^2 DX+\beta^2 DY=(\alpha^2+\beta^2)\sigma^2$$

同样

$$D\eta=(\alpha^2+\beta^2)\sigma^2$$

$$\rho_{\xi\eta}=\frac{E(\xi\eta)-E\xi E\eta}{\sqrt{D\xi}\sqrt{D\eta}}=\frac{E(\alpha^2X^2-\beta^2Y^2)-0}{\sqrt{D\xi}\sqrt{D\eta}}$$

$$=\frac{\alpha^2[E(X^2)-(EX)^2]-\beta^2[E(Y^2)-(EY)^2]}{(\alpha^2+\beta^2)\sigma^2}$$

$$=\frac{\alpha^2DX-\beta^2DY}{(\alpha^2+\beta^2)\sigma^2}=\frac{\alpha^2\sigma^2-\beta^2\sigma^2}{(\alpha^2+\beta^2)\sigma^2}=\frac{\alpha^2-\beta^2}{\alpha^2+\beta^2}$$

(2) 当 $\rho_{\xi\eta}=0$ 时，即 $|\alpha|=|\beta|$ 时，ξ,η 不相关.

例 4.28 假设二维随机变量 (X,Y) 在矩形域 $G=\{(x,y)|0\leqslant x\leqslant 2,0\leqslant y\leqslant 1\}$（图 4.4）上服从均匀分布，记

$$U=\begin{cases}0 & X\leqslant Y\\1 & X>Y\end{cases},V=\begin{cases}0 & X\leqslant 2Y\\1 & X>2Y\end{cases}$$

(1) 求 U 和 V 的联合分布.

(2) 求 U 和 V 的相关系数 ρ.

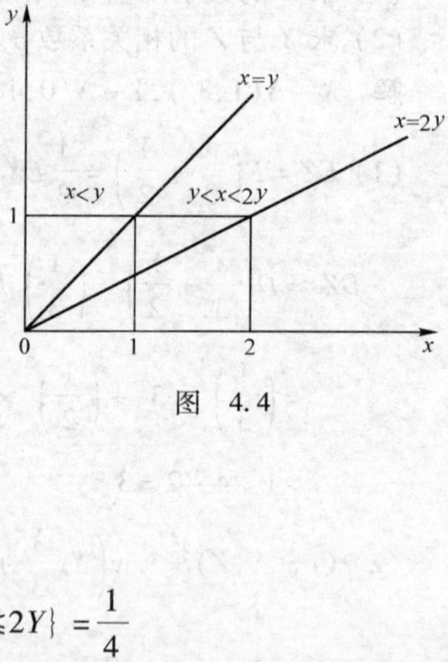

图 4.4

解 由题设可知

$$P\{X\leqslant Y\}=\frac{1}{4}$$

$$P\{X>2Y\}=\frac{1}{2},P\{Y<X\leqslant 2Y\}=\frac{1}{4}$$

(1) (U,V) 所有可能取值为 $(0,0)$，$(0,1)$，$(1,0)$，$(1,1)$，且

$$P\{U=0,V=0\}=P\{X\leqslant Y,X\leqslant 2Y\}=P\{X\leqslant Y\}=\frac{1}{4}$$

$$P\{U=0,V=1\}=P\{X\leqslant Y,X>2Y\}=0$$

$$P\{U=1,V=0\}=P\{X>Y,X\leqslant 2Y\}=P\{Y<X\leqslant 2Y\}=\frac{1}{4}$$

$$P\{U=1,V=1\}=1-\left(\frac{1}{4}+\frac{1}{4}\right)=\frac{1}{2}$$

(2) 由(1)的结果易知 UV,U 和 V 分布列分别为

UV	0	0
P	$\frac{1}{2}$	$\frac{1}{2}$

U	0	1
P	$\frac{1}{4}$	$\frac{3}{4}$

V	0	1
P	$\frac{1}{2}$	$\frac{1}{2}$

于是,有

$$EU=\frac{3}{4},DU=\frac{3}{16},EV=\frac{1}{2},DV=\frac{1}{4}$$

$$E(UV)=\frac{1}{2},\mathrm{Cov}(U,V)=E(UV)-EUEV=\frac{1}{8}$$

$$\rho=\frac{\mathrm{Cov}(U,V)}{\sqrt{D(U)D(V)}}=\frac{1}{\sqrt{3}}$$

例 4.29 设(X,Y)的密度函数为

$$\varphi(x,y)=\begin{cases}2-x-y & 0\leqslant x\leqslant 1,0\leqslant y\leqslant 1\\ 0 & \text{其他}\end{cases}$$

(1) 判别 X,Y 是否相互独立,是否相关.

(2) 求 $E(XY)$,$D(X+Y)$.

解 (1) (X,Y)关于 X 的边缘密度为

$$\varphi_X(x)=\int_{-\infty}^{+\infty}\varphi(x,y)\mathrm{d}y=\begin{cases}\int_0^1(2-x-y)\mathrm{d}y=\frac{3}{2}-x & 0\leqslant x\leqslant 1\\ 0 & \text{其他}\end{cases}$$

(X,Y)关于 Y 的边缘密度为

$$\varphi_Y(y)=\int_{-\infty}^{+\infty}\varphi(x,y)\mathrm{d}x=\begin{cases}\int_0^1(2-x-y)\mathrm{d}x=\frac{3}{2}-y & 0\leqslant y\leqslant 1\\ 0 & \text{其他}\end{cases}$$

因为

$$\varphi_X(x)\varphi_Y(y)=\begin{cases}\left(\frac{3}{2}-x\right)\left(\frac{3}{2}-y\right) & 0\leqslant x\leqslant 1,0\leqslant y\leqslant 1\\ 0 & \text{其他}\end{cases}\neq\varphi(x,y)$$

所以 X,Y 不相互独立.

$$EX=\int_{-\infty}^{+\infty}x\varphi_X(x)\mathrm{d}x=\int_0^1 x\left(\frac{3}{2}-x\right)\mathrm{d}x=\frac{5}{12}$$

$$EY=\int_{-\infty}^{+\infty}y\varphi_Y(y)\mathrm{d}y=\int_0^1 y\left(\frac{3}{2}-y\right)\mathrm{d}y=\frac{5}{12}$$

$$E(XY)=\int_{-\infty}^{+\infty}\int_{-\infty}^{+\infty}xy\varphi(x,y)\mathrm{d}x\mathrm{d}y=\int_0^1\mathrm{d}x\int_0^1 xy(2-x-y)\mathrm{d}y=\frac{1}{6}$$

因为 $$\rho_{XY}=\frac{E(XY)-EXEY}{\sqrt{DX}\sqrt{DY}}=\frac{\frac{1}{6}-\left(\frac{5}{12}\right)^2}{\sqrt{DX}\sqrt{DY}}\neq 0$$

所以,X 与 Y 相关.

(2) $E(XY)=\dfrac{1}{6}$

$$\begin{aligned}D(X+Y)&=DX+DY+2\mathrm{Cov}(X,Y)\\&=DX+DY+2[E(XY)-EX\,EY]\end{aligned}$$

因为 $$DX=EX^2-(EX)^2=\int_0^1 x^2\left(\frac{3}{2}-x\right)\mathrm{d}x-\left(\frac{5}{12}\right)^2=\frac{11}{144}$$

$$DY=\frac{11}{144}$$

所以 $$D(X+Y)=\frac{11}{144}+\frac{11}{144}+2\left(\frac{1}{6}-\frac{5}{12}\times\frac{5}{12}\right)=\frac{5}{36}$$

例 4.30 如果 X 与 Y 满足 $D(X+Y)=D(X-Y)$,则必有(　　).

(A) X 与 Y 独立　　(B) X 与 Y 不相关

(C) $DY=0$　　(D) $DX\,DY=0$

解 因为 $D(X+Y)=DX+DY+2\mathrm{Cov}(X,Y)$

$$D(X-Y)=DX+DY-2\mathrm{Cov}(X,Y)$$

又由题设 $$D(X+Y)=D(X-Y)$$

所以 $\mathrm{Cov}(X,Y)=0$.

于是,$\rho_{XY}=\dfrac{\mathrm{Cov}(X,Y)}{\sqrt{DX}\sqrt{DY}}=0$.

故 X 与 Y 不相关,即选(B).

例 4.31 将一枚硬币重复掷 n 次,以 X,Y 分别表示正面向上和反面向上的次数,则 X 与 Y 的相关系数等于(　　).

(A) -1　　(B) 0　　(C) $\dfrac{1}{2}$　　(D) 1

解 因为 $X+Y=n$,即 $Y=-X+n$,故 X 与 Y 之间有严格的线性关系,且为负相关,所以 $\rho_{XY}=-1$,即选(A).

说明 本题也可利用相关系数公式计算.

$$\begin{aligned}\mathrm{Cov}(X,Y)&=\mathrm{Cov}(X,n-X)=\mathrm{Cov}(X,n)-\mathrm{Cov}(X,X)\\&=-\mathrm{Cov}(X,X)=-DX\end{aligned}$$

$$DY=DX$$

故 $$\rho(X,Y)=\frac{\mathrm{Cov}(X,Y)}{\sqrt{DX}\sqrt{DY}}=-\frac{DX}{DX}=-1$$

例 4.32 设二维随机变量 (X,Y) 的概率密度为

$$f(x,y)=\begin{cases}A\sin(x+y) & 0\leqslant x\leqslant\dfrac{\pi}{2},0\leqslant y\leqslant\dfrac{\pi}{2}\\0 & 其他\end{cases}$$

（1）求系数 A.

（2）求 EX,EY,DX,DY.

（3）求 ρ_{XY}.

解 （1）由 $\int_{-\infty}^{+\infty}\int_{-\infty}^{+\infty}f(x,y)\mathrm{d}x\mathrm{d}y=1$，即

$$\int_0^{\frac{\pi}{2}}\int_0^{\frac{\pi}{2}}A\sin(x+y)\mathrm{d}x\mathrm{d}y=1$$

可得 $A=\dfrac{1}{2}$.

（2）$EX=\int_{-\infty}^{+\infty}\int_{-\infty}^{+\infty}xf(x,y)\mathrm{d}x\mathrm{d}y$

$$=\int_0^{\frac{\pi}{2}}\int_0^{\frac{\pi}{2}}x\cdot\frac{1}{2}\sin(x+y)\mathrm{d}x\mathrm{d}y=\frac{\pi}{4}$$

$$EX^2=\int_0^{\frac{\pi}{2}}\int_0^{\frac{\pi}{2}}x^2\cdot\frac{1}{2}\sin(x+y)\mathrm{d}x\mathrm{d}y=\frac{\pi^2}{8}+\frac{\pi}{2}-2$$

$$DX=EX^2-(EX)^2=\frac{\pi^2}{16}+\frac{\pi}{2}-2$$

类似可得
$$EY=\frac{\pi}{4},DY=\frac{\pi^2}{16}+\frac{\pi}{2}-2$$

（3）由 $E(XY)=\int_{-\infty}^{+\infty}\int_{-\infty}^{+\infty}xyf(x,y)\mathrm{d}x\mathrm{d}y$

$$=\int_0^{\frac{\pi}{2}}\int_0^{\frac{\pi}{2}}xy\cdot\frac{1}{2}\sin(x+y)\mathrm{d}x\mathrm{d}y=\frac{\pi}{2}-1$$

故协方差为

$$\mathrm{Cov}(X,Y)=E(XY)-EX\,EY=\frac{\pi}{2}-\frac{\pi^2}{16}-1$$

从而

$$\rho_{XY}=\frac{\mathrm{Cov}(X,Y)}{\sqrt{DX}\sqrt{DY}}=\frac{\dfrac{\pi}{2}-\dfrac{\pi^2}{16}-1}{\dfrac{\pi^2}{16}+\dfrac{\pi}{2}-2}=\frac{8\pi-\pi^2-16}{\pi^2+8\pi-32}$$

例 4.33 设随机变量 X 的分布密度为 $f(x)=\dfrac{1}{2}\mathrm{e}^{-|x|}$，$-\infty<x<+\infty$.

（1）求 X 的数学期望 EX 和方差 DX.

（2）求 X 与 $|X|$ 的协方差. X 与 $|X|$ 是否不相关？

（3）X 与 $|X|$ 是否相互独立？为什么？

解 (1) $EX = \int_{-\infty}^{+\infty} xf(x)\mathrm{d}x\mathrm{d}y = \frac{1}{2}\int_{-\infty}^{+\infty} x\mathrm{e}^{-|x|}\mathrm{d}x = 0$

$$DX = \int_{-\infty}^{+\infty} x^2 f(x)\mathrm{d}x\mathrm{d}y = \int_{-\infty}^{+\infty} x^2 \cdot \frac{1}{2}\mathrm{e}^{-|x|}\mathrm{d}x = \int_{0}^{+\infty} x^2\mathrm{e}^{-x}\mathrm{d}x = 2$$

(2) $E(X|X|) = \frac{1}{2}\int_{-\infty}^{+\infty} x|x|\mathrm{e}^{-|x|}\mathrm{d}x = 0$

$$\mathrm{Cov}(X,|X|) = E(X|X|) - EXE(|X|) = 0$$

$$\Rightarrow \rho_{X|X|} = \frac{\mathrm{Cov}(X|X|)}{\sqrt{D(X)}\sqrt{D(|X|)}} = 0$$

故 X 与$|X|$不相关.

(3) 对给定 $0<\alpha<+\infty$,显然事件$\{|X|<\alpha\}$包含在事件$\{X<\alpha\}$内,且 $P\{X<\alpha\}<1$,$P\{|X|<\alpha\}>0$. 故

$$P\{X<\alpha,|X|<\alpha\}=P\{|X|<\alpha\}$$

但 $$P\{X<\alpha\}P\{|X|<\alpha\}<P\{|X|<\alpha\}$$

所以 $$P\{X<\alpha,|X|<\alpha\}\neq P\{X<\alpha\}P\{|X|<\alpha\}$$

故 X 与$|X|$不独立.

4.5 矩 协方差矩阵

4.5.1 矩

矩是较为广泛的一种数字特征，前面讲过的数学期望、方差及协方差都是某种矩.

定义 4.7 若 $EX^k(k=1,2,\cdots)$存在,则称其为随机变量 X 的 k 阶原点矩,记作 v_k. 若 $E(X-EX)^k(k=1,2,\cdots)$存在,则称其为 X 的 k 阶中心矩,记作 μ_k.

显然,数学期望是一阶原点矩,方差是二阶中心矩. 又一阶中心矩恒为0.

定理 4.5 若 X 的 k 阶原点矩存在,则 X 低于 k 阶的各阶原点矩也存在.

证 设 X 为连续型随机变量,概率密度为 $p_X(x)$,则由假设有

$$\int_{-\infty}^{+\infty} |x|^k p_X(x)\mathrm{d}x < +\infty$$

设 L 为小于 k 的正整数,对任意实数 x,有

$$|x|^L \leqslant |x|^k + 1$$

于是

$$\int_{-\infty}^{+\infty} |x|^L p_X(x)\mathrm{d}x \leqslant \int_{-\infty}^{+\infty} (|x|^k + 1)p_X(x)\mathrm{d}x$$

$$= \int_{-\infty}^{+\infty} |x|^k p_X(x)\mathrm{d}x + 1 < +\infty$$

即 EX^L 存在.

当 X 为离散型随机变量时,证明相同,证毕.

中心矩和原点矩之间存在一定的关系,下面来求这种关系.

利用二项式定理及数学期望的性质,有

$$\begin{aligned} E(X-EX)^k &= E\left[\sum_{i=0}^{k}(-1)^i C_k^i (EX)^i X^{k-i}\right] \\ &= \sum_{i=0}^{k}(-1)^i C_k^i (EX)^i EX^{k-i},\ k=1,2,\cdots \end{aligned} \tag{4.39}$$

由式(4.39)得

$$\begin{aligned} &E(X-EX)^2 = EX^2-(EX)^2 \\ &E(X-EX)^3 = EX^3-3EX^2EX+2(EX)^3 \\ &E(X-EX)^4 = EX^4-4EX^3EX+6EX^2(EX)^2-3(EX)^4 \\ &\qquad\vdots \end{aligned}$$

由此可知,若 X 的 k 阶原点矩存在,则 X 的 k 阶及低于 k 阶的中心矩也存在,并且它们可通过式(4.39)计算出来. 同样,不难证明:若 X 的 k 阶中心矩存在,则 X 的 k 阶及低于 k 阶的原点矩也存在.

以上讲的是一个随机变量的矩,对于两个随机变量 X_1,X_2,定义混合矩如下:

定义 4.8 若 $EX_1^kX_2^l$ 存在,则称其为 X_1 和 X_2 的 $k+l$ 阶混合矩. 若 $E(X_1-EX_1)^k(X_2-EX_2)^l$ 存在,则称它为 X_1 和 X_2 的 $k+l$ 阶中心混合矩($k,l=1,2,\cdots$).

显然,协方差 $\mathrm{Cov}(X,Y)$ 是 X,Y 的二阶中心混合矩.

4.5.2 协方差矩阵

定义 4.9 若 n 维随机变量$(X_1,X_2,\cdots,X_n)$的二阶中心混合矩 $\mathrm{Cov}(X_i,X_j)$ $(i,j=1,2,\cdots n)$都存在,则称矩阵

$$\boldsymbol{C}=\begin{pmatrix} \mathrm{Cov}(X_1,X_1) & \cdots & \mathrm{Cov}(X_1,X_n) \\ \vdots & & \vdots \\ \mathrm{Cov}(X_n,X_1) & \cdots & \mathrm{Cov}(X_n,X_n) \end{pmatrix}$$

为$(X_1,X_2,\cdots,X_n)$的协方差矩阵.

由于 $\mathrm{Cov}(X_i,X_j)=\mathrm{Cov}(X_j,X_i)$,故协方差矩阵为对称阵. 容易证明它是非负定矩阵. 协方差矩阵给出了 n 维随机变量的全部二阶中心矩,因此,在研究 n 维随机变量的统计规律时,协方差矩阵是很重要的. 利用协方差矩阵,还可以引入 n 维正态分布的定义.

设$(X_1,X_2)\sim N(\mu_1,\mu_2,\sigma_1^2,\sigma_2^2,\rho)$,则$(X_1,X_2)$的协方差矩阵为

$$\begin{aligned} \boldsymbol{C} &= \begin{pmatrix} \mathrm{Cov}(X_1,X_1) & \mathrm{Cov}(X_1,X_2) \\ \mathrm{Cov}(X_2,X_1) & \mathrm{Cov}(X_2,X_2) \end{pmatrix} \\ &= \begin{pmatrix} DX_1 & E(X_1-EX_1)(X_2-EX_2) \\ E(X_1-EX_1)(X_2-EX_2) & DX_2 \end{pmatrix} \end{aligned}$$

$$=\begin{pmatrix}\sigma_1^2 & \rho\sigma_1\sigma_2\\ \rho\sigma_1\sigma_2 & \sigma_2^2\end{pmatrix}$$

若$|\rho|\neq 1$,则

$$|\boldsymbol{C}|=\sigma_1^2\sigma_2^2(1-\rho^2)>0$$

故 $\boldsymbol{C}$ 可逆. 其逆矩阵为

$$\boldsymbol{C}^{-1}=\frac{1}{|\boldsymbol{C}|}\begin{pmatrix}\sigma_2^2 & -\rho\sigma_1\sigma_2\\ -\rho\sigma_1\sigma_2 & \sigma_1^2\end{pmatrix}$$

令 $\boldsymbol{x}=\begin{pmatrix}x_1\\ x_2\end{pmatrix}$,$\boldsymbol{\mu}=\begin{pmatrix}\mu_1\\ \mu_2\end{pmatrix}$,则不难验证:

$$(\boldsymbol{x}-\boldsymbol{\mu})^{\mathrm{T}}\boldsymbol{C}^{-1}(\boldsymbol{x}-\boldsymbol{\mu})=\frac{1}{|\boldsymbol{C}|}(x_1-\mu_1,x_2-\mu_2)\begin{pmatrix}\sigma_2^2 & -\rho\sigma_1\sigma_2\\ -\rho\sigma_1\sigma_2 & \sigma_1^2\end{pmatrix}\begin{pmatrix}x_1-\mu_1\\ x_2-\mu_2\end{pmatrix}$$

$$=\frac{1}{1-\rho^2}\left[\left(\frac{x_1-\mu_1}{\sigma_1}\right)^2-2\rho\left(\frac{x_1-\mu_2}{\sigma_1}\right)\left(\frac{x_2-\mu_2}{\sigma_2}\right)+\left(\frac{x_2-\mu_2}{\sigma_2}\right)^2\right]$$

于是由式(3.3)可知,(X_1,X_2)的概率密度可写作

$$p(x_1,x_2)=\frac{1}{2\pi|\boldsymbol{C}|^{\frac{1}{2}}}\mathrm{e}^{-\frac{1}{2}(\boldsymbol{x}-\boldsymbol{\mu})^{\mathrm{T}}\boldsymbol{C}^{-1}(\boldsymbol{x}-\boldsymbol{\mu})} \tag{4.40}$$

比较式(3.3)与式(4.40),可知式(4.40)简洁得多,特别是式(4.40)容易推广到 n 维的情况.

设$(X_1,X_2,\cdots,X_n)$是 n 维的随机变量,令

$$\boldsymbol{X}=\begin{pmatrix}X_1\\ X_2\\ \vdots\\ X_n\end{pmatrix},\boldsymbol{\mu}=\begin{pmatrix}\mu_1\\ \mu_2\\ \vdots\\ \mu_n\end{pmatrix}=\begin{pmatrix}EX_1\\ EX_2\\ \vdots\\ EX_n\end{pmatrix}$$

定义 n 维正态随机变量$(X_1,X_2,\cdots,X_n)$的概率密度为

$$p(x_1,x_2,\cdots,x_n)=\frac{1}{(2\pi)^{\frac{n}{2}}|\boldsymbol{C}|^{\frac{1}{2}}}\mathrm{e}^{-\frac{1}{2}(\boldsymbol{x}-\boldsymbol{\mu})^{\mathrm{T}}\boldsymbol{C}^{-1}(\boldsymbol{x}-\boldsymbol{\mu})}$$

记为 $X\sim N(\boldsymbol{\mu},\boldsymbol{C})$,其中 $\boldsymbol{C}$ 为$(X_1,X_2,\cdots,X_n)$的协方差矩阵.

n 维正态分布在理论和应用两个方面都有重要意义.

4.6 例题选解

例 4.34 设 A,B 是两个随机事件,随机变量

$$X=\begin{cases}1 & A\text{ 出现}\\ -1 & A\text{ 不出现}\end{cases},\quad Y=\begin{cases}1 & B\text{ 出现}\\ -1 & B\text{ 不出现}\end{cases}$$

试证明:X,Y 不相关的充要条件是 A,B 相互独立.

证 由数学期望和函数数学期望计算公式有

$$EX=P(A)-P(\overline{A})=2P(A)-1,EY=P(B)-P(\overline{B})=2P(B)-1$$

$$\begin{aligned}E(XY)&=P(AB)-P(A\overline{B})-P(\overline{A}B)+P(\overline{A}\,\overline{B})\\&=P(AB)-[P(A)-P(AB)]-[P(B)-P(AB)]+\\&\quad[1-P(A)-P(B)+P(AB)]\\&=4P(AB)-2P(A)-2P(B)+1\end{aligned}$$

于是 $$\begin{aligned}\mathrm{Cov}(X,Y)&=E(XY)-EXEY\\&=4P(AB)-4P(A)P(B)\end{aligned}$$

故 $\mathrm{Cov}(X,Y)=0$,当且仅当 $P(AB)=P(A)P(B)$,即 X,Y 不相关的充要条件为 A,B 相互独立.

例 4.35 设随机变量 X 在区间 $[a,b]$ 中取值,证明:

(1) $a\leqslant EX\leqslant b$

(2) $DX\leqslant\left(\dfrac{b-a}{2}\right)^2$

证 (1) 因为 $a\leqslant X\leqslant b$

所以 $$E(a)\leqslant EX\leqslant E(b)$$

即 $$a\leqslant E(X)\leqslant b$$

(2) 因为 $$\begin{aligned}E(X-x)^2&=EX^2-2xEX+x^2\\&=(x-EX)^2+EX^2-(EX)^2\\&=(x-EX)^2+DX\end{aligned}$$

所以,当 $x=EX$ 时,$E(X-x)^2$ 取最小值 DX.

于是,当 $x=\dfrac{a+b}{2}$时,有

$$\begin{aligned}DX&=E(X-EX)^2\leqslant E\left(X-\frac{a+b}{2}\right)^2\leqslant E\left(b-\frac{a+b}{2}\right)^2\\&=E\left(\frac{b-a}{2}\right)^2=\left(\frac{b-a}{2}\right)^2\end{aligned}$$

例 4.36 设 $\varphi(x)$ 是正值非减函数,X 是连续型随机变量,且 $E\varphi(X)$ 存在,证明:

$$P\{X\geqslant a\}\leqslant\frac{E\varphi(X)}{\varphi(a)}$$

证 设 X 的分布密度为 $f(x)$，由题设有

$$X \geqslant a \Leftrightarrow \varphi(X) \geqslant \varphi(a)$$

于是

$$\begin{aligned} P\{X \geqslant a\} &= P\{\varphi(X) \geqslant \varphi(a)\} = \int_{\varphi(x) \geqslant \varphi(a)} f(x)\,\mathrm{d}x \\ &\leqslant \int_{\varphi(x) \geqslant \varphi(a)} \frac{\varphi(x)}{\varphi(a)} f(x)\,\mathrm{d}x \leqslant \int_{-\infty}^{+\infty} \frac{\varphi(x)}{\varphi(a)} f(x)\,\mathrm{d}x \\ &= \frac{1}{\varphi(a)} \int_{-\infty}^{+\infty} \varphi(x) f(x)\,\mathrm{d}x = \frac{E\varphi(X)}{\varphi(a)} \end{aligned}$$

例 4.37 假设由自动生产线加工的某种零件的内径 Z(单位:mm)服从正态分布 $N(\mu,1)$，内径小于 10mm 或大于 12mm 的为不合格品，其余为合格品. 销售每件合格品获利，销售每件不合格亏损. 已知销售利润 T(单位:元)与销售零件的内径 Z 有如下关系：

$$T = \begin{cases} -1 & Z < 10 \\ 20 & 10 \leqslant Z \leqslant 12 \\ -5 & Z > 12 \end{cases}$$

问平均内径 μ 取何值时，销售一个零件的平均利润最大?

解 平均利润就是销售利润 T 的数学期望，即 ET. 由题设可知，平均利润为

$$\begin{aligned} ET &= 20P\{10 \leqslant Z \leqslant 12\} - P\{Z < 10\} - 5P\{Z > 12\} \\ &= 20[\Phi(12-\mu) - \Phi(10-\mu)] - \Phi(10-\mu) - 5[1 - \Phi(12-\mu)] \\ &= 25\Phi(12-\mu) - 21\Phi(10-\mu) - 5 \end{aligned}$$

其中，$\Phi(x)$ 是标准正态分布函数. 设 $\varphi(x)$ 为标准正态密度，则

$$\frac{\mathrm{d}ET}{\mathrm{d}\mu} = -25\varphi(12-\mu) + 21\varphi(10-\mu)$$

令 $\frac{\mathrm{d}ET}{\mathrm{d}\mu} = 0$，得

$$-\frac{25}{\sqrt{2\pi}} \mathrm{e}^{-\frac{(12-\mu)^2}{2}} + \frac{21}{\sqrt{2\pi}} \mathrm{e}^{-\frac{(10-\mu)^2}{2}} = 0$$

$$\Rightarrow 25\mathrm{e}^{-\frac{(12-\mu)^2}{2}} = 21\mathrm{e}^{-\frac{(10-\mu)^2}{2}} \Rightarrow \mu = \mu_0 = 11 - \frac{1}{2}\ln\frac{25}{21}$$

由题意知，当 $\mu = \mu_0 = 11 - \frac{1}{2}\ln\frac{25}{21}$ 时，平均利润最大.

例 4.38 按节气出售的某种节令商品，每售出 1kg 可获利 a 元，过了节气处理剩余的这种商品，每售出 1kg 净亏损 b 元. 设某店在某一节气内这种商品的销量 X 是一随机变量，X 在区间 (t_1, t_2) 内服从均匀分布. 为使商店所获利润的数学期望最大，该店应进多少货?

解 设 t(单位:kg)表示进货数，$t_1 \leqslant t \leqslant t_2$，进货 t 所获利润记为 Y，则 Y 是随机变

量 X 的函数,其函数关系为

$$Y=\begin{cases}aX-(t-X)b & t_1<X\leqslant t\\ at & t<X\leqslant t_2\end{cases}$$

X 的概率密度为

$$f(x)=\begin{cases}\dfrac{1}{t_2-t_1} & t_1<x<t_2\\ 0 & \text{其他}\end{cases}$$

$$\begin{aligned}EY&=\int_{t_1}^{t}[ax-(t-x)b]\cdot\frac{1}{t_2-t_1}\mathrm{d}x+\int_{t}^{t_2}at\cdot\frac{1}{t_2-t_1}\mathrm{d}x\\&=\frac{-\dfrac{a+b}{2}t^2+(bt_1+at_2)t-\dfrac{a+b}{2}t_1^2}{t_2-t_1}\end{aligned}$$

令

$$\frac{\mathrm{d}}{\mathrm{d}t}EY=\frac{[-(a+b)t+at_2+bt_1]}{t_2-t_1}=0$$

得驻点,$t=\dfrac{at_2+bt_1}{a+b}$.

由此可知,该店应进$\dfrac{at_2+bt_1}{a+b}$kg 商品,才可使利润的数学期望最大.

例 4.39 设某种商品每周的需求量 X 是服从区间[10,30]上的均匀分布的随机变量,经销商店进货数量为区间[10,30]中的某一整数,商店每销售一单位商品可获利 500 元. 若供大于求则削价处理,每处理一单位商品亏损 100 元;若供不应求,可从外部调剂供应,此时每一单位商品仅获利 300 元. 为使商店所获利润期望不少于 9280 元,试确定最少进货量.

解 设进货数量为 a,则利润 L 为随机变量 X 的函数.

$$L=\begin{cases}500X-(a-X)100 & 10\leqslant X\leqslant a\\ 500a+(X-a)300 & a<X\leqslant 30\end{cases}=\begin{cases}600X-100a & 10\leqslant X\leqslant a\\ 300X+200a & a<X\leqslant 30\end{cases}$$

$$\begin{aligned}EL&=\int_{10}^{30}\frac{1}{20}L\mathrm{d}x=\frac{1}{20}\int_{10}^{a}(600x-100a)\mathrm{d}x+\frac{1}{20}\int_{a}^{30}(300x+200a)\mathrm{d}x\\&=\frac{1}{20}\left(600\times\frac{x^2}{2}-100ax\right)\Bigg|_{10}^{a}+\frac{1}{20}\left(300\times\frac{x^2}{2}+200ax\right)\Bigg|_{a}^{30}\\&=-7.5a^2+350a+5250\geqslant 9280\\&\Rightarrow 7.5a^2-350a+4030\leqslant 0\Rightarrow\frac{62}{3}\leqslant a\leqslant 26\end{aligned}$$

故利润期望值不少于 9280 元的最少进货量为 21 单位.

4.7 小结

4.7.1 一维随机变量的数字特征(表 4.1)

表 4.1 一维随机变量的数字特征

	X 为离散型随机变量	X 为连续型随机变量
数学期望(平均值)EX	(1) X 的分布 $\begin{array}{c\|c} X & x_1x_2\cdots x_i \\ \hline P & p_1p_2\cdots p_i \end{array}$ $EX = \sum_i x_i p_i$ (2) 随机变量函数 $Y=f(X)$, 则 $EY = \sum_i f(x_i)p_i$(绝对收敛)	(1) X 的密度函数为 $\varphi(x)$, 则 $EX = \int_{-\infty}^{+\infty} x\varphi(x)\mathrm{d}x$ (2) 随机变量函数 $Y=f(X)$, 则 $EY = \int_{-\infty}^{+\infty} f(x)\varphi(x)\mathrm{d}x$(绝对收敛)
	EX 的性质 (1) $EC=C$, C 为常数 (2) $E(CX)=CEX$, C 为常数 (3) $E(X+C)=EX+C$, C 为常数 (4) $E(X+Y)=EX+EY$ (5) 若 X, Y 相互独立, 则 $E(XY)=EXEY$	
方差 DX 标准差 $\sqrt{DX}$	$DX \triangleq E(X-EX)^2 = EX^2-(EX)^2$	
	$DX = \sum_i (x_i - EX)^2 p(x_i)$	$DX = \int_{-\infty}^{+\infty} (x-EX)^2\varphi(x)\mathrm{d}x$
	DX 的性质 (1) $DC=0$, C 为常数 (2) $D(C+X)=DX$, C 为常数 (3) $D(CX)=C^2DX$, C 为常数 (4) 若 X, Y 相互独立, 则 $D(X+Y)=DX+DY$	
矩	X 为离散型随机变量	X 为连续型随机变量
	X 的 k 阶原点矩 v_k 为 $v_k = EX^k = \sum_{i=1}^{\infty} x_i^k p_i$ X 的 k 阶中心距 μ_k 为 $\mu_k = E(X-v_1)^k$ $= \sum_{i=1}^{\infty} (x_i - v_1)^k p_i$	X 的 k 阶原点矩 v_k 为 $v_k = EX^k = \int_{-\infty}^{+\infty} x^k\varphi(x)\mathrm{d}x$ X 的 k 阶中心矩 μ_k 为 $\mu_k = E(X-v_1)^k$ $= \int_{-\infty}^{+\infty} (x-v_1)^k\varphi(x)\mathrm{d}x$ 其中, $\varphi(x)$ 为密度函数

4.7.2 二维随机变量的数字特征(表4.2)

表4.2 二维随机变量的数字特征

	(X, Y)为离散型随机变量	(X, Y)为连续型随机变量
已知二维随机变量(X, Y)的分布列或概率密度	设(X, Y)的分布列为 $P\{X=x_i, Y=y_j\}=p_{ij}(i, j=1, 2, \cdots)$ 则 $EX=\sum_i x_i p_{i\cdot}=\sum_i\sum_j x_i p_{ij}$ $EY=\sum_j y_j p_{\cdot j}=\sum_i\sum_j y_j p_{ij}$ $DX=\sum_i\sum_j (x_i-EX)^2 p_{ij}$ $DY=\sum_i\sum_j (y_j-EY)^2 p_{ij}$	设(X, Y)的概率密度为$\varphi(x, y)$，则 $EX=\int_{-\infty}^{+\infty} x\varphi_X(x)\mathrm{d}x=\int_{-\infty}^{+\infty}\int_{-\infty}^{+\infty} x\varphi(x, y)\mathrm{d}x\mathrm{d}y$ $EY=\int_{-\infty}^{+\infty} y\varphi_Y(y)\mathrm{d}y=\int_{-\infty}^{+\infty}\int_{-\infty}^{+\infty} y\varphi(x, y)\mathrm{d}x\mathrm{d}y$ $DX=\int_{-\infty}^{+\infty}(x-EX)^2\varphi_X(x)\mathrm{d}x$ $=\int_{-\infty}^{+\infty}\int_{-\infty}^{+\infty}(x-EX)^2\varphi(x, y)\mathrm{d}x\mathrm{d}y$ $DY=\int_{-\infty}^{+\infty}(y-EY)^2\varphi_Y(y)\mathrm{d}y$ $=\int_{-\infty}^{+\infty}\int_{-\infty}^{+\infty}(y-EY)^2\varphi(x, y)\mathrm{d}x\mathrm{d}y$
二维随机变量(X, Y)的函数$g(X, Y)$的数学期望	设(X, Y)的分布列为 $P\{X=x_i, Y=y_j\}=p_{ij}(i, j=1, 2, \cdots)$ 则 $Eg(X, Y)=\sum_i\sum_j g(x_i, y_j)p_{ij}$ （级数绝对收敛）	设(X, Y)的概率密度为$\varphi(x, y)$ 则 $Eg(X, Y)=\int_{-\infty}^{+\infty}\int_{-\infty}^{+\infty} g(x, y)\varphi(x, y)\mathrm{d}x\mathrm{d}y$ （二重广义积分绝对收敛）
协方差$\mathrm{Cov}(X, Y)$	$\mathrm{Cov}(X, Y)=E(X-EX)(Y-EY)$ $=E(XY)-EXEY$	性质: (1) $\mathrm{Cov}(X, X)=DX$ (2) $\mathrm{Cov}(X, Y)=\mathrm{Cov}(Y, X)$ (3) $\mathrm{Cov}(aX, bY)=ab\mathrm{Cov}(X, Y)$ (4) $\mathrm{Cov}(X_1+X_2, Y)=\mathrm{Cov}(X_1, Y)+\mathrm{Cov}(X_2, Y)$
相关系数ρ_{XY}	$\rho_{XY}=\dfrac{\mathrm{Cov}(X, Y)}{\sqrt{DX}\sqrt{DY}}=\dfrac{E(XY)-EXEY}{\sqrt{DX}\sqrt{DY}}$	性质: (1) $-1\leqslant\rho_{XY}\leqslant 1$ (2) 若X, Y相互独立，则$\rho_{XY}=0$ (3) $\lvert\rho\rvert=1\Leftrightarrow X$与$Y$以概率1线性相关，即存在常数$a$, b且$a\neq 0$，使$P\{X=aY+b\}=1$
(X, Y)的协方差矩阵	(X,Y)的协方差矩阵$\triangleq\begin{pmatrix} c_{11} & c_{12} \\ c_{21} & c_{22}\end{pmatrix}$，其中，$c_{11}=E(X-EX)^2$，$c_{12}=E(E-EX)(Y-EY)$，$c_{21}=E(Y-EY)(X-EX)$，$c_{22}=E(Y-EY)^2$	

4.7.3 几种重要的数学期望与方差(表 4.3)

表 4.3 几种重要的数学期望与方差

分　布	分布列或概率密度	数学期望	方差
两点分布	$P\{X=k\}=p^k q^{1-k} k=0,1$ $0<p<1,\ p+q=1$	p	pq
二项分布	$P\{X=k\}=C_n^k p^k q^{n-k},\ k=0,\ 1,\ 2,\ \cdots,\ n$ $0<p<1,\ p+q=1$	np	npq
泊松分布	$P\{X=k\}=\dfrac{\lambda^k}{k!}e^{-\lambda}$ $k=0,\ 1,\ 2,\ \cdots,\ \lambda>0$	λ	λ
正态分布	$\varphi(x)=\dfrac{1}{\sqrt{2\pi}\sigma}e^{-\frac{(x-\mu)^2}{2\sigma^2}}$ $-\infty<x<+\infty,\ \sigma>0$	μ	σ^2
均匀分布	$\varphi(x)=\begin{cases}\dfrac{1}{b-a} & a\leqslant x\leqslant b\\ 0 & \text{其他}\end{cases}$	$\dfrac{a+b}{2}$	$\dfrac{(b-a)^2}{12}$
指数分布	$\varphi(x)=\begin{cases}\lambda e^{-\lambda x}(\lambda>0) & x>0\\ 0 & x\leqslant 0\end{cases}$ λ 为参数	$\dfrac{1}{\lambda}$	$\dfrac{1}{\lambda^2}$
超几何分布	$P\{X=k\}=\dfrac{C_M^k C_{N-M}^{n-k}}{C_N^n}$ $0\leqslant k\leqslant n\leqslant N,\ k\leqslant M$	$n\dfrac{M}{N}$	$n\dfrac{M}{N}\left(1-\dfrac{M}{N}\right)\dfrac{N-n}{N-1}$
几何分布	$P\{X=k\}=(1-p)^{k-1}p$ $k=1,\ 2,\ \cdots,\ 0<p<1$	$\dfrac{1}{p}$	$\dfrac{1-p}{p^2}$

4.7.4 重要公式与结论

1. $D(X\pm Y)=DX+DY\pm 2\mathrm{Cov}(X,\ Y)$

特别地，当 X, Y 独立时，$D(X\pm Y)=DX+DY$.

2. $\mathrm{Cov}(X,\ Y)=0\Leftrightarrow\rho(X,\ Y)=0\Leftrightarrow E(XY)=EXEY$

$$\Leftrightarrow D(X+Y)=DX+DY$$

3. X, Y 独立$\Rightarrow\rho(X,\ Y)=0$，即 X, Y 不相关. 但反过来不正确.

4. 若$(X,\ Y)$服从二维正态分布，则 X, Y 独立$\Leftrightarrow X$, Y 不相关.

习　题　4

填空题

1. 设 X_1, X_2, X_3 相互独立，其中 X_1 在$[0,\ 6]$上服从均匀分布，X_2 服从正态分布 $N(0,\ 2^2)$，

X_3 服从参数为 $\lambda=3$ 的泊松分布，记 $Y=X_1-2X_2+3X_3$，则 $DY=$ ________.

2. 设随机变量 X 服从参数为 1 的泊松分布，则 $P\{X=EX^2\}$ 的概率为________.

3. 设 X 表示 10 次独立重复射击命中目标的次数，每次射击目标的概率为 0.4，则 $EX^2=$ ________.

4. 设(X, Y)的概率密度为 $f(x, y)=\begin{cases}k & 0<x<1, 0<y<x\\0 & 其他\end{cases}$，则 $k=$ ________，$E(XY)=$ ________.

5. 设 X，Y 的方差分别为 25，26，相关系数为 0.4，则 $D(X-Y)=$ ________.

6. 设 X，Y 相互独立，且 $EX=EY=0$，$DX=DY=1$，则 $E(X+Y)^2=$ ________.

7. 设随机变量 X 和 Y 的相关系数为 0.5，$EX=EY=0$，$EX^2=EY^2=2$，则 $E(X+Y)^2=$ ________.

8. 设二维随机变量(X, Y)服从正态分布 $N(\mu_1, \mu_2, \sigma_1^2, \sigma_2^2, 0)$，则 $EXY^2=$ ________.

单项选择题

1. 设随机变量 X 的概率密度为 $f(x)=\begin{cases}2 & 0<x<\frac{1}{2}\\0 & 其他\end{cases}$，则 $E(2X^2+1)=$(　　).

(A) 0　　(B) $\frac{7}{6}$　　(C) 2　　(D) $\frac{1}{2}$

2. 设一群人中受某种疾病感染患病的占 20%，现随机地从他们中抽出 50 人，其中患病人数的数学期望和方差分别是(　　).

(A) 25.0 和 8.0　　(B) 10.0 和 2.8　　(C) 25.0 和 64.0　　(D) 10.0 和 8.0

3. X_1，X_2，X_3 都在[0, 2]上服从均匀分布，则 $E(3X_1-X_2+2X_3)=$(　　).

(A) 1　　(B) 3　　(C) 4　　(D) 2

4. 现有 10 张奖券，其中 8 张为 2 元，2 张为 5 元，今某人从中随机地无放回抽取 3 张，则此人得奖的金额的数学期望为(　　).

(A) 6　　(B) 12　　(C) 7.8　　(D) 9

5. 设离散型随机变量 X 的所有可能取值为 $x_1=1$，$x_2=2$，$x_3=3$，且 $EX=2.3$，$EX^2=5.9$，则 X 的分布列为(　　).

(A)

X	1	2	3
p_k	0.1	0.2	0.7

(B)

X	1	2	3
p_k	0.2	0.3	0.5

(C)

X	1	2	3
p_k	0.3	0.5	0.2

(D)

X	1	2	3
p_k	0.2	0.5	0.3

6. 设随机变量 X 的分布函数 $F(x)=0.3\Phi(x)+0.7\Phi[(x-1)/2]$，其中 $\Phi(x)$ 为标准正态分布的分布函数，则 $EX=$(　　).

(A) 0　　(B) 0.3　　(C) 0.7　　(D) 1

7. 设随机变量 X，Y 相互独立．且 EX，EY 都存在，记 $U=\max\{X, Y\}$，$V=\min\{X, Y\}$，则 $E(UV)=$(　　).

(A) $EUEV$　　(B) $EXEY$　　(C) $EUEY$　　(D) $EXEV$

8. 设随机变量(X, Y)服从二维正态分布，且 X 与 Y 不相关，$f_X(x)$，$f_Y(y)$ 分别表示 X，Y 的

概率密度，则在 $Y=y$ 的条件下，X 的条件概率密度 $f_{X|Y}(x|y)$ 为(　　).

(A) $f_X(x)$　　(B) $f_Y(y)$　　(C) $f_X(x)f_Y(y)$　　(D) $\dfrac{f_X(x)}{f_Y(y)}$

9. 设随机变量 X 和 Y 都服从正态分布，且它们不相关，则(　　).

(A) X 与 Y 一定独立　　(B) (X, Y) 服从二维正态分布

(C) X 与 Y 未必独立　　(D) $X+Y$ 服从一维正态分布

10. 设随机变量 $X \sim N(0,1)$，$Y \sim N(1,4)$，且 X，Y 的相关系数 $\rho=1$，则(　　).

(A) $P\{Y=-2X-1\}=1$　　(B) $P\{Y=2X-1\}=1$

(C) $P\{Y=-2X+1\}=1$　　(D) $P\{Y=2X+1\}=1$

计算题

1. 设随机变量 X 具有分布列

$$P\{X=k\}=\frac{1}{5},\ k=1,2,3,4,5$$

求 EX，EX^2 及 $E(X+2)^2$.

2. 设随机变量 X 具有分布列

X	-1	0	$\frac{1}{2}$	1	2
p	$\frac{1}{3}$	$\frac{1}{6}$	$\frac{1}{6}$	$\frac{1}{12}$	$\frac{1}{4}$

求 EX，$E(1-X)$，EX^2.

3. 同时投掷四枚匀质硬币，以 X 表示出现正面的个数，求 EX，DX.

4. 从分别标有数字 0，1，2，…，8，9 的十张卡片中，每次任取一张，然后放回，直到首次取得标有数字 9 的卡片为止，求所需抽取次数 X 的数学期望和方差.

5. 设随机变量分别具有下列概率密度，求其数学期望与方差.

(1) $p(x)=\begin{cases}1-|x| & |x|\leqslant 1\\ 0 & |x|>1\end{cases}$

(2) $p(x)=\begin{cases}\dfrac{15}{16}x^2(x-2)^2 & 0\leqslant x\leqslant 2\\ 0 & \text{其他}\end{cases}$

(3) $p(x)=\begin{cases}x & 0\leqslant x\leqslant 1\\ 2-x & 1<x\leqslant 2\\ 0 & \text{其他}\end{cases}$

6. 已知离散型随机变量 X 服从参数为 2 的泊松分布，即 $P\{X=k\}=\dfrac{2^k}{k!}e^{-2}$，$k=0,1,2,\cdots$，求随机变量 $Z=3X-2$ 的数学期望 EZ.

7. 已知连续型随机变量 X 的概率密度为

$$f(x)=\frac{1}{\sqrt{\pi}}e^{-x^2+2x-1}$$

求 EX 和 DX.

8. 设某企业生产线上产品合格率为 0.96，不合格产品中只有 3/4 的产品可进行再加工，且再加工的合格率为 0.8，其余皆为废品. 每件合格品获利 80 元，废品亏损 20 元，为保证该企业每天

平均获利不低于 2 万元，问该企业每天至少生产多少产品？

9. 对球的直径作近似测量，设其值均匀地分布在区间$[a, b]$内，求球体积的数学期望.

10. 设随机变量 $X \sim N(\mu, \sigma^2)$，求 $E(|X-\mu|)$，$E(a^X)(a>0)$.

11. 设二维离散型随机变量(X, Y)在点$(1, 1)$，$\left(\frac{1}{2}, \frac{1}{4}\right)$，$\left(-\frac{1}{2}, -\frac{1}{4}\right)$，$(-1, -1)$取值的概率均为$\frac{1}{4}$，求 EX，EY，DX，DY，$E(XY)$.

12. 设二维随机变量(X, Y)的概率密度为

$$p(x, y)=\begin{cases} x+y & 0<x<1,\ 0<y<1 \\ 0 & \text{其他} \end{cases}$$

求 EX，DX.

13. 设二维随机变量(X, Y)的概率密度为

$$p(x, y)=\begin{cases} 1 & |y|<x,\ 0<x<1 \\ 0 & \text{其他} \end{cases}$$

求 EX，EY，$E(XY)$.

14. 设 X，Y 是两个相互独立的随机变量，其概率密度分别为

$$p_X(x)=\begin{cases} 2x & 0\leqslant x\leqslant 1 \\ 0 & \text{其他} \end{cases}$$

$$p_Y(y)=\begin{cases} \mathrm{e}^{-(y-5)} & y>5 \\ 0 & y\leqslant 5 \end{cases}$$

求 $E(XY)$，$D(XY)$.

15. 在长为 l 的线段上任取两点，求两点距离的数学期望和方差.

16. 设 X_1，X_2，$\cdots$，X_5 为独立同分布且仅取正值的连续型随机变量，试证：

$$E\left(\frac{X_1+X_2+X_3}{X_1+X_2+X_3+X_4+X_5}\right)=\frac{3}{5}$$

17. 将 n 个球放入 M 个盒子中，设每个球落入各盒子是等可能的，每个盒子中可装任意多个球. 求有球的盒子数 X 的数学期望.

提示：引入随机变量

$$X_i=\begin{cases} 1 & \text{第 } i \text{ 个盒子中有球} \\ 0 & \text{第 } i \text{ 个盒子中无球} \end{cases}$$

18. 设 15000 件产品中有 100 件次品，从中任取 150 件进行检查，求查得的次品数的数学期望.

19. 对三台仪器独立进行检验，各台仪器发生故障的概率分别为 p_1，p_2，p_3，求发生故障的仪器的台数的数学期望与方差.

20. 袋中有 n 张卡片，分别记有号码 1，2，$\cdots$，n，从中有放回地抽出 k 张卡片，以 X 表示所得号码之和，求 EX，DX.

21. 将 n 个球($1\sim n$ 号)随机地放进 n 个盒子($1\sim n$ 号)中，一个盒子放一个球，将一个球放入同号的盒子中称为一个配对，记 X 为配对的个数，求 EX.

22. 同时掷 n 枚骰子，求出现点数之和的数学期望和方差.

23. 一民航送客车载有 20 位旅客自机场开出，旅客有 10 个车站可以下车. 如果到达一个车

站没有旅客下车就不停车. 以 X 表示停车的次数，求 EX(设每位旅客在各个车站下车是等可能的，并设各旅客是否下车相互独立).

24. 设随机变量 X, Y 的概率分布列分别为

X	0	1
P	$\frac{1}{3}$	$\frac{2}{3}$

Y	-1	0	1
P	$\frac{1}{3}$	$\frac{1}{3}$	$\frac{1}{3}$

且 $P\{X^2=Y^2\}=1$，求：

(1) 二维随机变量(X, Y)的概率分布列.

(2) $Z=XY$ 的概率分布列.

(3) X, Y 的相关系数 ρ_{XY}.

25. 设随机变量 X 与 Y 独立同分布，且 X 的概率分布列为

X	1	2
P	$\frac{2}{3}$	$\frac{1}{3}$

记 $U=\max\{X, Y\}$, $V=\min\{X, Y\}$.

(1) 求(U, V)的概率分布列.

(2) 求 U 与 V 的协方差 $\mathrm{Cov}(U, V)$.

26. 已知 $DX=25$, $DY=36$, $\rho_{XY}=0.4$. 求 $D(X+Y)$ 及 $D(X-Y)$.

27. 设 X, Y, Z 为三个随机变量，且

$$EX=EY=1,\ EZ=-1,\ DX=DY=DZ=1,\ \rho_{XY}=0,\ \rho_{XZ}=\frac{1}{2},\ \rho_{YZ}=-\frac{1}{2}$$

若 $W=X+Y+Z$, 求 EW, DW.

28. 已知随机变量 X, Y 的联合概率分布列为

(X, Y)	(0, 0)	(0, 1)	(1, 0)	(1, 1)	(2, 0)	(2, 1)
p_{ij}	0.10	0.15	0.25	0.20	0.15	0.15

试求：

(1) X 的概率分布列.

(2) $X+Y$ 的概率分布列.

(3) $Z=\sin\frac{\pi(X+Y)}{2}$的数学期望.

29. 设随机变量 X, Y 相互独立，且 $X\sim N(0, \sigma^2)$, $Y\sim N(0, \sigma^2)$，求 $E(\sqrt{X^2+Y^2})$, $D(\sqrt{X^2+Y^2})$.

30. 设(X, Y)在区域 D: $|x|\leqslant y$, $0\leqslant y\leqslant 1$ 上服从均匀分布，求：

(1) EX, EY, $E(XY)$

(2) X, Y 是否相关？是否相互独立？

31. 设 X, Y 是相互独立的随机变量，证明：

$$D(XY)=DXDY+(EX)^2DY+(EY)^2DX$$

32. 设 X 与 Y 为具有二阶矩的随机变量，设 $Q(a, b)=E[Y-(a+bX)]^2$，求 a，b 使 $Q(a, b)$ 达到最小值 $Q_{\min}$. 并证明：

$$Q_{\min}=DY(1-\rho_{XY}^2)$$

33. 设二维随机变量(X, Y)的概率密度为

$$p(x, y)=\begin{cases}\dfrac{1}{\pi R^2} & x^2+y^2\leqslant R^2\\ 0 & x^2+y^2>R^2\end{cases}$$

试证明：X 与 Y 不相关也不独立.

34. 设随机变量 X 与 Y 都只取两个数值，则当 X 与 Y 不相关时，X 与 Y 必独立.

35. 设 X_1，…，X_n 为相互独立且具有相同分布的随机变量，方差有限，记 $\overline{X}=\dfrac{1}{n}\sum_{i=1}^{n}X_i$，试证明：$X_i-\overline{X}$ 与 $\overline{X}$ 不相关. 并求 $X_i-\overline{X}$ 与 $X_j-\overline{X}(i\neq j)$ 的相关系数.

36. 对于任意两事件 A 和 B，$0<P(A)<1$，$0<P(B)<1$，

$$\rho=\frac{P(AB)-P(A)P(B)}{\sqrt{P(A)P(B)P(\overline{A})P(\overline{B})}}$$

称作事件 A 和 B 的相关系数.

(1) 证明：事件 A 和 B 独立的充分必要条件是其相关系数等于零.

(2) 利用随机变量相关系数的基本性质，证明 $|\rho|\leqslant 1$.

第 5 章　大数定律与中心极限定理

5.1　大数定律

在第 1 章中我们曾经讲过，一个事件 A 发生的频率具有稳定性，即当试验次数 n 增大时，频率接近于某个常数(A 的概率)，大家知道，随机变量 X 在 n 次试验中所取的 n 个值的算术平均值也具有稳定性，且被稳定的那个值，就是 X 的数学期望.

这里所谓的“稳定性”，或当 n 很大时“接近一个常数”等，都是不确切的说法，只是一种直观的描述而已. 初学者常把随机变量 X 和 X 的数学期望的关系理解为微积分中的变量与极限的关系，这是错误的. 因为事件的频率及随机变量取 n 个值的平均值，是随随机试验的结果而改变的，是随机变量，不是微积分中所描述的变量. 那么究竟如何用确切的数学语言来描述频率与概率、平均值与数学期望之间的关系呢？大数定律回答了这个问题.

为了讲大数定律，先介绍一个重要的不等式，它在实际上和理论上都有着重要的应用.

定理 5.1　(切比雪夫(Chebyshev)不等式)对任意随机变量 X，若它的方差 DX 存在，则对任意的 $\varepsilon>0$ 有

$$P\{|X-EX|\geqslant\varepsilon\}\leqslant\frac{DX}{\varepsilon^2}\tag{5.1}$$

成立.

证　设 X 是一连续型随机变量，概率密度为 $p(x)$，则

$$\begin{aligned}P\{|X-EX|\geqslant\varepsilon\} &= \int_{\varepsilon\leqslant|x-EX|} p(x)\,\mathrm{d}x\\ &\leqslant \int_{\varepsilon\leqslant|x-EX|}\frac{(x-EX)^2}{\varepsilon^2}p(x)\,\mathrm{d}x\\ &\leqslant \frac{1}{\varepsilon^2}\int_{-\infty}^{+\infty}(x-EX)^2p(x)\,\mathrm{d}x=\frac{DX}{\varepsilon^2}\end{aligned}$$

当 X 是离散型随机变量时，只需在上述证明中，把概率密度换成分布列，把积分号换成求和号即得.

由于 $P\{|X-EX|<\varepsilon\}=1-P\{|X-EX|\geqslant\varepsilon\}$，故式(5.1)与

$$P\{|X-EX|<\varepsilon\}\geqslant1-\frac{DX}{\varepsilon^2}\tag{5.2}$$

等价. 式(5.1)和式(5.2)都称为切比雪夫不等式.

切比雪夫不等式给出了在随机变量 X 的分布未知的情况下，利用 EX、DX 对 X 的概率分布进行估计的一种方法. 例如，由式(5.2)可以断言，不管 X 的分布是什么，对于任意正常数 k 都有

$$P\{|X-EX|<k\sqrt{DX}\}\geqslant 1-\frac{1}{k^2} \tag{5.3}$$

当 $k=3$ 时，有

$$P\{|X-EX|<3\sqrt{DX}\}\geqslant 0.8889 \tag{5.4}$$

我们知道，当 $X\sim N(\mu,\sigma^2)$ 时，

$$P\{|X-\mu|<3\sigma\}=0.9973 \tag{5.5}$$

比较式(5.4)与式(5.5)可知，切比雪夫不等式给出的估计比较粗糙；但注意到,切比雪夫不等式只利用了数学期望和方差，而不需知道 X 的分布就可以估计随机变量 X 落在区间$(EX-\varepsilon, EX+\varepsilon)$中的概率，所以切比雪夫不等式具有重要的应用价值.

下面我们介绍大数定律中的几个常用的定理.

定理 5.2 （贝努利大数定理）设在 n 重贝努利试验中，成功的次数为 Y_n，而在每次试验中成功的概率为 $p(0<p<1)$，则对任意 $\varepsilon>0$ 有

$$\lim_{n\to\infty}P\left\{\left|\frac{Y_n}{n}-p\right|\geqslant\varepsilon\right\}=0 \tag{5.6}$$

证 由于 $Y_n\sim B(n,p)$，故 $EY_n=np$，$DY_n=npq(q=1-p)$，由此得

$$E\frac{Y_n}{n}=p,\ D\frac{Y_n}{n}=\frac{1}{n^2}DY_n=\frac{pq}{n}$$

代入式(5.1)得

$$P\left\{\left|\frac{Y_n}{n}-p\right|\geqslant\varepsilon\right\}\leqslant\frac{pq}{n\varepsilon^2}$$

故

$$\lim_{n\to\infty}P\left\{\left|\frac{Y_n}{n}-p\right|\geqslant\varepsilon\right\}=0$$

证毕.

利用 $P\left\{\left|\frac{Y_n}{n}-p\right|<\varepsilon\right\}=1-P\left\{\left|\frac{Y_n}{n}-p\right|\geqslant\varepsilon\right\}$，显然可得式(5.6)的等价形式

$$\lim_{n\to\infty}P\left\{\left|\frac{Y_n}{n}-p\right|<\varepsilon\right\}=1 \tag{5.7}$$

在式(5.6)中，$\frac{Y_n}{n}$是 n 重贝努利试验中成功的频率，而 p 是成功的概率. 因此，贝努利大数定理告诉我们：当试验次数 n 足够大时，成功的频率与成功的概率之差

不小于任意给定的正数 ε 的概率，可以小于任何预先给定的正数. 这就是频率稳定性的一种确切的解释. 利用(5.7)可得到相应的等价解释. 根据贝努利大数定理，在实际应用中，当试验次数 n 很大时，我们可以用事件的频率来近似地代替事件的概率.

定义 5.1 称随机变量序列 X_1, X_2, …, X_n, …(简记为 $\{X_n\}$)是相互独立的，如果对任意 $n\geqslant 2$, X_1, X_2, …, X_n, …是相互独立的. 若所有 X_i 又有相同的分布函数，则称 X_1, X_2, …, X_n, …是独立同分布的随机变量序列.

定理 5.3 (切比雪夫大数定理)设 X_1, X_2, …, X_n, …是相互独立的随机变量序列，若有常数 C 使 $DX_i < C(i=1, 2, \cdots)$，则对任意 $\varepsilon>0$，有

$$\lim_{n\to\infty}P\left\{\left|\frac{1}{n}\sum_{i=1}^{n}X_i-\frac{1}{n}\sum_{i=1}^{n}EX_i\right|\geqslant\varepsilon\right\}=0 \tag{5.8}$$

或

$$\lim_{n\to\infty}P\left\{\left|\frac{1}{n}\sum_{i=1}^{n}X_i-\frac{1}{n}\sum_{i=1}^{n}EX_i\right|<\varepsilon\right\}=1 \tag{5.9}$$

证

$$E\left(\frac{1}{n}\sum_{i=1}^{n}EX_i\right)=\frac{1}{n}\sum_{i=1}^{n}EX_i$$

$$D\left(\frac{1}{n}\sum_{i=1}^{n}X_i\right)=\frac{1}{n^2}\sum_{i=1}^{n}DX_i\leqslant\frac{C}{n}$$

由式(5.1)得

$$P\left\{\left|\frac{1}{n}\sum_{i=1}^{n}X_i-\frac{1}{n}\sum_{i=1}^{n}EX_i\right|\geqslant\varepsilon\right\}\leqslant\frac{C}{\varepsilon^2 n}$$

令 $n\to\infty$，则得式(5.8). 若利用式(5.2)，则可推得式(5.9). 证毕.

在概率论中称满足式(5.8)或式(5.9)的随机变量序列 X_1, X_2, …, X_n 服从大数定律.

推论 论 X_1, X_2, …, X_n, …是独立同分布的随机变量序列，具有有限的数学期望和方差 $EX_i=\mu$, $DX_i=\sigma^2$, $i=1, 2, \cdots$，则对任意 $\varepsilon>0$，有

$$\lim_{n\to\infty}P\left\{\left|\frac{1}{n}\sum_{i=1}^{n}X_i-\mu\right|\geqslant\varepsilon\right\}=0 \tag{5.10}$$

或

$$\lim_{n\to\infty}P\left\{\left|\frac{1}{n}\sum_{i=1}^{n}X_i-\mu\right|<\varepsilon\right\}=1 \tag{5.11}$$

这是因为 $\frac{1}{n}\sum_{i=1}^{n}EX_i=\mu$，故由式(5.8)和式(5.9)立即可得式(5.10)和式(5.11).

容易验证，贝努利大数定律的结论可由此推论得出.

在推论中，我们假设所讨论的随机变量的方差是存在的. 但实际上，方差存在这个条件并不是必要的，我们不加证明地介绍下面的定理.

定理 5.4 (辛钦大数定理)设 X_1, X_2, …, X_n, …是独立同分布的随机变量序列，且具有有限的数学期望 $EX_i=\mu$, $i=1, 2, \cdots$，则对任意 $\varepsilon>0$，有式(5.10)或式

(5.11)成立.

在式(5.10)中，$\frac{1}{n}\sum_{i=1}^{n}X_i$ 可以看做随机变量 X 在 n 次重复独立试验中 n 个观察值的算术平均值，而 $\mu=EX$. 因此，辛钦大数定理告诉我们：当试验次数 n 足够大时，平均值 $\frac{1}{n}\sum_{i=1}^{n}X_i$ 与数学期望 μ 之差的绝对值不小于任一指定的正数 ε 的概率，可以小于任何预先给定的正数. 这就是算术平均值稳定性的较确切的解释. 所以，在测量中常用多次重复测得的值的算术平均值来作为被测数量的近似值.

上面的几个定理，给出了随机变量序列的一种收敛性，称为依概率收敛，它的一般定义为：

定义 5.2 设 $Z_1, Z_2, \cdots, Z_n, \cdots$ 是一个随机变量序列，a 是一个常数，若对任意 $\varepsilon>0$，有

$$\lim_{n\to\infty}P\{|Z_n-a|<\varepsilon\}=1$$

或等价地有

$$\lim_{n\to\infty}P\{|Z_n-a|\geqslant\varepsilon\}=0$$

则称序列 $Z_1, Z_2, \cdots, Z_n, \cdots$ 依概率收敛于 a. 记为

$$\lim_{n\to\infty}Z_n\overset{P}{=\!=}a \quad 或 \quad Z_n\xrightarrow{P}a \quad (n\to\infty)$$

按照这一定义，贝努利大数定理表明了频率 $\frac{Y_n}{n}$ 依概率收敛于 p，即

$$\frac{Y_n}{n}\xrightarrow{P}p \quad (n\to\infty)$$

而式(5.10)或式(5.11)所表示的关系式为

$$\lim_{n\to\infty}\frac{1}{n}\sum_{i=1}^{n}X_i\overset{P}{=\!=}\mu \quad 或 \quad \frac{1}{n}\sum_{i=1}^{n}X_i\xrightarrow{P}\mu \quad (n\to\infty)$$

例 5.1 设随机变量 X 的数学期望 $EX=\mu$，方差 $DX=\sigma^2$，则由切比雪夫不等式，有 $P\{|X-\mu|\geqslant3\sigma\}\leqslant$________.

解 令 $\varepsilon=3\sigma$，则由切比雪夫不等式 $P\{|X-\mu|\geqslant\varepsilon\}\leqslant\frac{D(X)}{\varepsilon^2}$，有

$$P\{|X-\mu|\geqslant3\sigma\}\leqslant\frac{\sigma^2}{(3\sigma)^2}=\frac{1}{9}$$

例 5.2 设 $X_1, X_2, \cdots, X_n$ 是 n 个相互独立同分布的随机变量，$EX_i=\mu$，$DX_i=8(i=1, 2, \cdots, n)$，对于 $\overline{X}=\sum_{i=1}^{n}\frac{X_i}{n}$，写出所满足的切比雪夫不等式________，并估计 $P\{|\overline{X}-\mu|<4\}\geqslant$________.

解 $E\overline{X}=E\left(\frac{1}{n}\sum_{i=1}^{n}X_i\right)=\frac{1}{n}E\left(\sum_{i=1}^{n}X_i\right)=\frac{1}{n}\cdot n\mu=\mu$

$$D\overline{X} = D\left(\frac{1}{n}\sum_{i=1}^{n}X_i\right) = \frac{1}{n^2}D\left(\sum_{i=1}^{n}X_i\right) = \frac{1}{n^2}\cdot nD(X_i) = \frac{8}{n}$$

于是 $\overline{X} = \sum_{i=1}^{n}\frac{X_i}{n}$ 所满足的切比雪夫不等式为

$$P\{|\overline{X}-\mu|\geqslant\varepsilon\}\leqslant\frac{D\overline{X}}{\varepsilon^2}=\frac{8}{n\varepsilon^2}$$

$$P\{|\overline{X}-\mu|<4\}\geqslant 1-\frac{D\overline{X}}{4^2}=1-\frac{1}{4^2}\cdot\frac{8}{n}=1-\frac{1}{2n}$$

例 5.3 设随机变量 X, Y 的数学期望分别为 -2 和 2，方差分别为 1 和 4，而相关系数为 -0.5，则根据切比雪夫不等式 $P\{|X+Y|\geqslant 6\}\leqslant$________.

解 令 $Z=X+Y$，则 $EZ=EX+EY=-2+2=0$

$$\begin{aligned} DZ &= D(X+Y)=DX+DY+2\mathrm{Cov}(X,\ Y)\\ &=DX+DY+2\rho_{XY}\sqrt{DX}\sqrt{DY}\\ &=1+4+2\times\left(-\frac{1}{2}\right)\times 1\times 2=3 \end{aligned}$$

于是

$$P\{|X+Y|\geqslant 6\}=P\{|Z-EZ|\geqslant 6\}\leqslant\frac{DZ}{6^2}=\frac{3}{36}=\frac{1}{12}$$

例 5.4 设随机变量 X_1, X_2, …, X_n, …是独立同分布的，其分布函数为 $F(x)=a+\frac{1}{\pi}\arctan\frac{x}{b}$, $b\neq 0$，则辛钦大数定理对此序列(　　).

(A) 适用　　　　(B) 当常数 a, b 取适当的数值时适用

(C) 不适用　　　(D) 无法判别

解 辛钦大数定理成立的条件是随机变量 X 的数学期望存在，即 $\int_{-\infty}^{+\infty}\left|x\frac{\mathrm{d}F(x)}{\mathrm{d}x}\right|\mathrm{d}x$ 收敛. 故

$$\frac{\mathrm{d}}{\mathrm{d}x}F(x)=\frac{b}{\pi(b^2+x^2)}$$

$$\begin{aligned} \int_{-\infty}^{+\infty}\left|x\frac{\mathrm{d}F(x)}{\mathrm{d}x}\right|\mathrm{d}x &= \int_{-\infty}^{+\infty}\frac{|b||x|}{\pi(b^2+x^2)}\mathrm{d}x = \lim_{A\to\infty}\frac{2|b|}{\pi}\int_0^A\frac{x}{b^2+x^2}\mathrm{d}x\\ &=\frac{|b|}{\pi}\lim_{A\to+\infty}\int_0^A\frac{\mathrm{d}(b^2+x^2)}{b^2+x^2}=\frac{|b|}{\pi}\lim_{A\to+\infty}\ln\left(1+\frac{A^2}{b^2}\right) \end{aligned}$$

所以辛钦大数定理不适用，即选(C).

例 5.5 设 X_1, X_2, …, X_n, …相互独立同分布，且 $E(X_n)=0$，则 $\lim\limits_{n\to+\infty}P\left\{\sum_{i=1}^{n}X_i<n\right\}=$________.

解 由辛钦大数定理有(取 $\varepsilon=1$)

$$\lim_{n\to+\infty} P\left\{\left|\frac{1}{n}\sum_{i=1}^{n}X_i-0\right|<1\right\}=1$$

即
$$\lim_{n\to+\infty} P\left\{\left|\frac{1}{n}\sum_{i=1}^{n}X_i\right|<1\right\}=1$$

又显然有
$$\left\{\left|\frac{1}{n}\sum_{i=1}^{n}X_i\right|<1\right\}\subset\left\{\sum_{i=1}^{n}X_i<n\right\}$$

故
$$\lim_{n\to+\infty} P\left\{\sum_{i=1}^{n}X_i<n\right\}\geqslant\lim_{n\to+\infty} P\left\{\left|\frac{1}{n}\sum_{i=1}^{n}X_i\right|<1\right\}=1$$

从而有
$$\lim_{n\to+\infty} P\left\{\sum_{i=1}^{n}X_i<n\right\}=1,$$ 即应填1.

5.2 中心极限定理

大数定律说明了当 n 趋向于无穷大时，样本均值 $\frac{Y_n}{n}=\frac{1}{n}\sum_{i=1}^{n}X_i=\overline{X}$ 依概率收敛的问题. 但作为一个随机变量，我们还要关心它的概率分布问题.

在随机变量的各种分布中，正态分布占有特殊重要的地位. 早在19世纪，德国数学家高斯在研究测量误差时，就引进了正态分布，所以正态分布也叫做高斯分布. 其后，人们又发现在实际问题中，许多随机变量都近似服从正态分布. 为什么正态分布如此广泛地存在，从而在概率论中占有如此重要的地位呢？数学家们从对独立随机变量序列的极限分布的研究中找到了答案.

20世纪的前半期，概率研究的中心课题之一，就是寻求独立随机变量和的极限分布是正态分布的条件. 因此，把这一方面的定理，统称为中心极限定理. 较一般的中心极限定理表明，若被研究的随机变量是大量独立随机变量的和，其中每一个别随机变量对于总和只起微小的作用，则可以认为这个随机变量近似服从于正态分布，这就提示了正态分布的重要性. 因为现实中，许多随机变量都具有上述性质，例如测量误差，人的身高和体重，都是由大量随机因素综合影响的结果，因而是近似服从正态分布的.

下面我们叙述几个常用的中心极限定理.

定理5.5 (独立同分布的中心极限定理)如果随机变量序列 $X_1, X_2, \cdots, X_n, \cdots$ 独立同分布，并且具有有限数学期望和方差 $EX_i=\mu$, $DX_i=\sigma^2>0(i=1,2,\cdots)$，则对一切 x 有

$$\lim_{n\to\infty} P\left\{\frac{1}{\sqrt{n}\sigma}\left(\sum_{i=1}^{n}X_i-n\mu\right)\leqslant x\right\}=\int_{-\infty}^{x}\frac{1}{\sqrt{2\pi}}\mathrm{e}^{-\frac{t^2}{2}}\mathrm{d}t \tag{5.12}$$

定理 5.6 （德·莫佛-拉普拉斯(De Moivre-Laplace)定理）在 n 重贝努利试验中，成功的次数为 Y_n，而在每次试验中，成功的概率为 $p(0<p<1)$，$q=1-p$，则对一切 x 有

$$\lim_{n\to\infty}P\left\{\frac{Y_n-np}{\sqrt{npq}}\leqslant x\right\}=\int_{-\infty}^{x}\frac{1}{\sqrt{2\pi}}\mathrm{e}^{-\frac{t^2}{2}}\mathrm{d}t=\Phi(x) \tag{5.13}$$

定理 5.5 及定理 5.6 给出了随机变量序列 X_1，X_2，…，X_n，…是独立同分布的中心极限定理. 下面我们介绍一个更一般的中心极限定理.

定理 5.7 （林德贝格定理）设独立随机变量序列 X_1，X_2…，X_n，…满足林德贝格条件：若对任意 $\varepsilon>0$，有

$$\lim_{n\to\infty}\frac{1}{B_n^2}\sum_{i=1}^{n}\int_{|x-\mu_i|>\varepsilon B_n}(x-\mu_i)^2p_i(x)\mathrm{d}x=0 \tag{5.14}$$

其中，$p_i(x)$ 是 X_i 的概率密度，$\mu_i=EX_i$，$\sigma_i^2=DX_i$，$i=1,2,\cdots$，$B_n^2=\sum_{i=1}^{n}\sigma_i^2$，则对一切 x 有

$$\lim_{n\to\infty}P\left\{\frac{1}{B_n}\sum_{i=1}^{n}(X_i-\mu_i)\leqslant x\right\}=\int_{-\infty}^{x}\frac{1}{\sqrt{2\pi}}\mathrm{e}^{-\frac{t^2}{2}}\mathrm{d}t \tag{5.15}$$

容易验证在定理 5.5 的条件下，林德贝格条件满足，从而利用定理 5.7 可以证明定理 5.5.

事实上，由于这时 $p_i(x)=p(x)$，$\mu_i=\mu$，$\sigma_i^2=\sigma^2$ 都与 i 无关，又 $B_n^2=n\sigma^2$，故

$$\begin{aligned}&\frac{1}{B_n^2}\sum_{i=1}^{n}\int_{|x-\mu_i|>\varepsilon B_n}(x-\mu_i)^2p_i(x)\mathrm{d}x\\&=\frac{1}{n\sigma^2}\sum_{i=1}^{n}\int_{|x-\mu|>\varepsilon\sqrt{n}\sigma}(x-\mu)^2p(x)\mathrm{d}x\\&=\frac{1}{\sigma^2}\int_{|x-\mu|>\varepsilon\sqrt{n}\sigma}(x-\mu)^2p(x)\mathrm{d}x\end{aligned} \tag{5.16}$$

因为方差 $\sigma^2=\int_{-\infty}^{+\infty}(x-\mu)^2p(x)\mathrm{d}x$ 存在，故有

$$\lim_{n\to\infty}\int_{|x-\mu|>\varepsilon\sqrt{n}\sigma}(x-\mu)^2p(x)\mathrm{d}x=0$$

由此式及式(5.16)知式(5.14)成立.

在中心极限定理的证明中，分布的特征函数起着重要的作用，它与傅里叶变换的重要数学概念相联系.

定义 5.3 称随机变量 e^{itX} 的数学期望为随机变量 X 的特征函数.

说明 (1) $\mathrm{e}^{itX}=\cos tX+i\sin tX$ 取复值.

(2) 如果随机变量 X 取值 x，则随机变量 e^{itX} 取值 e^{itX}.

(3) 对于离散型随机变量 X，若有分布列

X	x_1	x_2	$\cdots$	x_k
P	p_1	p_2	$\cdots$	p_k

则特征函数为

$$g(t) = \sum_{s=1}^{k} \mathrm{e}^{\mathrm{i}tx_s} p_s \tag{5.17}$$

对于具有概率密度函数 $f(x)$ 的连续型随机变量 X 的特征函数为

$$g(t) = \int_{-\infty}^{+\infty} \mathrm{e}^{\mathrm{i}tx} f(x)\,\mathrm{d}x \tag{5.18}$$

(4) 称函数

$$F(t) = \frac{1}{2\pi}\int_{-\infty}^{+\infty} \mathrm{e}^{-\mathrm{i}tx} f(x)\,\mathrm{d}x \tag{5.19}$$

为函数 $f(x)$ 的傅里叶变换.

由式(5.18)与(5.19)可得

$$F(t) = \frac{1}{2\pi} g(-t)$$

傅里叶变换在微分方程论、泛函分析、调和分析等许多数学问题中有广泛的应用. 主要原因是由于两个函数 f_1 与 f_2 的卷积 $\int_{-\infty}^{+\infty} f_1(t-s) f_2(s)\,\mathrm{d}s$ 的傅里叶变换，等于函数 f_1 与 f_2 的傅里叶变换的乘积.

在特征函数的性质中就存在类似于上述傅里叶变换的性质：独立随机变量和的特征函数等于这些随机变量的特征函数的乘积.

特征函数的性质：

(1) 设 X, Y 是随机变量且 $Y = aX$，其中 a 为常数，则

$$g_Y(t) = g_X(at)$$

其中 g_X, g_Y 分别是 X 与 Y 的特征函数.

(2) 独立随机变量 X 与 Y 的和的特征函数等于它们的特征函数的乘积，即

$$g_{X+Y} = g_X \cdot g_Y$$

证 (1) $g_Y(t) = \int_{-\infty}^{+\infty} \mathrm{e}^{\mathrm{i}tax} f(x)\,\mathrm{d}x = \int_{-\infty}^{+\infty} \mathrm{e}^{\mathrm{i}ux} f(x)\,\mathrm{d}x = g_X(u) = g_X(at)$

其中，$u = at$.

(2) $g_{X+Y}(t) = E\mathrm{e}^{\mathrm{i}t(x+y)} = E(\mathrm{e}^{\mathrm{i}tx} \cdot \mathrm{e}^{\mathrm{i}ty}) = E\mathrm{e}^{\mathrm{i}tx} \cdot E\mathrm{e}^{\mathrm{i}ty} = g_X(t) g_Y(t)$

其中，利用到了 $\mathrm{e}^{\mathrm{i}t(x+y)} = \mathrm{e}^{\mathrm{i}tx} \cdot \mathrm{e}^{\mathrm{i}ty}$ 与两个独立随机变量的公式 $E(XY) = EX \cdot EY$.

例 5.6 具有(0-1)分布的随机变量 $K_{(i)}$ 的特征函数

$$gK_{(i)}(t) = \mathrm{e}^{\mathrm{i}t\cdot 0} \cdot q + \mathrm{e}^{\mathrm{i}t} \cdot p = 1 + (\mathrm{e}^{\mathrm{i}t} - 1)p \tag{5.20}$$

具有二项分布的随机变量 $K_n = K_{(1)} + K_{(2)} + \cdots + K_{(n)}$ 的特征函数，由性质(2)得

$$gK_{(n)} = (q + \mathrm{e}^{\mathrm{i}t} p)^n \tag{5.21}$$

例 5.7 在区间[a, b]上服从均匀分布的随机变量 X 的特征函数为

$$g(t)=\int_{-\infty}^{+\infty}\mathrm{e}^{\mathrm{i}tx}f(x)\,\mathrm{d}x=\int_{a}^{b}\mathrm{e}^{\mathrm{i}tx}\frac{1}{b-a}\mathrm{d}x=\frac{1}{\mathrm{i}t(b-a)}(\mathrm{e}^{\mathrm{i}tb}-\mathrm{e}^{\mathrm{i}ta}) \tag{5.22}$$

如果 $a=-b$，则

$$g(t)=\frac{1}{tb}\frac{\mathrm{e}^{\mathrm{i}tb}-\mathrm{e}^{-\mathrm{i}tb}}{2\mathrm{i}}=\frac{1}{tb}\sin tb \tag{5.23}$$

例 5.8 服从标准正态分布的随机变量 X 的特征函数为

$$g_X(t)=\int_{-\infty}^{+\infty}\mathrm{e}^{\mathrm{i}tx}\frac{1}{\sqrt{2\pi}}\mathrm{e}^{-x^2/2}\mathrm{d}x=\mathrm{e}^{-t^2/2} \tag{5.24}$$

例 5.9 设 X_i 在$[-\sqrt{3}/\sqrt{n}, \sqrt{3}/\sqrt{n}]$上服从均匀分布，则其方差

$$DX_i=\frac{(b-a)^2}{12}=\frac{1}{12}\left(\frac{2\sqrt{3}}{\sqrt{n}}\right)^2=\frac{1}{n}\qquad(i=1,2,\cdots,n,\cdots)$$

求随机变量 $X_1+X_2+\cdots+X_n$ 的特征函数 $g_n(t)$ 及其极限 $\lim\limits_{n\to\infty}g_n(t)$

解 考虑性质(2)及式(5.23)得

$$g_n(t)=\left(\frac{\sqrt{n}}{t\sqrt{3}}\sin\frac{t\sqrt{3}}{\sqrt{n}}\right)^n \tag{5.25}$$

为计算 $\lim\limits_{n\to\infty}g_n(t)$，考虑 $\ln g_n(t)$，则

$$\begin{aligned}\lim_{n\to\infty}\ln g_n(t)&=\lim_{n\to\infty}n\ln\left(\frac{\sqrt{n}}{t\sqrt{3}}\sin\frac{t\sqrt{3}}{\sqrt{n}}\right)=\lim_{n\to\infty}n\left(\frac{\sqrt{n}}{t\sqrt{3}}\sin\frac{t\sqrt{3}}{\sqrt{n}}-1\right)\\&=\lim_{n\to\infty}n\left[\frac{\sqrt{n}}{t\sqrt{3}}\times\left(\frac{\sqrt{3}}{\sqrt{n}}t-\frac{1}{3!}\frac{3\sqrt{3}t^3}{n\sqrt{n}}\right)-1+o\left(\frac{1}{n\sqrt{3}}\right)\right]\\&=\lim_{n\to\infty}\left(n-\frac{t^2}{2}-n+o\left(\frac{1}{n\sqrt{3}}\right)\right)=-\frac{t^2}{2}\end{aligned}$$

从而有

$$\lim_{n\to\infty}g_n(t)=\mathrm{e}^{-\frac{t^2}{2}}$$

这意味着随机变量和 $X_1+X_2+\cdots+X_n$ 的特征函数的极限等于正态分布的随机变量的特征函数，也即表明随机变量和 $X_1+X_2+\cdots+X_n$ 的分布的极限趋近于正态分布.

利用上述计算的主要步骤可以证明中心极限定理 5.5

证 设 $\tilde{X}_i=\dfrac{X_i-\mu}{\sigma}$，因所有 X_i 都是同分布的，从而$\tilde{X}_i(i=1, 2, \cdots, n, \cdots)$也是同分布的，记它们的概率密度函数为$f(x)$. 显然，

$$E\tilde{X}_i=0,\ D\tilde{X}_i=1$$

设 $g(t)$是随机变量 $\tilde{X}_i(i=1, 2, \cdots)$的特征函数，从而随机变量$(\tilde{X}_1+\tilde{X}_2+\cdots+\tilde{X}_n)/\sqrt{n}$的特征函数等于 $g_n(t/\sqrt{n})$.

把函数 $g(t)$在 $t=0$ 处展成麦克劳林级数，有

$$g(t)=g(0)+g'(0)t+\left(\frac{g''(0)}{2}+\alpha(t)\right)t^2 \tag{5.26}$$

其中当 $t\to 0$ 时，$\alpha(t)\to 0$.

式(5.25)中的 $g(0)$，$g'(0)$，$g''(0)$ 可用下述公式计算：

$$g(0)=\int_{-\infty}^{+\infty}\mathrm{e}^{\mathrm{i}tx}f(x)\,\mathrm{d}x\,|_{t=0}=\int_{-\infty}^{+\infty}f(x)\,\mathrm{d}x=1 \tag{5.27}$$

其中利用了概率密度函数的性质.

$$g'(0)=\int_{-\infty}^{+\infty}\mathrm{i}x\mathrm{e}^{\mathrm{i}tx}f(x)\,\mathrm{d}x\,\Big|_{t=0}=\int_{-\infty}^{+\infty}\mathrm{i}xf(x)\,\mathrm{d}x=\mathrm{i}EX=0 \tag{5.28}$$

其中利用了对积分中参数微分的法则与式(1). 同样可求得：

$$g''(0)=\left(\int_{-\infty}^{+\infty}\mathrm{e}^{\mathrm{i}tx}f(x)\,\mathrm{d}x\right)''_{t=0}=\int_{-\infty}^{+\infty}-x^2f(x)\,\mathrm{d}x=-1 \tag{5.29}$$

其中，因　$D\tilde{X}_i=\sigma^2=\int_{-\infty}^{+\infty}x^2f(x)\,\mathrm{d}x-(E\tilde{X}_i)^2$，故当 $E\tilde{X}_i=0$ 时，得

$$\int_{-\infty}^{+\infty}x^2f(x)\,\mathrm{d}x=DX=\sigma^2=1$$

因而，随机变量 $(\tilde{X}_1+\tilde{X}_2+\cdots+\tilde{X}_n)/\sqrt{n}$ 的特征函数为

$$g_n(t/\sqrt{n})=\left[1-\frac{1}{2}\left(\frac{t}{\sqrt{n}}\right)^2+o\left(\frac{t}{\sqrt{n}}\right)\right]^n$$

而

$$\lim_{n\to\infty}\left(1-\frac{1}{2}\frac{t^2}{n}+o\left(\frac{t}{\sqrt{n}}\right)\right)^n=\mathrm{e}^{-t^2/2}$$

这样，随机变量 $Y_n=(\tilde{X}_1+\tilde{X}_2+\cdots+\tilde{X}_n)/\sqrt{n}$ 的极限的特征函数为 $\mathrm{e}^{-\frac{t^2}{2}}$.

其次，将证明服从标准正态分布的随机变量 X 有特征函数 $g(t)=\mathrm{e}^{-\frac{t^2}{2}}$，事实上，

$$\begin{aligned}\int_{-\infty}^{+\infty}\mathrm{e}^{\mathrm{i}tx}\frac{1}{\sqrt{2\pi}}\mathrm{e}^{-\frac{x^2}{2}}\mathrm{d}x&=\frac{1}{\sqrt{2\pi}}\int_{-\infty}^{+\infty}\mathrm{e}^{\mathrm{i}tx-\frac{x^2}{2}}\mathrm{d}x=\frac{1}{\sqrt{2\pi}}\int_{-\infty}^{+\infty}\mathrm{e}^{-\frac{(x-\mathrm{i}t)^2}{2}-\frac{t^2}{2}}\mathrm{d}x\\&=\mathrm{e}^{-t^2/2}\frac{1}{\sqrt{2\pi}}\int_{-\infty}^{+\infty}\mathrm{e}^{-(x-\mathrm{i}t)^2/2}\mathrm{d}x=\mathrm{e}^{-t^2/2}\frac{1}{\sqrt{2\pi}}\left(\int_{-\infty}^{+\infty}\mathrm{e}^{-z^2}\mathrm{d}z\right)\sqrt{2}\\&=\mathrm{e}^{-t^2/2}\frac{1}{\sqrt{\pi}}\int_{-\infty}^{+\infty}\mathrm{e}^{-z^2}\mathrm{d}z=\mathrm{e}^{-t^2/2}\end{aligned}$$

其中，利用了代换 $z=\frac{x-\mathrm{i}t}{\sqrt{2}}$，并考虑了泊松积分 $\int_{-\infty}^{+\infty}\mathrm{e}^{-z^2}\mathrm{d}z=\sqrt{\pi}$.

可以证明：如果 $f_i(x)$ 的特征函数序列 $g_i(t)$ 趋近于某个函数 $g(t)$，而 $g(t)$ 是分布函数为 $f(x)$ 的随机变量特征函数，则分布序列 $f_i(x)$ 趋近于 $f(x)$（证略）.

所以，随机变量 $\tilde{Y}_n=(\tilde{X}_1+\tilde{X}_2+\cdots+\tilde{X}_n)/\sqrt{n}$，当 $n\to\infty$ 时，将趋近标准正态分布，即 $\lim\limits_{n\to\infty}\tilde{Y}_n$ 趋近 $N(0,1)$ 分布.

由此得出 $\lim\limits_{n\to\infty}\sqrt{n}\,\tilde{Y}_n$ 趋近 $N(0,n)$ 分布.

例 5.10 设 $X_1, X_2, \cdots$为独立同分布序列，且 $X_i(i=1, 2, \cdots)$服从参数为 λ 的指数分布，则（　　）.

(A) $\lim\limits_{n\to\infty}P\left\{\dfrac{\lambda\sum\limits_{i=1}^{n}X_i-n}{\sqrt{n}}\leqslant x\right\}=\Phi(x)$　　(B) $\lim\limits_{n\to\infty}P\left\{\dfrac{\sum\limits_{i=1}^{n}X_i-n}{\sqrt{n}}\leqslant x\right\}=\Phi(x)$

(C) $\lim\limits_{n\to\infty}P\left\{\dfrac{\sum\limits_{i=1}^{n}X_i-\lambda}{\sqrt{n}\lambda}\leqslant x\right\}=\Phi(x)$　　(D) $\lim\limits_{n\to\infty}P\left\{\dfrac{\sum\limits_{i=1}^{n}X_i-\lambda}{n\lambda}\leqslant x\right\}=\Phi(x)$

其中，$\Phi(x)=\int_{-\infty}^{x}\frac{1}{\sqrt{2\pi}}e^{-\frac{t^2}{2}}dt$.

解 $EX_i=\dfrac{1}{\lambda}$, $DX_i=\dfrac{1}{\lambda^2}$, $Y_n=\dfrac{\sum\limits_{i=1}^{n}X_i-n\cdot\dfrac{1}{\lambda}}{\sqrt{n}\cdot\dfrac{1}{\lambda}}=\dfrac{\lambda\sum\limits_{i=1}^{n}X_i-n}{\sqrt{n}}$

$$\lim_{n\to\infty}P\{Y_n\leqslant x\}=\lim_{n\to\infty}P\left\{\frac{\lambda\sum\limits_{i=1}^{n}X_i-n}{\sqrt{n}}\leqslant x\right\}=\int_{-\infty}^{x}\frac{1}{\sqrt{2\pi}}e^{-\frac{t^2}{2}}dt$$

所以选(A).

例 5.11 某人要测量 A、B 两地之间的距离，限于测量工具，将其分成 1200 段进行测量，设每段测量误差（单位：km）相互独立，且均服从$(-0.5, 0.5)$上的均匀分布. 试求距离测量误差的绝对值不超过 20km 的概率.

解 设 X_i 表示第 i 段上的测量误差，则 $X_i\sim U(-0.5, 0.5)$, $i=1, 2, \cdots, 1200$，从而要求的概率为 $P\{|\sum\limits_{i=1}^{1200}X_i|\leqslant 20\}$，因为 X_i 独立同分布，且

$$EX_i=0,\ DX_i=\frac{1}{12},\ i=1, 2, \cdots, 1200$$

于是由中心极限定理知 $\sum\limits_{i=1}^{1200}X_i$ 近似服从 $N(0, 100)$. 故

$$\begin{aligned}P\left\{\left|\sum_{i=1}^{1200}X_i\right|\leqslant 20\right\}&=P\left\{\frac{-20-0}{10}\leqslant\frac{\sum\limits_{i=1}^{1200}X_i}{10}\leqslant\frac{20-0}{10}\right\}\\&=\Phi(2)-\Phi(-2)\\&=2\Phi(2)-1\\&=0.9\end{aligned}$$

例 5.12 抽样检查产品质量时，如果发现次品多于 10 个，则拒绝接受这批产品. 设某批产品的次品率为 10%，问至少应抽取多少个产品检查才能保证拒绝接收

该产品的概率达到0.9?

解 设n为至少应抽取的产品数，X为其中的次品数，

$$X_k=\begin{cases}1 & \text{第 }k\text{ 次检查时为次品}\\ 0 & \text{第 }k\text{ 次抽查时为正品}\end{cases}$$

则 $$X=\sum_{k=1}^{n}X_k,\ EX_k=0.1,\ DX_k=0.1\times(1-0.1)=0.09$$

由德·莫佛-拉普拉斯定理，有

$$P\{10<X\}=P\left\{\frac{10-n\times0.1}{\sqrt{n\times0.1\times0.9}}<\frac{X-n\times0.1}{\sqrt{n\times0.1\times0.9}}\right\}$$
$$\approx1-\Phi\left(\frac{10-0.1n}{0.3\sqrt{n}}\right)$$

由题意 $1-\Phi\left(\frac{10-0.1n}{0.3\sqrt{n}}\right)=0.9\Rightarrow\Phi\left(\frac{10-0.1n}{0.3\sqrt{n}}\right)=0.1$

查表得 $$\frac{10-0.1n}{0.3\sqrt{n}}=-1.28\Rightarrow n=147$$

例5.13 (1) 一个复杂系统由100个相互独立的元件组成，在系统运行期间每个元件损坏的概率为0.10，又知为使系统正常运行，至少必须有85个元件工作，求系统的可靠度(即正常运行的概率).

(2) 上述系统假如由n个相互独立的元件组成，而且又要求至少有80%的元件工作才能使整个系统正常运行，问n至少为多大时才能保证系统的可靠度为0.95?

解 (1) 设 $X_k=\begin{cases}1 & \text{第 }k\text{ 个元件没损坏}\\ 0 & \text{第 }k\text{ 个元件损坏}\end{cases}$，$X$为系统正常运行时完好的元件个数，于是 $X=\sum_{k=1}^{100}X_k$.

由题设可知$X_k(k=1,2,\cdots,100)$服从两点分布，$X=\sum_{k=1}^{100}X_k$服从二项分布$B(100,0.9)$，于是

$$EX=100\times0.9=90,\ DX=npq=100\times0.9\times0.1=9$$

故所求概率为 $$P\{X>85\}=1-P\{X\leqslant85\}=1-P\left\{\frac{X-90}{\sqrt{9}}\leqslant\frac{85-90}{\sqrt{9}}\right\}$$
$$=1-P\left\{\frac{X-90}{3}\leqslant-\frac{5}{3}\right\}=1-\Phi\left(-\frac{5}{3}\right)\approx0.952$$

(2) 因$P\{0.8n\leqslant X\}=0.95$，而

$$P\{0.8n\leqslant X\}=P\left\{\frac{0.8n-0.9n}{0.3\sqrt{n}}\leqslant\frac{X-0.9n}{\sqrt{n}\times0.3}\right\}$$
$$=P\left\{-\frac{\sqrt{n}}{3}\leqslant\frac{X-0.9n}{0.3\sqrt{n}}\right\}\approx\Phi\left(\frac{\sqrt{n}}{3}\right)\geqslant0.95$$

故 $$\frac{\sqrt{n}}{3}=1.65\Rightarrow n=25$$

例 5.14 某车间有 200 台车床，由于各种原因每台车床只有 60% 的时间在开动，每台车床开动期间耗电量为 E，问至少供给此车间多少电量才能以 99.9% 的概率保证此车间不因供电不足而影响生产.

解 设 $$X_k=\begin{cases}1 & \text{第 } k \text{ 台车床开动}\\ 0 & \text{第 } k \text{ 台车床不开}\end{cases}$$

令 $X=\sum_{k=1}^{200}X_k$，即车间开动的车床数，则

$$EX_k=0.6 \qquad DX_k=0.6\times0.4=0.24$$

$$EX=200\times0.6=120 \qquad DX=200\times0.24=48$$

不影响生产需开动的车床数为 n，由德·莫佛-拉普拉斯定理，有

$$P\{X\leqslant n\}=P\left\{\frac{X-EX}{\sqrt{DX}}\leqslant\frac{n-120}{\sqrt{48}}\right\}\geqslant0.999$$

即 $\Phi\left(\frac{n-120}{\sqrt{48}}\right)\geqslant0.999$，查表得 $\frac{n-120}{\sqrt{48}}\geqslant3.01$. 取 $n=141$，从而可知，给车间供电 $141E$ 就能以不小于 99.9% 的概率保证正常生产.

例 5.15 一生产线生产的产品成箱包装，每箱质量是随机的. 假设每箱平均质量为 50kg，标准差为 5kg. 若用最大载质量为 5t 的汽车承运，试利用中心极限定理说明每辆车最多可以装多少箱，才能保障不超载的概率大于 0.977. （$\Phi(2)=0.977$，其中 $\Phi(x)$ 是标准正态分布函数.）

解 设 $X_i(i=1, 2, \cdots, n)$ 是装运的第 i 箱的质量（单位：kg），n 为所求箱数. 由条件可以把 $X_1, X_2, \cdots, X_n$ 看做是独立同分布的随机变量，而 n 箱的总质量 $T_n=X_1+X_2+\cdots+X_n$.

由题设 $EX_i=50$，$\sqrt{DX_i}=5$，$ET_n=50n$，$\sqrt{DT_n}=5\sqrt{n}$

由独立同分布的中心极限定理，$T_n\sim N(50n, 25n)$

$$P\{T_n\leqslant5000\}=P\left\{\frac{T_n-50n}{5\sqrt{n}}\leqslant\frac{5000-50n}{5\sqrt{n}}\right\}$$

$$\approx\Phi\left(\frac{1000-10n}{\sqrt{n}}\right)>0.977=\Phi(2)$$

$$\Rightarrow\frac{1000-10n}{\sqrt{n}}>2\Rightarrow n<98.0199$$

故最多可装 98 箱.

说明 如例 5.12 中，虽然作为服从二项分布的随机变量 X，有事件 $\{10<X\}=\{10<X\leqslant n\}$，但在用中心极限定理作近似计算时，不能将 $P\{10<X\}$ 写成 $P\{10<X$

$\leq n\}$来计算，因为写成后者以后一般会产生更大的误差，其他例题也有类似问题，请不要弄错.

习 题 5

填空题

1. 设 Y_n 是 n 次贝努利试验中事件 A 出现的次数，p 为 A 在每次试验中出现的概率，则对任意 $\varepsilon>0$，有 $\lim\limits_{n\to\infty}P\left\{\left|\frac{Y_n}{n}-p\right|\geq\varepsilon\right\}=$________.

2. 设随机变量 X 和 Y 的数学期望是 2，方差分别为 1 和 4，而相关系数为 0.5，则根据切比雪夫不等式 $P\{|X-Y|\geq 6\}\leq$________.

计算题

1. 设随机变量 X 的概率密度为 $f(x)=\begin{cases}\frac{1}{2}x^2\mathrm{e}^{-x} & x>0\\ 0 & x\leq 0\end{cases}$，利用切比雪夫不等式估计概率 $P\{0<X<6\}$.

2. 设 X 是非负随机变量，$E|X|^r$ 存在($r>0$)，试证明：对任意 $\varepsilon>0$ 有

$$P\{|X|>\varepsilon\}\leq\frac{E|X|^r}{\varepsilon^r}$$

3. 设 X 是非负随机变量，EX 存在，试证：当 $x>0$ 时，

$$P\{X<x\}\geq 1-\frac{EX}{x}$$

4. 设随机变量 X 的数学期望存在，$f(x)$ 为 $(0,+\infty)$ 上的正单调增加函数，且 $Ef(|X-EX|)$ 存在，试证：对任意 $\varepsilon>0$，有

$$P\{|X-EX|\geq\varepsilon\}\leq\frac{Ef(|X-EX|)}{f(\varepsilon)}$$

5. 若 $DX=0.004$，利用切比雪夫不等式估计概率 $P\{|X-EX|<0.2\}$.

6. 给定 $P\{|X-EX|<\varepsilon\}\geq 0.9$，$DX=0.009$，利用切比雪夫不等式估计 ε.

7. 试用切比雪夫不等式证明：能以大于 0.97 的概率断言，掷 1000 次匀称硬币，“正面”出现次数在 400 到 600 之间.

8. 用切比雪夫不等式确定，当掷一枚匀称硬币时，需掷多少次才能保证使得“正面”出现的频率在 0.4 和 0.6 之间的概率不小于 0.9.

9. 设 $\{X_n\}$ 为独立随机变量序列，

$$P\{X_n=\pm\sqrt{n}\}=\frac{1}{n}$$

$$P\{X_n=0\}=1-\frac{2}{n},\ n=2,3,\cdots$$

证明：$\{X_n\}$ 服从大数定律.

10. 设 $\{X_n\}$ 为独立随机变量序列，

$$P\{X_n=\pm 2^n\}=2^{-(2^n+1)}$$

$$P\{X_n=0\}=1-2^{-2^n},\ n=1,2,\cdots$$

证明：$\{X_n\}$服从大数定律.

11. 若随机变量序列 $X_1, X_2, \cdots, X_n, \cdots$满足条件：

$$\lim_{n\to\infty}\frac{1}{n^2}D\left(\sum_{i=1}^{n}X_i\right)=0$$

证明：$\{X_n\}$服从大数定律.

12. 设$\{X_n\}$为独立随机变量序列，

$$P\{X_n=\pm\sqrt{\ln n}\}=\frac{1}{2},\ n=2,3,\cdots$$

试证：$\{X_n\}$服从大数定律.

13. 计算机在进行加法时，对每个被加数取整(取为最接近于它的整数)，设所有取整误差是相互独立的，且都在$(-0.5, 0.5)$上服从均匀分布.

(1) 若将1500个数相加，问误差总和的绝对值超过15的概率是多少？

(2) 几个数加在一起可使误差总和的绝对值小于10的概率为0.90？

14. 某厂有400台同型机器，各台机器发生故障的概率均为0.02，假设各台机器相互独立工作，试求机器出故障的台数不少于2台的概率.

15. 设有30个电子器件 $D_1, D_2, \cdots, D_{30}$，它们的使用情况如下：D_1损坏，D_2立即使用；D_2损坏，D_3立即使用……设器件D_i的寿命是服从参数为$\beta=0.1\text{h}^{-1}$的指数分布的随机变量，令T为30个器件使用的总计时间，问T超过350h的概率是多少？

16. 设产品的废品率为0.005，任取10000件，问废品不多于70件的概率等于多少？

17. 一个复杂的系统，由n个相互独立起作用的部件所组成，每个部件的可靠性为0.90且必须至少有80%的部件可靠系统才可靠，问n至少为多少才能使系统可靠性为0.95？

18. 设供电网中有10000盏灯，夜晚每一盏灯开着的概率都是0.7，假设各灯开、关时间彼此无关，计算同时开着的灯数在6800与7200之间的概率.

19. 检查员逐个地检查某种产品，每次花10s检查一个，但有的产品需要重复检查一次再用去10s，假设每个产品需要重复检查的概率为$\frac{1}{2}$，试求在8h内检查员检查的产品数多于1900个的概率.

第 6 章　数理统计的基本概念

6.1　总体与样本

6.1.1　数理统计的基本问题

在前面的几章里，介绍了概率论的基本内容. 从本章开始，将介绍数理统计的基本知识和一些常用的数理统计方法.

概率论中许多问题的讨论，常常是从已给的随机变量 X 出发来研究 X 的种种性质,这里 X 的概率分布都是已知的，或者假定是已知的. 但是在实际问题中，一般说来，人们事先并不知道随机事件的概率、随机变量的概率分布和数字特征，而需要我们对它们进行估计或作某种推断，这就产生了数理统计的问题.

例 6.1　从一批产品中，随机地抽检一个产品，结果可能合格，也可能不合格. 由概率论可知，这个随机现象可以用两点分布来描述：

X	0	1
P	$1-p$	p

这里“$X=0$”表示产品合格,“$X=1$”表示产品不合格. 但是，p 等于多少事先是未知的，也就是说，上述两点分布是未知的. 试问：

(1) 如何求出或近似地求出 p 的值?

(2) 如果人们根据以往经验提出假设:“$p<0.05$”，那么，是接受这个假设还是否定这个假设呢? 应该用什么方法进行检验呢?

例 6.2　某种电子元件的寿命 X 是一个随机变量，但是它的分布函数 $F(x)$(或概率密度 $p(x)$)是未知的. 试问：

(1) 如何求出或近似地求出 $F(x)(p(x))$?

(2) 如果人们根据以往的经验提出假设：X 服从参数为 β 的指数分布，那么是接受它还是否定它呢? 用什么方法来判断?

(3) 如果人们只需要知道 X 的数学期望和方差，那么，如何估计它们的数值?

怎样解决这些问题呢? 对于例 6.1，人们可以对所有产品逐个检验，求出不合格产品所占的比例，就得到概率 p，同时假设“$p<0.05$”是否成立也就得到解决. 但是这种普检的方法是不可取的. 因为如果产品的数量很多,逐件检验要耗费很多人力、物力和时间；对于例 6.2，逐一检验更是行不通的，因为寿命试验都是破坏性的，在数理统计中，通常采用的办法是：从研究对象的全体元素中，随机地抽取一

小部分进行观察(或试验)，然后以观察得到的资料(数据)为出发点，以概率论的理论为基础对上述问题进行估计和推断，这种方法称为统计推断.

从上面的叙述可以看出，数理统计要解决两类问题：

(1) 抽取一小部分进行观察应采用怎样的抽法才能使获得的数据更有代表性？抽多少才比较合理？这类问题称为试验设计.

(2) 对获得的数据进行合理处理和分析，从而对所关心的问题作出尽可能精确、可靠的结论，这就是统计推断问题.

统计推断的问题又可分为两类：一类是对未知参数(概率、数学期望和方差)及未知概率分布(分布函数、概率密度或分布列)的估计问题；另一类是对未知参数和概率分布的假设检验问题.

以上就是数理统计的基本问题.

6.1.2 总体

在数理统计中，把研究对象的全体元素构成的集合称为总体(或母体)，而把组成总体的每个元素称为个体. 如果总体包含有限个个体，则称为有限总体(或具体总体). 如果总体包含无限个个体，则称为无限总体(或抽象总体).

当用数理统计方法研究总体时，人们主要关心的不是每个个体本身，而仅仅是每个个体的某种数量指标(或特征)的有关问题. 如在例 6.1 中，我们关心的是刻画产品合格与否的数量指标 X 的概率分布问题；在例 6.2 中我们关心的是电子元件的寿命 X 的概率分布问题. 因此，对总体的研究，实际上是对某一个随机变量 X 的概率分布的研究. 为了便于叙述，一旦所考察的数量指标明确以后，我们就把总体和数量指标相应的概率分布等同起来，也就是说，总体是一个概率分布或服从这个概率分布的随机变量. 如在例 6.1 中，总体就是两点分布或服从这一分布的随机变量 X；在例 6.2 中，总体就是电子元件的寿命 X 或它所服从的概率分布.

前面的例子中，所考察的数量指标都是一个，即只需用一维随机变量来描述；如果同时要考察的数量指标不止一个，那么就需要用多维随机变量来描述. 例如，若要考察当代大学生的身高 X、体重 Y 和肺活量 Z，那么就需要研究三维随机变量 (X, Y, Z). 同样，为了叙述方便我们把总体与 (X, Y, Z) 或它的分布等同起来，并称这样的总体为三维总体. 本书主要讨论一维总体，多维总体是多元统计分析主要研究的对象.

6.1.3 样本

在 6.1.1 中我们说过，为了对例 6.1 和例 6.2 中所提的问题作出估计和推断，就必须从所研究的对象的全部元素中随机地抽取一小部分进行观察. 也就是说，必须从所研究的总体中随机地抽取一部分个体进行观察. 所谓随机地是指总体中每个个体被观察到的机会是一样的；而所谓抽取一部分个体进行观察，其实就是对总体 X 重复进行若干次观察，而获得 X 的若干个观察值. 例如，若在例 6.1 中随机地抽检 5 个产品，结果分别是“合格”、“不合格”、“合格”、“合格”和“不合格”，那么我们

就得到 X 的 5 个观察值：0，1，0，0，1. 一般说来，从总体 X 中随机抽检 n 个个体，则可得到 X 的 n 个观察值；x_1，x_2，…，x_n. 为了叙述方便，我们把从总体 X 中随机抽检(或观察)n 个个体的试验，称为随机抽样，简称抽样，n 称为容量.

显然，对总体 X 的任何一个容量为 n 的抽样结果"x_1，x_2，…，x_n"是 n 个完全确定的数值，但由于抽样是一个随机试验，所以这 n 个观察值是随每次抽样而改变的，它具有随机性. 换句话说，对具体某次抽样来说，抽样结果是 n 个确定的数值：x_1，x_2，…，x_n；而离开了特定的某次抽样，则抽样结果是 n 个随机变量：X_1，X_2，…，X_n. 我们称这 n 个随机变量 X_1，X_2，…，X_n 为来自总体 X 的一个容量为 n 的样本(或子样)，而 x_1，x_2，…，x_n 称为样本的一个观察值，简称样本值，有时也称为样本的一个实现，容量为 n 的一个样本 X_1，X_2，…，X_n 可以看做 n 维随机变量(X_1，X_2，…，X_n)，它的分布就为样本分布. 样本值 x_1，x_2，…，x_n 可以看做 n 维空间的一个点(x_1，x_2，…，x_n)，称之为样本点，样本点的全体称为样本空间，它是 n 维空间或其中的一个子集.

上面我们把抽样结果看做 n 维随机变量，并称之为样本，这一点是很重要的，因为只有这样，才能运用概率论理论对总体 X 进行各种推断并研究，比较各种推断的优劣. 数理统计的任务之一，就是研究如何根据样本来推断总体.

既然要根据样本来推断总体，必须使抽得的样本能很好地反映总体的特性，为此我们假定，对总体 X 的 n 次观察，是在相同条件下重复独立进行的，这样得到的样本 X_1，X_2，…，X_n 满足下面两个条件：

(1) X_1，X_2，…，X_n 相互独立.

(2) 每个 X_i($i=1$，2，…，n)与总体 X 有相同的分布.

我们把满足以上两个条件的抽样方法称为简单随机抽样，而得到的样本称为简单随机样本.

例如，若在例 6.1 中，用有放回的抽样方法随机抽检 n 个产品，则得到的样本 X_1，X_2，…，X_n 就是独立的且与总体 X 有相同的分布，即

X_i	0	1
P	$1-p$	p

因此，这种抽样方法是简单随机抽样，而样本是简单随机样本.

若将分布列写成

$$P\{X_i=x_i\}=p^{x_i}(1-p)^{1-x_i},\ x_i=0 \text{ 或 } 1 \qquad (i=1,2,\cdots,n)$$

则由独立性，样本的分布可写成

$$P\{X_1=x_1,\cdots,X_n=x_n\}=\prod_{i=1}^{n}P\{X_i=x_i\}$$

$$\prod_{i=1}^{n}p^{x_i}(1-p)^{1-x_i}=p^{\sum_{i=1}^{n}x_i}(1-p)^{n-\sum_{i=1}^{n}x_i} \tag{6.1}$$

今后，如果不作特殊声明，所说的抽样皆为简单随机抽样，所说的样本皆为简单随机样本.

6.2 描述统计

对所收集到的大量数据(样本值)资料，进行加工概括，列表、图示、计算综合指标，用以反映总体的内容和实质的统计，称为描述统计. 本节我们只介绍直方图和样本的几个主要的综合指标.

6.2.1 直方图

根据总体 X 的样本观察值求 X 的概率分布，是数理统计要解决的重要问题之一，这里我们将介绍利用样本观察值近似地求总体的概率密度和分布函数的方法. 先考虑概率密度的近似求法.

设 $x_1, x_2, \cdots, x_n$ 是总体 X 的容量为 n 的样本观测值，并设它们包含在区间$[a, b]$之中，用下列分点将区间分成 m 个子区间($m<n$)：

$$a=t_0<t_1<t_2<\cdots<t_{m-1}<t_m=b$$

设每个子区间$(t_i, t_{i+1}]$包含 n_i 个样本观察值，那么$\frac{n_i}{n}$表示事件"$t_i<X\leqslant t_{i+1}$"在 n 次试验中发生的频率($i=0, 1, \cdots, m-1$)，由贝努利大数定理知$\frac{n_i}{n}\xrightarrow{P}P\{t_i<X\leqslant t_{i+1}\}$，当 n 适当大时，有

$$\begin{aligned}\frac{n_i}{n}&\approx P\{t_i<X\leqslant t_{i+1}\}\\&=\int_{t_i}^{t_{i+1}}p(x)\,\mathrm{d}x\qquad(i=0,1,\cdots,m-1)\end{aligned}$$

$p(x)$是总体 X 的概率密度，它是未知的. 若 $p(x)$连续，则有近似式

$$\frac{n_i}{n}\approx(t_{i+1}-t_i)p(t_i)=\Delta t_i p(t_i)$$

于是

$$p(t_i)\approx\frac{n_i}{n\Delta t_i}\qquad(i=0,1,\cdots,m-1)$$

定义函数

$$\varphi_n(x)=\frac{n_i}{n\Delta t_i},\ 当\ t_i<x\leqslant t_{i+1}\qquad(i=0,1,\cdots,m-1)$$

称 $\varphi_n(x)$的图形为总体 X 在(a, b)上的(频率)直方图(图 6.1).

根据总体 X 的直方图，就可以大致画出 X 的概率密度曲线，如图中的光滑曲线所示. 如果 n 及 m 越大，则所得的曲线一般说来越来越接近 $p(x)$的图形.

作直方图的步骤如下：

(1) 找出样本观察值 $x_1, x_2, \cdots, x_n$ 的最小值与最大值，分别记为 $x_{(1)}, x_{(n)}$.

(2) 选 a(略小于 $x_{(1)}$)，b(略大于 $x_{(n)}$)，并将区间 (a, b) 分为 $m(m<n)$ 个小区间，分点为

$$a=t_0<t_1<t_2<\cdots<t_m=b$$

(对 m 的大小没有硬性规定，当 n 小时，m 也应小些；当 n 大时，m 则应大些，但要注意每一小区间中都要包含若干个观察值；另外，分点要比观察值多取一位小数.)

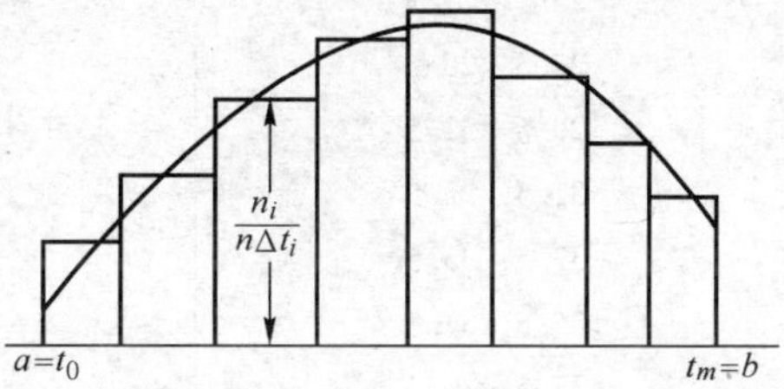

图 6.1

(3) 数出观察值落在区间 $(t_i, t_{i+1}]$ 中的个数 n_i，同时算出 $\frac{n_i}{n}(i=0, 1, \cdots, m-1)$.

(4) 在横坐标轴上标出各分点 t_i，然后以区间 $(t_i, t_{i+1}]$ 中为底边，画出高度为 $\frac{n_i}{n\Delta t_i}$ 的矩形就得到直方图.

例 6.3 设总体 X 的容量 100 的样本观察值如下：

15	20	15	20	25	25	30	15	30	25
15	30	25	35	30	35	20	35	30	25
20	30	20	25	35	30	25	20	30	25
35	25	15	25	35	25	25	30	35	25
35	20	30	30	15	30	40	30	40	15
25	40	20	25	20	15	20	25	25	40
25	25	40	35	25	30	20	35	20	15
35	25	25	30	25	30	25	30	43	25
43	22	20	23	20	25	15	25	20	25
30	43	35	45	30	45	30	45	45	35

作总体 X 的直方图.

解 样本观察值的最小值为 15，最大值为 45，取 $a=14.5$，$b=45.5$. 将区间 $(14.5, 45.5]$ 分成如下 16 个小区间，并统计落在每个小区间中的样本观察值的频数和频率，得到下表.

分组区间	频数 n_i	频率 $\frac{n_i}{n}$
14.5～15.5	10	0.100
15.5～17.5	0	0.000
17.5～19.5	0	0.000
19.5～21.5	15	0.150
21.5～23.5	2	0.020
23.5～25.5	28	0.280

（续）

分组区间	频数 n_i	频率 $\frac{n_i}{n}$
25.5 ~ 27.5	0	0.000
27.5 ~ 29.5	0	0.000
29.5 ~ 31.5	20	0.200
31.5 ~ 33.5	0	0.000
33.5 ~ 35.5	13	0.130
35.5 ~ 37.5	0	0.000
37.5 ~ 39.5	0	0.000
39.5 ~ 41.5	5	0.050
41.5 ~ 43.5	3	0.030
43.5 ~ 45.5	4	0.040
Σ	$n=100$	1.00

在横坐标轴上标出各分点，然后以区间$(x_i, x_{i+1}]$为底边，画出高度为$\frac{n_i}{n\Delta x_i}$的矩形，则得 X 的直方图(图 6.2).

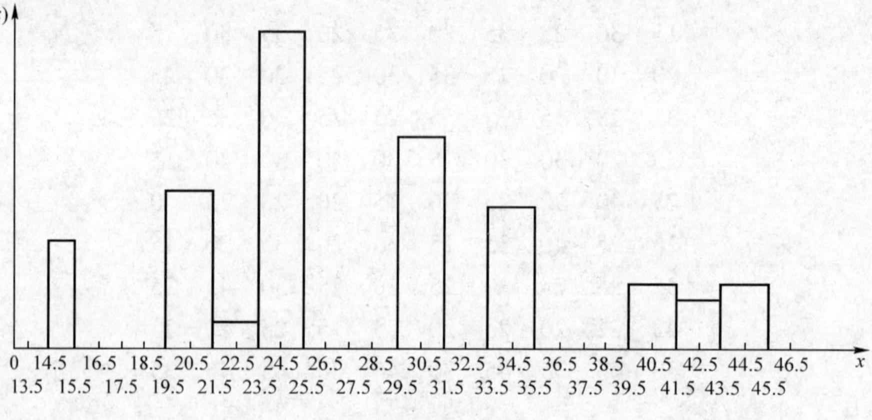

图 6.2

6.2.2 经验分布函数

下面介绍分布函数的近似求法.

设 $x_1, x_2, \cdots, x_n$ 是总体 X 的容量为 n 的样本观察值，将它们按自小到大的次序排列为

$$x_{(1)} \leqslant x_{(2)} \leqslant \cdots \leqslant x_{(n)}$$

定义函数

$$F_n(x)=\begin{cases}0 & x<x_{(1)} \\ \dfrac{k}{n} & x_{(k)} \leqslant x<x_{(k+1)} \\ 1 & x \geqslant x_{(n)}\end{cases}$$

称它为总体 X 的经验分布函数(或样本分布函数).

$F_n(x)$只有在 $x=x_{(k)}(k=1, 2, \cdots, n)$处有间断点，跃度是$\frac{1}{n}$的倍数(如果有 L 个观察值相同，$x_{(k-1)}<x_{(k)}=x_{(k+1)}=\cdots=x_{(k+L-1)}<x_{(k+L)}$，则在点 $x_{(k)}$ 处的跃度为$\frac{L}{n}$，如图 6.3 所示.

对于任意固定的 x，$F_n(x)$就是事件“$X\leqslant x$”在 n 次试验中出现的频率，而事件的概率 $P\{X\leqslant x\}=F(x)$. 由频率与概率的关系可知，当 n 充分大时，$F_n(x)$可以作为未知分布函数 $F(x)$的一个近似，n 越大，近似得越好.

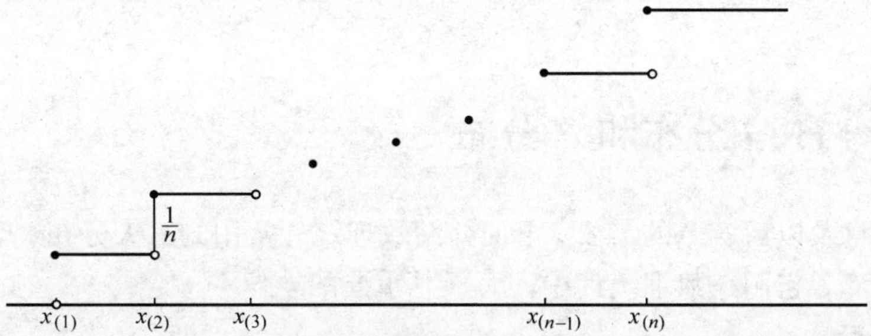

图 6.3

例 6.4 某射手重复独立地进行 20 次打靶试验，击中靶子的环数如下：

环数	10	9	8	7	6	5	4
频数	2	3	0	9	4	0	2

用 X 表示此射手对靶射击一次所命中的环数，求 X 的经验分布函数，并作出其图像.

解 由题意可知，$n=20$，

$$\begin{aligned} &N_n(x)=0,\ x<4; && N_n(4)=2 \\ &N_n(x)=2,\ x<6; && N_n(6)=6 \\ &N_n(x)=6,\ x<7; && N_n(7)=15 \\ &N_n(x)=15,\ x<9; && N_n(9)=18 \\ &N_n(x)=18,\ x<10; && N_n(10)=20 \end{aligned}$$

而 $F_n(x)=\frac{N_n(x)}{n}$，$-\infty<x<\infty$，故

$$F_{20}(x)=\begin{cases} 0 & x<4 \\ 0.1 & 4\leqslant x<6 \\ 0.3 & 6\leqslant x<7 \\ 0.75 & 7\leqslant x<9 \\ 0.9 & 9\leqslant x<10 \\ 1 & x\geqslant 10 \end{cases}$$

其图像如图 6.4 所示.

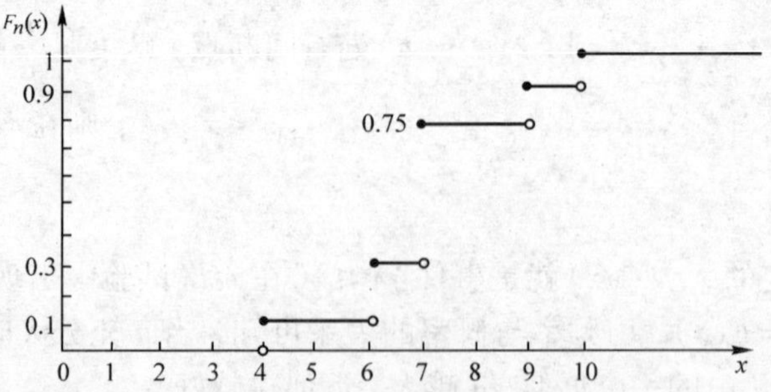

图 6.4

6.3 χ^2 分布、t 分布和 F 分布

为了本章及以后各章的需要，下面介绍数理统计常用的三大分布，即χ^2 分布、t 分布和 F 分布，它们在数理统计中占有极其重要的地位.

6.3.1 χ^2 分布

定义 6.1 设 $X_1, X_2, \cdots, X_n$ 是独立同分布的随机变量，$X_i \sim N(0, 1)$，则

$$\chi^2 = X_1^2 + X_2^2 + \cdots + X_n^2 \tag{6.2}$$

服从自由度为 n 的χ^2 分布，记为$\chi^2 \sim \chi^2(n)$.

定理 6.1 设随机变量χ^2 服从自由度为 n 的χ^2 分布，则其概率密度为

$$p(x) = \begin{cases} \dfrac{1}{2^{\frac{n}{2}}\Gamma\left(\dfrac{n}{2}\right)} x^{\frac{n}{2}-1} \mathrm{e}^{-\frac{x}{2}} & x > 0 \\ 0 & x \leqslant 0 \end{cases} \tag{6.3}$$

说明 1 式中 $\Gamma(\cdot)$表示 Γ 函数，其定义为

$$\Gamma(s) = \int_0^{+\infty} x^{s-1}\mathrm{e}^{-x}\mathrm{d}x. \quad (s > 0)$$

容易证明：$\Gamma(1) = 1$，$\Gamma\left(\dfrac{1}{2}\right) = \sqrt{\pi}$. $\Gamma(s+1) = s\Gamma(s)$，$\Gamma(n) = (n-1)!$（n 为正整数）.

说明 2 $\mathrm{B}(r, s)$是 B—函数，其定义为

$$\mathrm{B}(r, s) = \int_0^1 (1-t)^{r-1} t^{s-1} \mathrm{d}t$$

它与 Γ 函数有关系式：$\mathrm{B}(r, s) = \dfrac{\Gamma(r)\Gamma(s)}{\Gamma(r+s)}$ （r, s 为正实数）.

证 采用数学归纳法进行证明.

当 $n = 1$ 时，$\chi^2 = X_1^2$，因而，χ^2 的概率密度为

$$p(x)=\begin{cases}\dfrac{1}{\sqrt{2\pi}}x^{-\frac{1}{2}}\mathrm{e}^{-\frac{x}{2}} & x>0\\ 0 & x\leqslant 0\end{cases}$$

$$=\begin{cases}\dfrac{1}{2^{\frac{1}{2}}\Gamma\left(\dfrac{1}{2}\right)}x^{\frac{1}{2}-1}\mathrm{e}^{-\frac{x}{2}} & x>0\\ 0 & x\leqslant 0\end{cases}$$

所以式(6.3)成立.

设 $n=k$ 时，式(6.3)成立，即 $\chi^2=X_1^2+X_2^2+\cdots+X_k^2$ 的概率密度为

$$p(x)=\begin{cases}\dfrac{1}{2^{\frac{k}{2}}\Gamma\left(\dfrac{k}{2}\right)}x^{\frac{k}{2}-1}\mathrm{e}^{-\frac{x}{2}} & x>0\\ 0 & x\leqslant 0\end{cases}$$

当 $n=k+1$ 时，$\chi^2=(X_1^2+X_2^2+\cdots+X_k^2)+X_{k+1}^2$，由于 χ^2 的值是非负的，故当 $x\leqslant 0$ 时，χ^2 的概率密度为 $p(x)=0$.

当 $x>0$ 时，由卷积公式(3.26)得

$$p(x)=\int_0^x\frac{1}{2^{\frac{k}{2}}\Gamma\left(\frac{k}{2}\right)}t^{\frac{k}{2}-1}\mathrm{e}^{-\frac{t}{2}}\cdot\frac{1}{2^{\frac{1}{2}}\Gamma\left(\frac{k}{2}\right)}(x-t)^{\frac{1}{2}-1}\mathrm{e}^{-\frac{x-t}{2}}\mathrm{d}t$$

$$=\frac{\mathrm{e}^{-\frac{x}{2}}}{2^{\frac{k+1}{2}}\Gamma\left(\frac{k}{2}\right)\Gamma\left(\frac{1}{2}\right)}\int_0^x t^{\frac{k}{2}-1}(x-t)^{\frac{1}{2}-1}\mathrm{d}t$$

$$\xlongequal{\left(令 u=\frac{t}{x}\right)}\frac{\mathrm{e}^{-\frac{x}{2}}x^{\frac{k+1}{2}-1}}{2^{\frac{k+1}{2}}\Gamma\left(\frac{k}{2}\right)\Gamma\left(\frac{1}{2}\right)}\int_0^1 u^{\frac{k}{2}-1}(1-u)^{\frac{1}{2}-1}\mathrm{d}u$$

$$=\frac{\mathrm{e}^{-\frac{x}{2}}}{2^{\frac{k+1}{2}}\Gamma\left(\frac{k}{2}\right)\Gamma\left(\frac{1}{2}\right)}x^{\frac{k+1}{2}-1}\mathrm{B}\left(\frac{k}{2},\frac{1}{2}\right)$$

$$=\frac{1}{2^{\frac{k+1}{2}}\Gamma\left(\frac{k+1}{2}\right)}x^{\frac{k+1}{2}-1}\mathrm{e}^{-\frac{x}{2}}$$

所以式(6.3)对 $n=k+1$ 成立. 证毕.

χ^2 分布的概率密度曲线随 n 不同而不同，图6.5描绘了 $n=4$，10，20时的密度曲线.

χ^2 分布具有以下性质：

(1) 若 $\chi^2\sim\chi^2(n)$，则 $E\chi^2=n$，$D\chi^2=2n$.

(2) 若 $X\sim\chi^2(n_1)$，$Y\sim\chi^2(n_2)$ 且 X，Y 相互独立，则 $X+Y\sim\chi^2(n_1+n_2)$.

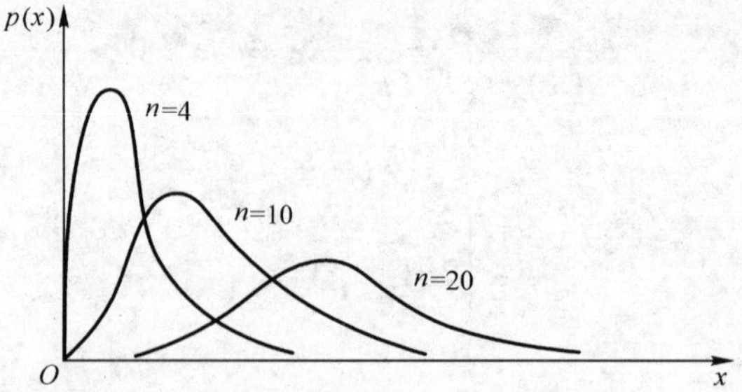

图 6.5

性质(2)称为χ^2 分布的可加性.

证 (1) 由χ^2 分布的定义知

$$E\chi^2 = E\left(\sum_{i=1}^{n} X_i^2\right) = \sum_{i=1}^{n} DX_i = n$$

$$D\chi^2 = D\left(\sum_{i=1}^{n} X_i^2\right) = \sum_{i=1}^{n} DX_i^2 = \sum_{i=1}^{n}[EX_i^4 - (EX_i^2)^2]$$

$$= \sum_{i=1}^{n}(3-1) = 2n$$

(2) 利用卷积公式，依照定理 6.1 的证明中 $n=k+1$ 部分即可得证.

若对于给定的 $\alpha(0<\alpha<1)$，存在 $\chi_\alpha^2(n)$，使得

$$P\{\chi^2 \geqslant \chi_\alpha^2(n)\} = \alpha$$

则称$\chi_\alpha^2(n)$为χ^2 分布的 α 分位数，相应的χ^2 的 $1-\alpha$ 分位数记为$\chi_{1-\alpha}^2(n)$(图 6.6). 本书附表 3 列出了对某些自由度 n 及不同的 α 的分位数.

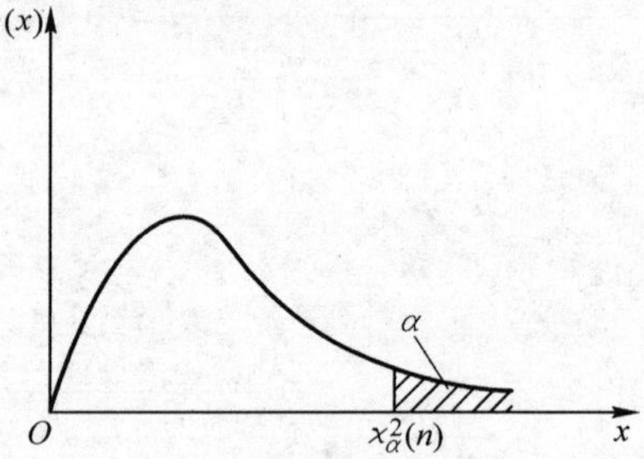

图 6.6

6.3.2 *t* 分布

定义 6.2 设 $X \sim N(0,1)$，$Y \sim \chi^2(n)$，且 X 和 Y 相互独立，则随机变量

$$T = \frac{X}{\sqrt{\frac{Y}{n}}} \tag{6.4}$$

所服从的分布称为自由度为 n 的 t 分布，记为 $T \sim t(n)$.

t 分布亦称为学生(Student)氏分布，1908 年 Gosset 发表关于此分布的论文时，用“学生”作为笔名.

定理 6.2 若 $T \sim t(n)$，则 T 的概率密度函数为

$$p(t) = \frac{\Gamma\left(\frac{n+1}{2}\right)}{\sqrt{n\pi}\,\Gamma\left(\frac{n}{2}\right)}\left(1+\frac{t^2}{n}\right)^{-\frac{n+1}{2}},\quad -\infty < t < +\infty \tag{6.5}$$

证明略.

在图 6.7 中，描绘了 $t(2)$，$t(6)$ 及 $N(0,1)$ 分布的概率密度曲线. 由图可见，t 分布曲线，很像标准正态分布曲线，可以证明，当 n 无限增大时，t 分布的极限分布就是标准正态分布. 实际上，当 $n>30$ 时，t 分布与 $N(0,1)$ 分布的差别已经很小；但 n 较小时，t 分布与 $N(0,1)$ 分布的差别是很明显的.

如果对于给定的 $\alpha(0<\alpha<1)$，存在 $t_\alpha(n)$，使得

$$P\{T \geqslant t_\alpha(n)\} = \alpha$$

则称 $t_\alpha(n)$ 为 $t(n)$ 的 α 分位数. 由于 $p(t)$ 关于纵轴对称，所以 $t_\alpha(n) = -t_{1-\alpha}(n)$，如图 6.8 所示.

附表 4 对某些不同的自由度 n 以及不同的 α 给出了临界值 $t_\alpha(n)$ 的数值.

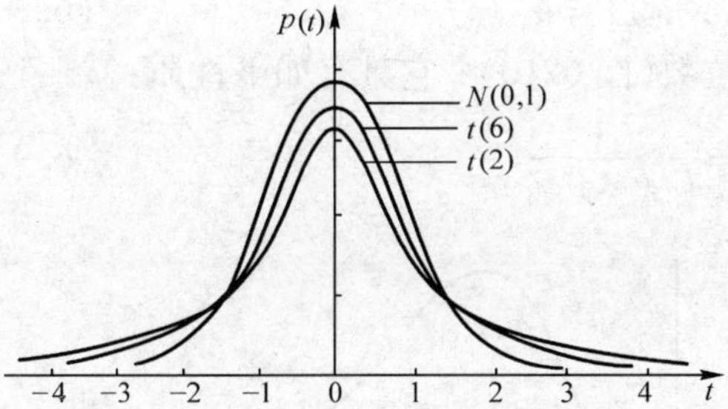

图 6.7

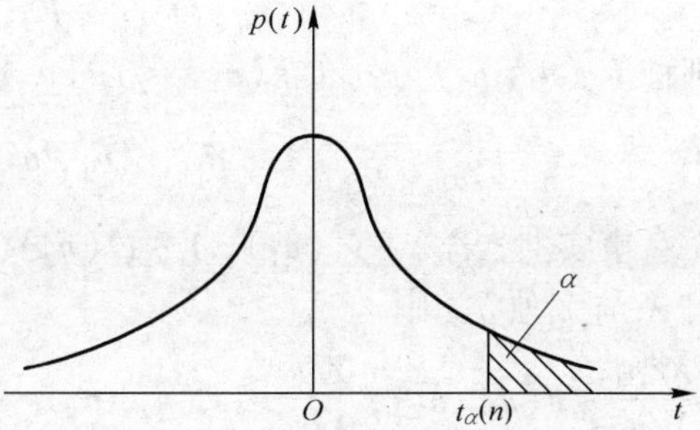

图 6.8

6.3.3 F 分布

定义 6.3 设 $X \sim \chi^2(n_1)$，$Y \sim \chi^2(n_2)$ 且 X，Y 相互独立，则随机变量

$$F = \frac{\dfrac{X}{n_1}}{\dfrac{Y}{n_2}} = \frac{n_2}{n_1}\frac{X}{Y} \tag{6.6}$$

所服从的分布为第一自由度是 n_1，第二自由度是 n_2 的 F 分布，记为 $F \sim F(n_1, n_2)$.

定理 6.3 若 $F \sim F(n_1, n_2)$，则 F 的概率密度为

$$p(u) = \begin{cases} \dfrac{\Gamma\left(\dfrac{n_1+n_2}{2}\right)}{\Gamma\left(\dfrac{n_1}{2}\right)\Gamma\left(\dfrac{n_2}{2}\right)} n_1^{\frac{n_1}{2}} n_2^{\frac{n_2}{2}} \dfrac{u^{\frac{n_1}{2}-1}}{(n_1u+n_2)^{\frac{n_1+n_2}{2}}} & u>0 \\ 0 & u \leqslant 0 \end{cases} \tag{6.7}$$

证明略.

在图 6.9 中，描绘了 $F(n_1, n_2)$ 当 $n_1=10$，$n_2=4$ 和 $n_1=10$，$n_2=50$ 时的概率密度曲线.

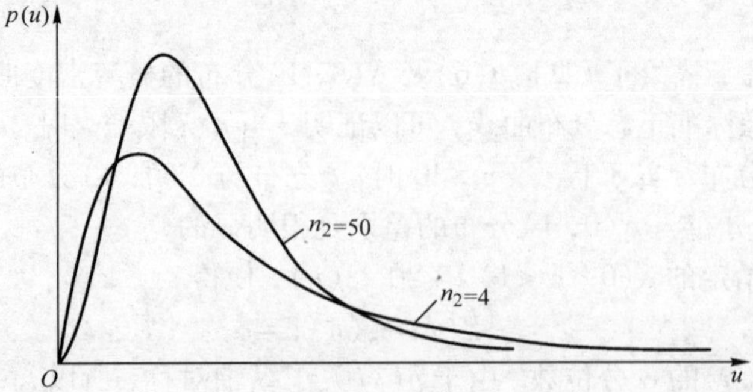

图 6.9

若对于给定的 $\alpha(0<\alpha<1)$，存在正数 $F_{\alpha}(n_1, n_2)$ 使

$$P\{F \geqslant F_{\alpha}(n_1, n_2)\}=\alpha \tag{6.8}$$

则称 $F_{\alpha}(n_1, n_2)$ 为分布 $F(n_1, n_2)$ 的 α 分位数(图 6.10)，它具有如下性质：

$$F_{1-\alpha}(n_1, n_2)=\frac{1}{F_{\alpha}(n_2, n_1)} \tag{6.9}$$

事实上，若 $X \sim \chi^2(n_1)$，$Y \sim \chi^2(n_2)$ 且 X 与 Y 独立，则

$$\frac{X/n_1}{Y/n_2} \sim F(n_1, n_2), \quad \frac{Y/n_2}{X/n_1} \sim F(n_2, n_1)$$

于是，对任意 $\alpha(0<\alpha<1)$ 有 α 分位数 $F_{\alpha}(n_2, n_1)$ 使

$$P\left\{\frac{Y/n_2}{X/n_1}>F_{\alpha}(n_2, n_1)\right\}=\alpha$$

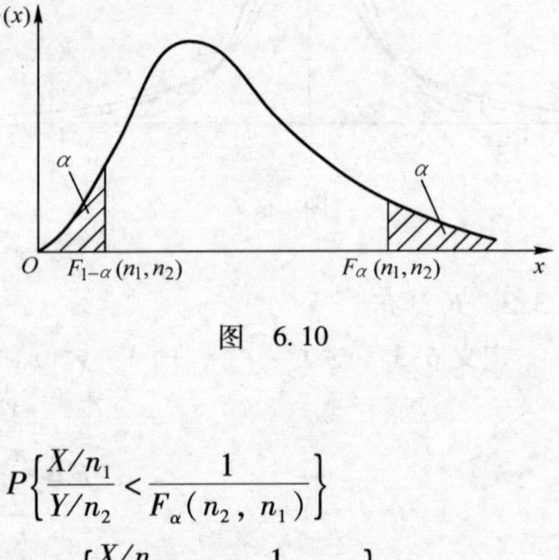

图 6.10

而

$$P\left\{\frac{Y/n_2}{X/n_1}>F_{\alpha}(n_2, n_1)\right\}=P\left\{\frac{X/n_1}{Y/n_2}<\frac{1}{F_{\alpha}(n_2, n_1)}\right\}$$

$$=1-P\left\{\frac{X/n_1}{Y/n_2} \geqslant \frac{1}{F_{\alpha}(n_2, n_1)}\right\}$$

故

$$P\left\{\frac{X/n_1}{Y/n_2} \geqslant \frac{1}{F_{\alpha}(n_2, n_1)}\right\}=1-\alpha$$

由于 $\frac{X/n_1}{Y/n_2} \sim F(n_1, n_2)$，故 $\frac{1}{F_{\alpha}(n_2, n_1)}$ 表示 $F(n_1, n_2)$ 的 $1-\alpha$ 分位数 $F_{1-\alpha}(n_1, n_2)$，从而式(6.9)成立.

利用式(6.9)，可以从分位数 $F_{\alpha}(n_2, n_1)$ 求出分位数 $F_{1-\alpha}(n_1, n_2)$. 例如，

$$F_{0.95}(12, 8)=\frac{1}{F_{0.05}(8, 12)}=\frac{1}{2.85} \approx 0.35$$

附表 5 给出了对某些 n_1，n_2 及 $\alpha(0<\alpha<1)$ 的临界值 $F_{\alpha}(n_1, n_2)$.

6.4 统计量及抽样分布

6.4.1 统计量

数理统计的任务是通过样本推断总体，但是，在实际处理问题时，却很少直接利用样本进行推断，而需要针对不同的问题构造出样本的某些函数 $T=T(X_1, X_2, \cdots, X_n)$，以便把样本中所包含的有关问题的信息集中起来，然后再利用这种函数进行推断. 这种函数仍然为随机变量，我们称它为统计量，其定义如下：

定义 6.4 设 $X_1, X_2, \cdots, X_n$ 为总体 X 的容量为 n 的样本，$T(X_1, X_2, \cdots, X_n)$ 是定义在样本空间上不依赖于未知参数的一个连续函数，则称随机变量 $T(X_1, X_2, \cdots, X_n)$ 为一个统计量.

例如，X_1, X_2, X_n 为总体 $N(\mu, \sigma^2)$ 的一个容量为 n 的样本，且 μ 未知，σ^2 已知，那么，$f_1(X_1, X_2, \cdots, X_n) = \left(\sum_{i=1}^{n} X_i\right)\Big/\sigma^2$，$f_2(X_1, X_2, \cdots, X_n) = X_1+1$ 都是统计量，而 $f_1(X_1, X_2, \cdots, X_n) = \frac{1}{n}\sum_{i=1}^{n}(X_i-\mu)^2$ 不是统计量，因为它依赖于未知参数 μ.

设 $X_1, X_2, \cdots, X_n$ 是总体 X 的容量为 n 的样本，有以下几个常用统计量.

1. 样本均值

$$\overline{X} = \frac{1}{n}\sum_{i=1}^{n} X_i \tag{6.10}$$

2. 样本方差

$$S^2 = \frac{1}{n-1}\sum_{i=1}^{n}(X_i-\overline{X})^2 = \frac{1}{n-1}\left(\sum_{i=1}^{n} X_i^2 - n\overline{X}^2\right) \tag{6.11}$$

样本标准差

$$S = \sqrt{\frac{1}{n-1}\sum_{i=1}^{n}(X_i-\overline{X})^2} \tag{6.12}$$

3. 样本 k 阶原点矩

$$a_k = \frac{1}{n}\sum_{i=1}^{n} X_i^k,\ k=1, 2, \cdots \tag{6.13}$$

4. 样本 k 阶中心矩

$$A_k = \frac{1}{n}\sum_{i=1}^{n}(X_i-\overline{X})^k,\ k=1, 2, \cdots \tag{6.14}$$

显然，样本均值就是样本的一阶原点矩，它常用来估计总体的均值. 样本方差和样本二阶中心矩有点差异，下面用 S^{*2} 表示样本的二阶中心矩，即

$$S^{*2} = \frac{1}{n}\sum_{i=1}^{n}(X_i-\overline{X})^2 \tag{6.15}$$

S^2 和 S^{*2} 常用来估计总体的方差，至于它们在这方面的差异，在下章讲述.

5. 顺序统计量

若 x_1，x_2，…，x_n 是样本的一个观察值，将它按由小到大的顺序重新排列，得到

$$x_{(1)} \leqslant x_{(2)} \leqslant \cdots \leqslant x_{(n)}$$

定义随机变量 $X_{(i)}$，使得不论样本 X_1，X_2，…，X_n 取怎样的一组观察值 x_1，x_2，…，x_n，$X_{(i)}$ 总是以 $x_{(i)}$ 为观察值($i=1$，2，…，n)．显然

$$X_{(1)} \leqslant X_{(2)} \leqslant \cdots \leqslant X_{(n)} \tag{6.16}$$

$X_{(i)}$ 称为第 i 个顺序统计量.

特别地，称 $X_{(1)} = \min\limits_{1 \leqslant i \leqslant n} X_i$ 为最小顺序统计量，$X_{(n)} = \max\limits_{1 \leqslant i \leqslant n} X_i$ 为最大顺序统计量.

6. 样本中位数

$$M = \begin{cases} X_{\left(\frac{n+1}{2}\right)} & n \text{ 为奇数} \\ \dfrac{1}{2}\left[X_{\left(\frac{n}{2}\right)} + X_{\left(\frac{n}{2}+1\right)}\right] & n \text{ 为偶数} \end{cases} \tag{6.17}$$

7. 样本极差

$$R = X_{(n)} - X_{(1)} \tag{6.18}$$

样本均值和样本中位数描述了样本的位置特征，而样本方差和样本极差描述了样本的变异特征.

6.4.2 抽样分布

当用统计量推断总体时，必须知道统计量的分布，统计量的分布称为抽样分布．抽样分布实际上属于一种样本函数的分布，能用简单表达式表示的样本函数的分布为数不多，但是，当总体分布是正态分布时，许多样本函数的分布已经得到，前一节我们已经在正态总体的条件下得到 χ^2 分布、t 分布和 F 分布．下面继续讨论关于正态总体的几个样本函数的分布问题，其中多数与 χ^2 分布、t 分布和 F 分布有密切的关系.

定理 6.4 （样本均值的分布）设 X_1，X_2，…，X_n 为总体 $N(\mu, \sigma^2)$ 的一个样本，则样本均值

$$\overline{X} \sim N\left(\mu, \frac{\sigma^2}{n}\right) \tag{6.19}$$

证 $\overline{X} = \dfrac{1}{n}\sum\limits_{i=1}^{n} X_i = \sum\limits_{i=1}^{n} \dfrac{1}{n} X_i$，由 n 个独立正态随机变量的线性组合仍为正态变量知

$$\overline{X} \sim N\left(\mu, \frac{\sigma^2}{n}\right)$$

推论 设 $\overline{X}$ 为正态总体 $N(\mu, \sigma^2)$ 的样本均值，则

$$\frac{\overline{X}-\mu}{\sigma}\sqrt{n} \sim N(0, 1) \tag{6.20}$$

定理 6.5 （样本方差的分布）设 $X_1, X_2, \cdots, X_n$ 为总体 $N(\mu, \sigma^2)$ 的一个样本，则样本方差 S^2 与样本均值 $\overline{X}$ 相互独立，且

$$\frac{n-1}{\sigma^2}S^2 \sim \chi^2(n-1) \tag{6.21}$$

证明略.

定理 6.6 设 $X_1, X_2, \cdots, X_n$ 为总体 $N(\mu, \sigma^2)$ 的一个样本，$\overline{X}$ 与 S^2 分别为样本均值和样本方差，则

$$\frac{\overline{X}-\mu}{S}\sqrt{n} \sim t(n-1) \tag{6.22}$$

证 由式(6.20)知

$$\frac{\overline{X}-\mu}{\sigma}\sqrt{n} \sim N(0, 1)$$

由式(6.21)知

$$\frac{(n-1)S^2}{\sigma^2} \sim \chi^2(n-1)$$

且 $\overline{X}$ 与 S^2 相互独立，由此可知$\dfrac{\overline{X}-\mu}{\sigma/\sqrt{n}}$与$\dfrac{(n-1)S^2}{\sigma^2}$相互独立，从而由定义 6.2 得

$$\frac{\overline{X}-\mu}{S} \cdot \sqrt{n} = \frac{(\overline{X}-\mu)}{\sigma/\sqrt{n}} \Big/ \sqrt{\frac{(n-1)S^2}{\sigma^2(n-1)}} \sim t(n-1)$$

定理 6.7 设 $X_1, X_2, \cdots, X_{n_1}$和 $Y_1, Y_2, \cdots, Y_{n_2}$分别是来自总体 $N(\mu_1, \sigma^2)$ 和 $N(\mu_2, \sigma^2)$ 的两个样本，它们相互独立，则

$$\frac{\overline{X}-\overline{Y}-(\mu_1-\mu_2)}{S_w\sqrt{\dfrac{1}{n_1}+\dfrac{1}{n_2}}} \sim t(n_1+n_2-2) \tag{6.23}$$

其中

$$S_w = \sqrt{\frac{(n_1-1)S_1^2+(n_2-1)S_2^2}{n_1+n_2-2}}$$

S_1^2 和 S_2^2 分别是两个样本的样本方差.

证 由定理 6.4 知

$$\overline{X} \sim N\left(\mu_1, \frac{\sigma^2}{n_1}\right), \qquad \overline{Y} \sim N\left(\mu_2, \frac{\sigma^2}{n_2}\right)$$

因 $\overline{X}$, $\overline{Y}$ 独立，故

$$\overline{X}-\overline{Y} \sim N\left(\mu_1-\mu_2, \frac{\sigma^2}{n_1}+\frac{\sigma^2}{n_2}\right)$$

从而

$$\frac{\overline{X}-\overline{Y}-(\mu_1-\mu_2)}{\sigma\sqrt{\dfrac{1}{n_1}+\dfrac{1}{n_2}}}\sim N(0,\ 1) \tag{6.24}$$

由定理6.5知

$$\frac{(n_1-1)S_1^2}{\sigma^2}\sim\chi^2(n_1-1),\qquad \frac{(n_2-1)S_2^2}{\sigma^2}\sim\chi^2(n_2-1)$$

又因二者独立，故由χ^2 分布的可加性得

$$\frac{(n_1-1)S_1^2+(n_2-1)S_2^2}{\sigma^2}\sim\chi^2(n_1+n_2-2) \tag{6.25}$$

由定理的条件可知式(6.24)和式(6.25)所表示的两个随机变量是相互独立的. 故由定义6.2得

$$\frac{(\overline{X}-\overline{Y})-(\mu_1-\mu_2)}{S_w\sqrt{\dfrac{1}{n_1}+\dfrac{1}{n_2}}}$$

$$=\frac{(\overline{X}-\overline{Y})-(\mu_1-\mu_2)}{\sigma\sqrt{\dfrac{1}{n_1}+\dfrac{1}{n_2}}}\Bigg/\sqrt{\frac{(n_1-1)S_1^2+(n_2-1)S_2^2}{\sigma^2}\Bigg/(n_1+n_2-2)}\sim t(n_1+n_2-2)$$

定理6.8 设$X_1, X_2, \cdots, X_{n_1}$和$Y_1, Y_2, \cdots, Y_{n_2}$分别是总体$N(\mu_1, \sigma_1^2)$和$N(\mu_2, \sigma_2^2)$的两个样本，它们相互独立，则

$$\frac{S_1^2/\sigma_1^2}{S_2^2/\sigma_2^2}\sim F(n_1-1,\ n_2-1) \tag{6.26}$$

其中，S_1^2 和 S_2^2 分别是两个样本的样本方差.

证 由定理6.5知

$$\frac{(n_1-1)S_1^2}{\sigma_1^2}\sim\chi^2(n_1-1),\quad \frac{(n_2-1)S_2^2}{\sigma_2^2}\sim\chi^2(n_2-1)$$

因为它们相互独立，故由 F 分布的定义

$$\frac{S_1^2/\sigma_1^2}{S_2^2/\sigma_2^2}=\frac{\dfrac{(n_1-1)S_2^2}{\sigma_1^2}\Big/(n_1-1)}{\dfrac{(n_2-1)S_2^2}{\sigma_2^2}\Big/(n_2-1)}\sim F(n_1-1,\ n_2-1)$$

对于非正态总体，当样本容量 n 充分大时(一般认为 $n>30$)，由中心极限定理直接可得以下结论：

定理6.9 设 $X_1, X_2, \cdots, X_n$ 是来自总体 X 的容量为 n 的样本，$EX=\mu$，$DX=\sigma^2<+\infty$，当 n 充分大时，近似地有

$$\frac{\sum_{i=1}^{n}X_i-n\mu}{\sqrt{n}\sigma}\sim N(0,\ 1)$$

或

$$\frac{\overline{X}-\mu}{\sigma}\sqrt{n} \sim N(0,\ 1) \tag{6.27}$$

例 6.5 设总体 X 服从二项分布 $B(1,\ p)$，其中 p 是未知参数，$(X_1,\ X_2,\ \cdots,\ X_8)$是来自总体 X 的一组样本.

(1) 指出 X_1+X_2, X_8+2p, $(X_1-X_2)^2$, $\max\{X_1,\ X_2,\ \cdots,\ X_8\}$之中，哪些是统计量，哪些不是统计量，为什么？

(2) 如果$(X_1,\ X_2,\ \cdots,\ X_8)$的一组观察值是(0, 1, 0, 1, 1, 0, 1, 1)，计算它的样本平均值、样本方差和样本均方差.

解 (1) X_1+X_2, $(X_1-X_2)^2$, $\max\{X_1,\ X_2,\ \cdots,\ X_8\}$是统计量.

p 是未知参数，而统计量中不含有未知数，所以 X_8+2p 不是统计量.

(2) 已知 X 的一组观察值是(0, 1, 0, 1, 1, 0, 1, 1)，则它的样本平均值为

$$\overline{X}=\frac{1}{8}(0+1+0+1+1+0+1+1)=\frac{5}{8}=0.625$$

它的样本方差为

$$\begin{aligned} S^2 &= \frac{1}{8-1}\sum_{i=1}^{8}(X_i-\overline{X})^2 \\ &= \frac{1}{7}(0.625^2+0.375^2+0.625^2+0.375^2+ \\ &\quad 0.375^2+0.625^2+0.375^2+0.375^2) \\ &= \frac{1}{7}\times 1.875 = 0.2679 \end{aligned}$$

它的样本均方差 $=S=0.5175$.

例 6.6 对样本值 100, 98, 101, 104, 99, 99, 103, 104, 97, 95，求样本均值 $\overline{X}$、样本方差 S^2 及样本均方差 S.

解 样本容量 $n=10$

$$\overline{X}=\frac{1}{10}(100+98+101+104+99+99+103+104+97+95)=100$$

$$\begin{aligned} S^2 &= \frac{1}{10-1}\sum_{i=1}^{10}(X_i-\overline{X})^2 \\ &= \frac{1}{9}(0^2+2^2+1^2+4^2+1^2+1^2+3^2+4^2+3^2+5^2) \\ &= \frac{82}{9} \end{aligned}$$

$$S=3.0185$$

例 6.7 设总体 X 服从 $N(2,\ 1)$，$(X_1,\ X_2,\ \cdots,\ X_9)$是总体 X 的样本，分别求出 X 与 $\overline{X}$ 在区间(1, 3)中取值的概率.

解 因为 $X \sim N(2, 1)$，所以

$$P\{1 < X < 3\} = P\left\{\frac{1-2}{1} < \frac{X-2}{1} < \frac{3-2}{1}\right\}$$
$$= P\left\{-1 < \frac{X-2}{1} < 1\right\} = 2\Phi(1) - 1 = 2 \times 0.8413 - 1$$
$$= 0.6826$$

$$P\{1 < \overline{X} < 3\} = P\left\{\frac{1-2}{1/3} < \frac{\overline{X}-2}{1/3} < \frac{3-2}{1/3}\right\} = P\left\{-3 < \frac{\overline{X}-2}{1/3} < 3\right\}$$
$$= 2\Phi(3) - 1 = 2 \times 0.99865 - 1 = 0.9973$$

计算结果表明，在 $\mu = 2$ 的附近 $\overline{X}$ 的取值要比 X 集中得多.

例 6.8 设随机变量 X 服从自由度为(k_1, k_2)的 F 分布，证明：随机变量函数 $\frac{1}{X}$服从自由度为(k_2, k_1)的 F 分布，从而有

$$F_{1-\alpha}(k_1, k_2) = \frac{1}{F_\alpha(k_2, k_1)}$$

证 设 $V \sim \chi^2(k_2)$，$U \sim \chi^2(k_1)$且 V 与 U 相互独立，于是随机变量函数

$$\frac{1}{X} = \frac{V/k_2}{U/k_1} \sim F(k_2, k_1)$$

另一方面，由

$$P\left\{\frac{1}{X} \geqslant F_\alpha(k_2, k_1)\right\} = \alpha$$

有

$$P\left\{\frac{1}{X} < F_\alpha(k_2, k_1)\right\} = 1 - \alpha$$

亦即有

$$P\left\{X \geqslant \frac{1}{F_\alpha(k_2, k_1)}\right\} = 1 - \alpha \tag{1}$$

又因 $X \sim F(k_1, k_2)$，我们又有

$$P\{X \geqslant F_{1-\alpha}(k_1, k_2)\} = 1 - \alpha \tag{2}$$

比较(1)、(2)两式即得证

$$F_{1-\alpha}(k_1, k_2) = \frac{1}{F_\alpha(k_2, k_1)}$$

例 6.9 已知统计量 F 服从第一个自由度为 n_1，第二个自由度为 n_2 的 F 分布，查表求 $F_{0.025}(5, 9)$及 $F_{0.975}(5, 9)$.

解 $\alpha = 0.025$，直接查表得 $F_{0.025}(5, 9) = 4.48$.

现求 $F_{0.975}(5, 9)$，但在表中查不到，利用公式(见例 6.8)

$$F_{1-\alpha}(n_1, n_2) = \frac{1}{F_\alpha(n_2, n_1)}$$

所以

$$F_{0.975}(5, 9)=\frac{1}{F_{0.025}(9, 5)}=\frac{1}{6.68}=0.1497$$

例 6.10 从正态总体 $N(\mu, 0.5^2)$ 中抽取样本 $X_1, X_2, \cdots, X_{10}$.

(1) 已知 $\mu=0$, 求概率 $P\{\sum_{i=1}^{10} X_i^2 \geqslant 4\}$.

(2) 未知 μ, 求概率 $P\{\sum_{i=1}^{10}(X_i-\overline{X})^2 \geqslant 2.85\}$.

解 (1) 由 $P\{\sum_{i=1}^{10} X_i^2 \geqslant 4\}=P\left\{\frac{1}{\sigma^2}\sum_{i=1}^{10} X_i^2 \geqslant \frac{4}{(0.5)^2}\right\}=P\{\chi_1^2 \geqslant 16\}$ 查表得 $\chi_{0.1}^2(10)=16$, $\chi_1^2 \sim \chi^2(10)$, 便得所求概率为

$$P\left\{\sum_{i=1}^{10} X_i^2 \geqslant 4\right\}=0.1$$

(2) 由
$$P\{\sum_{i=1}^{10}(X_i-\overline{X})^2 \geqslant 2.85\}=P\left\{\frac{1}{\sigma^2}\sum_{i=1}^{10}(X_i-\overline{X})^2 \geqslant \frac{2.85}{(0.5)^2}\right\}$$
$$=P\{\chi_2^2 \geqslant 11.4\}$$

查表得 $\chi_{0.25}^2(9)=11.4$, $\chi_2^2 \sim \chi^2(9)$, 便得所求概率为

$$P\left\{\sum_{i=1}^{10}(X_i-\overline{X})^2 \geqslant 2.85\right\}=0.25$$

例 6.11 设总体 $X \sim N(\mu_1, \sigma^2)$, $Y \sim N(\mu_2, \sigma^2)$, 从两总体中分别抽样, 得到下列数据 $n_1=7$, $\bar{x}=54$, $S_1^2=116.7$; $n_2=8$, $\bar{y}=42$, $S_2^2=85.7$, 求概率 $P\{0.8<\mu_1-\mu_2<7.5\}$.

解 由题设, 两总体方差相等, 故有

$$t=\frac{(\bar{x}-\bar{y})-(\mu_1-\mu_2)}{\sqrt{\frac{1}{n_1}+\frac{1}{n_2}}S_w} \sim t(n_1+n_2-2)$$

而 $\bar{x}-\bar{y}=54-42=12$, $\sqrt{\frac{1}{n_1}+\frac{1}{n_2}}=\sqrt{\frac{1}{7}+\frac{1}{8}} \approx 0.518$

$$S_w=\sqrt{\frac{6 \times 116.7+7 \times 85.7}{13}} \approx 10$$

于是

$$P\{0.8<\mu_1-\mu_2<7.5\}=P\left\{\frac{12-7.5}{0.518 \times 10}<\frac{(\bar{x}-\bar{y})-(\mu_1-\mu_2)}{\sqrt{\frac{1}{n_1}+\frac{1}{n_2}}S_w}<\frac{12-0.8}{0.518 \times 10}\right\}$$
$$\approx P\{0.869<t<2.16\}=P\{t>0.869\}-P\{t \geqslant 2.16\}$$
$$\approx 0.20-0.025=0.175$$

(查表有 $t_{0.20}(13)=0.870$, $t_{0.025}(13)=2.16$)

例 6.12 设$(X_1, X_2, \cdots, X_n)$为取自正态总体$N(\mu, \sigma^2)$的样本，令$Y = \frac{1}{n}\sum_{i=1}^{n} |X_i - \mu|$，试求$EY$, DY.

解 令$Y_i = X_i - \mu$，则$Y_i \sim N(0, \sigma^2)$. 于是

$$E|X_i - \mu| = E|Y_i| = \int_{-\infty}^{+\infty} |y| \frac{1}{\sqrt{2\pi}\sigma} e^{-\frac{y^2}{2\sigma^2}} dy$$

$$= \frac{2}{\sqrt{2\pi}\sigma}\int_0^{+\infty} y e^{-\frac{y^2}{2\sigma^2}} dy = \sqrt{\frac{2}{\pi}}\sigma$$

故
$$EY = \frac{1}{n}\sum_{i=1}^{n} E|X_i - \mu| = \sqrt{\frac{2}{\pi}}\sigma$$

而
$$D|X_i - \mu| = D|Y_i| = EY_i^2 - (E|Y_i|)^2$$

$$= DY_i - \frac{2}{\pi}\sigma^2 = \left(1 - \frac{2}{\pi}\right)\sigma^2$$

故
$$DY = \frac{1}{n^2}\sum_{i=1}^{n} D|X_i - \mu| = \left(1 - \frac{2}{\pi}\right)\frac{\sigma^2}{n}$$

例 6.13 设总体X服从正态分布$N(\mu, \sigma^2)(\sigma > 0)$，从该总体中抽取简单随机样本$X_1, X_2, \cdots, X_{2n}(n \geqslant 2)$，其样本均值为$\overline{X} = \frac{1}{2n}\sum_{i=1}^{2n} X_i$，求统计量$Y = \sum_{i=1}^{n}(X_i + X_{n+i} - 2\overline{X})^2$的数学期望$EY$.

解 令$\overline{X}' = \frac{1}{n}\sum_{i=1}^{n} X_i$，$\overline{X}'' = \frac{1}{n}\sum_{i=1}^{n} X_{n+i}$，显然有$2\overline{X} = \overline{X}' + \overline{X}''$，并注意到$X_i - \overline{X}'$与$X_{n+i} - \overline{X}''(i = 1, 2, \cdots, n)$相互独立. 因此

$$EY = E\sum_{i=1}^{n}(X_i + X_{n+i} - 2\overline{X})^2 = E\left\{\sum_{i=1}^{n}[(X_i - \overline{X}') + (X_{n+i} - \overline{X}'')]^2\right\}$$

$$= E\left[\sum_{i=1}^{n}(X_i - \overline{X}')^2 + 2(X_i - \overline{X}')(X_{n+i} - \overline{X}'') + (X_{n+i} - \overline{X}'')^2\right]$$

$$= E\left[\sum_{i=1}^{n}(X_i - \overline{X}')^2\right] + 0 + E\left[\sum_{i=1}^{n}(X_{n+i} - \overline{X}'')^2\right]$$

$$= (n-1)\sigma^2 + (n-1)\sigma^2 = 2(n-1)\sigma^2$$

例 6.14 从正态总体$N(3.4, 6^2)$中抽取容量为n的样本，如果要求其样本均值位于区间$(1.4, 5.4)$内的概率不小于0.95，问样本容量n至少应取多大？

解 令$\overline{X}$表示样本均值，则因为

$$\sqrt{n}\,\frac{(\overline{X}-3.4)}{6}\sim N(0,1)$$

故
$$P\{1.4<\overline{X}<5.4\}=P\{-2<\overline{X}-3.4<2\}$$
$$=P\left\{\frac{|\overline{X}-3.4|}{6/\sqrt{n}}<\frac{2}{6/\sqrt{n}}\right\}$$
$$=P\left\{\sqrt{n}\frac{|\overline{X}-3.4|}{6}<\frac{1}{3}\sqrt{n}\right\}$$
$$=2\Phi\left(\frac{1}{3}\sqrt{n}\right)-1\geqslant 0.95$$

查表得 $\frac{1}{3}\sqrt{n}\geqslant 1.96$，即 $n\geqslant 34.57$. 故 n 至少应取 35.

例 6.15 设 X 与 Y 相互独立且都服从 $N(0,3^2)$，而 $X_1,\cdots,X_9$ 和 $Y_1,\cdots,Y_9$ 分别是来自总体 X 和 Y 的简单随机样本，则统计量 $U=\dfrac{X_1+\cdots+X_9}{\sqrt{Y_1^2+\cdots+Y_9^2}}$服从的分布是________.

解 易知分子 $\sum_{i=1}^{9}X_i\sim N(0,9^2)$，于是$\frac{1}{9}\sum_{i=1}^{9}X_i\sim N(0,1)$，而 $\sum_{i=1}^{9}\left(\frac{Y_i}{3}\right)^2\sim\chi^2(9)$，由 t 分布的定义有

$$U=\frac{\frac{1}{9}\sum_{i=1}^{9}X_i}{\sqrt{\frac{1}{9}\sum_{i=1}^{9}\left(\frac{Y_i}{3}\right)^2}}\sim t(9)$$

故答案应填 $t(9)$.

例 6.16 设 $X_1,X_2,\cdots,X_n$ 是来自正态总体 $N(\mu,\sigma^2)$ 的简单随机样本，$\overline{X}$ 是样本均值，记

$$S_1^2=\frac{1}{n-1}\sum_{i=1}^{n}(X_i-\overline{X})^2,\quad S_2^2=\frac{1}{n}\sum_{i=1}^{n}(X_i-\overline{X})^2$$
$$S_3^2=\frac{1}{n-1}\sum_{i=1}^{n}(X_i-\mu)^2,\quad S_4^2=\frac{1}{n}\sum_{i=1}^{n}(X_i-\mu)^2$$

则服从自由度为 $n-1$ 的 t 分布的随机变量是(　　).

(A) $t=\dfrac{\overline{X}-\mu}{S_1/\sqrt{n-1}}$　　(B) $t=\dfrac{\overline{X}-\mu}{S_2/\sqrt{n-1}}$

(C) $t=\dfrac{\overline{X}-\mu}{S_3/\sqrt{n}}$　　(D) $t=\dfrac{\overline{X}-\mu}{S_4/\sqrt{n}}$

解 因为$\dfrac{\overline{X}-\mu}{\sigma/\sqrt{n}}\sim N(0,1)$，$\dfrac{nS_2^2}{\sigma^2}\sim\chi^2(n-1)$，故易知 $\dfrac{\overline{X}-\mu}{S_2/\sqrt{n-1}}\sim t(n-1)$，即应(B).

例 6.17 设总体 $X \sim N(0, 1^2)$，从总体中取一个容量为 6 的样本 X_2，X_2，…，X_6，设 $Y = (X_1 + X_2 + X_3)^2 + (X_4 + X_5 + X_6)^2$，试确定常数 C，使随机变量 CY 服从 χ^2 分布.

解 因为 $X_1 + X_2 + X_3 \sim N(0, \sqrt{3}^2)$，所以 $\dfrac{X_1 + X_2 + X_3}{\sqrt{3}} \sim N(0, 1)$，于是 $\left(\dfrac{X_1 + X_2 + X_3}{\sqrt{3}}\right)^2 \sim \chi^2(1)$，同理 $\left(\dfrac{X_4 + X_5 + X_6}{\sqrt{3}}\right)^2 \sim \chi^2(1)$.

由于 χ^2 分布有可加性，故

$$\frac{1}{3}Y = \left(\frac{X_1 + X_2 + X_3}{\sqrt{3}}\right)^2 + \left(\frac{X_4 + X_5 + X_6}{\sqrt{3}}\right)^2 \sim \chi^2(2)$$

可知 $C = \dfrac{1}{3}$.

例 6.18 设总体 $X \sim N(0, \sigma^2)$，X_1，X_2 是一个样本，求 $Y = \dfrac{(X_1 + X_2)^2}{(X_1 - X_2)^2}$ 的分布.

解 因为 $Y = \left(\dfrac{X_1 + X_2}{\sqrt{2}\sigma}\right)^2 \Big/ \left(\dfrac{X_1 - X_2}{\sqrt{2}\sigma}\right)^2$，又 $X_1 + X_2 \sim N(0, 2\sigma^2)$，$X_1 - X_2 \sim N(0, 2\sigma^2)$，于是

$$\left(\frac{X_1 + X_2}{\sqrt{2}\sigma}\right)^2 \sim \chi^2(1),\ \left(\frac{X_1 - X_2}{\sqrt{2}\sigma}\right)^2 \sim \chi^2(1)$$

且易验证 $X_1 + X_2$ 与 $X_1 - X_2$ 相互独立. 由统计量 F 的定义可知 $Y \sim F(1, 1)$.

例 6.19 设 X_1，X_2，…，X_9 是来自正态总体 X 的简单随机样本，令

$$Y_1 = \frac{1}{6}(X_1 + \cdots + X_6),\quad Y_2 = \frac{1}{3}(X_7 + X_8 + X_9)$$

$$S^2 = \frac{1}{2}\sum_{i=7}^{9}(X_i - Y_2)^2,\quad Z = \frac{\sqrt{2}(Y_1 - Y_2)}{S}$$

证明：统计量 Z 服从自由度为 2 的 t 分布.

证 设 $X \sim N(\mu, \sigma^2)$，则 $EY_1 = EY_2 = \mu$，

$$DY_1 = \frac{1}{36}D\left(\sum_{i=1}^{6} X_i\right) = \frac{1}{36} \times 6\sigma^2 = \frac{1}{6}\sigma^2$$

$$DY_2 = \frac{1}{3^2} \times 3\sigma^2 = \frac{1}{3}\sigma^2$$

由于 Y_1 和 Y_2 相互独立，可知

$$E(Y_1 - Y_2) = 0$$

$$D(Y_1 - Y_2) = DY_1 + DY_2 = \frac{1}{6}\sigma^2 + \frac{1}{3}\sigma^2 = \frac{\sigma^2}{2}$$

从而
$$U=\frac{Y_1-Y_2}{\sigma/\sqrt{2}}\sim N(0,1)$$

由正态总体样本方差的性质，可知$\chi^2=\frac{2S^2}{\sigma^2}\sim\chi^2(2)$.

由于Y_1，Y_2和S^2相互独立，可见Y_1-Y_2与S^2独立. 于是，由服从t分布随机变量的结构，易知$Z=\frac{\sqrt{2}(Y_1-Y_2)}{S}=\frac{U}{\sqrt{\chi^2/2}}$服从自由度为2的$t$分布.

习　题　6

填空题

1. 设X_1，X_2，…，X_n为来自总体$N(0,\sigma^2)$的样本，且随机变量$Y=C\left(\sum_{i=1}^{n}X_i\right)^2\sim\chi^2(1)$. 则常数$C=$________.

2. 设(X_1,X_2,X_3,X_4)取自正态总体$X\sim N(0,2^2)$的样本且$Y=a(X_1-2X_2)^2+b(3X_3-4X_4)^2$，则$a=$________，$b=$________时，$Y$服从$\chi^2$分布，自由度为________.

3. 设X_1，X_2，…，X_n为来自总体服从$\chi^2(n)$分布的样本，则$E\overline{X}=$________，$D\overline{X}=$________.

4. 设总体X服从正态分布$N(\mu_1,\sigma^2)$，总体Y服从正态分布$N(\mu_2,\sigma^2)$，X_1，X_2，…，X_{n_1}和Y_1，Y_2，…，Y_{n_2}分别是来自总体X和Y的简单随机样本，则

$$E\left[\frac{\sum_{i=1}^{n_1}(X_i-\overline{X})^2+\sum_{j=1}^{n_2}(Y_j-\overline{Y})^2}{n_1+n_2-2}\right]=\_\_\_\_\_\_\_\_.$$

单项选择题

1. 若X_1，…，X_n为总体$N(\mu,\sigma^2)$的样本，而$S^2=\frac{1}{n-1}\sum_{i=1}^{n}(X_i-\overline{X})^2$，$\overline{X}=\frac{1}{n}\sum_{i=1}^{n}X_i$，则下列结果中不正确的是(　　).

(A) $\overline{X}$与S^2相互独立　　(B) $\frac{(n-1)S^2}{\sigma^2}\sim\chi^2(n-1)$

(C) $\overline{X}\sim N\left(\mu,\frac{\sigma^2}{n}\right)$　　(D) $\frac{\overline{X}-\mu}{\sigma}\sim N(0,1)$

2. 设随机变量X和Y都服从标准正态分布，则(　　).

(A) $X+Y$服从正态分布　　(B) X^2+Y^2服从χ^2分布

(C) X^2和Y^2都服从χ^2分布　　(D) X^2/Y^2服从F分布

3. 设X_1，X_2，…，$X_n(n\geqslant2)$为来自总体服从$N(0,1)$分布的简单随机样本，$\overline{X}$为样本均值，S^2为样本方差，则(　　).

(A) $n\overline{X}\sim N(0,1)$　　(B) $nS^2\sim\chi^2(n)$

(C) $\frac{(n-1)X_1^2}{\sum_{i=2}^{n}X_i^2}\sim F(1,n-1)$　　(D) $\frac{(n-1)\overline{X}}{S}\sim t(n-1)$

4. 设 $X_1, X_2, \cdots, X_n$ 是来自总体 X 的简单随机样本，$\overline{X}$ 为样本均值，则下列样本的函数中不是统计量的为(　　).

(A) $X_n - EX_n$　　(B) $\max\{X_1, X_2, \cdots, X_n\}$

(C) $X_1 - \overline{X}$　　(D) $\min\{X_1, X_2, \cdots, X_n\}$

计算题

1. 某厂生产玻璃板，以每块玻璃上的泡疵点个数为数量指标，已知它服从均值为 λ 的泊松分布，从产品中抽取一个容量为 n 的样本 $X_1, X_2, \cdots, X_n$，求样本的分布.

2. 加工某种零件时，每一零件需要的时间服从均值为$\dfrac{1}{\lambda}$的指数分布，今以加工时间为零件的数量指标，任取 n 个零件构成一个容量为 n 的样本，求样本分析.

3. 设 X_1, X_2, X_3, X_4 为总体 X 的一个样本，其中 μ 已知而 σ^2 未知. 指出下列随机变量中哪些是统计量.

(1) $\sum\limits_{i=1}^{4}(X_i-\mu)^2$　(2) $\sum\limits_{i=1}^{4}X_i^2/\sigma^2$　(3) $\max\{X_1, X_2, X_3, X_4\}$　(4) $\max\{X_2, X_3\}$

(5) $\dfrac{X_{(2)}+X_{(3)}}{2}$　(6) $\dfrac{\overline{X}-\mu}{\sigma}$　(7) $\dfrac{1}{4}\sum\limits_{i=1}^{4}(X_i-\overline{X})^2$　(8) $X_4-\overline{X}$

4. 设 $X \sim t(n)$，求证：$X^2 \sim F(1, n)$.

5. 设$(X_1, \cdots, X_n)$是总体 $N(0, \sigma^2)$的一个样本，求下列统计量的分布密度.

(1) $Y_1 = \sum\limits_{i=1}^{n}X_i^2$　(2) $Y_2 = \left(\sum\limits_{i=1}^{n}X_i\right)^2$

6. 设 $X_1, \cdots, X_n, X_{n+1}, \cdots, X_{n+m}$是总体 $N(0, \sigma^2)$的容量为 $n+m$ 的样本，试求下列统计量的概率分布.

(1) $Y_1 = \dfrac{\sqrt{m}\sum\limits_{i=1}^{n}X_i}{\sqrt{n}\sqrt{\sum\limits_{i=n+1}^{n+m}X_i^2}}$　(2) $Y_2 = \dfrac{m\sum\limits_{i=1}^{n}X_i^2}{n\sum\limits_{i=n+1}^{n+m}X_i^2}$

7. 设 $X_1, \cdots, X_n, X_{n+1}$是来自总体 $N(\mu, \sigma^2)$的样本，$X = \dfrac{1}{n}\sum\limits_{i=1}^{n}X_i$，$S^{*2} = \dfrac{1}{n}\sum\limits_{i=1}^{n}(X_i-\overline{X})^2$，试求统计量 $T = \dfrac{X_{n+1}-\overline{X}}{S^*}\sqrt{\dfrac{n-1}{n+1}}$ 的分布.

8. 设 $X_1, \cdots, X_{n_1}$和 $Y_1, \cdots, Y_{n_2}$分别来自相互独立的总体 $N(\mu_1, \sigma_1^2)$，$N(\mu_2, \sigma_2^2)$. 已知 $\sigma_1 = \sigma_2$，α 和 β 是两个实数，求随机变量

$$\frac{\alpha(\overline{X}-\mu_1)+\beta(\overline{Y}-\mu_2)}{\sqrt{\dfrac{(n_1-1)S_1^2+(n_2-1)S_2^2}{n_1+n_2-2}\left(\dfrac{\alpha^2}{n_1}+\dfrac{\beta^2}{n_2}\right)}}$$

的分布.

9. 设总体服从参数为 λ 的泊松分布，$X_1, \cdots, X_n$ 为一个样本，求 $E\overline{X}$和 $D\overline{X}$.

10. 设总体 X 服从$[a, b]$上的均匀分布，$X_1, \cdots, X_n$ 为来自 X 的样本，求 $E\overline{X}$和 $D\overline{X}$.

11. 设总体 X 服从(0-1)分布，$P\{X=1\}=p$，$X_1, \cdots, X_n$ 是来自 X 的样本，求样本均值 $\overline{X}$ 的期望和方差及样本方差 S^2 的期望.

12. 设 $X_1, X_2, \cdots, X_{n_1}$ 和 $Y_1, Y_2, \cdots, Y_{n_2}$ 分别为正态总体 $N(\mu_1, \sigma_1^2)$ 和 $N(\mu_2, \sigma_2^2)$ 的两个独立样本，试证：

$$\frac{n_2\sigma_2^2 \sum_{i=1}^{n_1} (X_i - \mu_1)^2}{n_1\sigma_1^2 \sum_{i=1}^{n_2} (Y_i - \mu_2)^2} \sim F(n_1, n_2)$$

13. 设 $X_1, X_2, \cdots, X_n, X_{n+1}, \cdots, X_{n+m}$ 为正态总体 $N(0, \sigma^2)$ 的样本.

(1) 确定 a 与 b，使得 $a\left(\sum_{i=1}^{n} X_i\right)^2 + b\left(\sum_{i=n+1}^{n+m} X_i\right)^2$ 服从 χ^2 分布.

(2) 确定 c，使得 $c\sum_{i=1}^{n} X_i \Big/ \sqrt{\sum_{i=n+1}^{n+m} X_i^2}$ 服从 t 分布.

(3) 确定 d，使得 $d\sum_{i=1}^{n} X_i^2 \Big/ \sum_{i=n+1}^{n+m} X_i^2$ 服从 F 分布.

第7章 参数估计

在实际问题中，所研究的总体往往是分布类型已知，但依赖于一个或几个未知参数. 这时，求总体分布的问题就归结为求一个或几个未知参数的问题. 例如，某灯泡厂在稳定的生产条件下生产的灯泡，其使用寿命 X 是一个随机变量，由经验知道它服从 $N(\mu, \sigma^2)$ 分布，要了解该厂生产的灯泡的质量，就需要估计参数 μ 和 σ^2 的值. 又如，某种试剂单位体积内的细菌个数 X 是一个随机变量，已知它服从泊松分布，但分布参数 λ 未知，要求出单位体积内细菌个数不超过 k 的概率，就得估计参数 λ 的值. 因此在总体分布类型已知的情况下，如何利用样本估计总体中的分布参数，就成为数理统计中的基本问题之一，这一类问题就是参数估计问题. 另外，在有些实际问题中，我们并不关心总体分布的类型，而只要知道它的某些数字特征(如均值和方差)，对这些数字特征的估计问题也称为参数估计问题.

参数估计分点估计和区间估计两方面问题，下面我们分别加以介绍.

7.1 点估计

设 θ 是总体 X 的未知参数，我们用样本 $X_1, X_2, \cdots, X_n$ 构成的一个统计量 $\hat{\theta} = \hat{\theta}(X_1, X_2, \cdots, X_n)$ 来估计 θ，称 $\hat{\theta}$ 为 θ 的估计量. 对于具体的样本值 $x_1, x_2, \cdots, x_n$ 估计量 $\hat{\theta}$ 的值 $\hat{\theta}(x_1, x_2, \cdots, x_n)$ 称为 θ 的估计值，仍记为 $\hat{\theta}$. 在没有必要强调估计量或估计值时，常把二者都简称为估计. 如果总体有 m 个未知参数 $\theta_1, \theta_2, \cdots, \theta_m$ 需要估计，我们要构造 m 个统计量 $\hat{\theta}_1 = \hat{\theta}_1(X_1, \cdots, X_n), \cdots, \hat{\theta}_m = \hat{\theta}_m(X_1, \cdots, X_n)$ 分别作为对 $\theta_1, \theta_2, \cdots, \theta_m$ 的估计.

点估计就是寻求未知参数的估计量与估计值. 由于抽样的随机性，我们不能单凭一次抽样结果所确定的估计值来评价一个估计的好坏. 我们应该寻求这样的统计量 $\hat{\theta}(X_1, X_2, \cdots, X_n)$ 来作为参数 θ 的估计量：考虑到抽样的一切可能结果，使得在某种统计意义下 $\hat{\theta}$ 是 θ 的好的估计. 有了 θ 的一个好的估计量与样本值，只要经过计算就可以得到 θ 的估计值. 因此，我们的主要任务是：①寻找一些求估计量的方法；②建立若干衡量估计量"好坏"的标准. 下面的讨论就是按照这样的思路展开的.

7.1.1 矩估计法

我们知道，随机变量的矩是描述随机变量统计规律的最简单、最基本的数字特征，随机变量的一些参数往往本身就是随机变量的矩或是某些矩的函数. 于是在进行点估计时，我们自然想到，如果可以把未知参数 θ 用总体(原点)矩 $\alpha_k = EX^k(k = 1, 2, \cdots, m)$ 的函数表示为 $\theta = h(\alpha_1, \cdots, \alpha_m)$，那么就可以用样本矩 $a_k = \frac{1}{n}\sum_{i=1}^{n} X_i^k$ 估计总体矩 α_k，进而用样本矩的函数 $\hat{\theta} = h(a_1, \cdots, a_m)$ 作为未知参数 θ 的估计，这就是所谓的矩估计法. 这种估计法的优良性在 8.1.3 中将会看到，现在就连续型总体来具体说明这一估计法. 离散型总体情况完全类似，不予重复.

设总体 X 的概率密度为 $p(x; \theta_1, \theta_2, \cdots, \theta_m)$，其中 $\theta_1, \cdots, \theta_m$ 为未知参数. 假定 X 存在 K 阶矩($K > m$)记为 $q_k(\theta_1, \cdots, \theta_m)(k = 1, 2, \cdots, K)$，即

$$\alpha_k = \int_{-\infty}^{+\infty} x^k p(x; \theta_1, \theta_2, \cdots, \theta_m)\mathrm{d}x = q_k(\theta_1, \cdots, \theta_m), k = 1, 2, \cdots, K \tag{7.1}$$

如果从上面的方程组可解出

$$\theta_j = h_j(\alpha_1, \alpha_2, \cdots, \alpha_k), j = 1, 2, \cdots, m \tag{7.2}$$

那么

$$\hat{\theta}_j = h_j(a_1, a_2, \cdots, a_k), j = 1, 2, \cdots, m \tag{7.3}$$

就是 θ_j 的矩估计，其中 $a_k = \frac{1}{n}\sum_{i=1}^{n} X_i^k$ 为样本 k 阶原点矩.

例 7.1 设总体的概率密度为

$$p(x; \theta) = \begin{cases} \frac{1}{\theta} & 0 \leqslant x \leqslant \theta \\ 0 & \text{其他} \end{cases}$$

试求：

(1) 未知参数 θ 的矩估计量.

(2) 当样本观察值为 0.31, 0.75, 0.33, 0.34, 0.65, 0.56 时，求 θ 的矩估计值.

解 (1) 因 $\alpha_1 = EX = \int_0^{\theta} x \cdot \frac{1}{\theta}\mathrm{d}x = \frac{\theta}{2}$，所以 $\theta = 2\alpha_1$.

将 α_1 用样本一阶原点矩 $\alpha_1 = \frac{1}{n}\sum_{i=1}^{n} X_i = \overline{X}$ 代替，得 θ 的矩估计量为

$$\hat{\theta} = 2\overline{X}$$

(2) 由所给样本观察值有

$$\overline{X} = \frac{1}{n}\sum_{i=1}^{n} X_i = \frac{1}{6}(0.31 + 0.75 + 0.33 + 0.34 + 0.65 + 0.56) = 0.49$$

从而

$$\hat{\theta} = 2\overline{X} = 0.98$$

例 7.2 求总体均值 $\mu = EX$ 和方差 $\sigma^2 = DX$ 的矩估计.

解 由矩估计法得到方程组

$$\begin{cases}\alpha_1 = EX = \mu \\ \alpha_2 = EX^2 = DX + (EX)^2 = \sigma^2 + \mu^2\end{cases}$$

解出

$$\mu = \alpha_1, \quad \sigma^2 = \alpha_2 - \alpha_1^2$$

于是μ和σ^2的矩估计为

$$\hat{\mu} = a_1 = \overline{X}$$

$$\hat{\sigma}^2 = a_2 - a_1^2 = \frac{1}{n}\sum_{i=1}^{n} X_i^2 - \overline{X}^2 = \frac{1}{n}\sum_{i=1}^{n}(X_i - \overline{X})^2 = S^{*2}$$

注意上式中用到等式

$$\sum_{i=1}^{n} X_i^2 - n\overline{X}^2 = \sum_{i=1}^{n}(X_i - \overline{X})^2$$

例 7.3 设总体X服从指数分布

$$p(x;\lambda) = \begin{cases}\lambda e^{-\lambda x} & x>0,\ \lambda>0 \\ 0 & x \leqslant 0\end{cases}$$

求未知参数λ的矩估计量.

解 因

$$\alpha_1 = EX = \int_{-\infty}^{+\infty} x f(x,\lambda)\,dx = \lambda\int_0^{+\infty} x e^{-\lambda x}\,dx = \frac{1}{\lambda}$$

即 $\lambda = \dfrac{1}{\alpha_1}$.

故λ的矩估计量为$\hat{\lambda} = \dfrac{1}{\overline{X}}$.

7.1.2 极大似然估计法

为了说明极大似然估计法的基本思想，我们先看几个实际例子. 袋中有黑色球和白色球共100个，已知有一种球只有一个. 今从袋中任取一球，发现是白球，那么一般说来应认为100个球中有99个白球1个黑球. 又如，医生看病，在问明症状并经过必要的检查后，作诊断时总是对那些可能直接引起这种症状的疾病多加考虑的. 这些例子基于一种思想：一个试验有若干个可能结果A_1, A_2, …，如果在一次试验中A_1发生了，那么一般说来作出的估计应该有利于A_1的出现，就是使A_1出现的概率最大，这就是极大似然估计的基本思想.

设总体X的概率密度为$p(x;\theta_1,\theta_2,\cdots,\theta_m)$，$\theta_1,\cdots,\theta_m$为未知参数，$x_1,\cdots,x_n$是取自总体$X$的样本值，现在我们用上述基本思想来估计$\theta_1,\cdots,\theta_m$. 我们知道$p(x;\theta_1,\theta_2,\cdots,\theta_m)$在$x$处的值越大，总体$X$在$x$附近取值的概率也越大，而样本$(X_1,\cdots,X_n)$的概率密度$\prod_{i=1}^{n} p(x_i;\theta_1,\cdots,\theta_m)$在$(x_1,\cdots,x_n)$处的值越大，样本$(X_1,\cdots,X_n)$在$(x_1,\cdots,x_n)$附近取值的概率也越大. 现在抽样结果是样本值为$(x_1$,

$\cdots, x_n)$，也就是说在一次试验中样本$(X_1, \cdots, X_n)$取得样本值$(x_1, \cdots, x_n)$这一事件发生了. 所以我们作出对$\theta_1, \cdots, \theta_m$的估计时，应有利于这一事件的发生，即取使$\prod_{i=1}^{n} p(x_i; \theta_1, \cdots, \theta_m)$达到最大的$\hat{\theta}_1, \cdots, \hat{\theta}_m$作为对$\theta_1, \cdots, \theta_m$的估计，根据这一朴素想法，英国统计学家费歇耳(R. A. Fisher)提出了极大似然估计的概念并严格证明了这一估计的某些优良性. 下面就是极大似然估计的核心内容：

称

$$L = L(x_1, \cdots, x_n; \theta_1, \cdots, \theta_m) = \prod_{i=1}^{n} p(x_i; \theta_1, \cdots, \theta_m) \tag{7.4}$$

为似然函数，对确定的样本值$x_1, \cdots, x_n$，它是$\theta_1, \cdots, \theta_m$的函数，若有$\hat{\theta}_j = \hat{\theta}_j(x_1, \cdots, x_n)(j=1, \cdots, m)$使

$$L(x_1, \cdots, x_n; \hat{\theta}_1, \cdots, \hat{\theta}_m) = \max_{\theta_1, \cdots, \theta_m} L(x_1, \cdots, x_n; \theta_1, \cdots, \theta_m) \tag{7.5}$$

则称$\hat{\theta}_j = \hat{\theta}_j(X_1, \cdots, X_n)$为$\theta_j$的极大似然估计量$(j=1, \cdots, m)$.

由于$\ln x$是x的单调函数，使

$$\ln L(x_1, \cdots, x_n; \hat{\theta}_1, \cdots, \hat{\theta}_m) = \max_{\theta_1, \cdots, \theta_m} \ln L(x_1, \cdots, x_n; \theta_1, \cdots, \theta_m) \tag{7.6}$$

成立的$\hat{\theta}_j$也使式(7.5)成立. 为计算方便起见，常利用式(7.6)求$\hat{\theta}_j$. 通常采用微积分学求函数极值的一般方法，即从方程组

$$\frac{\partial \ln L}{\partial \theta_j} = 0 \quad (j=1, \cdots, m) \tag{7.7}$$

求得$\ln L$的驻点，然后再从这些驻点中找出满足式(7.6)的$\hat{\theta}_j$. 称式(7.7)为似然方程组.

例 7.4 求例 7.3 中未知参数λ的极大似然估计.

解 似然函数为

$$L = \prod_{i=1}^{n} (\lambda e^{-\lambda x_i}) = \lambda^n e^{-\lambda \sum_{i=1}^{n} x_i}, \quad x_i > 0$$

于是
$$\ln L = n \ln \lambda - \lambda \sum_{i=1}^{n} x_i$$

似然方程为
$$\frac{d \ln L}{d\lambda} = \frac{n}{\lambda} - \sum_{i=1}^{n} x_i = 0$$

解得
$$\lambda = \frac{n}{\sum_{i=1}^{n} x_i} = \frac{1}{\bar{x}}$$

从而λ的极大似然估量为$\hat{\lambda} = \frac{1}{\bar{X}}$

例 7.5 求正态总体$N(\mu, \sigma^2)$的未知参数μ, σ^2的极大似然估计.

解 似然函数为

$$L=\prod_{i=1}^{n}\left[\frac{1}{\sqrt{2}\pi\sigma}e^{-\frac{(x_i-\mu)^2}{2\sigma^2}}\right]=(2\pi\sigma^2)^{-\frac{n}{2}}\exp\left\{-\frac{1}{2\sigma^2}\sum_{i=1}^{n}(x_i-\mu)^2\right\}$$

于是
$$\ln L=-\frac{n}{2}\ln(2\pi\sigma^2)-\frac{1}{2\sigma^2}\sum_{i=1}^{n}(x_i-\mu)^2$$

似然方程组为

$$\frac{\partial\ln L}{\partial\mu}=\frac{1}{\sigma^2}\sum_{i=1}^{n}(x_i-\mu)=0$$

$$\frac{\partial\ln L}{\partial\sigma^2}=-\frac{n}{2\sigma^2}+\frac{1}{2\sigma^4}\sum_{i=1}^{n}(x_i-\mu)^2=0$$

解得
$$\hat{\mu}=\frac{1}{n}\sum_{i=1}^{n}x_i=\bar{x}$$

$$\hat{\sigma}^2=\frac{1}{n}\sum_{i=1}^{n}(x_i-\bar{x})^2$$

这就是μ和σ^2的极大似然估计. 它们与例 7.2 中求得的矩估计是相同的.

例 7.6 对例 7.1 求未知参数θ的极大似然估计.

解 设$x_1, x_2, \cdots, x_n$是来自总体X的一个样本值, $0\leqslant x_i\leqslant\theta$, $i=1, 2, \cdots, n$. 似然函数

$$L(x_1, \cdots, x_n; \theta)=\frac{1}{\theta^n}, \quad \ln L=-n\ln\theta$$

似然方程
$$\frac{d\ln L}{d\theta}=-\frac{n}{\theta}=0$$

无解, 因此不能从解似然方程得到θ的极大似然估计. 下面我们从似然函数的定义出发来确定θ的极大似然估计.

似然函数$L=\frac{1}{\theta^n}$是θ的一个单值递减函数, 又因为对一切i有$x_i\leqslant\theta$, 故要使L最大, 应取$x_1, x_2, \cdots, x_n$中的最大者作为θ的估计, 即

$$\hat{\theta}=\max_{i=1, 2, \cdots, n}\{x_i\}=x_{(n)}$$

本例中θ的矩估计与极大似然估计不同.

对于离散型总体, 似然函数(7.4)为

$$L(x_1, \cdots, x_n; \theta_1, \cdots, \theta_m)=\prod_{i=1}^{n}P\{X_i=x_i\} \tag{7.8}$$

同样的, 取使式(7.5)或式(7.6)成立的$\hat{\theta}_1, \cdots, \hat{\theta}_m$作为$\theta_1, \cdots, \theta_m$的估计.

例 7.7 设总体X服从参数为λ的泊松分布, 求未知参数λ的极大似然估计.

解 设$X_1, \cdots, X_n$为X的一个样本, 则

$$P\{X_i=x_i\}=\frac{\lambda^{x_i}}{x_i!}e^{-\lambda}, \quad i=1, 2, \cdots, n$$

似然函数为

$$L = \prod_{i=1}^{n}\left(\frac{\lambda^{x_i}}{x_i!}e^{-\lambda}\right) = \frac{\lambda^{\sum_{i=1}^{n}x_i}}{x_1!\cdots x_n!}e^{-n\lambda}, \quad \lambda > 0$$

$$\ln L = \sum_{i=1}^{n}x_i\ln\lambda - \ln(x_1!\cdots x_n!) - n\lambda$$

似然方程为

$$\frac{d\ln L}{d\lambda} = \frac{\sum_{i=1}^{n}x_i}{\lambda} - n = 0$$

当 $\bar{x}>0$ 时，解得 $\hat{\lambda} = \frac{1}{n}\sum_{i=1}^{n}x_i = \bar{x}$，此即为 λ 的极大似然估计.

当 $\bar{x}=0$ 时，似然函数 $L(\lambda) = e^{-n\lambda}(\lambda>0)$ 无极大值，故 λ 的极大似然估计不存在.

例 7.8 设总体 $X \sim (0-1)$，$P\{X=1\}=p$，$0<p<1$，试求未知参数 p 的矩估计和极大似然估计.

解 (1) 因 $\alpha_1 = EX = p$，故 p 的矩估计为

$$\hat{p} = \overline{X} = \frac{1}{n}\sum_{i=1}^{n}X_i$$

这里 $\hat{p}$ 实际上是事件的频率，而 p 为事件的概率. 所以我们得到的估计就是用事件频率估计事件的概率.

(2) 设 X_1，X_2，…，X_n 为 X 的样本，则 X_i 的概率分布为

X_i	1	0
P	p	$1-p$

即 $$P\{X_i=x_i\} = p^{x_i}(1-p)^{1-x_i}, \quad x_i=0, 1$$

于是由式(6.1)似然函数为

$$L = p^{\sum_{i=1}^{n}x_i}(1-p)^{n-\sum_{i=1}^{n}x_i} = p^{n\bar{x}}(1-p)^{n-n\bar{x}}$$

取对数得

$$\ln L = n\bar{x}\ln p + n(1-\bar{x})\ln(1-p)$$

似然方程为 $$\frac{d\ln L}{dp} = \frac{n\bar{x}}{p} + \frac{n(\bar{x}-1)}{1-p} = 0$$

解得 $$\hat{p} = \bar{x} = \frac{1}{n}\sum_{i=1}^{n}x_i$$

此即为未知参数 p 的极大似然估计，与矩估计是相同的.

7.1.3 估计量优良性的标准

上面，我们介绍了未知参数的两种估计方法，用矩估计法估计参数通常比较方

便，便于实际应用，但所得估计的优良性有时比较差. 使用极大似然估计法时常常要进行比较复杂的计算，然而得到的估计在许多情况下具有各种优良性，它是目前仍然得到广泛应用的一种估计方法.

由例 7.6 可见，利用不同的方法对同一个参数进行估计时可能得到不同的估计量. 甚至用同样的方法对同一个参数进行估计，也可能得到不同估计量. 例如总体 $X \sim P(\lambda)$，由于 λ 可用总体矩的不同函数来表示：$\lambda = EX = \alpha_1$，及 $\lambda = DX = \alpha_2 - \alpha_1^2$. 故用矩估计法也可能得到两种不同的估计量：$\hat{\lambda} = \overline{X}$ 及 $\hat{\lambda} = \frac{1}{n}\sum_{i=1}^{n}(X_i - \overline{X})^2$. 既然对同一未知参数可以找到种种不同的估计量（实际上，从估计量的定义知，原则上任何统计量都可以作为未知参数的估计量），那么它们中哪个是较好的估计呢？好的标准又是什么呢？下面介绍最常用的三条标准：

1. 无偏性

设 $\hat{\theta} = \hat{\theta}(X_1, \cdots, X_n)$ 是参数 θ 的估计量，若 $E\hat{\theta} = \theta$，则称 $\hat{\theta}$ 为 θ 的无偏估计量.

无偏估计的直观意义是：如果相互独立地重复多次用无偏估计量 $\hat{\theta}$ 进行实际估计，所得诸估计值的算术平均值与 θ 的真值基本上相同.

例 7.9 样本 k 的原点矩 $a_k = \frac{1}{n}\sum_{i=1}^{n} X_i^k$ 是总体 k 阶原点矩 $\alpha_k = EX^k$ 的无偏估计 $(k \geqslant 1)$. 特别地，样本均值是总体均值的无偏估计.

例 7.10 样本方差 $S^2 = \frac{1}{n-1}\sum_{i=1}^{n}(X_i - \overline{X})^2$ 是总体方差 $\sigma^2 = DX$ 的无偏估计.

证 因为 $X_1, \cdots, X_n$ 相互独立，且与总体 X 具有相同的分布，所以

$$EX_i = EX = \mu,\ DX_i = DX = \sigma^2 \quad (i = 1, 2, \cdots, n)$$

且

$$D\overline{X} = \frac{\sigma^2}{n}$$

故由式(6.11)

$$\begin{aligned} ES^2 &= \frac{1}{n-1}E\left[\sum_{i=1}^{n}(X_i - \overline{X})^2\right] \\ &= \frac{1}{n-1}\left(\sum_{i=1}^{n}EX_i^2 - nE\overline{X}^2\right) \\ &= \frac{1}{n-1}\left[n(\sigma^2 + \mu^2) - n\left(\frac{\sigma^2}{n} + \mu^2\right)\right] \\ &= \sigma^2 \end{aligned}$$

证毕.

由本例可见，样本二阶中心矩

$$S^{*2} = \frac{1}{n}\sum_{i=1}^{n}(X_i - \overline{X})^2$$

作为 σ^2 的矩估计量是有偏的，这就是引进样本方差 S^2 的原因，通常用 S^2 作为总体

方差的估计. 当然，当样本容量较大时，S^{*2} 与 S^2 相差是很小的.

由例 7.9、例 7.10 可见，用样本原点矩估计总体原点矩有无偏性，但一般矩估计不一定具有无偏性.

从无偏估计的直观意义可见，无偏性是衡量估计量"优劣"的一个重要标准. 但在实际应用问题中，并不是都能进行反复抽样的，通常是由一个容量为 n 的样本值，根据估计量来计算出一个估计值，就以此作为对未知参数的估计. 这样，要想得到准确的估计值，自然要在无偏估计中，选择有较小方差的估计.

2. 有效性

设 $\hat{\theta}=\hat{\theta}(X_1, X_2, \cdots, X_n)$ 与 $\hat{\theta}_1=\hat{\theta}_1(X_1, \cdots, X_n)$ 都是 θ 的无偏估计，如果

$$D\hat{\theta} \leqslant D\hat{\theta}_1$$

则称 $\hat{\theta}$ 较 $\hat{\theta}_1$ 有效，如果对固定的 n，$D\hat{\theta}$ 达到最小值，则称 $\hat{\theta}$ 为 θ 的有效估计量.

若 $\hat{\theta}$ 较 $\hat{\theta}_1$ 有效，则它们的密度曲线如图 7.1 所示.

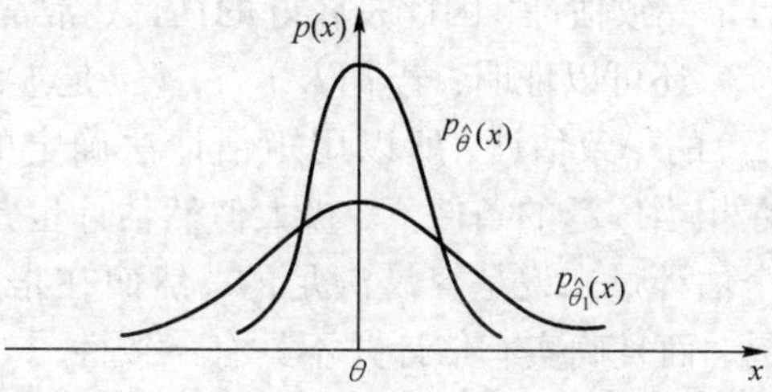

图 7.1

由图 7.1 可见 $\hat{\theta}$ 在 θ 附近取值的概率比 $\hat{\theta}_1$ 在 θ 附近取值的概率来得大，这就是有效性的直观含意.

例 7.11 若取 $\hat{\mu}=\overline{X}=\dfrac{1}{n}\sum_{i=1}^{n}X_i$，$\hat{\mu}_1=\sum_{i=1}^{n}C_iX_i$，$\sum_{i=1}^{n}C_i=1$，显然，它们都是总体均值 μ 的无偏估计. 而

$$D\hat{\mu}=\frac{1}{n}DX, \qquad D\hat{\mu}_1=\sum_{i=1}^{n}C_i^2DX_i=\left(\sum_{i=1}^{n}C_i^2\right)DX$$

利用柯西-许瓦兹(Cauchy-Schwarz)不等式

$$\left(\sum_{i=1}^{n}C_i\right)^2 \leqslant \left(\sum_{i=1}^{n}C_i^2\right)\left(\sum_{i=1}^{n}1^2\right)=n\sum_{i=1}^{n}C_i^2$$

得
$$D\hat{\mu}_1 \geqslant \frac{1}{n}\left(\sum_{i=1}^{n}C_i\right)^2DX=\frac{1}{n}DX=D\hat{\mu}$$

可见，作为 μ 的无偏估计，$\overline{X}$ 较 $\sum_{i=1}^{n}C_iX_i\left(\sum_{i=1}^{n}C_i=1\right)$ 有效，特别地，取 $C_1=0, \cdots, C_{i-1}=0, C_i=1, C_{i+1}=0, \cdots, C_n=0$. 即知 $\overline{X}$ 较 $X_i(i=1, 2, \cdots, n)$ 有效.

3. 一致性

我们自然希望样本容量越大，越能精确地估计出未知参数，也就是说，随着样本容量的增大，一个好的估计量与被估计参数任意接近的可能性就随之增大，这就产生了一致性的概念.

称估计量 $\hat{\theta}_n=\hat{\theta}_n(X_1, \cdots, X_n)$ 是未知参数 θ 的一致估计量，如果 $\hat{\theta}_n$ 依概率收

敛于 θ, 即对任意的 $\varepsilon>0$, 有

$$\lim_{n\to\infty}P\{|\hat{\theta}_n-\theta|>\varepsilon\}=0 \tag{7.9}$$

例 7.12 样本原点矩 $a_k=\frac{1}{n}\sum_{i=1}^{n}X_i^k$ 是总体原点矩 $\alpha_k=EX^k(k\geqslant1)$ 的一致估计.

证 因为 $X_1,\cdots,X_n$ 是独立同分布的, 所以对任意的 $k\geqslant1$, $X_1^k,\cdots,X_n^k$ 也相互独立且与 X^k 同分布. 由大数定律, 对任意 $\varepsilon>0$, 有

$$\lim_{n\to\infty}P\left\{\left|\frac{1}{n}\sum_{i=1}^{n}X_i^k-EX^k\right|>\varepsilon\right\}=0 \tag{7.10}$$

即 a_k 是 α_k 的一致估计.

可以证明, 样本方差 S^2 是总体方差 σ^2 的一致估计.

由于样本 k 阶原点矩与样本方差分别是总体 k 阶原点矩与总体方差的无偏估计、一致估计, 因此是较好的估计, 常常在实际中使用它们.

还可以证明: 若 $h(t_1,\cdots,t_m)$ 是连续函数, 那么 $h(a_1,\cdots,a_m)$ 是 $h(\alpha_1,\cdots,\alpha_m)$ 的一致估计, 所以用矩估计法确定的估计量一般是一致估计. 人们还证明了, 在相当广泛的条件下, 极大似然估计也是一致估计. 由大数定律, 通常一致性对一个估计量来说是容易满足的, 然而在很多情况下, 证明一个估计的一致性并不容易, 而且确实有估计并不具有一致性.

7.1.4 例题选解

例 7.13 设 $X_1,X_2,\cdots,X_n$ 是总体 $N(\mu,\sigma^2)$ 的一个样本, 试适当选择常数 C, 使 $C\sum_{i=1}^{n-1}(X_{i+1}-X_i)^2$ 为 σ^2 的无偏估计.

解 由题设 $EX_i=\mu$, $DX_i=\sigma^2(i=1,2,\cdots,n)$. 由题意

$$E\left[C\sum_{i=1}^{n-1}(X_{i+1}-X_i)^2\right]=\sigma^2$$

即

$$C\sum_{i=1}^{n-1}E(X_{i+1}-X_i)^2=\sigma^2$$

由于 X_i, X_{i+1} 的独立性有

$$\begin{aligned}E(X_{i+1}-X_i)^2&=D(X_{i+1}-X_i)\\&=DX_{i+1}+DX_i\\&=2\sigma^2\end{aligned}$$

故

$$C\sum_{i=1}^{n-1}2\sigma^2=\sigma^2,\ 即\ C=\frac{1}{2(n-1)}$$

例 7.14 设 X_1, X_2 是取自总体 $N(\mu,1)$ (μ 未知) 的一个样本, 试证如下三个估计量都是 μ 的无偏估计量, 并确定最有效的一个:

$$\hat{\mu}_1=\frac{2}{3}X_1+\frac{1}{3}X_2$$

$$\hat{\mu}_2 = \frac{1}{4}X_1 + \frac{3}{4}X_2$$

$$\hat{\mu}_3 = \frac{1}{2}X_1 + \frac{1}{2}X_2$$

解 $EX_i = \mu$，$DX_i = 1(i=1,2)$，于是

$$E\hat{\mu}_1 = \frac{2}{3}EX_1 + \frac{1}{3}EX_2 = \frac{2}{3}\mu + \frac{1}{3}\mu = \mu$$

$$E\hat{\mu}_2 = \frac{1}{4}\mu + \frac{3}{4}\mu = \mu$$

$$E\hat{\mu}_3 = \frac{1}{2}\mu + \frac{1}{2}\mu = \mu$$

故 $\hat{\mu}_1$，$\hat{\mu}_2$，$\hat{\mu}_3$ 均为 μ 的无偏估计.

因为 X_1 与 X_2 独立，故

$$D\hat{\mu}_1 = \frac{4}{9}DX_1 + \frac{1}{9}DX_2 = \frac{4}{9} + \frac{1}{9} = \frac{5}{9}$$

$$D\hat{\mu}_2 = \frac{1}{16} + \frac{9}{16} = \frac{5}{8}$$

$$D\hat{\mu}_3 = \frac{1}{4} + \frac{1}{4} = \frac{1}{2}$$

比较可知 $\hat{\mu}_3$ 是 μ 的最有效估计量.

例 7.15 设从均值为 μ，方差为 $\sigma^2 > 0$ 的总体中分别抽取容量为 n_1，n_2 的两个独立样本，样本均值分别记为 $\overline{X}_1$，$\overline{X}_2$. 试证：对于任意满足 $a+b=1$ 的常数 a 和 b，$T = a\overline{X}_1 + b\overline{X}_2$ 都是 μ 的无偏估计，并问 a，b 为多少时，DT 达到最小？

证 设总体为 X，由已知有 $EX=\mu$，$DX=\sigma^2$，于是

$$\begin{aligned} ET &= E(a\overline{X}_1 + b\overline{X}_2) = aE\overline{X}_1 + bE\overline{X}_2 \\ &= aEX + bEX = (a+b)\mu = \mu \end{aligned}$$

即 $T = a\overline{X}_1 + b\overline{X}_2$ 是 μ 的无偏估计. 因为

$$\begin{aligned} DT &= D(a\overline{X}_1 + b\overline{X}_2) = a^2 D\overline{X}_1 + b^2 D\overline{X}_2 \\ &= a^2\frac{\sigma^2}{n_1} + b^2\frac{\sigma^2}{n_2} = \left[\frac{a^2}{n_1} + \frac{(1-a)^2}{n_2}\right]\sigma^2 \end{aligned}$$

为了求 DT 的最小值，令

$$\frac{\mathrm{d}DT}{\mathrm{d}a} = \left[\frac{2a}{n_1} - \frac{2(1-a)}{n_2}\right]\sigma^2 = 0$$

解之得 $a = \dfrac{n_1}{n_1+n_2}$，并且

$$\frac{\mathrm{d}^2 DT}{\mathrm{d}a^2} = \frac{2(n_1+n_2)}{n_1 n_2}\sigma^2 > 0$$

故 $a=\dfrac{n_1}{n_1+n_2}$时，DT 达到最小，即此时有

$$a=\frac{n_1}{n_1+n_2},\qquad b=\frac{n_2}{n_1+n_2}$$

例 7.16 设总体 X 的概率密度为

$$f(x)=\begin{cases}\dfrac{6x}{\theta^3}(\theta-x) & 0<x<\theta\\ 0 & \text{其他}\end{cases}$$

$X_1,X_2,\cdots,X_n$ 是取自 X 的简单随机样本.

(1) 求 θ 的矩估计量 $\hat{\theta}$.

(2) 求 $\hat{\theta}$ 的方差 $D\hat{\theta}$.

(3) 讨论 $\hat{\theta}$ 的无偏性和一致性(相合性).

解 (1) 因为 $EX=\int_{-\infty}^{+\infty}xf(x)\,\mathrm{d}x=\int_0^{\theta}\dfrac{6x^2}{\theta^3}(\theta-x)\,\mathrm{d}x=\dfrac{1}{2}\theta$. 于是，令 $EX=\overline{X}$，这里 $\overline{X}=\dfrac{1}{n}\sum\limits_{i=1}^{n}X_i$，即$\dfrac{1}{2}\theta=\overline{X}$，得 θ 的矩估计量为 $\hat{\theta}=2\overline{X}$.

(2) $D\hat{\theta}=D(2\overline{X})=4D\overline{X}=\dfrac{4}{n}DX$

因为
$$EX^2=\int_{-\infty}^{+\infty}x^2f(x)\,\mathrm{d}x=\int_0^{\theta}\frac{6x^3}{\theta^3}(\theta-x)\,\mathrm{d}x=\frac{6}{20}\theta^2$$

故
$$DX=EX^2-(EX)^2=\frac{\theta^2}{20}$$

于是 $D\hat{\theta}=\dfrac{1}{5n}\theta^2$.

(3) 因为 $E\hat{\theta}=E(2\overline{X})=2EX=2\times\dfrac{1}{2}\theta=\theta$，故 $\hat{\theta}=2\overline{X}$ 为 θ 的无偏估计量. 又

$$P\{|\hat{\theta}-\theta|>\varepsilon\}\leqslant\frac{D\hat{\theta}}{\varepsilon^2}=\frac{\theta^2}{5n\varepsilon^2}\to0\quad(n\to\infty)$$

即 $\hat{\theta}$ 依概率收敛于 θ，故 $\hat{\theta}=2\overline{X}$ 为 θ 的一致估计.

例 7.17 设总体 X 在区间$[a,b]$上服从均匀分布，a，b 未知，在 X 中取一样本$(X_1,X_2,\cdots,X_n)$，试求 a，b 的矩估计量.

解
$$\alpha_1=EX=\frac{a+b}{2}$$

$$\alpha_2=EX^2=DX+(EX)^2=\frac{(b-a)^2}{12}+\frac{(a+b)^2}{4}$$

解方程组

$$\begin{cases}\dfrac{a+b}{2}=\alpha_1 & (1)\\ \dfrac{(b-a)^2}{12}+\dfrac{(a+b)^2}{4}=\alpha_2 & (2)\end{cases}$$

将式(1)代入式(2)有

$$\frac{(b-a)^2}{12}+\alpha_1^2=\alpha_2$$

即
$$\frac{(b-a)^2}{12}=\alpha_2-\alpha_1^2$$

即 $b-a=2\sqrt{3(\alpha_2-\alpha_1^2)}$，于是方程组可化为

$$\begin{cases}a+b=2\alpha_1\\ b-a=2\sqrt{3(\alpha_2-\alpha_1^2)}\end{cases}$$

解得 $a=\alpha_1-\sqrt{3(\alpha_2-\alpha_1^2)}$，$b=\alpha_1+\sqrt{3(\alpha_2-\alpha_1^2)}$. 所以 a, b 的矩估计量分别为

$$\hat{a}=\overline{X}-\sqrt{3\left(\frac{1}{n}\sum_{i=1}^{n}X_i^2-\overline{X}^2\right)}=\overline{X}-\sqrt{\frac{3}{n}\sum_{i=1}^{n}(X_i-\overline{X})^2}$$

$$\hat{b}=\overline{X}+\sqrt{\frac{3}{n}\sum_{i=1}^{n}(X_i-\overline{X})^2}$$

例 7.18 设总体 X 的密度函数为

$$f(x,t)=\begin{cases}tx^{t-1} & 0\leqslant x\leqslant 1\\ 0 & \text{其他}\end{cases}$$

其中 t 是大于零的未知参数. 求:

(1) 未知参数 t 的极大似然估计量.

(2) 当样本观察值为 0.31, 0.75, 0.33, 0.34, 0.65, 0.56 时, 求 t 的极大似然估计量.

解 (1) 设样本观察值为 x_1, x_2, …, x_n, 那么似然函数

$$L(t)=\prod_{i=1}^{n}(tx_i^{t-1})=t^n\prod_{i=1}^{n}x_i^{t-1},\ t>0,\ 0\leqslant x_i\leqslant 1$$

取对数
$$\ln L(t)=n\ln t+(t-1)\sum_{i=1}^{n}\ln x_i$$

于是, 似然方程为

$$\frac{\mathrm{d}\ln L(t)}{\mathrm{d}t}=\frac{n}{t}+\sum_{i=1}^{n}\ln x_i=0$$

当 $\sum\limits_{i=1}^{n}\ln x_i<0$ 时, 解得

$$t=-\frac{n}{\sum\limits_{i=1}^{n}\ln x_i}$$

所以
$$\hat{t} = -\frac{n}{\sum_{i=1}^{n} \ln x_i}$$

当 $\sum_{i=1}^{n} \ln x_i = 0$ 时，$L(t) = t^n (t > 0)$ 无极大值，此时 t 的极大似然估计量不存在.

（2）由所给样本观察值

$\ln 0.31 = -1.1712$，　$\ln 0.75 = -0.2878$，　$\ln 0.33 = -1.1087$

$\ln 0.34 = -1.0788$，　$\ln 0.65 = -0.4308$，　$\ln 0.56 = -0.5798$

计算
$$\sum_{i=1}^{n} \ln x_i = -4.657$$

所以
$$\hat{t} = -\frac{n}{\sum_{i=1}^{n} \ln x_i} = -\frac{6}{-4.657} = 1.2884$$

例 7.19　设总体 X 的分布列为
$$P\{X=k\} = (1-p)^{k-1} p,\ k=1,2,\cdots$$
其中 p 为未知参数，$X_1, X_2, \cdots, X_n$ 为取自总体 X 的样本，试求 p 的矩估计和极大似然估计.

解　（1）求矩估计：因为
$$EX = \sum_{k=1}^{\infty} k(1-p)^{k-1} p = p\left(\sum_{k=1}^{\infty} x^k\right)'\Big|_{x=1-p} = \frac{1}{p}$$
于是 $p = \frac{1}{EX}$，故 p 的矩估计为 $\hat{p} = \frac{1}{\overline{X}}$.

（2）求极大似然估计：似然函数为
$$L(x_1, x_2, \cdots, x_n; p) = P\{X = x_1\} \cdots P\{X = x_n\}$$
$$= (1-p)^{\sum_{i=1}^{n} x_i - n} p^n$$
$$\ln L = \left(\sum_{i=1}^{n} x_i - n\right) \ln(1-p) + n \ln p$$
$$\frac{\mathrm{d}\ln L}{\mathrm{d}p} = \frac{n - \sum_{i=1}^{n} x_i}{1-p} + \frac{n}{p}$$
令 $\frac{\mathrm{d}\ln L}{\mathrm{d}p} = 0$ 得 p 的极大似然估计为 $\hat{p} = \frac{1}{\overline{X}}$.

例 7.20　设随机变量 X 的密度为
$$f(x) = \frac{1}{2\sigma} \mathrm{e}^{-\frac{|x|}{\sigma}},\ -\infty < x < +\infty$$
$x_1, x_2, \cdots, x_n$ 为 X 的 n 次观测值，试求 σ 的极大似然估计.

解 似然函数 $L(x_1, x_2, \cdots, x_n; \sigma) = \dfrac{1}{(2\sigma)^n}e^{-\frac{\sum_{i=1}^{n}|x_i|}{\sigma}}$

$$\ln L = (-n)\ln(2\sigma) - \frac{1}{\sigma}\sum_{i=1}^{n}|x_i|$$

令
$$\frac{\partial \ln L}{\partial \sigma} = -\frac{n}{\sigma} + \frac{1}{\sigma^2}\sum_{i=1}^{n}|x_i| = 0$$

得 σ 的极大似然估计 $\hat{\sigma} = \dfrac{1}{n}\sum_{i=1}^{n}|x_i|$.

例 7.21 已知某种白炽灯泡寿命服从正态分布，从某星期所生产的该种灯泡中随机抽取 10 只，测得其寿命(以小时计)为 1067，919，1196，785，1126，936，918，1156，920，948. 设总体参数均未知，试用极大似然估计法估计该星期中生产的灯泡能使用 1300h 以上的概率.

解 设总体，即白炽灯泡寿命 $X \sim N(\mu, \sigma^2)$，由例 7.5 可知 μ，σ^2 的极大似然估计分别为

$$\hat{\mu} = \overline{X} = 997.1$$

$$\hat{\sigma}^2 = \frac{1}{10}\sum_{i=1}^{10}(X_i - \overline{X}) = \frac{1}{10}\left(\sum_{i=1}^{10}X_i^2 - 10\overline{X}^2\right) = 15574.29$$

$$\hat{\sigma} = 124.80$$

故 $P\{X > 1300\}$ 的极大似然估计为 $1 - \Phi\left(\dfrac{1300 - 997.1}{124.80}\right) = 0.008$.

例 7.22 设总体 X 的概率密度为

$$f(x) = \begin{cases}(\theta+1)x^{\theta} & 0 < x < 1\\ 0 & \text{其他}\end{cases}$$

其中 $\theta > -1$ 是未知参数，$X_1, \cdots, X_n$ 是来自总体 X 的一个容量为 n 的简单随机样本，分别用矩估计法和极大似然估计法求 θ 的估计量.

解 总体 X 的数学期望 $EX = \int_{-\infty}^{+\infty} x f(x)\,dx = \int_0^1 (\theta+1)x^{\theta+1}\,dx = \dfrac{\theta+1}{\theta+2}$，令 $\overline{X} = \dfrac{\theta+1}{\theta+2}$，解之，未知参数 θ 的矩估计量为 $\hat{\theta} = \dfrac{2\overline{X}-1}{1-\overline{X}}$.

设 $x_1, x_2, \cdots, x_n$ 是相应于样本 $X_1, \cdots, X_n$ 的样本值，则似然函数为

$$L = \begin{cases}(\theta+1)^n\left(\prod_{i=1}^{n}x_i\right)^{\theta} & 0 < x_i < 1\ (i = 1, 2, \cdots, n),\ \theta > -1\\ 0 & \text{其他}\end{cases}$$

当 $0 < x_i < 1 (i = 1, 2, \cdots, n)$ 时，$L > 0$，且

$$\ln L = n\ln(\theta+1) + \theta\sum_{i=1}^{n}\ln x_i, \quad \frac{d\ln L}{d\theta} = \frac{n}{\theta+1} + \sum_{i=1}^{n}\ln x_i$$

令 $\frac{\mathrm{d}\ln L}{\mathrm{d}\theta}=0$，解得 $\theta=-1-\frac{n}{\sum_{i=1}^{n}\ln x_i}$，从而 θ 的极大似然估计量为 $\hat{\theta}=-1-\frac{n}{\sum_{i=1}^{n}\ln X_i}$.

例 7.23 设总体 X 的密度函数为

$$f(x)=\begin{cases}\frac{1}{\theta}\mathrm{e}^{-\frac{(x-\mu)}{\theta}} & x\geqslant\mu\\ 0 & \text{其他}\end{cases}$$

其中 $\theta>0$，θ,μ 为未知参数，$X_1, X_2, \cdots, X_n$ 为取自 X 的样本. 试样 θ,μ 的极大似然估计量.

解 因为似然函数为

$$L(x_1, \cdots, x_n; \theta, \mu)=\begin{cases}\frac{1}{\theta^n}\mathrm{e}^{-\frac{1}{\theta}\sum_{i=1}^{n}(x_i-\mu)} & x_i\geqslant\mu,\ i=1, 2, \cdots, n\\ 0 & \text{其他}\end{cases}$$

于是

$$\ln L=-n\ln\theta-\frac{1}{\theta}\sum_{i=1}^{n}x_i+\frac{n}{\theta}\mu$$

$$\frac{\partial\ln L}{\partial\theta}=-\frac{n}{\theta}+\frac{1}{\theta^2}\sum_{i=1}^{n}x_i-\frac{n}{\theta^2}\mu \tag{1}$$

$$\frac{\partial\ln L}{\partial\mu}=\frac{n}{\theta}>0 \tag{2}$$

由式(2)可知 $\ln L$ 关于 μ 单调增加，即 $L(x_1, \cdots, x_n; \theta, \mu)$ 关于 μ 单调增加，又因为 $\mu\leqslant\min\limits_{1\leqslant i\leqslant n}\{x_i\}$，故 μ 的极大似然估计量为

$$\hat{\mu}=\min_{1\leqslant i\leqslant n}\{X_i\}=X_{(1)}$$

另外，由式(1)，令 $\frac{\partial\ln L}{\partial\theta}=0$，即得 θ 的极大似然估计量为

$$\hat{\theta}=\frac{1}{n}\sum_{i=1}^{n}X_i-\min_{1\leqslant i\leqslant n}\{X_i\}=\overline{X}-X_{(1)}$$

说明 从本例可以看出，极大似然估计可能在驻点，即似然方程的解上取得，也可能在未知参数的边界点上取得.

例 7.24 设 $Z=\ln X\sim N(\mu, \sigma^2)$，$X_1, X_2\cdots, X_n$ 为取自 X 的样本. 试求 EX 的极大似然估计.

解 因为 $EX=E\mathrm{e}^Z=\int_{-\infty}^{+\infty}\mathrm{e}^z\frac{1}{\sqrt{2\pi}\sigma}\mathrm{e}^{-\frac{(z-\mu)^2}{2\sigma^2}}\mathrm{d}z$

$$=\mathrm{e}^{\mu+\frac{1}{2}\sigma^2}\int_{-\infty}^{+\infty}\frac{1}{\sqrt{2\pi}\sigma}\mathrm{e}^{-\frac{(z-\mu)^2}{2\sigma^2}}\mathrm{d}z=\mathrm{e}^{\mu+\frac{1}{2}\sigma^2}$$

故 EX 为未知参数 μ 与 σ^2 的函数，且分别为 μ 与 σ^2 的单调增加函数. 由极大似然估计的性质可知，只需求出 μ, σ^2 的极大似然估计. 因为对于总体 X 的样本 X_1, X_2, …, X_n，对应地有总体 $Z=\ln X$ 的样本 $Z_1=\ln X_1$, $Z_2=\ln X_2$, …, $Z_n=\ln X_n$，故易得 μ, σ^2 的极大似然估计为

$$\hat{\mu}=\frac{1}{n}\sum_{i=1}^{n}\ln X_i,\qquad \hat{\sigma}^2=\frac{1}{n}\sum_{i=1}^{n}(\ln X_i-\hat{\mu})^2$$

所以有 EX 的极大似然估计为

$$EX=\mathrm{e}^{\hat{\mu}+\frac{1}{2}\hat{\sigma}^2}=\exp\left[\frac{1}{n}\sum_{i=1}^{n}\ln X_i+\frac{1}{2n}\sum_{i=1}^{n}\left(\ln X_i-\frac{1}{n}\sum_{i=1}^{n}\ln X_i\right)^2\right]$$

例 7.25 设总体 X 的概率分布列为

X	0	1	2	3
P	θ^2	$2\theta(1-\theta)$	θ^2	$1-2\theta$

其中 $\theta\left(0<\theta<\frac{1}{2}\right)$ 是未知参数，利用总体 X 的如下样本值

3, 1, 3, 0, 3, 1, 2, 3

求 θ 的矩估计值和极大似然估计值.

解 $EX=0\times\theta^2+1\times2\theta(1-\theta)+2\times\theta^2+3\times(1-2\theta)=3-4\theta$

$$\bar{x}=\frac{1}{8}\times(3+1+3+0+3+1+2+3)=2$$

令 $EX=\bar{x}$，即 $3-4\theta=2$，解得 θ 的矩估计值为 $\hat{\theta}=\frac{1}{4}$.

对于给定的样本值，似然函数为

$$L(\theta)=4\theta^6(1-\theta)^2(1-2\theta)^4$$

$$\ln L(\theta)=\ln4+6\ln\theta+2\ln(1-\theta)+4\ln(1-2\theta)$$

$$\frac{\mathrm{d}\ln L(\theta)}{\mathrm{d}\theta}=\frac{6}{\theta}-\frac{2}{1-\theta}-\frac{8}{1-2\theta}=\frac{6-28\theta+24\theta^2}{\theta(1-\theta)(1-2\theta)}$$

令 $\frac{\mathrm{d}\ln L(\theta)}{\mathrm{d}\theta}=0$，解得 $\theta_{1,2}=\frac{7\pm\sqrt{13}}{12}$. 因 $\frac{7+\sqrt{13}}{12}>\frac{1}{2}$ 不合题意，所以 θ 的极大似然估计值为

$$\hat{\theta}=\frac{7-\sqrt{13}}{12}$$

7.2 区间估计

点估计是用统计量 $\hat{\theta}$ 作为未知参数 θ 的估计，一旦给定了样本观测值，就能算出 θ 的估计值，在使用中颇为方便，这个做法本身也相当直观，这是点估计的优点.

但是点估计也有明显的缺点，这就是它对估计的精度和可靠度并没有作明确的回答. 例如，用样本的均值估计总体均值，有多大的误差和以多大的可靠度可以期望误差不超过某一限度等问题都未讲述.

要给出估计量 θ 的精度，比较自然的想法是指出它的变异程度. 假定它的标准差为 σ，那么 $\theta \pm \sigma$，$\theta \pm 2\sigma$ 等，都在一定程度上指明了精度，也就是说，可以用一个区间来表示精度，而用区间包含 θ 的概率作为可靠度，这种直观的想法引导出参数的区间估计.

为叙述方便起见，常把样本与样本值统称为样本，并同用小写字母 $x_1, \cdots, x_n$ 表示. 对样本均值与样本方差也同样处理，分别记作 $\bar{x}$ 与 S^2.

对未知参数 θ，如果找出两个统计量 $\hat{\theta}_1 = \hat{\theta}_1(x_1, \cdots, x_n)$，$\hat{\theta}_2 = \hat{\theta}_2(x_1, \cdots, x_n)$ 使对给定的 $\alpha(0<\alpha<1)$ 有

$$P\{\hat{\theta}_1 < \theta < \hat{\theta}_2\} = 1-\alpha \tag{7.11}$$

则称 $(\hat{\theta}_1, \hat{\theta}_2)$ 为 θ 的置信区间，$1-\alpha$ 为置信度，$\hat{\theta}_1$ 和 $\hat{\theta}_2$ 分别为置信下限和置信上限.

置信度 $1-\alpha$ 要根据具体问题选定. 为查表方便，α 一般取为 0.1，0.05，0.01.

式(7.11)的正确含义是什么呢？初看起来，式(7.11)似乎表示未知参数 θ 落在区间 $(\hat{\theta}_1, \hat{\theta}_2)$ 内的概率为 $1-\alpha$，这种看法是不对的. 因为 θ 是一个完全确定的数，而 $(\hat{\theta}_1, \hat{\theta}_2)$ 是随机区间，故式(7.11)的正确含义是随机区间 $(\hat{\theta}_1, \hat{\theta}_2)$ 包含 θ 的概率为 $1-\alpha$.

对未知参数作具体估计时，我们把由样本值算出的一个完全确定的区间 $(\hat{\theta}_1, \hat{\theta}_2)$ 也称为 θ 的置信区间，这时，$(\hat{\theta}_1, \hat{\theta}_2)$ 不再是随机区间了. 当取 $\alpha = 0.05$ 时，如果我们取 100 个容量为 n 的样本值，可以得到 100 个置信区间，那么其中大约有 95 个是包含 θ 的. 所以，如果我们只抽取一个容量为 n 的样本，得到一个具体的置信区间 $(\hat{\theta}_1, \hat{\theta}_2)$，我们就认为它包含 θ，当然，这样的判断可能是错误的，但只要 α 很小，判断错误的可能性是很小的.

构造置信区间的一般方法如下：

(1) 设法构造一个含有未知参数 θ 的随机变量 $T(x_1, x_2, \cdots, x_n; \theta)$，其分布已知且与 θ 无关.

(2) 对给定的 α，根据 T 的分布找出两个临界值 c 与 d，使

$$P\{c < T(x_1, \cdots, x_n; \theta) < d\} = 1-\alpha$$

(3) 将不等式 $c < T(x_1, \cdots, x_n; \theta) < d$ 转化为等价形式

$$\hat{\theta}(x_1, \cdots, x_n) < \theta < \hat{\theta}_2(x_1, \cdots, x_n)$$

则有 $$P\{\hat{\theta}_1(x_1, \cdots, x_n) < \theta < \hat{\theta}_2(x_1, \cdots, x_n)\} = 1-\alpha$$

于是$(\hat{\theta}_1, \hat{\theta}_2)$即为$\theta$的置信度为$1-\alpha$的置信区间.

7.2.1 单个正态总体参数的区间估计

设$x_1, \cdots, x_n$为取自正态总体$N(\mu, \sigma^2)$的一个样本, $\bar{x}$, S^2分别表示样本均值和样本方差. 现在考虑以下区间估计问题.

1. σ^2已知, 求μ的置信区间

由式(6.20)

$$u=\frac{\bar{x}-\mu}{\sigma}\sqrt{n}\sim N(0, 1)$$

对给定的α, 查附表2得临界值$u_{\frac{\alpha}{2}}$(图7.2)使

$$P\{-u_{\frac{\alpha}{2}}<u<u_{\frac{\alpha}{2}}\}=1-\alpha \tag{7.12}$$

将上式括号内不等式 $-u_{\frac{\alpha}{2}}<\frac{\bar{x}-\mu}{\sigma}\sqrt{n}<u_{\frac{\alpha}{2}}$

转化为等价形式 $\bar{x}-u_{\frac{\alpha}{2}}\frac{\sigma}{\sqrt{n}}<\mu<\bar{x}+u_{\frac{\alpha}{2}}\frac{\sigma}{\sqrt{n}}$

故得μ的置信区间为

$$\left(\bar{x}-u_{\frac{\alpha}{2}}\frac{\sigma}{\sqrt{n}}, \bar{x}+u_{\frac{\alpha}{2}}\frac{\sigma}{\sqrt{n}}\right) \tag{7.13}$$

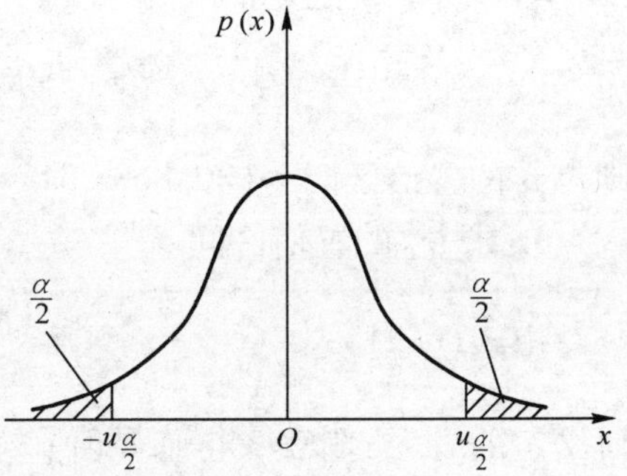

图 7.2

例7.26 已知轮胎的行驶寿命(单位: km)X服从正态分布$N(\mu, 4000^2)$, 现抽取100只轮胎进行测试, 求得平均寿命$\bar{x}=32000$km, 求μ的置信区间(置信度为0.95).

解 $\bar{x}=32000$, $\sigma=4000$, $\alpha=0.05$, 从附表2查出$u_{\frac{\alpha}{2}}=u_{0.025}=1.96$. 故置信限为

$$\bar{x}\pm u_{\frac{\alpha}{2}}\frac{\sigma}{\sqrt{n}}=32000\pm 1.96\times\frac{4000}{10}$$

$$=32000\pm 784$$

置信区间为(31216, 32784).

2. σ^2未知, 求μ的置信区间

由式(6.22) $$t=\frac{\bar{x}-\mu}{S}\sqrt{n}\sim t(n-1)$$

对给定的α, 查附表4得临界值$t_{\frac{\alpha}{2}}(n-1)$使

$$P\{-t_{\frac{\alpha}{2}}(n-1)<t<t_{\frac{\alpha}{2}}(n-1)\}=1-\alpha \tag{7.14}$$

将上式括号内不等式

$$-t_{\frac{\alpha}{2}}(n-1)<\frac{\bar{x}-\mu}{S}\sqrt{n}<t_{\frac{\alpha}{2}}(n-1)$$

转化为等价形式

$$\bar{x}-t_{\frac{\alpha}{2}}(n-1)\frac{S}{\sqrt{n}}<\mu<\bar{x}+t_{\frac{\alpha}{2}}(n-1)\frac{S}{\sqrt{n}}$$

则得 μ 的置信区间为

$$\left(\bar{x}-t_{\frac{\alpha}{2}}(n-1)\frac{S}{\sqrt{n}},\ \bar{x}+t_{\frac{\alpha}{2}}(n-1)\frac{S}{\sqrt{n}}\right) \tag{7.15}$$

例 7.27 从一堆钢球中随机抽出 9 个，测量它们的直径（单位：mm）$X\sim N(\mu,\sigma^2)$，并求得其样本均值 $\bar{x}=31.06$，样本方差 $S^2=0.25^2$，求 μ 的置信区间（置信度为 0.95）.

解 这里 $n=9$，$\alpha=0.05$，$S^2=0.25^2$，查 t 分布表，得临界值 $t_{\frac{\alpha}{2}}(n-1)=t_{0.025}(8)=2.306$，于是置信限为

$$\bar{x}\pm 2.306\frac{0.25}{\sqrt{9}}=31.06\pm 0.192$$

则得 μ 的置信区间为(30.868，31.252).

3. 求 σ^2 的置信区间

由式(6.21)

$$\chi^2=\frac{(n-1)S^2}{\sigma^2}\sim\chi^2(n-1)$$

对给定的 α，查附表 3 得临界值 $\chi^2_{1-\frac{\alpha}{2}}(n-1)$ 与 $\chi^2_{\frac{\alpha}{2}}(n-1)$（图 7.3）使

$$P\{\chi^2_{1-\frac{\alpha}{2}}(n-1)<\chi^2<\chi^2_{\frac{\alpha}{2}}(n-1)\}=1-\alpha \tag{7.16}$$

将上式括号内不等式

$$\chi^2_{1-\frac{\alpha}{2}}(n-1)<\frac{(n-1)S^2}{\sigma^2}<\chi^2_{\frac{\alpha}{2}}(n-1)$$

转化为等价形式

$$\frac{(n-1)S^2}{\chi^2_{\frac{\alpha}{2}}(n-1)}<\sigma^2<\frac{(n-1)S^2}{\chi^2_{1-\frac{\alpha}{2}}(n-1)}$$

则得 σ^2 的置信区间为

$$\left(\frac{(n-1)S^2}{\chi^2_{\frac{\alpha}{2}}(n-1)},\ \frac{(n-1)S^2}{\chi^2_{1-\frac{\alpha}{2}}(n-1)}\right) \tag{7.17}$$

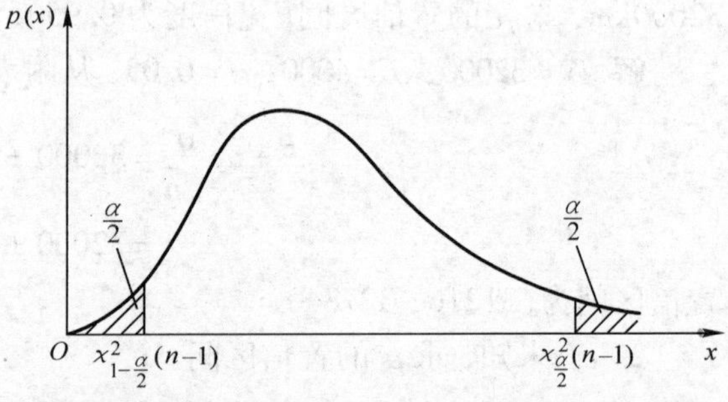

图 7.3

故 σ 的置信区间为

$$\left(\sqrt{\frac{(n-1)S^2}{\chi^2_{\frac{\alpha}{2}}(n-1)}},\ \sqrt{\frac{(n-1)S^2}{\chi^2_{1-\frac{\alpha}{2}}(n-1)}}\right) \tag{7.18}$$

例 7.28 试求例 7.27 中总体方差 σ^2 的置信区间（置信度为 0.95）.

解 查附表 3 得 $\chi^2_{0.975}(8)=2.180$，$\chi^2_{0.025}(8)=17.535$. 置信限为

$$\frac{(n-1)S^2}{\chi^2_{0.025}(n-1)}=\frac{0.5}{17.535}=0.029$$

$$\frac{(n-1)S^2}{\chi^2_{0.975}(n-1)}=\frac{0.5}{2.180}=0.229$$

故所求置信区间为(0.029, 0.229).

如本节开头所讲的，区间估计有两个要素：一是其精度，二是其可靠度，分别用置信区间与置信度表示. 在进行区间估计时，人们自然希望置信区间短一些，置信度大一些，在样本容量一定的情况下，此二者是不可兼得的. 不难看出，样本容量一定，置信度越大，置信区间越长，估计的意义也越小. 所以在置信区间的定义中，限制置信度小于1，而决不能要求达到1. 实际上，因为抽样具有随机性，我们不能以百分之百的可靠度对未知参数作出任何有意义的估计. 例如在7.2.1的1段与3段中，如果硬要绝对可靠，那么只能用区间$(-\infty, +\infty)$来估计μ，这显然是毫无意义的. 但只要给定了置信度$1-\alpha(0<\alpha<1)$，不管它多么接近1，我们总可以对未知参数作出估计，而且可以用增大样本的办法来缩短置信区间的长度. 这正是统计方法可以发挥作用之处. 当然，在实际问题中，样本容量太大是很难办到的，所以我们要确定合适的α和n.

对给定的置信度$1-\alpha$和同一未知参数θ，即使用同一随机变量$T(X_1, \cdots, X_n; \theta)$也可以构造出许多不同的置信区间. 例如，在3段中，如果我们从附表3查出临界值$\chi^2_{1-\alpha_1}(n-1)$与$\chi^2_{\alpha_2}(n-1)$满足：

$$P\{\chi^2 \geqslant \chi^2_{\alpha_2}(n-1)\}=\alpha_2$$

$$P\{\chi^2 \leqslant \chi^2_{1-\alpha_1}(n-1)\}=\alpha_1$$

那么，只要$\alpha_1>0$，$\alpha_2>0$，$\alpha_1+\alpha_2=\alpha$成立，则

$$\left(\frac{(n-1)S^2}{\chi^2_{\alpha_2}(n-1)}, \frac{(n-1)S^2}{\chi^2_{1-\alpha_1}(n-1)}\right)$$

就是σ^2的置信区间.

一般说来，在进行区间估计时，总是先规定一个置信度，以保证可靠度达到一定要求. 在这个前提下，精度越高越好，对确定的样本容量，在一定置信度下，置信区间长度的均值$E(\hat{\theta}_2-\hat{\theta}_1)$越小越好. 对这一问题的讨论，已超出本书的范围. 在3段中选择$\alpha_1=\alpha_2=\frac{\alpha}{2}$，主要是为了查表方便，而不是基于如上考虑，因为在这种情况下，求长度最短的置信区间是较复杂的事情，不便于实际计算.

7.2.2 两个正态总体参数的区间估计

设总体$X\sim N(\mu_1, \sigma_1^2)$，总体$Y\sim N(\mu_2, \sigma_2^2)$，$X_1, \cdots, X_{n_1}$为取自总体$X$的容量为$n_1$的样本，$\bar{x}$和$S_1^2$分别为它的样本均值与样本方差；$Y_1, \cdots, Y_{n_2}$为取自总体$Y$的容量为$n_2$的样本，$\bar{y}$和$S_2^2$分别为它的样本均值和样本方差. 又设这两个样本互相独

立，考虑以下区间估计问题.

1. 已知 $\sigma_1^2=\sigma_2^2$，求 $\mu_1-\mu_2$ 的置信区间

由式(6.23)

$$t=\frac{\bar{x}-\bar{y}-(\mu_1-\mu_2)}{S_w\sqrt{\frac{1}{n_1}+\frac{1}{n_2}}}\sim t(n_1+n_2-2)$$

其中
$$S_w=\sqrt{\frac{(n_1-1)S_1^2+(n_2-1)S_2^2}{n_1+n_2-2}}$$

对给定的 α，查附表 4 得临界值 $t_{\frac{\alpha}{2}}(n_1+n_2-2)$ 使

$$P\{-t_{\frac{\alpha}{2}}(n_1+n_2-2)<t<t_{\frac{\alpha}{2}}(n_1+n_2-2)\}=1-\alpha \tag{7.19}$$

将上式括号中不等式变形，容易得到 $\mu_1-\mu_2$ 的置信区间为

$$\left(\bar{x}-\bar{y}-t_{\frac{\alpha}{2}}(n_1+n_2-2)S_w\sqrt{\frac{1}{n_1}+\frac{1}{n_2}},\right.$$
$$\left.\bar{x}-\bar{y}+t_{\frac{\alpha}{2}}(n_1+n_2-2)S_w\sqrt{\frac{1}{n_1}+\frac{1}{n_2}}\right) \tag{7.20}$$

2. 求 σ_1^2/σ_2^2 的置信区间

由式(6.26)

$$F=\frac{S_1^2\sigma_2^2}{S_2^2\sigma_1^2}\sim F(n_1-1,\ n_2-1)$$

对给定的 α，查附表 5 得临界值 $F_{1-\frac{\alpha}{2}}(n_1-1,\ n_2-1)$ 和 $F_{\frac{\alpha}{2}}(n_1-1,\ n_2-1)$ 使

$$P\{F_{1-\frac{\alpha}{2}}(n_1-1,\ n_2-1)<F<F_{\frac{\alpha}{2}}(n_1-1,\ n_2-1)\}=1-\alpha \tag{7.21}$$

将上式括号中不等式变形，易得到 σ_1^2/σ_2^2 的置信区间为

$$\left(\frac{S_1^2}{S_2^2}\frac{1}{F_{\frac{\alpha}{2}}(n_1-1,\ n_2-1)},\ \frac{S_1^2}{S_2^2}\frac{1}{F_{1-\frac{\alpha}{2}}(n_1-1,\ n_2-1)}\right) \tag{7.22}$$

例 7.29 两正态总体 $N(\mu_1,\ \sigma_1^2)$，$N(\mu_2,\ \sigma_2^2)$ 的参数均为未知，依次取容量分别为 13，10 的两独立样本，测得样本方差 $S_1^2=8.41$，$S_2^2=5.29$. 求方差比 σ_1^2/σ_2^2 的置信区间(置信度为 0.90).

解 $n_1=13$，$n_2=10$，$\alpha=0.10$

查附表 5 得 $F_{\frac{\alpha}{2}}(n_1-1,\ n_2-1)=F_{0.05}(12,\ 9)=3.07$

$$F_{1-\frac{\alpha}{2}}(n_1-1,\ n_2-1)=\frac{1}{F_{\frac{\alpha}{2}}(9,\ 12)}=\frac{1}{2.80}=0.357$$

置信限为

$$\frac{S_1^2}{S_2^2F_{\frac{\alpha}{2}}(n_1-1,\ n_2-1)}=\frac{8.41}{16.24}=0.52$$

$$\frac{S_1^2}{S_2^2 F_{1-\frac{\alpha}{2}}(n_1-1,\ n_2-1)}=\frac{8.41}{1.89}=4.45$$

故置信区间为(0.52, 4.45).

7.2.3 大样本区间估计

7.2.1与7.2.2中的结果对于无论多大的样本容量 n 都适用，因为那里构造置信区间时使用随机变量的精确分布都已知，这是在正态总体的大前提下才得到的. 对于非正态总体，通常精确分布很难找到，为对未知参数进行估计，只好利用中心极限定理来处理. 这样就需要样本容量 n 充分大.

1. 一般总体均值的区间估计

设 $X_1, \cdots, X_n$ 是来自总体 X 的容量为 n 的样本，X 的均值为 μ，方差 σ^2 已知，当 n 充分大时，求 μ 的置信区间.

由式(6.27)当 n 充分大时，近似地有

$$u=\frac{\overline{X}-\mu}{\sigma}\sqrt{n}\sim N(0,\ 1)$$

对给定的 α，查附表2，得 $u_{\frac{\alpha}{2}}$ 使

$$P\{-u_{\frac{\alpha}{2}}<\mu<u_{\frac{\alpha}{2}}\}\approx 1-\alpha \tag{7.23}$$

将上式中不等式变形，得 μ 的置信区间为

$$\left(\bar{x}-u_{\frac{\alpha}{2}}\frac{\sigma}{\sqrt{n}},\ \bar{x}+u_{\frac{\alpha}{2}}\frac{\sigma}{\sqrt{n}}\right) \tag{7.24}$$

置信度近似为 $1-\alpha$.

如果 σ 未知，可用样本标准差 S 代替 σ 而求得 μ 的置信区间. 实际上，可以证明，当 n 充分大时有 $u=\dfrac{\overline{X}-\mu}{S}\sqrt{n}$ 近似地服从 $N(0,\ 1)$.

故 μ 的置信区间为

$$\left(\bar{x}-u_{\frac{\alpha}{2}}\frac{S}{\sqrt{n}},\ \bar{x}+u_{\frac{\alpha}{2}}\frac{S}{\sqrt{n}}\right) \tag{7.25}$$

置信度近似为 $1-\alpha$.

2. (0-1)分布参数的区间估计

设总体 $X\sim(0\text{-}1)$，$P\{X=1\}=p(0<p<1)$. 显然，$\mu=p$，$\sigma^2=p(1-p)$. 为估计 p，取容量 n 充分大的样本 $X_1, X_2, \cdots, X_n$，由中心极限定理

$$u=\frac{\bar{x}-\mu}{\sigma}\sqrt{n}=\frac{\bar{x}-p}{\sqrt{p(1-p)}}\sqrt{n}$$

近似地服从 $N(0,\ 1)$，对给定的 α 有

$$P\{|u|<u_{\frac{\alpha}{2}}\}\approx 1-\alpha \tag{7.26}$$

上式括号内不等式

$$\left|\frac{\bar{x}-p}{\sqrt{p(1-p)}}\sqrt{n}\right|<u_{\frac{\alpha}{2}} \tag{7.27}$$

等价于

$$\frac{n(\bar{x}-p)^2}{p(1-p)}<u_{\frac{\alpha}{2}}^2$$

即

$$(n+u_{\frac{\alpha}{2}}^2)p^2-2(n\bar{x}+u_{\frac{\alpha}{2}}^2)p+n\bar{x}^2<0 \tag{7.28}$$

令 $a=n+u_{\frac{\alpha}{2}}^2$, $b=-(2n\bar{x}+u_{\frac{\alpha}{2}}^2)$, $c=n\bar{x}^2$, 知式(7.28)的等价形式为

$$\hat{p}_1<p<\hat{p}_2 \tag{7.29}$$

其中

$$\hat{p}_1=\frac{1}{2a}(-b-\sqrt{b^2-4ac})$$

$$\hat{p}_2=\frac{1}{2a}(-b+\sqrt{b^2-4ac})$$

从式(7.27)与式(7.29)的等价性得 p 的置信区间为($\hat{p}_1$, $\hat{p}_2$), 置信度近似为 $1-\alpha$.

由于 $0\leqslant\bar{x}\leqslant1$, $4n\bar{x}\geqslant4n\bar{x}^2$, 故

$$b^2-4ac=u_{\frac{\alpha}{2}}^2\left[\left(u_{\frac{\alpha}{2}}^2+4n\bar{x}\right)-4n\bar{x}^2\right]>0$$

所以上边的 $\hat{p}_1$, $\hat{p}_2$ 总是存在的.

例 7.30 为估计一批齿轮的一级品率 p, 从中抽取 100 个进行检验, 发现有 60 个一级品, 若取 $\alpha=0.05$, 试求 p 的置信区间.

解 因 $n=100$, $\bar{x}=0.6$, $u_{\frac{\alpha}{2}}=u_{0.025}=1.96$, $u_{0.025}^2=3.84$, 则 $a=103.84$, $b=-123.84$, $c=36$, 所以 $\hat{p}_1=0.50$, $\hat{p}_2=0.69$, 故 p 的置信区间是(0.50, 0.69).

7.2.4 例题选解

例 7.31 从一台机床加工的轴承中, 随机抽取 100 件, 测厚度的误差, 样本观察值的均值为 $\bar{x}=0.081$mm, 并由以往的资料知道厚度的误差服从 $N(\mu, 0.025^2)$, 求轴承厚度的误差的置信区间(检验水平 $\alpha=0.05$).

解 对于 $\alpha=0.05$, 查正态分布表, 得 $u_{\frac{\alpha}{2}}=1.96$.

则

$$\bar{x}+u_{\frac{\alpha}{2}}\frac{\sigma}{\sqrt{n}}=0.081+1.96\,\frac{0.025}{10}=0.081+0.0049=0.0859$$

$$\bar{x}-u_{\frac{\alpha}{2}}\frac{\sigma}{\sqrt{n}}=0.081-1.96\,\frac{0.025}{10}=0.081-0.0049=0.0761$$

所以轴承厚度的误差的置信区间是(0.0761, 0.0859).

例 7.32 对某种新式导弹的飞行速度进行了 15 次独立试验, 测得导弹的最大飞行速度(单位: m/s)为

422.2, 418.7, 425.6, 420.3, 425.8, 423.1, 431.5

428.2, 438.3, 434.0, 412.3, 417.2, 413.5, 441.3, 423.7

根据以往长期的统计, 可以认为最大飞行速度服从正态分布 $N(\mu, \sigma^2)$, 其中

μ, σ 未知, 试对飞行的最大速度的数学期望 μ 进行区间估计(检验水平 $\alpha=0.05$).

解 对于 $\alpha=0.05$, 查当 $n-1=15-1=14$ 的 t 分布表, 得

$$t_{\frac{\alpha}{2}}(14)=2.1448$$

$$\begin{aligned}\bar{x}&=\frac{1}{15}(422.2+418.7+425.6+420.3+425.8+423.1+431.5+428.2+\\&\quad 438.3+434.0+412.3+417.2+413.5+441.3+423.7)\\&=425.0467\end{aligned}$$

$$S^2=\frac{1}{15-1}\sum_{i=1}^{15}(X_i-\bar{X})^2=71.8814$$

$$S=8.4783,\ \sqrt{15}=3.873$$

$$\bar{x}-t_{\frac{\alpha}{2}}\frac{S}{\sqrt{n}}=425.0467-\frac{8.4783}{3.873}\times 2.1448$$

$$=425.0467-4.6952=420.3515$$

$$\bar{x}+t_{\frac{\alpha}{2}}\frac{S}{\sqrt{n}}=425.0467+\frac{8.4783}{3.873}\times 2.1448$$

$$=425.0467+4.6952=429.7419$$

所以, 以95%的置信度对飞行的最大速度的数学期望 μ 所在区间估计为(420.3515, 429.7419).

例 7.33 从一批钉子中随机抽取16枚, 测得其长度(单位: cm)为

2.14, 2.10, 2.13, 2.15, 2.13, 2.12, 2.13, 2.10
2.15, 2.12, 2.14, 2.10, 2.13, 2.11, 2.14, 2.11

假设钉子的长度 X 服从正态分布 $N(\mu, \sigma^2)$, 在下列两种情况下分别求总体均值 μ 的置信度为90%的置信区间.

(1) 已知 $\sigma=0.01$.

(2) σ 未知.

解 由观察值可得 $x=2.125$, $S=0.01713$.

(1) 已知 $\sigma=0.01$, $1-\alpha=0.90$, $\frac{\alpha}{2}=0.05$, $n=16$. 选取随机变量

$$U=\frac{\bar{x}-\mu}{\sigma/\sqrt{n}}\sim N(0, 1)$$

由 $P\{|U|<u_{0.05}\}=0.90$, 查标准正态分布表得 $u_{0.05}=1.645$. 计算

$$\bar{x}-\frac{u_{0.05}\times\sigma}{\sqrt{n}}=2.125-\frac{1.645\times 0.01}{\sqrt{16}}=2.121$$

$$\bar{x}+\frac{u_{0.05}\times\sigma}{\sqrt{n}}=2.125+\frac{1.645\times 0.01}{\sqrt{16}}=2.129$$

故所求的置信区间为(2.121, 2.129).

（2）由于 σ 未知，因此用随机变量 $T=\dfrac{\bar{x}-\mu}{S/\sqrt{n}}\sim t(n-1)$，由 $P\{|T|<t_{0.05}(n-1)\}=0.90$，查 t 分布表得 $t_{0.05}(15)=1.7531$.

计算得 $$\bar{x}-t_{0.05}(15)\frac{S}{\sqrt{n}}=2.125-\frac{1.7531\times0.01713}{\sqrt{16}}\approx2.117$$

$$\bar{x}+t_{0.05}(15)\frac{S}{\sqrt{n}}=2.125+\frac{1.7531\times0.01713}{\sqrt{16}}\approx2.133$$

故所求的 μ 的置信度为 0.90 的区间为(2.117,2.133).

例 7.34 随机地取某种炮弹 9 发作试验，测得炮口速度的样本标准差 $S=11$ (m/s). 设炮口速度 X 服从 $N(\mu,\sigma^2)$，求这种炮弹的炮口速度的标准差 σ 的 95% 的置信区间.

解 $1-\alpha=0.95$，$\dfrac{\alpha}{2}=0.025$，$n=9$，$S=11$，取随机变量

$$\chi^2=\frac{(n-1)S^2}{\sigma^2}\sim\chi^2(n-1)$$

由 $P\{\chi^2_{1-\frac{\alpha}{2}}(n-1)<\chi^2<\chi^2_{\frac{\alpha}{2}}(n-1)\}=1-\alpha$，查 χ^2 分布表，得 $\chi^2_{0.025}(8)=17.535$，$\chi^2_{0.975}(8)=2.18$. 故 σ 的 95% 的置信区间为

$$\left(\frac{\sqrt{8}\times11}{\sqrt{17.535}},\frac{\sqrt{8}\times11}{\sqrt{2.18}}\right)=(7.4,21.1)$$

例 7.35 在两台机床上生产的同一产品，测量它们的直径，随机地抽取甲机床上的产品 18 只，测得样本均值与方差为 $\bar{x}_1=18.10$，$S_1^2=0.34$；乙机床上的产品 13 只，样本均值与方差 $\bar{x}_2=18.02$，$S_2^2=0.29$，设两台机床生产的这两个样本相互独立，且分别来自正态总体 $N(\mu_1,\sigma^2)$ 和 $N(\mu_2,\sigma^2)$，μ_1,μ_2,σ^2 均未知，试求 $\mu_1-\mu_2$ 的置信区间（检验水平 $\alpha=0.05$）.

解 σ^2 未知，统计量

$$T=\frac{(\bar{x}_1-\bar{x}_2)-(\mu_1-\mu_2)}{S_\omega\left(\dfrac{1}{n_1}+\dfrac{1}{n_2}\right)^{\frac{1}{2}}}$$

其中

$$S_\omega^2=\frac{(n_1-1)S_1^2+(n_2-1)S_2^2}{n_1+n_2-2}$$

服从自由度 $n_1+n_2-2=18+13-2=29$ 的 t 分布，对于 $\alpha=0.05$，查 $t(29)$ 分布表，得 $t_{\frac{\alpha}{2}}=t_{0.025}=2.0452$，由已知条件计算

$$S_\omega^2=\frac{(n_1-1)S_1^2+(n_2-1)S_2^2}{n_1+n_2-2}=\frac{17\times0.34+12\times0.29}{29}=0.3193$$

$$S_{\omega}=0.5651$$

$$(\bar{x}_1-\bar{x}_2)+t_{\frac{\alpha}{2}}(29)S_{\omega}\left(\frac{1}{n_1}+\frac{1}{n_2}\right)^{\frac{1}{2}}$$

$$=(18.10-18.02)+2.0452\times0.5651\times\left(\frac{1}{18}+\frac{1}{13}\right)^{\frac{1}{2}}$$

$$=0.08+1.1557\times0.3640=0.08+0.4207=0.5007$$

$$(\bar{x}_1-\bar{x}_2)-t_{\frac{\alpha}{2}}(29)S_{\omega}\left(\frac{1}{n_1}+\frac{1}{n_2}\right)^{\frac{1}{2}}$$

$$=(18.10-18.02)-2.0452\times0.5651\times\left(\frac{1}{18}+\frac{1}{13}\right)^{\frac{1}{2}}$$

$$=0.08-1.1557\times0.3640=0.08-0.4207=-0.3407$$

所以$\mu_1-\mu_2$的置信区间为$(-0.3407,0.5007)$.

例 7.36 有两个相互独立的正态总体$N(\mu_1,\sigma_1^2)$，$N(\mu_2,\sigma_2^2)$，其中的参数μ_1，μ_2，σ_1^2，σ_2^2均为未知数，分别随机抽取容量为 16，13 的两组独立样本，测得$S_1^2=0.34$，$S_2^2=0.29$，求σ_1^2/σ_2^2的置信区间(检验水平$\alpha=0.10$).

解 $n_1=16$，$n_2=13$，$\alpha=0.10$，查F分布表，得

$$F_{\frac{\alpha}{2}}(n_1-1,n_2-1)=F_{0.05}(15,12)=2.62$$

$$F_{1-\frac{\alpha}{2}}(n_1-1,n_2-1)=F_{0.95}(15,12)=\frac{1}{F_{0.05}(12,15)}=\frac{1}{2.48}$$

$$\frac{S_1^2}{S_2^2}\cdot\frac{1}{F_{\frac{\alpha}{2}}}=\frac{0.34}{0.29}\cdot\frac{1}{2.62}=0.45$$

$$\frac{S_1^2}{S_2^2}\cdot\frac{1}{F_{1-\frac{\alpha}{2}}}=\frac{0.34}{0.29}\cdot2.48=2.91$$

所以σ_1^2/σ_2^2的置信度为90%的置信区间是$(0.45,2.91)$.

例 7.37 假设0.50，1.25，0.80，2.00是来自总体X的简单随机样本值，已知$Y=\ln X$服从正态分布$N(\mu,1)$.

(1) 求X的数学期望EX(记EX为b).

(2) 求μ的置信度为0.95的置信区间.

(3) 利用上述结果求b的置信度为0.95的置信区间.

解 (1) 因Y的密度函数为

$$f(y)=\frac{1}{\sqrt{2\pi}}e^{-\frac{(y-\mu)^2}{2}},\ -\infty<y<+\infty$$

于是(令$t=y-\mu$)

$$b=EX=Ee^{Y}=\frac{1}{\sqrt{2\pi}}\int_{-\infty}^{+\infty}e^{y}e^{-\frac{(y-\mu)^2}{2}}dy$$

$$= \frac{1}{\sqrt{2\pi}}\int_{-\infty}^{+\infty} e^{t+\mu} e^{-\frac{1}{2}t^2} dt$$

$$= e^{\mu+\frac{1}{2}}\int_{-\infty}^{+\infty} \frac{1}{\sqrt{2\pi}} e^{-\frac{1}{2}(t-1)^2} dt = e^{\mu+\frac{1}{2}}$$

（2）当置信度 $1-\alpha=0.95$ 时，$\alpha=0.05$，从而置信水平 $\alpha=0.05$ 的双侧分位数 $u_{\frac{\alpha}{2}}=u_{0.025}=1.96$，总体 $Y\sim N(\mu,1)$，故 μ 的置信度为 0.95 的置信区间是

$$\left(\overline{Y}-1.96\times\frac{1}{\sqrt{4}},\ \overline{Y}+1.96\times\frac{1}{\sqrt{4}}\right)$$

其中，$\overline{Y}$ 表示总体 Y 的样本均值. 于是，将已知数据代入得

$$\overline{Y}=\frac{1}{4}(\ln 0.5+\ln 0.8+\ln 1.25+\ln 2)=\frac{1}{4}\ln 1=0$$

故 μ 的 0.95 置信区间为 $(-0.98,0.98)$.

（3）因为 $b=e^{\mu+\frac{1}{2}}$，而 e^x 单调递增，故 b 的 0.95 置信区间为 $(e^{-0.98+\frac{1}{2}},e^{0.98+\frac{1}{2}})$，即 $(e^{-0.48},e^{1.48})$.

例 7.38 设 $X_1, X_2, \cdots, X_{2n}$ 为来自正态总体 $N(\mu_1,18)$ 的样本，$Y_1,\cdots,Y_n$ 是来自正态总体 $N(\mu_2,16)$ 的样本，已知两总体是相互独立的，要使 $\mu_1-\mu_2$ 的 95% 置信区间的长度不超过 l，n 至少要取多大?

解 因为 $\overline{X}\sim N\left(\mu_1,\frac{18}{2n}\right)$，$\overline{Y}\sim N\left(\mu_2,\frac{16}{n}\right)$，且 $\overline{X}-\overline{Y}\sim N\left(\mu_1-\mu_2,\frac{25}{n}\right)$，由此得 $\mu_1-\mu_2$ 的置信区间的下限、上限分别为

$$(\overline{X}-\overline{Y})-u_{\frac{\alpha}{2}}\sqrt{\frac{25}{n}},(\overline{X}-\overline{Y})+u_{\frac{\alpha}{2}}\sqrt{\frac{25}{n}}$$

于是置信区间的长度

$$L=2u_{0.025}\sqrt{\frac{25}{n}}=\frac{10}{\sqrt{n}}\times 1.96\leqslant l$$

故 $n\geqslant\frac{384.16}{l^2}$. 所以，当 $\frac{384.16}{l^2}$ 为整数时，n 至少取 $\frac{384.16}{l^2}$；当 $\frac{384.16}{l^2}$ 不是整数时，n 至少取 $\left[\frac{384.16}{l^2}\right]+1$. 即 n 至少要取 $\left[\frac{384.16}{l^2}\right]+1\left(\text{假定}\frac{384.16}{l^2}\text{为非正整数}\right)$.

习 题 7

填空题

1. 设总体 $X\sim N(\mu,\sigma^2)$，$X_1,\cdots,X_n$ 是来自 X 的一个样本，则 $K=$________时，$\hat{\sigma}^2=\sum_{i=1}^{n}K(X_i-\overline{X})^2$ 是 σ^2 的无偏估计.

2. 设 $X_1,\cdots,X_{n1}$ 和 $Y_1,\cdots,Y_{n2}$ 分别是来自总体 $N(\mu_1,\sigma_1^2)$ 和 $N(\mu_2,\sigma_2^2)$ 的两个相互独立的样本，$\overline{X}$、$\overline{Y}$、S_1^2、S_2^2 分别是两总体的样本均值与样本方差，则 $\mu_1-\mu_2$ 的一个无偏估计是________，σ_1^2/σ_2^2 的置信度为 0.95 的置信区间为________.

3. 设总体 X 的方差为 1，根据来自 X 的容量为 100 的简单随机样本，测得样本均值为 5，则 X 的数学期望的置信度为 0.95 的置信区间为________.

4. 设由来自正态总体 $X\sim N(\mu,\sigma^2)$ 容量为 16 的简单随机样本得样本均值为 $\bar{x}=-503.75$，样本标准差 $S=6.2022$，则总体标准差 σ 的置信度 0.95 的置信区间为________.

5. 设总体 X 的概率密度为 $f(x,\theta)=\begin{cases}e^{-(x-\theta)} & x\geqslant\theta\\ 0 & x<\theta\end{cases}$，而 $X_1,X_2,\cdots,X_n$ 是来自总体 X 的简单随机样本，则未知参数 θ 的矩估计量为________.

单项选择题

1. 若 12.6，13.4，12.8，13.2 为总体 $X\sim N(\mu,0.09)$ 的样本观察值，则 μ 的置信度为 95% 的置信区间是(　　).

(A) (13.1,13.52)　　(B) (12.51,14.21)

(C) (12.71,13.29)　　(D) (12,14)

2. 正态总体均值未知时，对取定的样本观察值及给定的 $\alpha\in(0,1)$. 欲求总体方差的 $1-\alpha$ 置信区间，使用的统计量服从(　　).

(A) 标准正态分布　　(B) t 分布

(C) χ^2 分布　　(D) F 分布

3. 对总体 $N(\mu_1,\sigma_1^2)$ 和 $N(\mu_2,\sigma_2^2)$，其中 σ_1^2 和 σ_2^2 未知，依次取容量分别为 25 与 15 的两独立样本，经计算知样本方差分别是 6.38 和 5.15，则 σ_1^2/σ_2^2 的 90% 的置信区间是(　　).

(A) (0.591,2.810)　　(B) (0.528,2.64)

(C) (0.5,2.9)　　(D) (0.65,3.11)

4. 设 μ 是总体 X 的数学期望，σ 是总体 X 的标准差；$X_1,X_2,\cdots,X_n$ 是来自总体 X 的简单随机样本，则总体方差 σ^2 的无偏估计量是(　　).

(A) $\dfrac{1}{n-1}\sum_{i=1}^{n}(X_i-\mu)^2$，$\mu$ 未知　　(B) $\dfrac{1}{n}\sum_{i=1}^{n}(X_i-\mu)^2$，$\mu$ 未知

(C) $\dfrac{1}{n-1}\sum_{i=1}^{n}(X_i-\mu)^2$，$\mu$ 未知　　(D) $\dfrac{1}{n}\sum_{i=1}^{n}(X_i-\mu)^2$，$\mu$ 已知

5. 已知总体 $X\sim U[0,\theta]$，其中 θ 是未知参数；设 $X_1,X_2,\cdots,X_n$ 是来自 X 的简单随机样本，$\overline{X}$ 是样本均值，$X_{(n)}=\max\{X_1,X_2,\cdots,X_n\}$，则下列选项错误的是(　　).

(A) $X_{(n)}$ 是 θ 的极大似然估计量　　(B) $X_{(n)}$ 是 θ 的无偏估计量

(C) $2\overline{X}$ 是 θ 的矩估计量　　(D) $2\overline{X}$ 是 θ 的无偏估计量

计算题

1. 设总体 X 在 $(1,\theta)$ 上服从均匀分布，试求 θ 的矩估计量 $\hat{\theta}$，并验证无偏性.

2. 设总体 $X\sim B(n,p)$ $(0<p<1)$，p 为未知数，又设 $X_1,\cdots,X_n$ 为总体 X 的一个样本，试求 p 的矩估计量和极大似然估计量.

3. 设总体 X 的概率密度为

$$f(x,\theta)=\begin{cases}\sqrt{\theta}x^{\sqrt{\theta}-1} & 0\leqslant x\leqslant 1\\ 0 & \text{其他}\end{cases}$$

又设 $X_1,\cdots,X_n$ 是来自 X 的一个样本，求：

（1）未知参数 θ 的矩估计.

（2）未知参数 θ 的极大似然估计.

4. 对某一距离（单位：m）进行 5 次测量，结果如下：

$$2781,2836,2807,2763,2858$$

已知测量结果服从 $N(\mu,\sigma^2)$，求参数 μ 和 σ^2 的矩估计量.

5. 设总体 X 具有密度

$$p(x,\theta)=\begin{cases}C^{\frac{1}{\theta}}\dfrac{1}{\theta}x^{-\left(1+\frac{1}{\theta}\right)} & x>C\\0 & x\leqslant C\end{cases}$$

其中参数 $0<\theta<1$，C 为已知常数，且 $C>0$. 从中抽得一个样本 $X_1,\cdots,X_n$，求 θ 的矩估计.

6. 设总体 X 的概率密度为

$$f(x,\theta)=\begin{cases}\dfrac{1}{2\theta} & 0<x<\theta\\\dfrac{1}{2(1-\theta)} & \theta\leqslant x<1\\0 & \text{其他}\end{cases}$$

其中参数 $\theta(0<\theta<1)$ 未知，$X_1,X_2,\cdots,X_n$ 是来自总体 X 的简单随机样本，$\overline{X}$ 是样本均值，求参数 θ 的矩估计量.

7. 设总体的密度函数如下，试利用样本 $X_1,\cdots,X_n$ 求参数 θ 的极大似然估计.

（1）$p(x)=\begin{cases}(\theta\alpha)x^{\alpha-1}\mathrm{e}^{-\theta x^{\alpha}} & x>0,\alpha\text{ 已知}\\0 & \text{其他}\end{cases}$

（2）$p(x)=\dfrac{1}{2}\mathrm{e}^{-|x-\theta|}$，$-\infty<\theta<+\infty,-\infty<x<+\infty$

8. 设总体 X 服从指数分布，其概率密度为

$$p(x;\theta)=\begin{cases}\mathrm{e}^{-(x-\theta)} & x\geqslant\theta\\0 & \text{其他}\end{cases}$$

试利用样本 $X_1,\cdots,X_n$ 求参数 θ 的极大似然估计.

9. 设总体 X 的概率密度为

$$f(x;\theta)=\begin{cases}\theta & 0<x<1\\1-\theta & 1\leqslant x<2\\0 & \text{其他}\end{cases}$$

其中 θ 是未知参数（$0<\theta<1$），$X_1,X_2,\cdots,X_n$ 为来自总体 X 的简单随机样本，记 N 为样本值 $x_1,x_2,\cdots,x_n$ 中小于 1 的个数，求 θ 的极大似然估计.

10. 设总体 X 的分布函数为

$$F(x,\alpha,\beta)=\begin{cases}1-\left(\dfrac{\alpha}{x}\right)^{\beta} & x<\alpha\\0 & x\leqslant\alpha\end{cases}$$

其中未知参数 $\alpha>0$，$\beta>1$. $X_1,X_2,\cdots,X_n$ 为来自总体 X 的简单随机样本，求：

（1）当 $\alpha=1$ 时，β 的矩估计量.

（2）$\alpha=1$ 时，β 的极大似然估计量.

（3）当 $\beta=2$ 时，α 的极大似然估计量.

11. 设 $X_1, X_2, \cdots, X_n$ 是来自总体 $N(\mu,\sigma^2)$ 的简单随机样本，记 $\overline{X}=\frac{1}{n}\sum_{i=1}^{n}X_i$，$S^2=\frac{1}{n-1}\sum_{i=1}^{n}(X_i-\overline{X})^2$，$T=\overline{X}^2-\frac{1}{n}S^2$

（1）证明 T 是 μ^2 的无偏估计量.

（2）当 $\mu=0$，$\sigma=1$ 时，求 DT.

12. 设总体 X 有数学期望 μ，$X_1,\cdots,X_n$ 为一个样本，问下列统计量是否为 μ 的无偏估计？

（1）$\frac{X_1+X_2}{2}$　　（2）$-X_1+2X_2$

（3）$\frac{1}{10}(2X_1+3X_2+3X_{n-1}+2X_n)$　　（4）$X_{(1)}$

（5）$X_{(n)}$　　（6）$\frac{1}{2}(X_{(1)}+X_{(n)})$

13. 设总体 X 的数学期望 $EX=\mu$ 已知，试证：统计量 $\frac{1}{n}\sum_{i=1}^{n}(X_i-\mu)^2$ 是总体方差 $DX=\sigma^2$ 的无偏估计.

14. 设 $X_1,\cdots,X_n$ 是来自参数为 λ 的泊松总体的样本，试证：对任意常数 K，统计量 $K\overline{X}+(1-K)S^2$ 是 λ 的无偏估计.

15. 设 $\hat{\theta}$ 是参数 θ 的无偏估计，且有 $D\hat{\theta}>0$，试证：$\hat{\theta}^2=(\hat{\theta})^2$ 不是 θ^2 的无偏估计.

16. 设总体 $X\sim N(\mu,\sigma^2)$，X_1, X_2, X_3 是来自 X 的样本，试证下列估计量

$$\hat{\mu}_1=\frac{1}{5}X_1+\frac{3}{10}X_2+\frac{1}{2}X_3$$

$$\hat{\mu}_2=\frac{1}{3}X_1+\frac{1}{4}X_2+\frac{5}{12}X_3$$

$$\hat{\mu}_3=\frac{1}{3}X_1+\frac{1}{6}X_2+\frac{1}{2}X_3$$

都是 μ 的无偏估计，并指出它们中哪个最有效.

17. 设总体 X 的概率密度为

$$f(x)=\begin{cases}2e^{-2(x-\theta)} & x>\theta\\ 0 & x\leqslant\theta\end{cases}$$

其中 $\theta>0$ 是未知参数，从总体 X 中抽取简单随机样本 $X_1,X_2,\cdots,X_n$，记 $\hat{\theta}=\min\{X_1, X_2,\cdots,X_n\}$.

（1）求总体 X 的分布函数 $F(x)$.

（2）求统计量 $\hat{\theta}$ 的分布函数 $F_{\hat{\theta}}(x)$.

（3）如果用 $\hat{\theta}$ 作为 θ 的估计量，讨论它是否具有无偏性.

18. 总体 $X\sim$(0-1)分布，$P\{X=1\}=p$，$X_1, X_2,\cdots,X_n$ 是取自 X 的一个样本，证明 $\overline{X}$ 是 p 的一致估计.

19. 生产一个零件所需时间 $X\sim N(\mu,\sigma^2)$，观察 25 个零件的生产时间，得 $\bar{x}=5.5$，$S=1.73$s，

试以 0.95 的可靠性求 μ 和 σ^2 置信区间.

20. 零件尺寸与规定尺寸的偏差 $X \sim N(\mu,\sigma^2)$. 今测量 10 个零件，得偏差值(单位:μm):2,1,-2,3,2,4,-2,5,3,4. 试求 μ 和 σ^2 的无偏估计值和置信度为 0.90 的置信区间.

21. 甲厂生产的灯泡寿命 $X \sim N(\mu_1,\sigma^2)$,乙厂生产的灯泡寿命 $Y \sim N(\mu_2,\sigma^2)$,今测得两厂灯泡的寿命如下:

甲厂:1460,1550,1640,1600,1620,1660,1674,1820

乙厂:1580,1640,1750,1640,1700

试求 $\mu_1-\mu_2$ 的置信度为 0.95 的置信区间.

22. 设来自总体 $N(\mu_1,16)$一容量为 15 的样本,其样本均值 $\bar{x}_1=14.6$；来自总体 $N(\mu_2,9)$的一容量为 20 的样本，其样本均值 $\bar{x}_2=13.2$，并且两样本是相互独立的，试求 $\mu_1-\mu_2$ 的 90% 的置信区间.

23. 对某农作物两个品种计算了 8 个地区的亩产量如下:

品种 A:86,87,56,93,84,93,75,79

品种 B:80,79,58,91,77,82,74,66

假定两个品种的亩产量分别服从正态分布且具有相同的方差，试求平均亩产量之差置信度为 0.95 的置信区间.

24. 设 A、B 两批导线是用不同工艺生产的，今随机地从每批导线中抽取 5 根测量电阻，算得 $S_1^2=S_A^2=1.07\times10^{-7}$，$S_2^2=S_B^2=5.3\times10^{-6}$,若 A 批导线的电阻服从 $N(\mu_1,\sigma_1^2)$，B 批的服从 $N(\mu_2,\sigma_2^2)$,求 σ_1^2/σ_2^2 的置信度为 0.90 的置信区间.

25. 两台机床加工同一种零件，分别抽取 6 个和 9 个测其长度，计算得 $S_1^2=0.245$，$S_2^2=0.375$. 假定零件长度都服从正态分布. 试求两个总体方差比 σ_1^2/σ_2^2 的置信区间($\alpha=0.05$).

26. 从一台机床加工的轴中随机抽取 200 根，测量其椭圆度. 由测量值算得 $\bar{x}=0.081$mm，$S=0.025$mm，求轴的椭圆度的置信区间($\alpha=0.05$).

27. 在一批货物的容量为 100 的样本中，经检验发现 16 个次品，试求这批货物次品率的置信区间(置信度为 0.95).

28. 设 $X_1,\cdots,X_n$ 为来自参数为 λ 的泊松总体的样本，试在可靠度 0.95 下，求 λ 的置信区间.

29. 设总体 $X \sim N(\mu,\sigma^2)$，σ^2 已知. 问需抽取容量 n 为多大的样本，可使 μ 的 $1-\alpha$ 的置信区间长不大于 d?

第8章 假设检验

8.1 假设检验的基本概念

8.1.1 问题的提出

在6.1.1中，我们讲过，对总体分布中的某些未知参数或分布的形式作某种假设，然后通过抽取的样本，对假设的正确性进行判断，称为假设检验. 同参数估计一样，假设检验是数理统计的主要内容之一. 在实际中有很多这样的问题需要我们去解决，下面先来看几个例子.

例8.1 某药厂生产一种抗菌素，已知在正常生产情况下，每瓶抗菌素的某项主要指标服从均值为23.0的正态分布. 某日开工后，测得5瓶的数据如下：

22.3，21.5，22.0，21.8，21.4

问该日生产是否正常?

用X表示该日生产的一瓶抗菌素的某项主要指标，如果已知随机变量X服从$N(23.0,\sigma^2)$，那么我们的问题就是要检验假设"$\mu=23$"是否成立.

例8.2 在针织品的漂白工艺过程中，要考察温度对针织品断裂强度的影响. 为了比较70℃与80℃的影响有无差别，在这两个温度下，分别重复作了八次试验，得到数据（单位：kg）如下：

70℃时的强度：20.5，18.5，20.9，21.5，19.5，21.6，21.2，19.8

80℃时的强度：17.7，20.3，20.0，18.8，19.0，20.1，20.2，19.1

假定两种温度下的强度分别服从正态分布$N(\mu_1,\sigma^2)$，$N(\mu_2,\sigma^2)$，问两种温度下的强度是否有差异?

用X与Y分别表示在70℃与80℃时的断裂强度，由题目的条件$X\sim N(\mu_1,\sigma^2)$，$Y\sim N(\mu_2,\sigma^2)$. 那么，问题是检验假设"$\mu_1=\mu_2$"是否成立.

例8.3 在例6.3中给出了测得的X的100个数据，并作出了直方图，根据直方图，我们可估计X服从正态分布. 判断这一估计是否正确就是检验假设"X服从正态分布"是否成立.

这些例子所代表的问题是广泛存在的，它们的共同特点是：

第一，总体的分布类型已知，对分布的一个或几个参数作出"假设"，或对总体的分布类型或分布的某些特性提出某种"假设".

第二，通过抽得的样本X_1，X_2，…，X_n，作出接受还是拒绝所作假设的结论.

对总体的分布所作的每一种假设，称为统计假设，用字母H表示. 在总体的类型已知的情况下，对于其参数的假设称为参数假设．例 8.1 和例 8.2 就是参数假设，而例 8.3 是在未知分布类型的情况下，对总体分布类型或总体分布的某些特性提出的统计假设，称为非参数假设．当对某个问题提出了假设 H_0 时，事实上也同时给出了另外一个或几个假设．如在例 8.1 中，用 H_0 表示假设“$\mu = 23$”，那么事实上也同时给出了假设“$\mu \neq 23$”或“$\mu > 23$”或“$\mu < 23$”等．我们称假设 H_0 为原假设或零假设，而把同时给出的另外一个假设称为备择假设．

在对假设作出判断时，我们需要从样本 $X_1, X_2, \cdots, X_n$ 出发，制定一个法则，一旦样本值确定后，利用我们所制定的法则作出对原假设成立与否的判断，这种法则就称为一个检验法则或一个检验．

有两个假设的检验问题的一般提法是，在给定的备择假设 H_1 下对原假设 H_0 作出判断，若拒绝原假设 H_0，就意味着接受备择假设 H_1，否则就接受 H_0．实质上，这类假设检验问题就是要在原假设 H_0 和备择假设 H_1 中作出拒绝哪一个接受哪一个的判断，这在评价一个检验的好坏时是需要考虑的．本书不对检验的好坏进行评价，所以对这类假设检验不予讨论．我们将对涉及的问题只提出一个统计假设，而且我们的目的也仅仅是判断这个统计假设是否成立，并不同时研究其他统计假设，这类假设检验又称为显著性检验．本章将讨论参数假设的一些显著性检验方法．

8.1.2 假设检验的基本思想和方法

我们知道，小概率事件在一次试验中，实际上不大可能发生，大数定律对这种性质给出了理论上的解释．根据大数定律，在大量重复试验中，某事件 A 出现的频率依概率接近于事件 A 的概率，因而若事件 A 的概率 α 很小，则在大量重复试验中，它出现的频率应很小．例如，若 $a = 0.001$，则大约在 1000 次试验中事件 A 才出现一次．我们称这样的事件为实际不可能事件．在概率统计的应用中，人们总是根据所研究的具体问题，规定一个界限 $\alpha(0 < \alpha < 1)$，把概率不超过 α 的事件认为是不可能事件，认为这样的事件在一次试验中是不会出现的，这就是所谓的“小概率原理”．

假设检验的基本思想是以小概率原理作为拒绝 H_0 的依据，具体一点说，设有某个假设 H_0 要检验，我们先假定 H_0 是正确的，在此假定下，构造一个概率不超过 $\alpha(0 < \alpha < 1)$ 的小概率事件 A，如果经过一次试验（一次抽样），事件 A 出现了，那么我们自然怀疑假设 H_0，因而拒绝（否定）H_0 的正确性；如果事件 A 不出现，那么表明原假设 H_0 与试验的结果不矛盾，不能拒绝 H_0，当然我们也没有理由肯定 H_0 是真实的．这时需要通过再次试验或其他方法作进一步研究．不过因为我们给出假设 H_0．是经过周密的调查和研究才作出的，是有一定依据的，所以对原假设 H_0 需要加以保护，也就是说拒绝它要慎重；而当不能拒绝它时，一般实际上是接受了它，除非进一步的研究表明应该拒绝它．

从上面的讨论可以看到，假设检验的基本思想和方法，实际上是一种反证法，我们不妨称其为“概率性质的反证法”．

如上所述，在假设检验中要指定一个很小的正数 α，把概率不超过 α 的小概率事件 A 认为是实际不可能事件，这个数 α 称为显著性水平．对于各种不同的问题，显著性水平 α 可以选取得不一样．为查表方便起见，常选取 $\alpha = 0.01$，0.05 或 0.10 等．

8.1.3 假设检验中的两类错误

从上面的讨论可以看出，利用概率性质的反证法作出拒绝 H_0 的结论时，所依据的矛盾并不是形式逻辑下绝对的矛盾，而是基于小概率原理，即认为在一次试验中，小概率事件 A 实际不可能出现．我们对假设 H_0 作出判断的依据是在一次试验中看小概率事件 A 是否出现，而小概率事件 A 是否出现又是由一次抽样的结果来判断的，由于抽样的随机性，我们无论拒绝 H_0，还是接受 H_0 都不会百分之百的正确，有可能犯以下两类错误：

第一类错误是拒绝了真实的假设，即 H_0 本来正确，却被拒绝了，这种"弃真"的错误称为第一类错误．由于我们只在事件 A 出现时才拒绝 H_0，故犯这第一类错误的概率为在 H_0 成立的条件下，A 的条件概率 $P\{A|H_0\}$ 它不超过显著性水平 α.

第二类错误是接受了不真实的假设，即 H_0 本来不正确，却被接受了，这种"取伪"的错误称为第二类错误，犯第二类错误的概率记为 β.

在进行假设检验时，当然应力求犯两类错误的概率都尽可能地小，然而当样本容量固定时，建立犯两类错误的概率都最小的检验是不可能的，因为一般而论，α 小时 β 就大，β 小时 α 就大，所以我们只能控制它们中的一个．考虑到原假设 H_0 的提出是有一定依据的，对它要加以保护，拒绝它要慎重，所以通常控制犯第一类错误的概率，即选定显著性水平 $\alpha(0<\alpha<1)$，对固定的 n 和 α 建立检验法则，使犯第一类错误的概率不大于 α. 下面我们就对各种参数假设问题建立相应的检验法则．当然，进一步的讨论会发现，对同一假设检验问题，犯第一类错误的概率不大于 α 的检验法则是很多的，我们应该在这些不同的检验法则中寻求犯第二类错误的概率最小的检验法．这就是最优检验问题，本书不予讨论．

8.2 单个正态总体参数的显著性检验

从上面的讨论我们看到，对假设 H_0 的一个检验法，完全决定于小概率事件 A 的选择．下面我们将各种假设检验问题，分别通过各自选择的统计量，来构造相应的小概率事件 A，从而给出具体的检验法．

设 x_1，x_2，…，x_n 为取自正态总体 $N(\mu, \sigma^2)$ 的一个容量为 n 的样本，$\bar{x}$ 与 S^2 分别为样本均值和样本方差；μ_0、σ_0 为已知常数，$\sigma_0>0$，现在来讨论关于未知参数 μ、σ^2 的各种假设检验法.

8.2.1 *u* 检验

1. 已知 $\sigma^2=\sigma_0^2$，检验 H_0：$\mu=\mu_0$

考虑统计量

$$u=\frac{\overline{X}-\mu_0}{\sigma_0}\sqrt{n} \tag{8.1}$$

在 H_0 成立的假定下由式（6.20）知 $u\sim N(0,1)$，对给定的显著性水平 α，查附表 2，可得临界值 $u_{\frac{\alpha}{2}}$ 使

$$P\{|u|\geqslant u_{\frac{\alpha}{2}}\}=\alpha \tag{8.2}$$

这说明

$$A=\{|u|\geqslant u_{\frac{\alpha}{2}}\} \tag{8.3}$$

为小概率事件（图 8.1）．将样本值代入式（8.1）算出统计量 u 的值 u_0，如果 $|u_0|\geqslant u_{\frac{\alpha}{2}}$，则表明在一次试验中小概率事件 A 出现了，因而拒绝 H_0，这种检验法称为 u 检验.

例 8.4 在例 8.1 中若已知 $\sigma_0^2=0.14$，试检验假设 H_0：$\mu=23(\alpha=0.05)$.

解 （1）统计假设为 H_0：$\mu=23$.

（2）选择统计量

$$u=\frac{\overline{x}-23}{\sigma_0}\sqrt{n}$$

在 H_0 成立的假定下 $u\sim N$（0，1）.

（3）对于给定的 $\alpha=0.05$，查附表 2，求出临界值 $u_{\frac{\alpha}{2}}=u_{0.025}=1.96$，使

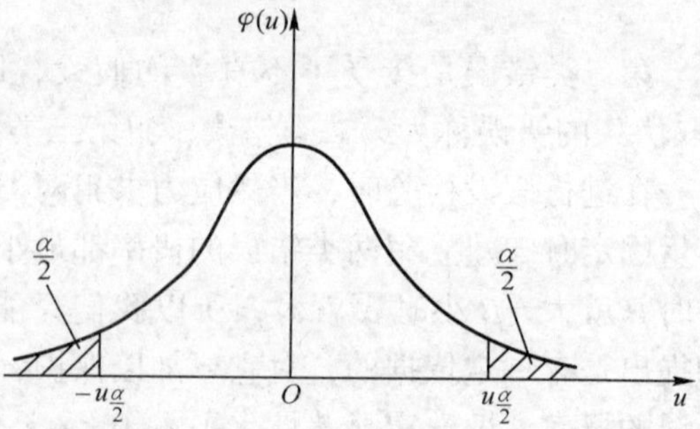

图 8.1

$$P\{|u|\geqslant 1.96\}=0.05$$

（4）由样本值算得 $\overline{x}=21.8$，$n=5$，代入 u 的表达式中算出其值

$$u_0=\frac{21.8-23}{0.37}\sqrt{5}=-7.25$$

由于 $|u_0|=7.25>1.96=u_{\frac{\alpha}{2}}$，所以拒绝 H_0，即认为该日生产不正常.

通过上面的例子，我们可以把已知方差时对正态总体均值的显著性检验归纳为以下几个步骤：

（1）提出统计假定 H_0：$\mu=\mu_0$.

（2）选择统计量 $u=\dfrac{\overline{X}-\mu_0}{\sigma_0}\sqrt{n}$，并由样本值计算出统计量的值 u.

（3）对给定的显著性水平 α，从附表 2 查出在 H_0 成立的条件下，满足 $P\{|u|\geqslant u_{\frac{\alpha}{2}}\}=\alpha$ 的临界值 $u_{\frac{\alpha}{2}}$.

（4）作判断：如果$|u| \geqslant u_{\frac{\alpha}{2}}$，则拒绝 H_0，反之接受 H_0.

今后，对统计假设的各种显著性检验，都按以上类似的四个步骤进行. 只是在不同的问题中，选择不同的统计量，从不同的分布表中查找临界值来构造相应的小概率事件，从而决定具体的检验法.

我们注意到，一个检验法则的本质就是根据所选择的统计量及由此而构造的小概率事件，把样本空间划分为两个互不相交的子集 W 与 $\overline{W}$，当样本值（x_1，…，x_n）$\in W$ 时，拒绝 H_0；反之，则接受 H_0，我们称 W 为 H_0 的一个拒绝域或否定域. 实际上，为了给出原假设 H_0 的一种检验法，只要给出它的一个拒绝域就可以了，对上面的 u 检验来说，拒绝域为

$$W = \{(x_1, \cdots, x_n) \mid |u| \geqslant u_{\frac{\alpha}{2}}\}$$

其中 $u = \dfrac{\overline{X} - \mu_0}{\sigma_0}\sqrt{n}$. 为简单起见，我们干脆说上述 u 检验的拒绝域为$|u| \geqslant u_{\frac{\alpha}{2}}$.

在以上的假设检验问题中，当我们构造小概率事件时，利用了统计量 u 的概率密度曲线两侧的尾部面积（图 8.1），这样的检验称为双尾检验或双侧检验. 这里采用双尾检验的直观解释为：如果 H_0 成立，那么 $\overline{X}$ 是 μ_0 的无偏估计，$\overline{X}$ 与 μ_0 相差就不应该太大；因此，对于固定的样本容量 n 和已知的 σ_0，如果$|u|$太大，则有理由怀疑 H_0 的正确性. $|u|$大到什么程度才有足够的理由拒绝 H_0 呢？这需由给定的显著性水平 α 查得的临界值 $u_{\frac{\alpha}{2}}$来决定.

2. 已知 $\sigma^2 = \sigma_0^2$，检验 H_0：$\mu \leqslant \mu_0$

选取统计量

$$u = \frac{\overline{X} - \mu_0}{\sigma_0}\sqrt{n} \tag{8.4}$$

由于 u 的分布未知，不能直接用它来构造小概率事件，所以令

$$\tilde{u} = \frac{\overline{X} - \mu}{\sigma_0}\sqrt{n}$$

由式（6.20）知 $\tilde{u} \sim N(0,1)$，若 H_0 成立，还有

$$u \leqslant \tilde{u} \tag{8.5}$$

对给定的 α，由附表 2 可查得临界值 u_α 使

$$P\{\tilde{u} \geqslant u_\alpha\} = \alpha$$

由式（8.5）可得

$$P\{u \geqslant u_\alpha\} \leqslant P\{\tilde{u} \geqslant u_\alpha\} = \alpha$$

这说明事件 $u \geqslant u_\alpha$ 更是小概率事件. 因此 H_0 的拒绝域为 $u \geqslant u_\alpha$，将样本值代入式（8.4）算出统计量的值 u，若 $u \geqslant u_\alpha$，则拒绝 H_0；否则可接受 H_0.

注意 这里在构造小概率事件时，利用了$N(0,1)$分布之概率密度曲线的单侧尾部的面积（图 8.2），这样的检验称为单尾检验. 直观解释是：如果H_0成立，那么$\overline{X}$比μ_0的值就不能大得太多；因此，对固定的n，如果u太大，则有理由怀疑H_0的正确性. 至于u大到什么程度才有足够的理由拒绝H_0呢？这需要由给定的显著性水平α从附表 2 查得的临界值u_α来决定.

例 8.5 某厂生产一种灯管，其寿命$X \sim N(\mu, 200^2)$，从过去经验看$\mu \leqslant 1500$(h). 今采用新工艺生产后，再从产品中随机抽取 25 只进行测试，得到寿命的平均值为 1675h. 问采用新工艺后，灯管质量是否有显著提高（$\alpha = 0.05$）？

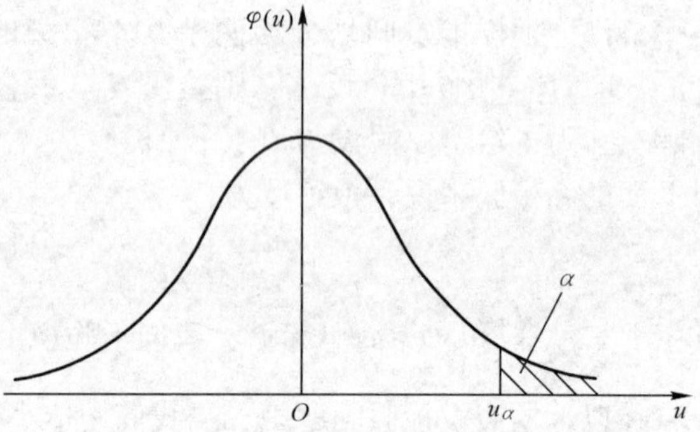

图 8.2

解 （1）从过去的经验看$\mu \leqslant 1500$(h)，只有在拒绝了假设H_0：$\mu \leqslant 1500$后才能作出灯管质量有显著提高的结论，故要检验假设H_0：$\mu \leqslant 1500$.

（2）取统计量$u = \dfrac{\overline{X} - \mu_0}{\sigma_0}\sqrt{n}$，根据$\mu_0 = 1500$，$n = 25$，$\sigma_0 = 200$，$\overline{X} = 1675$算出$u = 4.375$.

（3）由附表 2 查得$u_\alpha = u_{0.05} = 1.65$.

（4）由于$u = 4.375 > 1.65$，故拒绝H_0，即认为采用新工艺后，灯管质量提高了.

关于在$\sigma^2 = \sigma_0^2$的条件下，检验H_0：$\mu \geqslant \mu_0$的问题，请读者自己做，其拒绝域可从表 8.1 查到.

8.2.2 t 检验

1. 未知σ^2，检验H_0：$\mu = \mu_0$

选择统计量

$$t = \frac{\overline{X} - \mu_0}{S}\sqrt{n} \tag{8.6}$$

在H_0成立的假定下，由式（6.22）知，$t \sim t(n-1)$. 对给定的α，从附表 4 查临界值$t_{\frac{\alpha}{2}}(n-1)$使

$$P\{|t| \geqslant t_{\frac{\alpha}{2}}(n-1)\} = \alpha \tag{8.7}$$

这说明$A = \{|t| \geqslant t_{\frac{\alpha}{2}}(n-1)\}$是小概率事件. 可见$H_0$的拒绝域为$|t| \geqslant t_{\frac{\alpha}{2}}(n-1)$. 于是，将样本值代入式（8.6）算出统计量的值$t$，如果$|t| \geqslant t_{\frac{\alpha}{2}}(n-1)$，则拒绝$H_0$；反之，可接受$H_0$. 由于这个检验法选择的统计量服从$t$分布，所以称为$t$检验. 这里采用了双尾检验.

例 8.6 某食品厂用自动装罐机装罐头，每罐标准质量为 500g，每隔一定时间

需要检查机器工作情况. 现抽取10罐，秤得其质量为（单位：g）：

495，510，505，498，492，502，512，497，506，503

假定质量服从正态分布，问这段时间机器是否正常（$\alpha=0.05$）？

解 （1）根据题意，待检验的假设是 H_0：$\mu=500$.

（2）由于 σ^2 未知，故采用 t 检验，经计算知 $\bar{x}=502$，$S=6.50$，而 $n=10$，代入式（8.6）得

$$t=\frac{502-500}{6.50}\sqrt{10}=0.973$$

（3）查附表4得 $t_{\frac{\alpha}{2}}(9)=t_{0.025}(9)=2.62$.

（4）由于 $|t|=0.973<2.62=t_{0.025}(9)$，故接受 H_0，即机器工作正常.

2. 未知 σ^2，检验 H_0：$\mu\geqslant\mu_0$

选择统计量

$$t=\frac{\overline{X}-\mu_0}{S}\sqrt{n} \tag{8.8}$$

并令

$$\tilde{t}=\frac{\overline{X}-\mu}{S}\sqrt{n}$$

由式（6.22）知 $\tilde{t}\sim t(n-1)$. 若 H_0 成立，还有 $t\geqslant\tilde{t}$. 对给定 α，由附表4查临界值 $t_\alpha(n-1)$，使

$$P\{\tilde{t}\leqslant -t_\alpha(n-1)\}=\alpha \tag{8.9}$$

由式（8.9）可得

$$P\{t\leqslant -t_\alpha(n-1)\}\leqslant P\{\tilde{t}\leqslant -t_\alpha(n-1)\}=\alpha$$

故事件 $t\leqslant -t_\alpha(n-1)$ 更是小概率事件. 因此，将样本值代入式（8.8）算得 t 的值，如果 $t\leqslant -t_\alpha(n-1)$，则拒绝 H_0；否则可接受 H_0，H_0 的拒绝域为 $t\leqslant -t_\alpha(n-1)$.

例8.7 已知柴油发动机每千克柴油的运转时间服从正态分布，现测试6台柴油机每千克柴油的运转时间如下（单位：min）：

28，27，31，29，30，27

按设计要求，每千克运转时间应在30min以上，根据测试结果，检验发动机是否符合设计要求（$\alpha=0.05$）？

解 （1）设运转时间为 X，则 $X\sim N(\mu,\sigma^2)$，σ^2 未知，根据题意，待检假设为 H_0：$\mu\geqslant 30$.

（2）取统计量 $t=\dfrac{\overline{X}-\mu_0}{S}\sqrt{n}$，经计算 $\overline{X}=28.67$，$S=1.633$，于是

$$t=\frac{28.67-30}{1.633}\sqrt{6}=-2.00$$

（3）由 $\alpha=0.05$，查附表4得 $-t_{\alpha}(n-1)=-t_{0.05}(5)=-2.015$.

（4）因为 $t=-2.00>-2.015$，所以接受 H_0，即发动机符合设计要求.

关于 σ^2 未知条件下，检验 H_0：$\mu\leqslant\mu_0$ 的问题，请读者自己做，其拒绝域见表8.1.

8.2.3 χ^2 检验

1. 未知 μ，检验 H_0：$\sigma^2=\sigma_0^2$

选择统计量

$$\chi^2=\frac{(n-1)S^2}{\sigma_0^2} \tag{8.10}$$

在 H_0 成立的假定下，由式（6.21）知，$\chi^2\sim\chi^2(n-1)$. 对给定的 α，查附表3，可得临界值 $\chi^2_{1-\frac{\alpha}{2}}(n-1)$ 与 $\chi^2_{\frac{\alpha}{2}}(n-1)$ 使

$$\left.\begin{aligned}P\{\chi^2\leqslant\chi^2_{1-\frac{\alpha}{2}}(n-1)\}=\frac{\alpha}{2}\\ P\{\chi^2\geqslant\chi^2_{\frac{\alpha}{2}}(n-1)\}=\frac{\alpha}{2}\end{aligned}\right\} \tag{8.11}$$

这说明

$$A=\{\chi^2\leqslant\chi^2_{1-\frac{\alpha}{2}}(n-1)\}\cup\{\chi^2(n-1)\geqslant\chi^2_{\frac{\alpha}{2}}\}$$

是小概率事件. 因此，H_0 的拒绝域为 $\chi^2\leqslant\chi^2_{1-\frac{\alpha}{2}}(n-1)$，或 $\chi^2\geqslant\chi^2_{\frac{\alpha}{2}}(n-1)$. 由于这个检验法所用统计量服从 χ^2 分布，所以称为 χ^2 检验.

这里也采用了双尾检验. 直观地看，因为 S^2 是 σ^2 的无偏估计，所以在 H_0 成立的条件下，S^2/σ^2 与1相差不应太大；对于固定的 n，$(n-1)\cdot S^2/\sigma^2$ 之值不应太大也不应太小，至于大到什么程度和小到什么程度才可能拒绝 H_0 呢？这由上面的检验法找到的两个临界 $\chi^2_{1-\frac{\alpha}{2}}(n-1)$ 与 $\chi^2_{\frac{\alpha}{2}}(n-1)$ 来决定（图7.3）.

不难看出，如果我们从附表3查出临界值 $\chi^2_{1-\alpha_1}(n-1)$ 与 $\chi^2_{\alpha_2}(n-1)$ 满足：

$$P\{\chi^2\leqslant\chi^2_{1-\alpha_1}(n-1)\}=\alpha_1$$
$$P\{\chi^2\geqslant\chi^2_{\alpha_2}(n-1)\}=\alpha_2$$

那么，只要 $\alpha_1\geqslant0$，$\alpha_2\geqslant0$，$\alpha_1+\alpha_2=\alpha$，则事件

$$A=\{\chi^2\leqslant\chi^2_{1-\alpha_1}(n-1)\}\cup\{\chi^2\geqslant\chi^2_{\alpha_2}(n-1)\}$$

就是小概率事件，可见选定不同的 α_1、α_2 可决定不同的检验法则，因此，对同一个检验统计量，检验法则也是很多的，我们在上面采用了 $\alpha_1=\alpha_2=\dfrac{\alpha}{2}$ 的形式，主要是为查表方便，而且这种检验法也是较好的.

例8.8 已知某厂生产的钢丝的折断力服从正态分布，生产一直比较稳定，今从产品中抽取9根检查，测得折断力的样本均值 $\bar{x}=287.89$，样本方差 $S^2=20.36$（单位：kg），试问是否可以相信钢丝折断力的方差为20（$\alpha=0.05$）？

解 （1）设 X 为钢丝折断力，则 $X\sim N(\mu,\sigma^2)$ 问题是检验 H_0：$\sigma^2=20$.

（2）$\bar{x}=287.89$，$S^2=20.36$，$n=9$，选统计量并算其值

$$\chi^2=\frac{(n-1)S^2}{\sigma_0^2}=\frac{162.89}{20}=8.14$$

（3）对给定的 $\alpha=0.05$，查附表 3 得

$$\chi^2_{\frac{\alpha}{2}}(n-1)=\chi^2_{0.025}(8)=17.535$$
$$\chi^2_{1-\frac{\alpha}{2}}(n-1)=\chi^2_{0.975}(8)=2.18$$

（4）因为 $\chi^2_{0.975}$（8）$=2.18<8.14=\chi^2<17.535=\chi^2_{0.025}$（8），所以接受 H_0，即可以相信钢丝折断力的方差为 20.

2. 未知 μ，检验 H_0：$\sigma^2\leqslant\sigma_0^2$

选择统计量

$$\chi^2=\frac{(n-1)S^2}{\sigma_0^2} \tag{8.12}$$

并令
$$\tilde{\chi}^2=\frac{(n-1)S^2}{\sigma^2}$$

则由式（6.21）知 $\tilde{\chi}^2\sim\chi^2$（$n-1$）. 若 H_0 成立，还有

$$\chi^2\leqslant\tilde{\chi}^2$$

故
$$P\{\chi^2\geqslant\chi^2_\alpha(n-1)\}\leqslant P\{\tilde{\chi}^2\geqslant\tilde{\chi}^2_\alpha(n-1)\}=\alpha$$

其中，$\chi^2_\alpha(n-1)$ 为 $\chi^2(n-1)$ 分布的临界值，可从附表 3 查找，由上可见，事件 $A=\{\chi^2\geqslant\chi^2_\alpha(n-1)\}$ 更是小概率事件，故 H_0 的拒绝域为 $\chi^2\geqslant\chi^2_\alpha(n-1)$. 这里采用了单尾检验，读者不妨给以直观的解释.

例 8.9 某种导线，要求其电阻的标准差不得超过 0.005Ω. 今在生产的一批导线中取样品 9 根，测得 $S=0.007\Omega$，设总体为正态分布，问在显著性水平 $\alpha=0.05$ 下能认为这批导线电阻的标准差显著地偏大吗？

解 （1）设这批导线的电阻为 $X\Omega$，则 $X\sim N(\mu,\sigma^2)$. 按题意需检验 H_0：$\sigma^2<0.005^2$.

（2）$n=9$，$S=0.007$，$\sigma_0^2=0.005^2$，故统计量的值为

$$\chi^2=\frac{(n-1)S^2}{\sigma_0^2}=\frac{8\times0.007^2}{0.005^2}=15.68$$

（3）查附表 3 得 $\chi^2_\alpha(n-1)=\chi^2_{0.05}(8)=15.507$.

（4）由于 $\chi^2=15.68>15.507=\chi^2_{0.05}(8)$，故拒绝 H_0，即认为这一批导线电阻的标准差显著地偏大.

8.3 两个正态总体参数的显著性检验

设有总体 $X\sim N(\mu_1,\sigma_1^2)$，总体 $Y\sim N(\mu_2,\sigma_2^2)$，$X_1$，…，$X_{n_1}$ 为来自总体 X 容量

为 n_1 的样本，$\overline{X}$ 和 S_1^2 分别为它的样本均值与样本方差；Y_1，…，Y_{n_2} 为来自总体 Y 的容量为 n_2 的样本，$\overline{Y}$ 和 S_2^2 分别为它的样本均值和样本方差. 又设这两个样本相互独立，考虑以下参数的各种假设检验问题.

8.3.1 t 检验（续）

1. σ_1^2，σ_2^2 未知，但已知 $\sigma_1^2=\sigma_2^2$，检验 H_0：$\mu_1=\mu_2$

选择统计量

$$t=\frac{\overline{X}-\overline{Y}}{S_w\sqrt{\dfrac{1}{n_1}+\dfrac{1}{n_2}}} \tag{8.13}$$

其中

$$S_w=\sqrt{\frac{(n_1-1)S_1^2+(n_2-1)S_2^2}{n_1+n_2-2}} \tag{8.14}$$

在 H_0 成立的条件下，由式（6.23）知统计量 t 服从 $t(n_1+n_2-2)$ 分布，对给定的 α，由附表 4 查临界值 $t_{\frac{\alpha}{2}}(n_1+n_2-2)$. 不难看出，$H_0$ 的拒绝域为 $|t|\geqslant t_{\frac{\alpha}{2}}(n_1+n_2-2)$.

例 8.10 在例 8.2 中检验 H_0：$\mu_1=\mu_2(\alpha=0.05)$.

解 （1）H_0：$\mu_1=\mu_2$

（2）$\bar{x}=20.4$，$S_1^2=0.89$，$n_1=8$

$\bar{y}=19.4$，$S_2^2=0.83$，$n_2=8$

统计量 t 的值为

$$t=\frac{\bar{x}-\bar{y}}{S_w\sqrt{\dfrac{1}{n_1}+\dfrac{1}{n_2}}}=\frac{20.4-19.4}{\sqrt{7\times0.89+7\times0.83}}\sqrt{\frac{8(8+8-2)}{2}}=2.165$$

（3）对于给定的 $\alpha=0.05$，由附表 4 查得 $t_{\frac{\alpha}{2}}(14)=t_{0.025}(14)=2.145$.

（4）因 $|t|=2.165>2.145$，故拒绝 H_0，即在 70℃ 和 80℃ 下的强度有显著差异.

2. σ_1^2，σ_2^2 未知，但已知 $\sigma_1^2=\sigma_2^2$，检验 H_0：$\mu_1\leqslant\mu_2$

选择统计量

$$t=\frac{\overline{X}-\overline{Y}}{S_w\sqrt{\dfrac{1}{n_1}+\dfrac{1}{n_2}}} \tag{8.15}$$

其中 S_w 如式（8.14）所示. 对给定的 α，查附表 4 可得临界值 $t_\alpha(n_1+n_2-2)$，不难找到 H_0 的拒绝域为 $t\geqslant t_\alpha(n_1+n_2-2)$.

8.3.2 F 检验

1. 未知 μ_1，μ_2，检验 H_0：$\sigma_1^2=\sigma_2^2$

选择统计量

$$F=S_1^2/S_2^2 \tag{8.16}$$

在 H_0 成立的假定下，由式（6.26）知 $F\sim F(n_1-1,n_2-1)$. 对给定的 α，查附表5可得临界值 $F_{1-\frac{\alpha}{2}}(n_1-1,n_2-1)$ 与 $F_{\frac{\alpha}{2}}(n_1-1,n_2-1)$ 使

$$P\{F\leqslant F_{1-\frac{\alpha}{2}}(n_1-1,n_2-1)\}=\frac{\alpha}{2}$$

$$P\{F\geqslant F_{\frac{\alpha}{2}}(n_1-1,n_2-1)\}=\frac{\alpha}{2}$$

不难看出，H_0 的拒绝域为 $F\leqslant F_{1-\frac{\alpha}{2}}(n_1-1,n_2-1)$ 或 $F\geqslant F_{\frac{\alpha}{2}}(n_1-1,n_2-1)$，这种检验法称为 F 检验.

例 8.11 在例 8.2 中，若设 $X\sim N(\mu_1,\sigma_1^2)$，$Y\sim N(\mu_2,\sigma_2^2)$，试检验 H_0：$\sigma_1^2=\sigma_2^2(\alpha=0.05)$.

解 在例 8.10 中已经算得 $S_1^2=0.89$，$S_2^2=0.83$，故

$$F=\frac{0.89}{0.83}=1.07$$

查附表5得

$$F_{\frac{\alpha}{2}}(n_1-1,n_2-1)=F_{0.025}(7,7)=4.99$$

$$F_{1-\frac{\alpha}{2}}(n_1-1,n_2-1)=F_{0.975}(7,7)=\frac{1}{F_{0.025}(7,7)}=\frac{1}{4.99}=0.20$$

由于 $F_{0.975}(7,7)=0.20<1.07=F<4.99=F_{0.025}(7,7)$，所以接受 H_0.

2. 未知 μ_1，μ_2，检验 H_0：$\sigma_1^2\leqslant\sigma_2^2$

选择统计量

$$F=S_1^2/S_2^2 \tag{8.17}$$

对给定的 α，从附表5查临界值 $F_\alpha(n_1-1,n_2-1)$，不难看到 H_0 的拒绝域为 $F\geqslant F_\alpha(n_1-1,n_2-1)$.

现在我们把正态总体各种参数假设的显著性检验法列成表 8.1，以便查用.

表 8.1 正态总体参数显著性检验表

名称	条　件	假设 H_0	拒 绝 域	统 计 量
u 检验	$X\sim N(\mu,\sigma^2)$ σ^2 已知	$\mu=\mu_0$	$\lvert u\rvert\geqslant u_{\frac{\alpha}{2}}$	$u=\frac{\overline{X}-\mu_0}{\sigma}\sqrt{n}$
		$\mu\leqslant\mu_0$	$u\geqslant u_\alpha$	
		$\mu\geqslant\mu_0$	$u\leqslant -u_\alpha$	
t 检验	$X\sim N(\mu,\sigma^2)$ σ^2 未知	$\mu=\mu_0$	$\lvert t\rvert\geqslant t_{\frac{\alpha}{2}}(n-1)$	$t=\frac{\overline{X}-\mu_0}{S}\sqrt{n}$
		$\mu\leqslant\mu_0$	$t\geqslant t_\alpha(n-1)$	
		$\mu\geqslant\mu_0$	$t\leqslant -t_\alpha(n-1)$	

（续）

名称	条　件	假设 H_0	拒 绝 域	统 计 量
t 检验	$X\sim N(\mu_1,\sigma^2)$ $Y\sim N(\mu_2,\sigma^2)$ σ^2 未知	$\mu_1=\mu_2$	$\|t\|\geqslant t_{\frac{\alpha}{2}}(n_1+n_2-2)$	$t=\dfrac{\overline{X}-\overline{Y}}{S_w\sqrt{\dfrac{1}{n_1}+\dfrac{1}{n_2}}}$
		$\mu_1\leqslant\mu_2$	$t\geqslant t_\alpha(n_1+n_2-2)$	
		$\mu_1\geqslant\mu_2$	$t\leqslant -t_\alpha(n_1+n_2-2)$	
χ^2 检验	$X\sim N(\mu,\sigma^2)$ μ 未知	$\sigma^2=\sigma_0^2$	$\chi^2\leqslant\chi^2_{1-\frac{\alpha}{2}}(n-1)$ 或 $\chi^2\geqslant\chi^2_{\frac{\alpha}{2}}(n-1)$	$\chi^2=\dfrac{(n-1)S^2}{\sigma_0^2}$
		$\sigma^2\leqslant\sigma_0^2$	$\chi^2\geqslant\chi^2_\alpha(n-1)$	
		$\sigma^2\geqslant\sigma_0^2$	$\chi^2\leqslant\chi^2_{1-\alpha}(n-1)$	
F 检验	$X\sim N(\mu_1,\sigma_1^2)$ $Y\sim N(\mu_2,\sigma_2^2)$ μ_1,μ_2 未知	$\sigma_1^2=\sigma_2^2$	$F\leqslant F_{1-\frac{\alpha}{2}}(n_1-1,n_2-1)$ 或 $F\geqslant F_{\frac{\alpha}{2}}(n_1-1,n_2-1)$	$F=\dfrac{S_1^2}{S_2^2}$
		$\sigma_1^2\leqslant\sigma_2^2$	$F\geqslant F_\alpha(n_1-1,n_2-1)$	
		$\sigma_1^2\geqslant\sigma_2^2$	$F\leqslant F_{1-\alpha}(n_1-1,n_2-1)$	

8.4　例题选解

例 8.12　设婴儿奶粉袋净含量在正常情况下服从正态分布 $N(\mu,\sigma^2)$，其中 $\sigma=2$ 为已知，今在装好的婴儿奶粉中随机抽取 10 袋，测得平均净含量 $\overline{X}=498(\text{g})$，试问能否认为 μ 是 500g（显著性水平 $\alpha=0.05$）？

解　这是正态总体已知方差时对均值的检验问题.

$\sigma^2=2^2$，待检假设 H_0：$\mu=500$，统计量

$$U=\frac{\overline{X}-500}{2}\sqrt{10}$$

在假设成立的条件下服从 $N(0,1)$ 分布，由于给定显著性水平 $\alpha=0.05$，查正态分布表得（双侧检验）$u_{\frac{\alpha}{2}}=1.96$. 由已知条件计算

$$U=\frac{498-500}{2}\sqrt{10}=-3.1623$$

注意到 $|U|=3.1623>1.96$，所以不能接受假设 H_0，即不能认为奶粉的净含量是 500g.

例 8.13　某厂生产袋装牛奶，用自动包装机装袋，在正常情况下，每袋质量服从正态分布 $N(500,1.15^2)$，每天开工后，随机抽查 10 袋，质量如下（单位：g）：

499.3，498.9，500.5，500.1，499.9，500.0，500.2，499.5，500.9，501.0

问包装机工作是否正常（即检验每袋的质量的数学期望与500是否有显著性差异）（显著性水平 $\alpha=0.05$）？

解 已知 $\sigma^2=1.15^2$，待检假设 H_0：$\mu=500$，统计量

$$U=\frac{\overline{X}-500}{1.15}\sqrt{10}$$

在假定成立的条件下服从 $N(0,1)$，由于给定显著性水平 $\alpha=0.05$，查正态分布表得 $u_{\frac{\alpha}{2}}=1.96$，由样本观察计算

$$\overline{X}=\frac{1}{10}(499.3+498.9+500.5+500.1+499.9+500.0+500.2+499.5+500.9+501.0)=500.03$$

$$U=\frac{500.03-500}{1.15}\sqrt{10}=0.0261\times3.1623=0.0825$$

注意到 $0.0825<1.96$，接受假设 H_0，即认为包装机工作是正常的.

例8.14 某种型号的电子元件，其寿命长期以来服从正态分布 $N(\mu,5000^2)$，现随机抽取17个元件测出其寿命的样本方差 $S^2=6800^2$，根据这一数据能否推断出这批电子元件的寿命的方差较以往的有显著变化（单位：h^2）（显著性水平 $\alpha=0.05$）.

解 待检假设 H_0：$\sigma^2=5000^2$，统计量

$$\chi^2=\frac{(n-1)S^2}{\sigma^2}$$

在假设成立的条件下服从自由度为 $n-1$ 的 χ^2 分布，由于给定显著性水平 $\alpha=0.05$，查自由度为16的 χ^2 分布表得

$$\chi^2_{\frac{\alpha}{2}}(16)=\chi^2_{0.025}(16)=28.845$$

$$\chi^2_{1-\frac{\alpha}{2}}(16)=\chi^2_{0.975}(16)=6.908$$

由样本观察值计算

$$\chi^2=\frac{(n-1)S^2}{\sigma^2}=\frac{16\times(6800)^2}{5000^2}=29.5936$$

注意到由样本观察值得到的29.5936在拒绝域 $(-\infty,6.908)\cup(28.845,+\infty)$ 内，所以不能接受假设 H_0，即认为这批电子元件的寿命的波动性较以往的有显著变化.

例8.15 设有甲、乙两种安定药，要比较它们的治疗效果. 今有20名患者，其中10人服甲药，10人服乙药，观察药后睡眠的延长时数，甲组和乙组分别为

甲：1.9, 0.8, 1.1, 0.1, −0.1, 2.4, 3.5, 1.6, 1.6, 3.4

乙：0.7, 1.1, 0.7, −0.3, −0.2, 1.5, 3.2, 2.2, −1.1, 2.6

在医学上可设，这两组变量服从正态分布 $N(\mu_1,\sigma_1^2)$，$N(\mu_2,\sigma_2^2)$，现检验这两组药

效是否有显著性差异（显著性水平 $\alpha = 0.05$）.

解 这个问题是两个正态总体方差的检验，待检假设 H_0：$\sigma_1 = \sigma_2$，统计量

$$F = \frac{S_1^2}{S_2^2}$$

在假设成立的条件下服从 $F(n_1 - 1, n_2 - 1)$ 分布，由于给定显著性水平 $\alpha = 0.05$，查 $F(9,9)$ 分布表，确定 $F_{1-\frac{\alpha}{2}}$、$F_{\frac{\alpha}{2}}$，使

$$P\{F \leqslant F_{1-\frac{\alpha}{2}}\} = P\{F \geqslant F_{\frac{\alpha}{2}}\} = \frac{\alpha}{2} = 0.025$$

$F_{\frac{\alpha}{2}}$可以查表得到：$F_{\frac{\alpha}{2}} = F_{0.025} = 4.03$，而 $F_{1-\frac{\alpha}{2}}$无法在 $F(n_1 - 1, n_2 - 1)$表中直接查到，需通过计算求出

$$F_{1-\frac{\alpha}{2}}(9,9) = \frac{1}{F_{\frac{\alpha}{2}}(9,9)} = \frac{1}{4.03} = 0.2481$$

由样本观察值计算

$$\overline{X} = \frac{1}{10}[1.9 + 0.8 + 1.1 + 0.1 + (-0.1) + 2.4 + 3.5 + 1.6 + 1.6 + 3.4] = 1.63$$

$$\begin{aligned} S_1^2 &= \frac{1}{10-1}\sum_{i=1}^{10}(X_i - \overline{X})^2 \\ &= \frac{1}{9}(0.0729 + 0.6889 + 0.2809 + 2.3409 + 2.9929 + 0.5929 + \\ &\quad 3.4969 + 0.0009 + 3.1329) \\ &= 1.5112 \end{aligned}$$

$$\begin{aligned} \overline{Y} &= \frac{1}{10}[0.7 + 1.1 + 0.7 + (-0.3) + (-0.2) + \\ &\quad 1.5 + 3.2 + 2.2 + (-1.1) + 2.6] \\ &= 1.04 \end{aligned}$$

$$\begin{aligned} S_2^2 &= \frac{1}{10-1}\sum_{i=1}^{10}(Y_i - \overline{Y})^2 \\ &= \frac{1}{9}(0.1156 + 0.0036 + 0.1156 + 1.7956 + 1.5376 + 0.2116 + \\ &\quad 4.6656 + 1.3456 + 4.5796 + 2.4336) \\ &= 1.8671 \end{aligned}$$

于是有

$$F = \frac{S_1^2}{S_2^2} = \frac{1.5112}{1.8671} = 0.8094$$

注意到 $F_{1-\frac{\alpha}{2}} = 0.2481 < 0.8094 = F < F_{\frac{\alpha}{2}} = 4.03$，故应接受假设 H_0，即可以认为这两组药效无显著性差异.

例 8.16 某高校对 43 名大学生的概率统计课进行测试，假设男女同学的成绩都服从正态分布，根据测验结果知：21 名女同学平均成绩为 70 分，标准差为 19 分；22 名男同学的平均成绩为 76 分，标准差为 17 分.

（1）检验两个正态总体的方差是否相同.

（2）判定男同学与女同学该门课程的平均成绩是否具有显著差异（显著性水平 $\alpha=0.05$）.

解 （1）这个问题是两个正态总体方差的检验，待检假设 H_0：$\sigma_1=\sigma_2$.

在假设 H_0 成立的条件下$\dfrac{\sigma_1^2}{\sigma_2^2}=1$，而 S_1^2、S_2^2 分别是 σ_1^2、σ_2^2 的无偏估计量，故$\dfrac{S_1^2}{S_2^2}$的值很大或很小的概率很小，选择统计量

$$F=\frac{S_1^2}{S_2^2}$$

在假设成立的条件下服从 $F(n_1-1,n_2-1)$ 分布，由于给定显著性水平 $\alpha=0.05$，查 $F(20,21)$ 分布表，确定 $F_{1-\frac{\alpha}{2}}$、$F_{\frac{\alpha}{2}}$，使

$$P\{F\leqslant F_{1-\frac{\alpha}{2}}\}=P\{F\geqslant F_{\frac{\alpha}{2}}\}=\frac{\alpha}{2}=0.025$$

$F_{\frac{\alpha}{2}}$可以查表得到：$F_{\frac{\alpha}{2}}=F_{0.025}=2.42$，而 $F_{1-\frac{\alpha}{2}}$无法在 $F(20,21)$ 表中直接得到，需通过计算求出

$$F_{1-\frac{\alpha}{2}}(20,21)=\frac{1}{F_{\frac{\alpha}{2}}(21,20)}=\frac{1}{2.46}=0.4065$$

由样本观察值计算

$$S_1^2=19^2,S_2^2=17^2,F=\frac{19^2}{17^2}=\frac{361}{289}=1.2491$$

注意到 $F_{1-\frac{\alpha}{2}}=0.4065<1.2491=F<F_{\frac{\alpha}{2}}=2.42$，故应接受假设 H_0，即可以认为两个正态总体的方差是相同的.

（2）待检假设 H_0：$\mu_1=\mu_2$，统计量

$$T=\frac{(\overline{X}-\overline{Y})-(\mu_1-\mu_2)}{S_w\left(\dfrac{1}{n_1}+\dfrac{1}{n_2}\right)^{\frac{1}{2}}}$$

其中
$$S_w^2=\frac{(n-1)S_1^2+(n_2-1)S_2^2}{n_1+n_2-2}$$

在假设成立的条件下，服从自由度为 n_1+n_2-2 的 t 分布，由于给定显著性水平 $\alpha=0.05$，查自由度为 41 的 t 分布表，得 $T_{\frac{\alpha}{2}}=2.0195$，由样本观察值计算

$$S_w^2=\frac{(n_1-1)S_1^2+(n_2-1)S_2^2}{n_1+n_2-2}=\frac{21\times17^2+20\times19^2}{41}=324.122$$

$$S = 18.0034$$

$$T = \frac{70-76}{18.0034 \times \left(\frac{1}{21}+\frac{1}{22}\right)^{\frac{1}{2}}} = -1.0924$$

注意到$|T| = 1.0924 < 2.0195$，不能否认假设 H_0，即可以认为男同学与女同学该门课程的平均成绩没有显著差异.

例 8.17 在电炉上进行一项新方法的试验，以比较新方法是否能增加出钢率，新旧方法交替使用，其他条件尽可能相同，共炼 10 炉钢，出钢率分别为

新方法：79.1，81.0，77.3，70.1，80.0，79.1，79.1，77.3，80.2，82.1

旧方法：78.1，72.4，76.2，74.3，77.4，78.4，76.0，75.5，76.7，77.3

设新、旧方法所产生的这两个样本相互独立，且分别来自正态总体 $N(\mu_1, \sigma^2)$ 和 $N(\mu_2, \sigma^2)$，μ_1、μ_2、σ^2 均未知，问新方法能否提高出钢率（$\alpha = 0.05$）？

解 待检假设 H_0：$\mu_1 - \mu_2 \leqslant 0$，这是一个单侧检验问题，统计量

$$T = \frac{(\overline{X}-\overline{Y})-(\mu_1-\mu_2)}{S_w\left(\frac{1}{n_1}+\frac{1}{n_2}\right)^{\frac{1}{2}}}$$

其中
$$S_w^2 = \frac{(n_1-1)S_1^2+(n_2-1)S_2^2}{n_1+n_2-2}$$

在假设成立的条件下服从自由度为 n_1+n_2-2 的 t 分布，对于给定的 $\alpha = 0.05$，查 $t(18)$分布表，得 $t_\alpha = 1.7341$，由所给样本值计算

$$\overline{X} = \frac{1}{10}(79.1+81.0+77.3+70.1+80.0+79.1+79.1+77.3+80.2+82.1)$$
$$= 78.53$$

$$S_1^2 = \frac{1}{10-1}\sum_{i=1}^{10}(X_i-\overline{X})^2$$
$$= \frac{1}{9}(0.57^2+2.47^2+1.23^2+8.43^2+1.47^2+0.57^2+$$
$$0.57^2+1.23^2+1.67^2+3.57^2)$$
$$= 10.9846$$

$$S_1 = 3.3143$$

$$\overline{Y} = \frac{1}{10}(78.1+72.4+76.2+74.3+77.4+$$
$$78.4+76.0+75.5+76.7+77.3)$$
$$= 76.23$$

$$S_2^2 = \frac{1}{10-1}\sum_{i=1}^{10}(Y_i-\overline{Y})^2$$

$$= \frac{1}{9}(1.87^2 + 3.83^2 + 0.03^2 + 1.93^2 + 1.17^2 + 2.17^2 + 0.23^2 + 0.73^2 + 0.47^2 + 1.07^2) = 3.3246$$

$$S_2 = 1.8233$$

$$S_w^2 = \frac{(n_1-1)S_1^2 + (n_2-1)S_2^2}{n_1+n_2-2} = \frac{9\times 10.9846 + 9\times 3.3246}{18} = 7.1546$$

$$S_w = 2.6748$$

$$t = \frac{\overline{X}-\overline{Y}}{S_w\left(\frac{1}{n_1}+\frac{1}{n_2}\right)^{\frac{1}{2}}} = \frac{78.53-76.23}{2.6748\times\left(\frac{1}{10}+\frac{1}{10}\right)^{\frac{1}{2}}} = 2.3/(2.6748\times 0.4472) = 1.9228$$

由于样本观察值 $t = 1.9228 > 1.7341$，所以拒绝 H_0，即认为新方法比原来的方法更优.

习　题　8

填空题

1. 设总体 $X \sim N(\mu, \sigma^2)$，σ^2 未知，检验 H_0：$\mu \neq \mu_0$；H_1：$\mu \neq \mu$. 应选用________检验法，相应的统计量________，临界值 =________.

2. 设总体 $X \sim N(\mu, \sigma^2)$，原假设为 H_0：$\mu = \mu_0$，若选择拒绝域为（μ_0，$+\infty$），则相应的备择假设为 H_1：________；若选择的拒绝域为$(-\infty, -t_{\frac{\alpha}{2}}(n-1)) \cup (t_{\frac{\alpha}{2}}(n-1), +\infty)$，则相应的备择假设为 H_1：________.

3. 总体 $X \sim N(\mu, \sigma^2)$，检验假设 H_0：$\sigma^2 = \sigma_0^2$；H_1：$\sigma^2 \neq \sigma_0^2$. x_1，…，x_n 是一组样本，显著性水平 $\alpha = 0.05$，则拒绝域是________.

4. 设总体 $X \sim N(\mu_1, \sigma_1^2)$，$Y \sim N(\mu_2, \sigma_2^2)$，$X$、$Y$ 相互独立，检验 H_0：$\sigma_1^2 = \sigma_2^2$；H_1：$\sigma_1^2 \neq \sigma_2^2$，应选用________检验，相应的统计量________.

单项选择题

1. 总体 $X \sim N(\mu, \sigma^2)$，抽取容量为 10 的样本，算得 $\overline{x} = 67.4$，$S^2 = 35.15$，检验假设 H_0：$\mu = 72$；H_1：$\mu \neq 72$，检验水平 $\alpha = 0.05$，下面正确的结论与方法是（　　）.

（A）用 U 检验法，临界值 $u_{0.025} = 1.96$，拒绝 H_0

（B）用 t 检验法，临界值 $t_{0.025}$（9）$= 2.262$，拒绝 H_0

（C）用 t 检验法，临界值 $t_{0.05}$（9）$= 1.83$，拒绝 H_0

（D）用 U 检验法，临界值 $u_{0.05} = 1.64$，拒绝 H_0

2. 设总体 $X \sim N(\mu, 11^2)$，x_1，…，x_n 为一组观察值，检验 H_0：$\mu = 0.5$，等价于（　　）.

（A）判断总体 X 的均值一定等于 0.5

（B）判断总体 X 的均值 μ 与 0.5 差别不大

（C）判断样本均值 $\overline{x}$ 等于 0.05

（D）若区间$\left(\bar{x}-u_{\frac{\alpha}{2}}\frac{\sigma}{\sqrt{n}},\ \bar{x}+u_{\frac{\alpha}{2}}\frac{\sigma}{\sqrt{n}}\right)$包含0.5，则认为$\mu=0.5$；否则就认为$\mu\neq 0.5$

3. 机床厂某日从两台机器所加工的同一种零件中，分别抽取$n_1=10$，$n_2=15$的两个样本，检验两台机床精度，若产品长度服从正态分布，则正确的假设是（　　）.

（A）H_0：$\mu_1=\mu_2$；H_1：$\mu_1\neq\mu_2$　　（B）H_0：$\sigma_1^2=\sigma_2^2$；H_1：$\sigma_1^2\neq\sigma_2^2$

（C）H_0：$\mu_1=\mu_2$；H_1：$\mu_1<\mu_2$　　（D）H_0：$\sigma_1^2=\sigma_2^2$；H_1：$\sigma_1^2<\sigma_2^2$

4. 设总体$X\sim N(\mu,\sigma^2)$，σ^2已知，x_1，…，x_n为取自X的样本观测值，现在显著性水平$\alpha=0.05$下接受了H_0：$u=\mu_0$，若将α改为0.01时，下面结论中正确的是（　　）.

（A）必拒绝H_0　　（B）必接受H_0

（C）犯第一类错误概率变大　　（D）犯第二类错误概率变小

5. 在假设检验中，H_0表示原假设，H_1为备择假设，则称为犯第二类错误的是（　　）.

（A）H_1不真，接受H_1　　（B）H_0不真，接受H_1

（C）H_0不真，接受H_0　　（D）H_0为真，接受H_1

6. 设（X_1，X_2，…，X_n）是来自正态总体$N(\mu,\sigma^2)$的样本，μ和σ^2为未知参数，且

$$\overline{X}=\frac{1}{n}\sum_{i=1}^{n}X_i,\ Q^2=\sum_{i=1}^{n}(X_i-\overline{X})^2$$

则检验假设H_0：$\mu=0$时，应选取的统计量为（　　）.

（A）$\sqrt{n(n-1)}\frac{\overline{X}}{Q}$　　（B）$\sqrt{n}\frac{\overline{X}}{Q}$

（C）$\sqrt{n-1}\frac{\overline{X}}{Q}$　　（D）$\sqrt{n}\frac{\overline{X}}{Q^2}$

计算题

1. 用包装机包装某种洗衣粉，在正常情况下，每袋质量为1000g，标准差σ不能超过15g. 假设每袋洗衣粉的净重服从正态分布，某天检验机器工作的情况，从已装好的袋中随机抽取10袋，测得其净重为

1020，1030，968，994，1014，998，976，982，950，1048

问这天机器是否工作正常（$\alpha=0.05$）？

2. 检验部门由甲、乙两灯泡厂各取30个灯光进行抽检，甲厂的灯泡平均寿命为1500h，样本标准差为80h；乙厂的灯泡平均寿命为1450h，样本标准差为94h，由此可否断定甲厂的灯泡比乙厂的好（$\alpha=0.05$）.

3. 设用过去的铸造方法，零件强度服从正态分布，其标准差为1.6(kg/mm²). 为了降低成本，改变了铸造方法，测得用新方法铸出的零件强度如下：

51.9，53.0，52.7，54.1，53.2，52.3，52.5，51.1，54.7

问改变方法后零件强度的方差是否发生了显著变化（取显著性水平$\alpha=0.05$）？

4. 一自动车床加工零件的长度服从正态分布$N(\mu,\sigma^2)$，车床正常工作时，加工零件长度均值为10.5，经过一段时间的生产后，要检验一下这一车床是否工作正常，为此随机抽取该车床加工的零件31个，算得均值为11.08，标准差为0.516，设加工零件长度的方差不变，问此车床是否可以认为工作正常（α取0.05）？

5. 设有甲、乙两种零件彼此可以代用，但乙零件比甲零件制造简单，造价低，经过试验获

得它们的抗压强度如下（单位：kg/cm^2）：

甲种零件：88　87　92　90　91

乙种零件：89　89　90　84　88

已知甲、乙两种零件的抗压强度分别服从正态分布 $N(\mu_1,\sigma^2)$、$N(\mu_2,\sigma^2)$，问能否在保证抗压强度质量下，用乙种零件代替甲种零件（$\alpha=0.05$）？

6. 在正态总体 $X\sim N(\mu,1)$ 中抽取容量为 100 的样本，经计算样本均值为 5.32.

（1）试检验 H_0：$\mu=5$ 是否成立（取 $\alpha=0.01$）.

（2）计算上述检验在 H_1：$\mu=4.8$ 下犯第二类错误的概率.

7. 某种零件的尺寸方差为 $\sigma^2=1.21$，对一批这类零件抽检 6 件，得尺寸数据（mm）：

$$32.56, 29.66, 31.64, 30.00, 31.87, 31.03$$

设零件尺寸服从正态分布，问这批零件的平均尺寸能否认为是 32.50mm（$\alpha=0.05$）？

8. 设某产品的指标服从正态分布，它的标准差为 $\sigma=100$，今抽取一个容量为 26 的样本，计算得平均值为 1637，问在显著性水平 $\alpha=0.05$ 下，能否认为这批产品指标的数学期望值 μ 不低于 1600？

9. 一种元件，要求其平均寿命不低于 1000h，现从一批这种元件中任取 25 件，测得寿命平均值为 950h，已知元件寿命服从标准差为 $\sigma=100$h 的正态分布，问这批元件是否合格（$\alpha=0.05$）？

10. 某批矿砂的 5 个样品中的镍含量经测定为 $x(\%)$：

$$3.25, 3.27, 3.24, 3.26, 3.24$$

设测定值服从正态分布，问能否认为这批矿砂的镍的含量为 3.25（$\alpha=0.01$）？

11. 按照规定，每 100g 罐头番茄汁中，维生素 C 的含量不得少于 21mg/g，现从某厂生产的一批罐头中抽取 17 个，测得维生素 C 的含量（单位：mg/g）为

$$22, 21, 20, 23, 21, 19, 15, 13, 16, 23, 17, 20, 29, 18, 22, 16, 25$$

已知维生素 C 的含量服从正态分布，试检验这批罐头的维生素 C 含量是否合格（$\alpha=0.05$）.

12. 某种合金弦的抗拉强度 $X\sim N(\mu,\sigma^2)$，由过去的经验知 $\mu<10560(kg/cm^2)$，今用新工艺生产了一批弦线，随机取 10 根作抗拉试验测得数据如下：

$$10512, 10623, 10668, 10554, 10776$$

$$10707, 10557, 10581, 10666, 10670$$

问这批弦线的抗拉强度是否提高了（$\alpha=0.05$）？

13. 从一批轴料中取 15 件测量其椭圆度，计算得 $S=0.025$，问该批轴料椭圆度的总体方差与规定的 $\sigma^2=0.0004$ 有无显著差别（$\alpha=0.05$，椭圆度服从正态分布）？

14. 从一批保险丝中抽取 10 根试验其熔化时间，结果为

42，65，75，78，71，59，57，68，54，55

问是否可认为这批保险丝熔化时间的方差不大于 80（$\alpha=0.05$，熔化时间服从正态分布）？

15. 对两种羊毛织品进行强度试验，所得结果如下［lb/in^2（$1lb/in^2=703.08141kg/m^2$）］：

第一种：138，127，134，125

第二种：134，137，135，140，130，134

问是否一种羊毛较另一种好？设两种羊毛织品的强度都服从方差相同的正态分布（$\alpha=0.05$）.

16. 在 20 块条件相同的土地上，同时试种新旧两个品种的作物各十块土地，其产量（kg）

分别为

旧品种：78. 1,72. 4,76. 2,74. 3,77. 4,78. 4,76. 0,75. 5,76. 7,77. 3

新品种：79. 1,81. 0,77. 3,79. 1,80. 0,79. 1,79. 1,77. 3,80. 2,82. 1

设这两个样本相互独立，并都来自正态总体（方差相等），问新品种的产量是否高于旧品种（$\alpha=0.01$）?

17. 两台机床加工同一种零件，分别取 6 个和 9 个零件，量其长度得 $S_1^2=0.345$，$S_2^2=0.357$，假定零件长度服从正态分布，问可否认为两台机床加工的零件长度的方差无显著差异（$\alpha=0.05$）?

第 9 章　Matlab 在概率统计中的应用

概率论与数理统计是研究和应用随机现象统计规律性的一门数学科学. 其应用十分广泛，几乎遍及所有科学领域、工农业生产和国民经济各部门. 本章介绍利用数学软件 Matlab 来解决概率统计学中的概率分布、数字特征、参数估计以及假设检验等问题.

9.1　常见概率统计函数

9.1.1　随机数的产生

1. 二项分布的随机数据

格式

```
R = binornd(N,P)          % 返回服从参数为 N,P 的二项分布的随机数,N,P 大小相同
R = binornd(N,P,m)        % m 指定随机数的个数,与 R 维数相同
R = binornd(N,P,m,n)      % m,n 分别表示 R 的行数和列数
```

例 9.1

```
>> R = binornd(8,0.5)
R =
     4
>> R = binornd(8,0.5,2,3)
R =
     4     5     5
     4     2     2
```

2. 正态分布的随机数据

格式

```
R = normrnd(mu,sigma)         % 返回均值为 mu、标准差为 sigma/的正态分布的随机数
R = normrnd(mu,sigma,m)       % m 指定随机数的个数,与 R 同维数
R = normrnd(mu,sigma,m,n)     % m,n 分别表示 R 的行数和列数
```

例 9.2

```
>> R = normrnd(10,0.5,2,3)    % 均值为 10、标准差为 0.5 的 2 行 3 列个正态随机数
```

R =

9.7837　10.0627　9.4268

9.1672　10.1438　10.5955

常见分布的随机数产生函数列表见表 9.1.

表 9.1　常见分布的随机数产生函数表

函数名	调用格式	功能描述
unifrnd	unifrnd(A,B,m,n)	[A,B]上均匀分布(连续)随机数
unidrnd	unidrnd(N,m,n)	均匀分布(离散)随机数
exprnd	exprnd(Lambda,m,n)	参数为 Lambda 的指数分布随机数
normrnd	normrnd(mu,sigma,m,n)	参数为 mu,sigma 的正态分布随机数
chi2rnd	chi2rnd(N,m,n)	自由度为 N 的卡方分布随机数
trnd	trnd(N,m,n)	自由度为 N 的 t 分布随机数
frnd	frnd(N_1,N_2,m,n)	第一自由度为 N_1,第二自由度为 N_2 的 F 分布随机数
gamrnd	gamrnd(A,B,m,n)	参数为 A,B 的 γ 分布随机数
betarnd	betarnd(A,B,m,n)	参数为 A,B 的 β 分布随机数
lognrnd	lognrnd(mu,sigma,m,n)	参数为 mu,sigma 的对数正态分布随机数
nbinrnd	nbinrnd(R,P,m,n)	参数为 R,P 的负二项式分布随机数
ncfrnd	ncfrnd(N_1,N_2,delta,m,n)	参数为 N_1,N_2,delta 的非中心 F 分布随机数
nctrnd	nctrnd(N,delta,m,n)	参数为 N,delta 的非中心 t 分布随机数
ncx2rnd	ncx2rnd(N,delta,m,n)	参数为 N,delta 的非中心卡方分布随机数
raylrnd	raylrnd(B,m,n)	参数为 B 的瑞利分布随机数
weibrnd	weibrnd(A,B,m,n)	参数为 A,B 的韦伯分布随机数
binornd	binornd(N,P,m,n)	参数为 N,P 的二项分布随机数
geornd	geornd(P,m,n)	参数为 P 的几何分布随机数
hygernd	hygernd(M,K,N,m,n)	参数为 M,K,N 的超几何分布随机数
poissrnd	poissrnd(Lambda,m,n)	参数为 Lambda 的泊松分布随机数

9.1.2 随机变量的概率密度计算

例 9.3 绘制卡方分布密度函数在自由度分别为 1，5，15 的图形：

```
>>x=0:0.1:30;
>>y1=chi2pdf(x,1);
>>plot(x,y1,':')
>>hold on
>>y2=chi2pdf(x,5);
>>plot(x,y2,'+')
>>y3=chi2pdf(x,15);
>>plot(x,y3,'o')
>>axis([0,30,0.2])    % 指定显示的图形区域
```

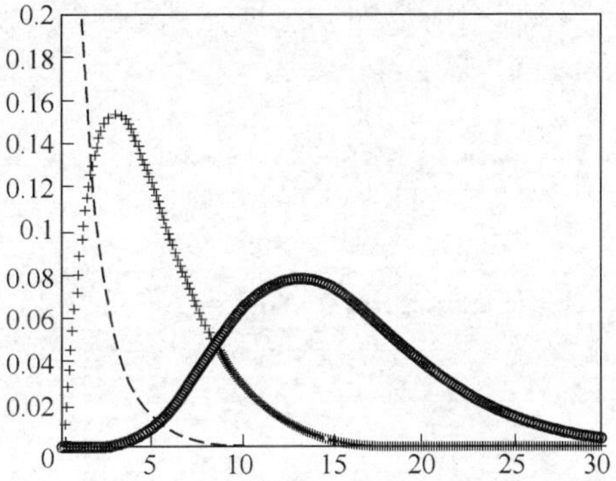

图 9.1

绘制图形如图 9.1 所示.

专用函数计算概率密度函数列表见表 9.2.

表 9-2 专用函数计算概率密度函数表

函数名	调用格式	功能描述
unifpdf	unifpdf(x,a,b)	[a,b]上均匀分布(连续)概率密度在 X=x 处的函数值
unidpdf	unidpdf(x,n)	均匀分布(离散)概率密度函数值
exppdf	exppdf(x,Lambda)	参数为 Lambda 的指数分布概率密度函数值
normpdf	normpdf(x,mu,sigma)	参数为 mu,sigma 的正态分布概率密度函数值
chi2pdf	chi2pdf(x,n)	自由度为 n 的卡方分布概率密度函数值
tpdf	tpdf(x,n)	自由度为 n 的 t 分布概率密度函数值
fpdf	fpdf(x,n_1,n_2)	第一自由度为 n_1,第二自由度为 n_2 的 F 分布概率密度函数值
gampdf	gampdf(x,a,b)	参数为 a,b 的 γ 分布概率密度函数值
betapdf	betapdf(x,a,b)	参数为 a,b 的 β 分布概率密度函数值
lognpdf	lognpdf(x,mu,sigma)	参数为 mu,sigma 的对数正态分布概率密度函数值
nbinpdf	nbinpdf(x,R,P)	参数为 R,P 的负二项式分布概率密度函数值
ncfpdf	ncfpdf(x,n_1,n_2,delta)	参数为 n_1,n_2,delta 的非中心 F 分布概率密度函数值
nctpdf	nctpdf(x,n,delta)	参数为 n,delta 的非中心 t 分布概率密度函数值
ncx2pdf	ncx2pdf(x,n,delta)	参数为 n,delta 的非中心卡方分布概率密度函数值
raylpdf	raylpdf(x,b)	参数为 b 的瑞利分布概率密度函数值
weibpdf	weibpdf(x,a,b)	参数为 a,b 的韦伯分布概率密度函数值
binopdf	binopdf(x,n,p)	参数为 n,p 的二项分布的概率密度函数值
geopdf	geopdf(x,p)	参数为 p 的几何分布的概率密度函数值
hygepdf	hygepdf(x,M,K,N)	参数为 M,K,N 的超几何分布的概率密度函数值
poisspdf	poisspdf(x,Lambda)	参数为 Lambda 的泊松分布的概率密度函数值

下面给出常见分布的密度函数作图.

例 9.4 二项分布

```
>>x=0:10;
```

```
>>y = binopdf(x,10,0.5);
>>plot(x,y,'+')
```

绘制图形如图 9.2 所示.

例 9.5 指数分布

```
>>x = 0:0.1:10;
>>y = exppdf(x,2);
>>plot(x,y)
```

绘制图形如图 9.3 所示.

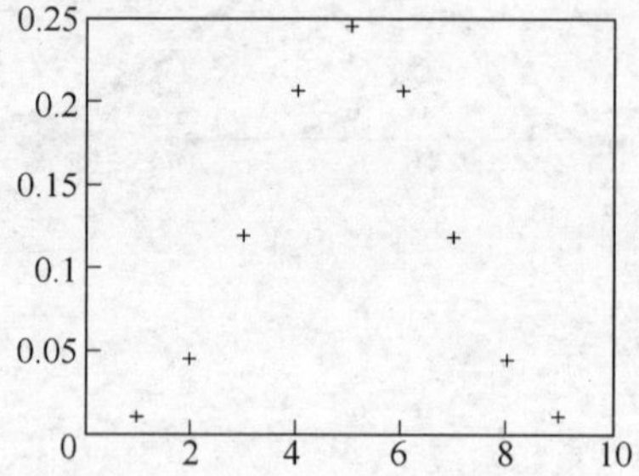

图 9.2

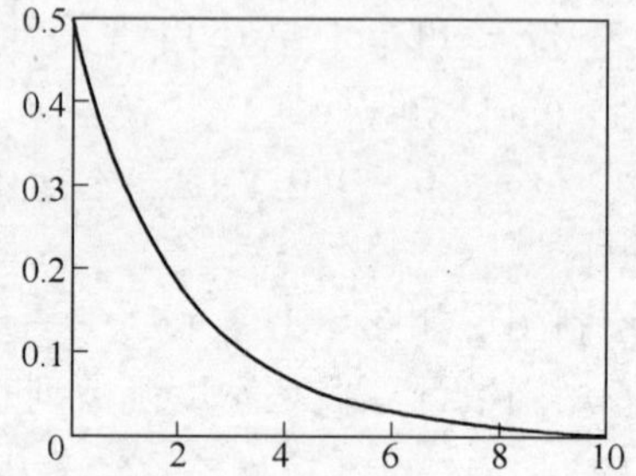

图 9.3

例 9.6 正态分布

```
>>x = -3:0.2:3;
>>y = normpdf(x,0,1);
>>plot(x,y)
```

绘制图形如图 9.4 所示.

例 9.7 泊松分布

```
>>x = 0:15;
>>y = poisspdf(x,5);
>>plot(x,y,'+')
```

绘制图形如图 9.5 所示.

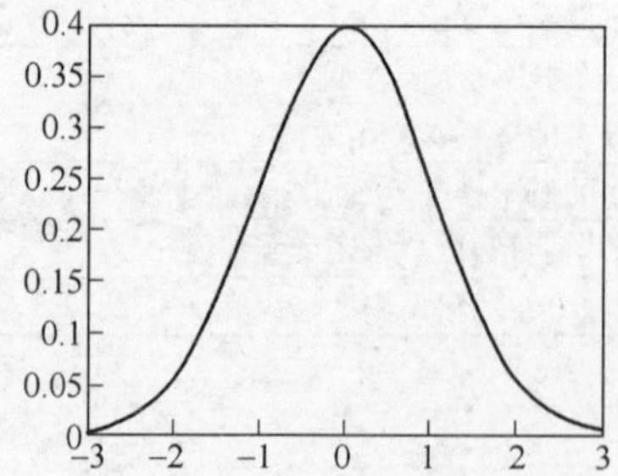

图 9.4

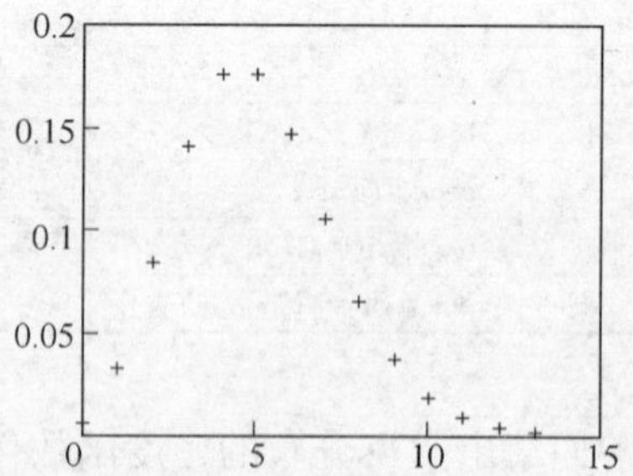

图 9.5

9.1.3 随机变量的累积概率值（分布函数值）

命令 二项分布的累积概率值

格式 binocdf(k,n,p) %n 为试验总次数，p 为每次试验事件 A 发生的概率，k 为 n 次试验中事件 A 发生的次数，该命令返回 n 次试验中事件 A 恰好发生 k 次的概率.

命令 正态分布的累积概率值

格式 normcdf(x,mu,sigma) %返回 $F(x)=\int_{-\infty}^{x}p(t)\,dt$ 的值，mu、sigma 为正态分布的两个参数

例 9.8 设 $X \sim N(3,2^2)$.

（1）求 $P\{2<X<5\}$, $P\{-4<X<10\}$, $P\{|X|>2\}$, $P\{X>3\}$.

（2）确定 c，使得 $P\{X>c\}=P\{X<c\}$.

解 （1）$p1=P\{2<X<5\}$

$p2=P\{-4<X<10\}$

$p3=P\{|X|>2\}=1-P\{|X|\leqslant 2\}$

$p4=P\{X>3\}=1-P\{X\leqslant 3\}$

则有

```
>>p1 = normcdf(5,3,2) - normcdf(2,3,2)
p1 =
    0.5328
>>p2 = normcdf(10,3,2) - normcdf(-4,3,2)
p2 =
    0.9995
>>p3 = 1 - normcdf(2,3,2) - normcdf(-2,3,2)
p3 =
    0.6853
>>p4 = 1 - normcdf(3,3,2)
p4 =
    0.5000
```

（2）由（1）知 c = 3.

专用函数计算累积概率值函数列表见表 9.3.

表 9.3 专用函数的累积概率值函数表

函数名	调用格式	功能描述
unifcdf	unifcdf(x,a,b)	[a,b] 上均匀分布（连续）累积分布函数值 $F(x)=P\{X\leqslant x\}$
unidcdf	unidcdf(x,n)	均匀分布（离散）累积分布函数值 $F(x)=P\{X\leqslant x\}$
expcdf	expcdf(x,Lambda)	参数为 Lambda 的指数分布累积分布函数值 $F(x)=P\{X\leqslant x\}$
normcdf	normcdf(x,mu,sigma)	参数为 mu,sigma 的正态分布累积分布函数值 $F(x)=P\{X\leqslant x\}$

（续）

函数名	调用格式	功能描述
chi2cdf	chi2cdf(x,n)	自由度为n的卡方分布累积分布函数值 $F(x)=P\{X\leq x\}$
tcdf	tcdf(x,n)	自由度为n的t分布累积分布函数值 $F(x)=P\{X\leq x\}$
fcdf	fcdf(x,n_1,n_2)	第一自由度为n_1，第二自由度为n_2的F分布累积分布函数值
gamcdf	gamcdf(x,a,b)	参数为a,b的γ分布累积分布函数值 $F(x)=P\{X\leq x\}$
betacdf	betacdf(x,a,b)	参数为a,b的β分布累积分布函数值 $F(x)=P\{X\leq x\}$
logncdf	logncdf(x,mu,sigma)	参数为mu,sigma的对数正态分布累积分布函数值
nbincdf	nbincdf(x,R,P)	参数为R,P的负二项式分布累积分布函数值 $F(x)=P\{X\leq x\}$
ncfcdf	ncfcdf(x,n_1,n_2,delta)	参数为n_1,n_2,delta的非中心F分布累积分布函数值
nctcdf	nctcdf(x,n,delta)	参数为n,delta的非中心t分布累积分布函数值 $F(x)=P\{X\leq x\}$
ncx2cdf	ncx2cdf(x,n,delta)	参数为n,delta的非中心卡方分布累积分布函数值
raylcdf	raylcdf(x,b)	参数为b的瑞利分布累积分布函数值 $F(x)=P\{X\leq x\}$
weibcdf	weibcdf(x,a,b)	参数为a,b的韦伯分布累积分布函数值 $F(x)=P\{X\leq x\}$
binocdf	binocdf(x,n,p)	参数为n,p的二项分布的累积分布函数值 $F(x)=P\{X\leq x\}$
geocdf	geocdf(x,p)	参数为p的几何分布的累积分布函数值 $F(x)=P\{X\leq x\}$
hygecdf	hygecdf(x,M,K,N)	参数为M,K,N的超几何分布的累积分布函数值
poisscdf	poisscdf(x,Lambda)	参数为Lambda的泊松分布的累积分布函数值 $F(x)=P\{X\leq x\}$

说明 累积概率函数就是分布函数 $F(x)=P\{X\leq x\}$ 在x处的值.

9.1.4 随机变量的逆累积分布函数

命令 正态分布逆累积分布函数

格式 X = norminv(p,mu,sigma) %p为累积概率值，mu为均值，sigma为标准差，X为临界值，满足：$p=P\{X\leq x\}$.

例9.9 设 $X\sim N(3,2^2)$，确定c使得 $P\{X>c\}=P\{X<c\}$.

解 由 $P\{X>c\}=P\{X<c\}$ 得，$P\{X>c\}=P\{X<c\}=0.5$，所以

```
>> X = norminv(0.5,3,2)
X =
    3
```

关于常用临界值函数可查表9.4.

表9.4 常用临界值函数表

函数名	调用格式	功能描述
unifinv	x = unifinv(p,a,b)	均匀分布(连续)逆累积分布函数($p=P\{X\leq x\}$,求x)
unidinv	x = unidinv(p,n)	均匀分布(离散)逆累积分布函数,x为临界值
expinv	x = expinv(p,Lambda)	指数分布逆累积分布函数

（续）

函数名	调用格式	功能描述
norminv	x = norminv(x,mu,sigma)	正态分布逆累积分布函数
chi2inv	x = chi2inv(x,n)	卡方分布逆累积分布函数
tinv	x = tinv(x,n)	t 分布累积分布函数
finv	x = finv(x,n_1,n_2)	F 分布逆累积分布函数
gaminv	x = gaminv(x,a,b)	γ 分布逆累积分布函数
betainv	x = betainv(x,a,b)	β 分布逆累积分布函数
logninv	x = logninv(x,mu,sigma)	对数正态分布逆累积分布函数
nbininv	x = nbininv(x,R,P)	负二项式分布逆累积分布函数
ncfinv	x = ncfinv(x,n_1,n_2,delta)	非中心 F 分布逆累积分布函数
nctinv	x = nctinv(x,n,delta)	非中心 t 分布逆累积分布函数
ncx2inv	x = ncx2inv(x,n,delta)	非中心卡方分布逆累积分布函数
raylinv	x = raylinv(x,b)	瑞利分布逆累积分布函数
weibinv	x = weibinv(x,a,b)	韦伯分布逆累积分布函数
binoinv	x = binoinv(x,n,p)	二项分布的逆累积分布函数
geoinv	x = geoinv(x,p)	几何分布的逆累积分布函数
hygeinv	x = hygeinv(x,M,K,N)	超几何分布的逆累积分布函数
poissinv	x = poissinv(x,Lambda)	泊松分布的逆累积分布函数

例 9.10 公共汽车门的高度是按成年男子与车门顶碰头的机会不超过 1% 设计的. 设男子身高 X（单位：cm）服从正态分布 N(175,36)，求车门的最低高度.

解 设 h 为车门高度，X 为身高.

求满足条件 $P\{X>h\}\leqslant 0.01$ 的 h，即 $P\{X<h\}\geqslant 0.99$，所以

```
>>h = norminv(0.99,175,6)
h =
    188.9581
```

9.1.5 随机变量的数字特征

1. 常见分布的数学期望和方差

命令 均匀分布（连续）的数学期望和方差

格式 [M,V] = unifstat(a,b) %a，b 为标量时，就是区间上均匀分布的数学期望和方差；a，b 也可为向量或矩阵，则 M，V 也是向量或矩阵.

例 9.11

```
>>a = 1:6;
>>b = 2. * a;
```

```
>>[M,V] = unifstat(a,b)
M =
    1.5000   3.0000   4.5000   6.0000   7.5000   9.0000
V =
    0.0833   0.3333   0.7500   1.3333   2.0833   3.0000
```

命令 正态分布的数学期望和方差

格式 [M,V] = normstat(mu,sigma) % mu、sigma 可为标量、向量或矩阵，则 M = mu，V = sigma^2.

例 9.12

```
>>n = 1:4;
>>[M,V] = normstat(n'*n,n'*n)
M =
    1   2   3   4
    2   4   6   8
    3   6   9   12
    4   8   12  16
V =
    1    4    9    16
    4    16   36   64
    9    36   81   144
    16   64   144  256
```

命令 二项分布的均值和方差

函数 binostat

格式 [M,V] = binostat(n,p) % n，p 为二项分布的两个参数，可为标量、向量或矩阵.

例 9.13

```
>>n = logspace(1,5,5)
n =
        10     100     1000     10000     100000
>>[M,V] = binostat(n,1./n)
M =
    1    1    1    1    1
V =
    0.9000   0.9900   0.9990   0.9999   1.0000
>>[m,v] = binostat(n,1/2)
m =
```

```
        5      50      500      5000      50000
v =
    1.0e+04 *
    0.0003    0.0025    0.0250    0.2500    2.5000
```

常见分布的数学期望和方差见表 9.5.

表 9.5 常见分布的数学期望和方差

函数名	调用格式	功能描述
unifstat	[M,V] = unifstat(a,b)	均匀分布(连续)的数学期望和方差,M 为数学期望,V 为方差
unidstat	[M,V] = unidstat(n)	均匀分布(离散)的数学期望和方差
expstat	[M,V] = expstat(p,Lambda)	指数分布的数学期望和方差
normstat	[M,V] = normstat(mu,sigma)	正态分布的数学期望和方差
chi2stat	[M,V] = chi2stat(x,n)	卡方分布的数学期望和方差
tstat	[M,V] = tstat(n)	t 分布的数学期望和方差
fstat	[M,V] = fstat(n_1,n_2)	F 分布的数学期望和方差
gemstat	[M,V] = gamstat(a,b)	γ 分布的数学期望和方差
betastat	[M,V] = betastat(a,b)	β 分布的数学期望和方差
lognstat	[M,V] = lognstat(mu,sigma)	对数正态分布的数学期望和方差
nbinstat	[M,V] = nbinstat(R,P)	负二项式分布的数学期望和方差
ncfstat	[M,V] = ncfstat(n_1,n_2,delta)	非中心 F 分布的数学期望和方差
nctstat	[M,V] = nctstat(n,delta)	非中心 t 分布的数学期望和方差
ncx2stat	[M,V] = ncx2stat(n,delta)	非中心卡方分布的数学期望和方差
raylstat	[M,V] = raylstat(b)	瑞利分布的数学期望和方差
weibstat	[M,V] = weibstat(a,b)	韦伯分布的数学期望和方差
binostat	[M,V] = binostat(n,p)	二项分布的数学期望和方差
geostat	[M,V] = geostat(p)	几何分布的数学期望和方差
hygestat	[M,V] = hygestat(M,K,N)	超几何分布的数学期望和方差
poisstat	[M,V] = poisstat(Lambda)	泊松分布的数学期望和方差

2. 协方差与相关系数

格式 cov(X) %求向量 X 的协方差

cov(A) %求矩阵 A 的协方差矩阵,该协方差矩阵的对角线元素是 A 的各列的方差,即:var(A) = diag(cov(A)).

cov(X,Y) %X,Y 为等长列向量,等同于 cov([X Y]).

例 9.14

```
>>X = [0 -1 1]';
```

```
>> Y = [1 2 2]';
>> C1 = cov(X)                    % X 的协方差
C1 =
    1
>> C2 = cov(X,Y)                  % 列向量 X,Y 的协方差矩阵,对角线元素为各列向
                                    量的方差
C2 =
    1.0000         0
         0    0.3333
>> A = [1 2 3;4 0 -1;1 7 3]
A =
    1    2    3
    4    0   -1
    1    7    3
>> C1 = cov(A)                    % 求矩阵 A 的协方差矩阵
C1 =
       3.0000   -4.5000   -4.0000
      -4.5000   13.0000    6.0000
      -4.0000    6.0000    5.3333
>> C2 = var(A(:,1))               % 求 A 的第 1 列向量的方差
C2 =
    3
>> C3 = var(A(:,2))               % 求 A 的第 2 列向量的方差
C3 =
    13
>> C4 = var(A(:3))                % 求 A 的第 3 列向量的方差
C4 =
    5.3333
```

命令 相关系数

格式 corrcoef(X,Y) % 返回列向量 X,Y 的相关系数,等同于 corrcoef([X Y]).

corrcoef(A) % 返回矩阵 A 的列向量的相关系数矩阵

例 9.15

```
>> A = [1 2 3;4 0 -1; 1 3 9]
A =
```

```
    1  2   3
    4  0  -1
    1  3   9
>> C1 = corrcoef(A)                     %求矩阵A的相关系数矩阵
C1 =
       1.0000   -0.9449   -0.8030
      -0.9449    1.0000    0.9538
      -0.8030    0.9538    1.0000
>> C1 = corrcoef(A(:,2),A(:,3))  %求A的第2列与第3列列向量的相关系数矩阵
C1 =
     1.0000    0.9538
     0.9538    1.0000
```

9.1.6 常见分布的参数估计

命令 正态分布的参数估计

格式 [muhat,sigmahat,muci,sigmaci] = normfit(X)

[muhat,sigmahat,muci,sigmaci] = normfit(X,ALPHA)

说明 muhat，sigmahat 分别为正态分布的参数 μ 和 σ 的估计值，muci，sigmaci 分别为置信区间，其置信度为（$1-\alpha$）$\times 100\%$；ALPHA 给出显著水平 α，缺省时默认为 0.05，即置信度为 95%.

例 9.16 分别使用金球和铂球测定引力常数.

（1）用金球测定观察值：6.683　6.681　6.676　6.678　6.679　6.672

（2）用铂球测定观察值：6.661　6.661　6.667　6.667　6.664

设测定值总体为 $N(\mu,\sigma^2)$，μ 和 σ 为未知. 对（1）、（2）两种情况分别求 μ 和 σ 的置信度为 0.9 的置信区间.

解 建立 M 文件：LX0833. m

```
X = [6.683  6.681  6.676  6.678  6.679  6.672];
Y = [6.661  6.661  6.667  6.667  6.664];
[mu,sigma,muci,sigmaci] = normfit(X,0.1)          %金球测定的估计
[MU,SIGMA,MUCI,SIGMACI] = normfit(Y,0.1)          %铂球测定的估计
```

运行结果如下：

```
mu =
    6.6782
sigma =
    0.0039
muci =
```

```
        6.6750
        6.6813
sigmaci =
        0.0026
        0.0081
MU =
        6.6640
SIGMA =
        0.0030
MUCI =
        6.6611
        6.6669
SIGMACI =
          0.0019
          0.0071
```

由上可知，金球测定的 μ 估计值为 6.6782，置信区间为 [6.6750，6.6813]；σ 的估计值为 0.0039，置信区间为 [0.0026，0.0081]；铂球测定的 μ 估计值为 6.6640，置信区间为 [6.6611，6.6669]；σ 的估计值为 0.0030，置信区间为 [0.0019，0.0071].

常用分布的参数估计函数列表见表 9.6.

表 9.6　参数估计函数表

函数名	调用格式	功能描述
binofit	PHAT = binofit(X,N) [PHAT,PCI] = binofit(X,N) [PHAT,PCI] = binofit(X,N,ALPHA)	二项分布的概率的极大似然估计 置信度为 95% 的参数估计和置信区间 返回水平 α 的参数估计和置信区间
poissfit	Lambdahat = poissfit(X) [Lambdahat,Lambdaci] = poissfit(X) [Lambdahat,Lambdaci] = poissfit(X,ALPHA)	泊松分布的参数的极大似然估计 置信度为 95% 的参数估计和置信区间 返回水平 α 的 λ 参数和置信区间
normfit	[muhat,sigmahat,muci,sigmaci] = normfit(X) [muhat,sigmahat,muci,sigmaci] = normfit(X,ALPHA)	正态分布的极大似然估计，置信度为 95% 返回水平 α 的期望、方差值和置信区间
betafit	PHAT = betafit(X) [PHAT,PCI] = betafit(X,ALPHA)	返回 β 分布参数 a 和 b 的极大似然估计 返回极大似然估计值和水平 α 的置信区间
unifit	[ahat,bhat] = unifit(X) [ahat,bhat,ACI,BCI] = unifit(X) [ahat,bhat,ACI,BCI] = unifit(X,ALPHA)	均匀分布参数的极大似然估计 置信度为 95% 的参数估计和置信区间 返回水平 α 的参数估计和置信区间

（续）

函数名	调用格式	功能描述
expfit	muhat = expfit(X) [muhat,muci] = expfit(X) [muhat,muci] = expfit(X,alpha)	指数分布参数的极大似然估计 置信度为95%的参数估计和置信区间 返回水平 α 的参数估计和置信区间
gamfit	phat = gamfit(X) [phat,pci] = gamfit(X) [phat,pci] = gamfit(X,alpha)	γ 分布参数的极大似然估计 置信度为95%的参数估计和置信区间 返回极大似然估计值和水平 α 的置信区间
weibfit	phat = weibfit(X) [phat,pci] = weibfit(X) [phat,pci] = weibfit(X,alpha)	韦伯分布参数的极大似然估计 置信度为95%的参数估计和置信区间 返回水平 α 的参数估计及其区间估计
mle	phat = mle('dist',data) [phat,pci] = mle('dist',data) [phat,pci] = mle('dist',data,alpha) [phat,pci] = mle('dist',data,alpha,p1)	分布函数名为 dist 的极大似然估计 置信度为95%的参数估计和置信区间 返回水平 α 的极大似然估计值和置信区间 仅用于二项分布，p1 为试验总次数

说明　各函数返回已给数据向量 X 的参数极大似然估计值和置信度为 $(1-\alpha)\times 100\%$ 的置信区间，α 的默认值为 0.05，即置信度为 95%.

9.1.7　假设检验

1. σ^2 已知，单个正态总体的均值 μ 的假设检验（U 检验法）

格式

h = ztest(x,m,sigma)　　　%x 为正态总体的样本，m 为均值 μ_0，sigma 为标准差，显著性水平为 0.05（默认值）

h = ztest(x,m,sigma,alpha)　　%显著性水平为 alpha

[h,sig,ci,zval] = ztest(x,m,sigma,alpha,tail)　%sig 为观察值的概率，当 sig 为小概率时则对原假设提出质疑，ci 为真正均值 μ 的 1-alpha 置信区间，zval 为统计量的值.

说明　若 h = 0，表示在显著性水平 alpha 下，不能拒绝原假设.

若 h = 1，表示在显著性水平 alpha 下，可以拒绝原假设.

原假设：H_0：$\mu=\mu_0=m$

若 tail = 0，表示备择假设：H_1：$\mu\neq\mu_0=m$（默认，双侧检验）.

若 tail = 1，表示备择假设：H_1：$\mu>\mu_0=m$（单侧检验）.

若 tail = −1，表示备择假设：H_1：$\mu<\mu_0=m$（单侧检验）.

例 9.17　某车间用一台包装机包装葡萄糖，包得的袋装糖重是一个随机变量，它服从正态分布. 当机器正常时，其均值为 0.5kg，标准差为 0.015. 某日开工后

检验包装机是否正常，随机地抽取所包装的糖 9 袋，称得净重为（kg）

0.497,0.506,0.518,0.524,0.498,0.511,0.52,0.515,0.512

问机器是否正常？

解 总体 μ 和 σ 已知，该问题是当 σ^2 为已知时，在水平 $\alpha=0.05$ 下，根据样本值判断 $\mu=0.5$ 还是 $\mu\neq0.5$. 为此假设：

原假设：H_0：$\mu=\mu_0=0.5$

备择假设：H_1：$\mu\neq0.5$

```
>>X=[0.497,0.506,0.518,0.524,0.498,0.511,0.52,0.515,0.512];
>>[h,sig,ci,zval]=ztest(X,0.5,0.015,0.05,0)
```

运行结果为

```
h =
    1
sig =
    0.0248                    %样本观察值的概率
ci =
    0.5014   0.5210           %置信区间,均值 0.5 在此区间之外
zval =
    2.2444                    %统计量的值
```

结果表明：h=1，说明在显著性水平 $\alpha=0.05$ 下，可拒绝原假设，即认为包装机工作不正常.

2. σ^2 未知，单个正态总体的均值 μ 的假设检验（t 检验法）

格式

h=ttest(x,m)　　%x 为正态总体的样本,m 为均值 μ_0,显著性水平为 0.05

h=ttest(x,m,alpha)　　%alpha 为给定显著性水平

[h,sig,ci]=ttest(x,m,alpha,tail)　%sig 为观察值的概率,当 sig 为小概率时则对原假设提出质疑,ci 为真正均值 μ 的 1-alpha 置信区间.

说明 若 h=0，表示在显著性水平 alpha 下，不能拒绝原假设.

若 h=1，表示在显著性水平 alpha 下，可以拒绝原假设.

原假设：H_0：$\mu=\mu_0=m$

若 tail=0，表示备择假设：H_1：$\mu\neq\mu_0=m$（默认，双侧检验）.

若 tail=1，表示备择假设：H_1：$\mu>\mu_0=m$（单侧检验）.

若 tail=-1，表示备择假设：H_1：$\mu<\mu_0=m$（单侧检验）.

例 9.18 某种电子元件的寿命 X（以小时计）服从正态分布，μ、σ^2 均未知. 现测得 16 只元件的寿命如下：

159,280,101,212,224,379,179,264,222,362,168,250,149,260,485,170

是否有理由认为元件的平均寿命大于 225 (h)?

解 σ^2 未知，在显著性水平 $\alpha=0.05$ 下检验假设：H_0：$\mu<\mu_0=225$，H_1：$\mu>225$

```
>> X = [159 280 101 212 224 379 179 264 222 362 168 250 149 260 485 170];
>> [h,sig,ci] = ttest(X,225,0.05,1)
```

运行结果为

```
h =
    0
sig =
    0.2570
ci =
    198.2321      Inf          % 均值 225 在该置信区间内
```

结果表明：H = 0 表示在水平 $\alpha=0.05$ 下应该接受原假设 H_0，即认为元件的平均寿命不大于 225h.

3. 两个正态总体均值差的检验（t 检验）

格式

```
[h,sig,ci] = ttest2(X,Y)                 % X,Y 为两个正态总体的样本,显著性水平为 0.05
[h,sig,ci] = ttest2(X,Y,alpha)           % alpha 为显著性水平
[h,sig,ci] = ttest2(X,Y,alpha,tail)      % sig 为当原假设为真时得到观察值的概率,当 sig 为小概率时则对原假设提出质疑,ci 为真正均值 μ 的 1 - alpha 置信区间.
```

说明 若 h = 0,表示在显著性水平 alpha 下,不能拒绝原假设.

若 h = 1,表示在显著性水平 alpha 下,可以拒绝原假设.

原假设:$H_0:\mu_1=\mu_2$(μ_1 为 X 为数学期望值,μ_2 为 Y 的数学期望值)

若 tail = 0,表示备择假设:$H_1:\mu_1\neq\mu_2$(默认,双侧检验).

若 tail = 1,表示备择假设:$H_1:\mu_1>\mu_2$(单侧检验).

若 tail = -1,表示备择假设:$H_1:\mu_1<\mu_2$(单侧检验).

例 9.19 在平炉上进行一项试验以确定改变操作方法的建议是否会增加钢的产率，试验是在同一只平炉上进行的. 每炼一炉钢时除操作方法外，其他条件都尽可能做到相同. 先用标准方法炼一炉，然后用建议的新方法炼一炉，以后交替进行，各炼 10 炉，其产率分别为

标准方法：78.1,72.4,76.2,74.3,77.4,78.4,76.0,75.5,76.7,77.3

新方法：79.1,81.0,77.3,79.1,80.0,79.1,79.1,77.3,80.2,82.1

设这两个样本相互独立，且分别来自正态总体 $N(\mu_1,\sigma^2)$ 和 $N(\mu_2,\sigma^2)$，μ_1、μ_2、

σ^2 均未知. 问建议的新操作方法能否提高产率?(取 $\alpha=0.05$)

解 两个总体方差不变时，在水平 $\alpha=0.05$ 下检验假设：H_0：$\mu_1=\mu_2$，H_1：$\mu_1<\mu_2$

```
>>X=[78.1  72.4  76.2  74.3  77.4  78.4  76.0  75.5  76.7  77.3];
>>Y=[79.1  81.0  77.3  79.1  80.0  79.1  79.1  77.3  80.2  82.1];
>>[h,sig,ci]=ttest2(X,Y,0.05,-1)
```

结果显示为

```
h =
    1
sig =
    2.1759e-004      %说明两个总体均值相等的概率很小
ci =
     -inf   -1.9083
```

结果表示:H=1 表示在显著性水平 $\alpha=0.05$ 下,应该拒绝原假设,即认为建议的新操作方法提高了产率,因此,它比原方法好.

9.2 回归分析

在客观世界中普遍存在着变量之间的关系，一般说来可分为确定性的与非确定性的两种. 确定性关系是指变量之间的关系可以用函数关系来表达. 另一种非确定性的关系即所谓相关关系. 例如，人的身高与体重之间存在着关系，一般说来，高一些的人，体重要重一些，但同样身高的人的体重往往不相同. 人的血压与年龄、气象中的温度与湿度之间的关系也是这样. 这是因为涉及的变量（如体重、血压、湿度）是随机变量. 上面所说的变量关系是非确定性的.

回归分析是研究相关关系的一种数学方法，是用统计数据寻求变量间关系的近似表达式——经验公式，它能帮助从一个变量取得的值去估计另一变量所取的值.

在 Matlab 中，统计回归问题可以借助函数 polyfit 实现.

格式 [p,s]=polyfit(X,Y,n)

说明 p——拟合 n 次多项式系数向量.

s——拟合多项式系数向量的结构信息，返回用函数 ployval（ ）获得的误差分析报告.

例 9.20 为了研究某一化学反应过程中，温度 x 对产品得率 y 的影响，测得数据如下：

x	100	110	120	130	140	150	160	170	180	190
y	45	51	54	61	66	70	74	78	85	89

试分析产品得率 y 与温度 x 之间的关系.

解 (1) 作散点图

```
>>x=[100 110 120 130 140 150 160 170 180 190];
>>y=[45 51 54 61 66 70 74 78 85 89];
>>plot(x,y,'+')
```

其散点图如图 9.6 所示.

(2) 由图 9.6, 猜测 y 与 x 之间的关系为 $y=a+bx$.

```
>>[p,s]=polyfit(x,y,1)
p =
    0.4830    -2.7394
s =
        R:[2x2 double]
       df:8
    normr:2.6878
```

结果表明: 回归直线为 $y=-2.7394+0.4830x$.

拟合曲线为

```
>>xi=100:5:190;
>>pi=polyval(p,xi);
>>plot(x,y,'+',xi,pi)
```

其直线图形如图 9.7 所示.

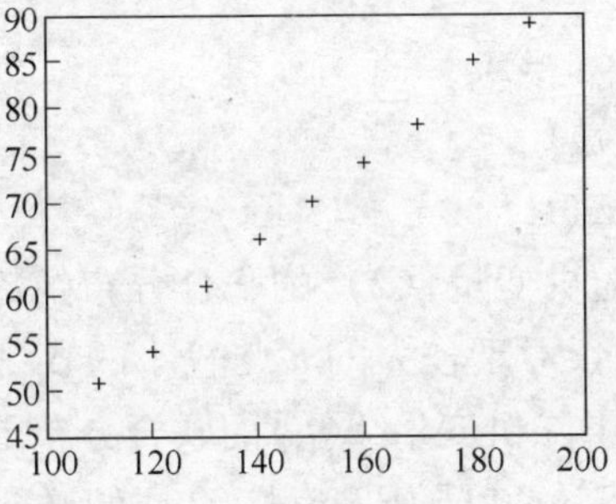

图 9.6

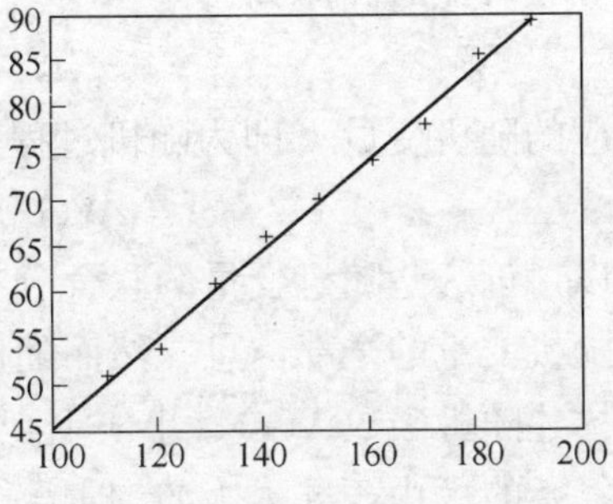

图 9.7

附　　录

附录 I　随机过程概念简介

1. 随机过程的概念

在工程技术中有很多随机现象，如通信系统与自动控制系统中的各种噪声和干扰等变化过程都可用随机过程这一数学模型来描述. 其中，最常见的是用时间 t 的随机函数 $X(t)$ 来表述相似过程的数学抽象，即随机过程.

随机过程 $X(t)$ 的最本质的特性有以下两点:

(1) 对于每个时间 $t=t_0$ 都确定一个具有分布列 $f(x)$ 的随机变量 $X(t_0)$，称随机变量 $X(t_0)$ 为随机过程 $X(t)$ 在点 t_0 处的状态.

(2) 随机变量 $X(t_1)$ 与 $X(t_2)$ 对于相近的 t_1 与 t_2 通常是相关的.

设 t_1 与 t_2 是两个相近的时刻且设在时刻 t_1，随机变量 $X(t_1)$ 取值 x_1，则随机变量 $X(t_2)$ 取值靠近 x_1（根据所研究的随机变量对时间的连续的变化），这意味着事件 $X(t_1)=x_1$ 影响 $X(t_2)$ 的分布，即 $X(t_1)$ 与 $X(t_2)$ 相关（至少当 $|t_1-t_2|$ 足够小时）.

如果考虑时间序列

$$t_1, t_2, \cdots, t_n, |t_i - t_{i+1}| = \Delta \tag{1}$$

及对应的随机变量（即为随机过程 $X(t)$ 的状态）

$$X(t_1), X(t_2), \cdots, X(t_n) \tag{2}$$

则可以讨论这些随机变量的联合分布. 当然，随机变量（2）的联合分布函数含有这些随机变量的全部信息. 然而随机变量 $X(t_i)$ 仅对于较大的 n 与较小的 Δ 才能较好地描述随机函数 $X(t)$，事实上，在这种情形下随机变量 $X(t_i)$ 的联合分布函数是非常复杂的（由于 n 太大）. 但毕竟在某些情况下考虑随机变量（2）的联合分布是有用的.

称函数

$$F_n(t_1, t_2, \cdots, t_n; x_1, x_2, \cdots, x_n) = P\{X(t_1) < x_1, X(t_2) < x_2, \cdots, X(t_n) < x_n\} \tag{3}$$

为随机过程 $(n=1,2,\cdots)$ 的 n 维分布函数. 这些函数有条件概率分布

$$\begin{aligned} & P(t_1, t_2, \cdots, t_m; x_1, x_2, \cdots, x_m | t_{m+1}, \cdots, t_n; x_{m+1}, \cdots, x_n) \\ = & \frac{P(t_1, t_2, \cdots, t_n; x_1, x_2, \cdots, x_n)}{P_{(n-m)}(t_{m+1}, \cdots, t_n; x_{m+1}, \cdots, x_n)}, m = 0, 1, \cdots, n-1 \end{aligned} \tag{4}$$

确定，其中

$$P_k(t_1,t_2,\cdots,t_k;x_1,x_2,\cdots,x_k)=\frac{\partial^k F_k(t_1,t_2,\cdots,t_k;x_1,x_2,\cdots,x_k)}{\partial x_1\partial x_2\cdots\partial x_k} \tag{5}$$

称为随机过程的 k 阶可微的有限维分布函数.

条件分布函数 $P(t_1,t_2,\cdots,t_m;x_1,x_2,\cdots,x_m|t_{m+1},\cdots,t_n;x_{m+1},\cdots,x_n)$ 对于每一组变元都给定了在事件 $X(t_{m+1})=x_{m+1},X(t_{m+2})=x_{m+2},\cdots,X(t_n)=x_n$ 时发生的概率（对离散型随机变量）或概率密度（对连续型随机变量）.

上述观点表明，对随机函数的概念进行描述是极其复杂的.

下面描述的随机过程是另一种观点，相当直观，然而在这里尝试对事件概率的精确定量估计显示出问题的更大的复杂性.

我们把 $X(t)$ 看做随机试验，它的结果是函数 $\varphi(x)\in L$，其中 L 是已知函数类，在大多数实际问题中 L 是由连续函数或具有某种光滑度的函数组成的集合. 为了定量地描述随机过程 $X(t)$ 需要善于计算概率 $P(\Omega)$，其中随机试验的结果 $\varphi(t)\in\Omega\subset L$，同时应满足如下条件：

（1）$0\leqslant P(\Omega)\leqslant 1$

（2）$P(\Omega_1\cup\Omega_2)=P(\Omega_1)+P(\Omega_2)$，$\Omega_1$，$\Omega_2$ 是任何两个不相交的子集. 描述概率 P 是极其复杂的事情.

上述两种观点在描述随机过程的方式上是不同的，但本质上是一致的. 在理论分析时经常运用第一种观点，而在实际测量中往往采用第二种观点，二者可互相补充.

在随机试验中得到的结果 $\varphi(t)$ 称作随机过程的实现（或轨线），函数 $\varphi(t)$ 本身是非随机函数.

定义 1　随机过程（随机函数）$X(t)$ 的数学期望是指这样的函数 $EX(t)$（非随机的），它在每一点 t_0 的值等于随机过程 $X(t)$ 的状态 $X(t_0)$（随机变量）的数学期望.

定义 2　随机过程 $X(t)$ 的方差是指这样的函数 $DX(t)$（非随机的），它在每一点 t_0 的值等于随机过程 $X(t)$ 的状态 $X(t_0)$（随机变量）的方差.

根据定义可知，随机过程 $X(t)$ 的均方差为

$$\sigma X(t)=\sqrt{DX(t)}$$

定义 3　随机过程 $X(t)$ 的协方差函数是指函数 $\mathrm{Cov}(s,t)$，它在点 (s_0,t_0) 处的值等于随机过程 $X(t)$ 在点 s_0 与 t_0 处的状态 $X(s_0)$ 与 $X(t_0)$ 的协方差.

随机过程 $X(t)$ 的标准协方差函数是指函数 $r_X(s,t)$，它在每一点（s_0，t_0）的值等于随机变量 $X(s_0)$ 与 $X(t_0)$（随机过程 $X(t)$ 在 s_0，t_0 处的状态）的相关系数.

根据相关系数的定义，有

$$r_X(s,t)=\frac{\mathrm{Cov}(s,t)}{\sigma X(s)\sigma X(t)}=\frac{E[(X(s)-EX(s))(X(t)-EX(t))]}{\sigma X(s)\sigma X(t)} \tag{6}$$

也可考虑两个随机过程 X，Y 的协方差函数 $\mathrm{Cov}_{XY}(s,t)$，根据定义，有

$$\mathrm{Cov}_{XY}(s,t)=E[X(s)Y(t)-EX(s)EY(t)] \tag{7}$$

$$\rho_{XY}(s,t)=\frac{\mathrm{Cov}(s,t)}{\sigma X(s)\sigma Y(t)} \tag{8}$$

同时有

$$\rho_{XY}(s,t)=\frac{E[(X(s)-EX(s)(Y(t)-EY(t))]}{\sigma X(s)\sigma Y(t)} \tag{9}$$

$$-1\leqslant\rho_{XY}\leqslant 1,DX(s)=\mathrm{Cov}_{XX}(s,s),DY(t)=\mathrm{Cov}_{YY}(t,t)$$

其中 DX，DY 是随机过程 $X(s)$ 与 $Y(t)$ 的方差.

函数 $\mathrm{Cov}_{XY}(s,t)$ 与 $\rho_{XY}(s,t)$ 的值可用来测量随机变量 $X(s)$ 与 $Y(t)$（即随机过程 X 与 Y 在点（s，t）的状态）的线性相关程度.

与此相联系，有时对应称随机过程 $X(t)$ 的协方差函数与标准协方差函数为自协方差函数与标准自协方差函数.

定义 4 随机过程称作是平稳的，如果对于它的所有 n 维分布函数在任何 t_0 处都有等式

$$F_n(t_1,t_2,\cdots,t_n;x_1,x_2,\cdots,x_n)=F_n(t_1+t_0,t_2+t_0,\cdots,t_n+t_0;x_1,x_2,\cdots,x_n) \tag{10}$$

成立.

对定义 4 的注释：

用式（10）表示的平稳过程的性质表明了某种不变性，即有限维分布关于时间转移 t_0 的无关性. 特别地，这意味着随机过程 $X(t)$ 的所有状态的分布是同样的，且协方差函数 $\mathrm{Cov}(s,t)$ 具有如下性质：对任何 s_1，s_2，t_1，t_2 若满足 $t_1-s_1=t_2-s_2$，都有等式 $\mathrm{Cov}(s_1,t_1)=\mathrm{Cov}(s_2,t_2)$ 成立.

由此得知，函数 $\mathrm{Cov}(s,t)$ 本来是变量 s 与 t 的二元函数，实际上它只依赖于差 $s-t$，即存在一个一元函数 $x(\tau)$，满足性质 $\mathrm{Cov}(s,t)=x(s-t)$，有时用 $R(\tau)$ 代替 $x(\tau)$.

如果 $X(t)$ 是描述控制对象距计算的轨线的偏差的随机过程，则当引起偏差的因素不随时间的变化（稳定的飞行状态）时，$X(t)$ 即为平稳的随机过程.

定义 5 称函数 $R_X(s,t)=E(X(s)X(t))$ 为随机过程 $X(t)$ 的相关函数，其中 $E(X(s)X(t))$ 是随机变量 $X(s)$ 与 $X(t)$ 的积的数学期望.

也可考虑两个随机过程 $X(s)$ 与 $Y(t)$ 的相关函数 $R_{XY}(s,t)$. 由定义知

$$R_{XY}(s,t)=E(X(s)Y(t)) \tag{11}$$

对定义 5 的注释：

（1）相关函数与协方差函数的关系为

$$\mathrm{Cov}_{XY}(s,t)=R_{XY}(s,t)-E(X(s))\cdot EY(t)$$

（2）若 $X=Y$，则有

$$R_{XX}(t,t)=E(X(t))^2$$

（3）对于平稳的随机过程相关函数 $R_X(s,t)=R_{XX}(s,t)$ 是自变元 $\tau=t-s$ 的一元函数. 需记 $R_X(\tau)=R_{XX}(\tau)=E(x(t)x(t+\tau))$，同时 $R_X(0)=R_{XX}(0)=E(x(t))^2$，其中 $E(x(t))^2$ 是不依赖于 τ 的随机变量 $X^2(t)$ 的数学期望.

在所有可能的随机过程中自然要分离出这样一些随机过程，对于它们 n 维分布函数具有简单的形式. 有时所有 $m(m>n)$ 维密度分布函数总能用 n 维分布函数表示，但不能用（$n-1$）维分布函数表示，则称该随机过程是 n 阶的.

譬如考虑这样的随机过程，它是用两两相互独立的随机变量集合确定的，称它为纯随机过程. 第一个可微的有限维分布函数 $F_{(1)}(t_1;x_1)$ 与状态 $X(t_1)$ 的分布函数重合，第二个可微的有限维分布函数 $F_{(2)}(t_1,t_2;x_1,x_2)$ 是函数 $F_{(1)}(t_1;x_1)$ 与 $F_{(2)}(t_2;x_2)$ 的乘积，类似地，对于第 n 个可微的有限维分布函数有

$$F_n(t_1,t_2,\cdots,t_n;x_1,x_2,\cdots,x_n)=F_{(1)}(t_1;x_1)F_{(1)}(t_2;x_2)\cdots F_{(1)}(t_n;x_n)$$

因此，纯随机过程是一阶随机过程.

需指出，这样的随机过程不可能是连续函数，所以对任何纯随机过程（如描述任何物理现象）$X(t)$ 应是离散的.

2. 马尔柯夫（Markov）随机过程

马尔柯夫随机过程是用它的有限维条件分布函数（10）的如下性质来描述的：

$$P(t_n,x_n|t_1,x_1,t_2,x_2,\cdots,t_{n-1},x_{n-1})=P(t_n,x_n|t_{n-1},x_{n-1}) \tag{12}$$

即在条件

$$X(t_1)=x_1,\ X(t_2)=x_2,\cdots,X(t_{n-1})=x_{n-1} \tag{13}$$

下 $X(t_n)$ 的条件分布仅依赖于条件 $X(t_{n-1})=x_{n-1}$，而不依赖于式（13）中前 $n-2$ 个条件.

马尔柯夫过程完全被自己的第二个有限维概率分布函数 $F(t_1,t_2;x_1,x_2)$ 或第一个有限维分布函数 $F(t_1;x_1)$ 与转移概率 $P(t_2,x_2|t_1,x_1)$ 一起来确定.

马尔柯夫随机过程是二阶随机过程.

3. 泊松过程

泊松过程是马尔柯夫过程的重要的特殊情形. 典型的例子是用来描述电话台的工作. 这样过程的实现（轨线）是函数 $K(t)$，表示在时间 t 内电话台收到的呼唤的次数.

通常情况下，泊松过程的状态是离散型随机变量，而过程的实现是不减函数.

除了定义马尔柯夫过程所需的条件外，对于泊松过程还需假定满足补充条件 A，即第二个有限维分布函数应当具有以下性质：

$$P(t_2,x_2|t_1,x_1)=\begin{cases}0 & x_2<x_1\\ 1-\alpha\Delta t+o(\Delta t) & x_2=x_1\\ \alpha\Delta t+o(\Delta t) & x_2=x_1+1\\ 0 & x_2>x_1+1\end{cases} \tag{14}$$

这里 α 是某个正常数（泊松分布参数）. $o(\Delta t)$是较 $\Delta t = t_2 - t_1$ 为高阶无穷小，即 $\lim\limits_{\Delta t \to 0} \frac{o(\Delta t)}{\Delta t} = 0$.

概率 $P(t_2, x_2 | t_1, x_1)$可表为显示函数来计算. 正是由于条件 A，可以讲函数 $P(t_2, x_2 | t_1, x_1)$仅依赖于 $x_2 - x_1$ 与 $t_2 - t_1$，即有

$$P(t_2, x_2 | t_1, x_1) = \varphi(k, t), k = x_2 - x_1, t = t_2 - t_1$$

同时可以证明：

$$\varphi(k, t) = \mathrm{e}^{-\alpha t}\frac{(\alpha t)^k}{k!}, \quad t \geqslant 0, k = 0, 1, 2, \cdots \tag{15}$$

4. 具有独立增量的随机过程

假设给定随机变量的单参数集合 $X(t)$，对于任何实数的有限集合：$t_1 < t_2 < \cdots < t_n$，增量 $X(t_{k+1}) - X(t_k)$两两无关. 由这个性质定义的随机过程称作具有独立增量的随机过程.

3 段中所介绍的泊松过程正是这种随机过程的例子.

具有独立增量的随机过程称为具有平稳增量的随机过程，如果增量 $X(t+s) - X(t)$的分布函数仅依赖于 s 而不依赖于 t.

具有独立增量的平稳随机过程具有一系列有趣的性质且在实际方面描述了许多重要的随机过程.

5. 用随机参数确定的随机过程

设 $x = x(t, \xi_1, \xi_2, \cdots, \xi_n)$是含有 m 个参数的函数集合，ξ_1，ξ_2，…，ξ_m 是具有已知联合分布函数的随机变量，具备这些条件产生随机过程，它的轨线是函数 $x = x(t_1, \xi_1^0, \xi_2^0, \cdots, \xi_m^0)$，其中 ξ_1^0，ξ_2^0，…，ξ_m^0 是在试验的结果中得到的随机变量的值.

需指出，把所有运算转移到随机过程可以定义函数（如随机过程实现或轨线）. 这样的转移法则是自然的且体现在下述想法中：设对每一组函数 $x_1(t)$，$x_2(t), \cdots, x_n(t)$（随机过程 $X_1(t), X_2(t), \cdots, X_n(t)$的实现）给定的运算构成函数 $y(t)$，则确定了一个随机过程 $Y(t)$，它的实现是函数 $y(t)$. 精确地讲，在随机试验中每个函数 $y(t)$都是随机过程的实现，而同时函数 $x_1(t), x_2(t), \cdots, x_n(t)$成为随机过程 $X_1(t), X_2(t), \cdots, X_n(t)$的实现.

需在这个意义上来理解如下表达式：

$$X(t) + Y(t), \alpha X^2 + \beta XY, X(t + t_0), X'(t), \int_{t_0}^{t} X(t)\,\mathrm{d}t \text{ 等.}$$

6. 平稳随机过程的谱（谱密度）

谱（谱密度）是随机过程理论的重要概念.

定义 6　称平稳随机过程 $X(t)$的相关函数 $R_X(\tau)$的傅里叶交换

$$\Phi_X(\omega) = \frac{1}{2\pi}\int_{-\infty}^{+\infty} R_X(\tau)\mathrm{e}^{-\mathrm{i}\omega\tau}\mathrm{d}\tau \tag{16}$$

为 $X(t)$ 的谱（或谱密度）.

对定义 6 的注释：

（1）如果函数 $X(t)$ 是实函数，则 $\Phi_X(\omega)$ 也是实函数.

（2）公式（16）是可逆的（当满足相应的收敛条件时）

$$R_X(\tau) = \int_{-\infty}^{+\infty} \Phi_X(\omega) e^{i\omega\tau} d\omega \tag{17}$$

对于实随机过程，公式（17）变为

$$R_X(\tau) = 2\int_0^{+\infty} \Phi_X(\omega) \cos\omega\tau d\omega$$

同时有

$$R_X(\tau) = E(X(0)X(\tau)), R_X(0) = E(X^2(0))$$

（3）当 $\tau = 0$ 时，

$$R_X(0) = E|X|^2 = 2\int_{-\infty}^{+\infty} \Phi_X(\omega) d\omega \tag{18}$$

（4）在式（16）的右端积分收敛的条件为存在 $E(X(t))^2$ 且函数 $R_X(\tau)$ 快速收敛于零.

（5）这里指出利用谱函数可以给出平稳随机过程的协方差函数.

附录Ⅱ　附　　表

附表 1　泊松分布累计概率值表

$$\sum_{k=m}^{\infty} \frac{\lambda^k}{k!} e^{-\lambda}$$

m \ λ	0.1	0.2	0.3	0.4	0.5	0.6	0.7	0.8	0.9
0	1	1	1	1	1	1	1	1	1
1	0.09516	0.18127	0.25918	0.32968	0.39347	0.45119	0.50342	0.55067	0.59343
2	0.00468	0.01752	0.03694	0.06155	0.09020	0.12190	0.15581	0.19121	0.22752
3	0.00015	0.00115	0.00360	0.00793	0.01439	0.02312	0.03414	0.04742	0.06286
4		0.00006	0.00027	0.00078	0.00175	0.00336	0.00575	0.00908	0.01346
5			0.00002	0.00006	0.00017	0.00039	0.00079	0.00141	0.00234
6					0.00001	0.00004	0.00009	0.00018	0.00034
7							0.00001	0.00002	0.00004
8									0.00001

（续）

m \ λ	1	2	3	4	5	6	7	8	9
0	1	1	1	1	1	1	1	1	1
1	0.63212	0.86466	0.95021	0.98168	0.99326	0.99752	0.99909	0.99967	0.99988
2	0.26424	0.59399	0.80085	0.90842	0.95957	0.98265	0.99271	0.99698	0.99877
3	0.08030	0.32332	0.57681	0.76190	0.87535	0.93803	0.97036	0.98625	0.99377
4	0.01900	0.14288	0.35277	0.56653	0.73497	0.84880	0.91824	0.95762	0.97877
5	0.00366	0.05265	0.18474	0.37116	0.55951	0.71494	0.82701	0.90037	0.94504
6	0.00059	0.01656	0.08392	0.21487	0.38404	0.55432	0.69929	0.80876	0.88431
7	0.00008	0.00453	0.03351	0.11067	0.23782	0.39370	0.55029	0.68663	0.79322
8	0.00001	0.00110	0.01191	0.05113	0.13337	0.25602	0.40129	0.54704	0.67610
9		0.00024	0.00380	0.02136	0.06809	0.15276	0.27091	0.40745	0.54435
10		0.00005	0.00110	0.00813	0.03183	0.08392	0.16950	0.28338	0.41259
11		0.00001	0.00029	0.00284	0.01370	0.04262	0.09852	0.18411	0.29409
12			0.00007	0.00092	0.00545	0.02009	0.05335	0.11192	0.19699
13			0.00002	0.00027	0.00202	0.00883	0.02700	0.06380	0.12423
14				0.00008	0.00070	0.00363	0.01281	0.03418	0.07385
15				0.00002	0.00023	0.00140	0.00572	0.01726	0.04147
16				0.00001	0.00007	0.00051	0.00241	0.00823	0.02204
17					0.00002	0.00018	0.00096	0.00372	0.01111
18					0.00001	0.00006	0.00036	0.00159	0.00532
19						0.00002	0.00013	0.00065	0.00243
20						0.00001	0.00004	0.00025	0.00106
21							0.00001	0.00009	0.00044
22							0.00001	0.00003	0.00018
23								0.00001	0.00007
24									0.00003
25									0.00001

附表 2　标准正态分布函数值表

$$\Phi(x) = \frac{1}{\sqrt{2\pi}}\int_{-\infty}^{x} e^{-u^2/2\mathrm{d}u} = \int_{-\infty}^{x}\varphi(u)\,\mathrm{d}u$$

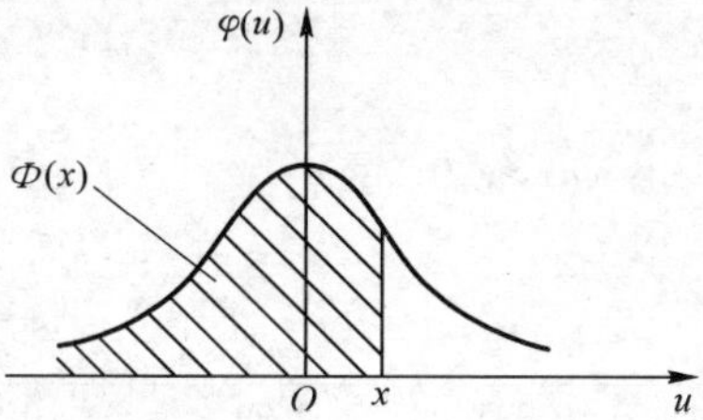

x	0.00	0.01	0.02	0.03	0.04	0.05	0.06	0.07	0.08	0.09
0.0	0.5000	0.5040	0.5080	0.5120	0.5160	0.5199	0.5239	0.5279	0.5319	0.5359
0.1	0.5398	0.5438	0.5478	0.5517	0.5557	0.5596	0.5636	0.5675	0.5714	0.5753
0.2	0.5793	0.5832	0.5871	0.5910	0.5948	0.5987	0.6026	0.6064	0.6103	0.6141
0.3	0.6179	0.6217	0.6255	0.6293	0.6331	0.6368	0.6406	0.6443	0.6480	0.6517
0.4	0.6554	0.6591	0.6628	0.6664	0.6700	0.6736	0.6772	0.6808	0.6844	0.6879
0.5	0.6915	0.6950	0.6985	0.7019	0.7054	0.7088	0.7123	0.7157	0.7190	0.7224
0.6	0.7257	0.7291	0.7324	0.7357	0.7389	0.7422	0.7454	0.7486	0.7517	0.7549
0.7	0.7580	0.7611	0.7642	0.7673	0.7704	0.7734	0.7764	0.7794	0.7823	0.7852
0.8	0.7881	0.7910	0.7939	0.7967	0.7995	0.8023	0.8051	0.8078	0.8106	0.8133
0.9	0.8159	0.8186	0.8212	0.8238	0.8264	0.8289	0.8315	0.8340	0.8365	0.8389
1.0	0.8413	0.8437	0.8461	0.8485	0.8508	0.8531	0.8554	0.8577	0.8599	0.8621
1.1	0.8643	0.8665	0.8686	0.8708	0.8729	0.8749	0.8770	0.8790	0.8810	0.8830
1.2	0.8849	0.8869	0.8888	0.8907	0.8925	0.8944	0.8962	0.8980	0.8997	0.9015
1.3	0.9032	0.9049	0.9066	0.9082	0.9099	0.9115	0.9131	0.9147	0.9162	0.9177
1.4	0.9192	0.9207	0.9222	0.9236	0.9251	0.9265	0.9278	0.9292	0.9306	0.9319
1.5	0.9332	0.9345	0.9357	0.9370	0.9382	0.9394	0.9406	0.9418	0.9429	0.9441
1.6	0.9452	0.9463	0.9474	0.9484	0.9495	0.9505	0.9515	0.9525	0.9535	0.9545
1.7	0.9554	0.9564	0.9573	0.9582	0.9591	0.9599	0.9608	0.9616	0.9625	0.9633
1.8	0.9641	0.9649	0.9656	0.9664	0.9671	0.9678	0.9686	0.9693	0.9700	0.9706
1.9	0.9713	0.9719	0.9726	0.9732	0.9738	0.9744	0.9750	0.9756	0.9762	0.9767
2.0	0.9772	0.9778	0.9783	0.9788	0.9793	0.9798	0.9803	0.9808	0.9812	0.9817
2.1	0.9821	0.9826	0.9830	0.9834	0.9838	0.9842	0.9846	0.9850	0.9854	0.9857
2.2	0.9861	0.9864	0.9868	0.9871	0.9875	0.9878	0.9881	0.9884	0.9887	0.9890
2.3	0.9893	0.9896	0.9898	0.9901	0.9904	0.9906	0.9909	0.9911	0.9913	0.9916
2.4	0.9918	0.9920	0.9922	0.9925	0.9927	0.9929	0.9931	0.9932	0.9934	0.9936
2.5	0.9938	0.9940	0.9941	0.9943	0.9945	0.9946	0.9948	0.9949	0.9951	0.9952
2.6	0.9953	0.9955	0.9956	0.9957	0.9959	0.9960	0.9961	0.9962	0.9963	0.9964
2.7	0.9965	0.9966	0.9967	0.9968	0.9969	0.9970	0.9971	0.9972	0.9973	0.9974
2.8	0.9974	0.9975	0.9976	0.9977	0.9977	0.9978	0.9979	0.9979	0.9980	0.9981
2.9	0.9981	0.9982	0.9982	0.9983	0.9984	0.9984	0.9985	0.9985	0.9986	0.9986
3.0	0.9987	0.9987	0.9987	0.9988	0.9988	0.9989	0.9989	0.9989	0.9990	0.9990
3.2	0.9993	0.9993	0.9994	0.9994	0.9994	0.9994	0.9994	0.9995	0.9995	0.9995
3.4	0.9997	0.9997	0.9997	0.9997	0.9997	0.9997	0.9997	0.9997	0.9997	0.9998
3.6	0.9998	0.9998	0.9999	0.9999	0.9999	0.9999	0.9999	0.9999	0.9999	0.9999
3.8	0.9999	0.9999	0.9999	0.9999	0.9999	0.9999	0.9999	0.9999	0.9999	0.9999

$\Phi(4.0)=0.999968329$	$\Phi(5.0)=0.9999997133$	$\Phi(6.0)=0.999999999$

附表3 χ^2 分布表

$P\{\chi^2(n) > \chi^2_\alpha(n)\} = \alpha$

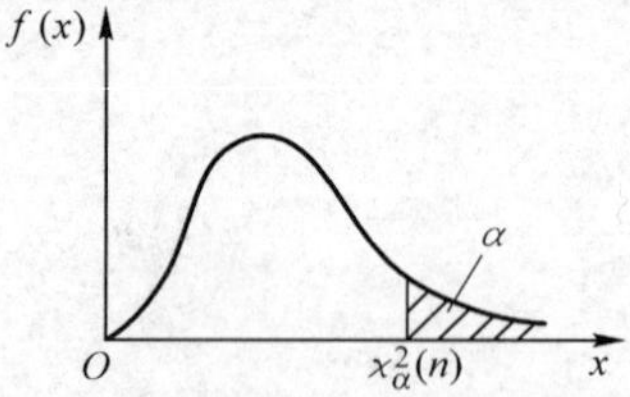

n	$\alpha=0.995$	0.99	0.975	0.95	0.90	0.75
1	—	—	0.001	0.004	0.016	0.102
2	0.010	0.020	0.051	0.103	0.211	0.575
3	0.072	0.115	0.216	0.352	0.584	1.213
4	0.207	0.297	0.484	0.711	1.064	1.923
5	0.412	0.554	0.831	1.145	1.610	2.675
6	0.676	0.872	1.237	1.635	2.204	3.455
7	0.989	1.239	1.690	2.167	2.833	4.255
8	1.344	1.646	2.180	2.733	3.490	5.071
9	1.735	2.088	2.700	3.325	4.168	5.899
10	2.156	2.558	3.247	3.940	4.865	6.737
11	2.603	3.053	3.816	4.575	5.578	7.584
12	3.074	3.571	4.404	5.226	6.304	8.438
13	3.565	4.107	5.009	5.892	7.042	9.299
14	4.075	4.660	5.629	6.571	7.790	10.165
15	4.601	5.229	6.262	7.261	8.547	11.037
16	5.142	5.812	6.908	7.962	9.312	11.912
17	5.697	6.408	7.564	8.672	10.085	12.792
18	6.265	7.015	8.231	9.390	10.865	13.675
19	6.844	7.633	8.907	10.117	11.651	14.562
20	7.434	8.260	9.591	10.851	12.443	15.452
21	8.034	8.897	10.283	11.591	13.240	16.344
22	8.643	9.542	10.982	12.338	14.042	17.240
23	9.260	10.196	11.689	13.091	14.848	18.137
24	9.886	10.856	12.401	13.848	15.659	19.037
25	10.520	11.524	13.120	14.611	16.473	19.939
26	11.160	12.198	13.844	15.379	17.292	20.843
27	11.808	12.879	14.573	16.151	18.114	21.749
28	12.461	13.565	15.308	16.928	18.939	22.657
29	13.121	14.257	16.047	17.708	19.768	23.567
30	13.787	14.954	16.791	18.493	20.599	24.478
31	14.458	15.655	17.539	19.281	21.434	25.390
32	15.134	16.362	18.291	20.072	22.271	26.304
33	15.815	17.074	19.047	20.867	23.110	27.219
34	16.501	17.789	19.806	21.664	23.952	28.136
35	17.192	18.509	20.569	22.465	24.797	29.054
36	17.887	19.233	21.336	23.269	25.643	29.973
37	18.586	19.960	22.106	24.075	26.492	30.893
38	19.289	20.691	22.878	24.884	27.343	31.815
39	19.996	21.426	23.654	25.695	28.196	32.737
40	20.707	22.164	24.433	26.509	29.051	33.660
41	21.421	22.906	25.215	27.326	29.907	34.585
42	22.138	23.650	25.999	28.144	30.765	35.510
43	22.859	24.398	26.785	28.965	31.625	36.436
44	23.584	25.148	27.575	29.787	32.487	37.363
45	24.311	25.901	28.366	30.612	33.350	38.291

（续）

	$P\{\chi^2(n) > \chi^2_\alpha(n)\} = \alpha$					
n	$\alpha = 0.25$	0.10	0.05	0.025	0.01	0.005
1	1.323	2.706	3.841	5.024	6.635	7.879
2	2.773	4.605	5.991	7.378	9.210	10.597
3	4.108	6.251	7.815	9.348	11.345	12.838
4	5.385	7.779	9.488	11.143	13.277	14.860
5	6.626	9.236	11.071	12.833	15.086	16.750
6	7.841	10.645	12.592	14.449	16.812	18.548
7	9.037	12.017	14.067	16.013	18.475	20.278
8	10.219	13.362	15.507	17.535	20.090	21.955
9	11.389	14.684	16.919	19.023	21.666	23.589
10	12.549	15.987	18.307	20.483	23.209	25.188
11	13.701	17.275	19.675	21.920	24.725	26.757
12	14.845	18.549	21.026	23.337	26.217	28.299
13	15.984	19.812	22.362	24.736	27.688	29.819
14	17.117	21.064	23.685	26.119	29.141	31.319
15	18.245	22.307	24.996	27.488	30.578	32.801
16	19.369	23.542	26.296	28.845	32.000	34.267
17	20.489	24.769	27.587	30.191	33.409	35.718
18	21.605	25.989	28.869	31.526	34.805	37.156
19	22.718	27.204	30.144	32.852	36.191	38.582
20	23.828	28.412	31.410	34.170	37.566	39.997
21	24.935	29.615	32.671	35.479	38.932	41.401
22	26.039	30.813	33.924	36.781	40.289	42.796
23	27.141	32.007	35.172	38.076	41.638	44.181
24	28.241	33.196	36.415	39.364	42.980	45.559
25	29.339	34.382	37.652	40.646	44.314	46.928
26	30.435	35.563	38.885	41.923	45.642	48.290
27	31.528	36.741	40.113	43.194	46.963	49.645
28	32.620	37.916	41.337	44.461	48.278	50.993
29	33.711	39.087	42.557	45.722	49.588	52.336
30	34.800	40.256	43.773	46.979	50.892	53.672
31	35.887	41.422	44.985	48.232	52.191	55.003
32	36.973	42.585	46.194	49.480	53.486	56.328
33	38.058	43.745	47.400	50.725	54.776	57.648
34	39.141	44.903	48.602	51.966	56.061	58.964
35	40.223	46.059	49.802	53.203	57.342	60.275
36	41.304	47.212	50.998	54.437	58.619	61.581
37	42.383	48.363	52.192	55.668	59.892	62.883
38	43.462	49.513	53.384	56.896	61.162	64.181
39	44.539	50.660	54.572	58.120	62.428	65.476
40	45.616	51.805	55.758	59.342	63.691	66.766
41	46.692	52.949	56.942	60.561	64.950	68.053
42	47.766	54.090	58.124	61.777	66.206	69.336
43	48.840	55.230	59.304	62.990	67.459	70.616
44	49.913	56.369	60.481	64.201	68.710	71.893
45	50.985	57.505	61.656	65.410	69.957	73.166

附表 4　t 分布表

$P\{t(n) > t_\alpha(n)\} = \alpha$

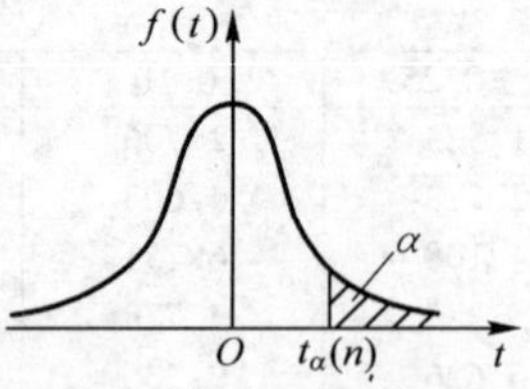

n	$\alpha=0.25$	0.10	0.05	0.025	0.01	0.005
1	1.0000	3.0777	6.3138	12.7062	31.8207	63.6574
2	0.8165	1.8856	2.9200	4.3027	6.9646	9.9248
3	0.7649	1.6377	2.3534	3.1824	4.5407	5.8409
4	0.7407	1.5332	2.1318	2.7764	3.7469	4.6041
5	0.7267	1.4759	2.0150	2.5706	3.3649	4.0322
6	0.7176	1.4398	1.9432	2.4469	3.1427	3.7074
7	0.7111	1.4149	1.8946	2.3646	2.9980	3.4995
8	0.7064	1.3968	1.8595	2.3060	2.8965	3.3554
9	0.7027	1.3830	1.8331	2.2622	2.8214	3.2498
10	0.6998	1.3722	1.8125	2.2281	2.7638	3.1693
11	0.6974	1.3634	1.7959	2.2010	2.7181	3.1058
12	0.6955	1.3562	1.7823	2.1788	2.6810	3.0545
13	0.6938	1.3502	1.7709	2.1604	2.6503	3.0123
14	0.6924	1.3450	1.7613	2.1448	2.6245	2.9768
15	0.6912	1.3406	1.7531	2.1315	2.6025	2.9467
16	0.6901	1.3368	1.7459	2.1199	2.5835	2.9208
17	0.6892	1.3334	1.7396	2.1098	2.5669	2.8982
18	0.6884	1.3304	1.7341	2.1009	2.5524	2.8784
19	0.6876	1.3277	1.7291	2.0930	2.5395	2.8609
20	0.6870	1.3253	1.7247	2.0860	2.5280	2.8453
21	0.6864	1.3232	1.7207	2.0796	2.5177	2.8314
22	0.6858	1.3212	1.7171	2.0739	2.5083	2.8188
23	0.6853	1.3195	1.7139	2.0687	2.4999	2.8073
24	0.6848	1.3178	1.7109	2.0639	2.4922	2.7969
25	0.6844	1.3163	1.7081	2.0595	2.4851	2.7874
26	0.6840	1.3150	1.7056	2.0555	2.4786	2.7787
27	0.6837	1.3137	1.7033	2.0518	2.4727	2.7707
28	0.6834	1.3125	1.7011	2.0484	2.4671	2.7633
29	0.6830	1.3114	1.6991	2.0452	2.4620	2.7564
30	0.6828	1.3104	1.6973	2.0423	2.4573	2.7500
31	0.6825	1.3095	1.6955	2.0395	2.4528	2.7440
32	0.6822	1.3086	1.6939	2.0369	2.4487	2.7385
33	0.6820	1.3077	1.6924	2.0345	2.4448	2.7333
34	0.6818	1.3070	1.6909	2.0322	2.4411	2.7284
35	0.6816	1.3062	1.6896	2.0301	2.4377	2.7238
36	0.6814	1.3055	1.6883	2.0281	2.4345	2.7195
37	0.6812	1.3049	1.6871	2.0262	2.4314	2.7154
38	0.6810	1.3042	1.6860	2.0244	2.4286	2.7116
39	0.6808	1.3036	1.6849	2.0227	2.4258	2.7079
40	0.6807	1.3031	1.6839	2.0211	2.4233	2.7045
41	0.6805	1.3025	1.6829	2.0195	2.4208	2.7012
42	0.6804	1.3020	1.6820	2.0181	2.4185	2.6981
43	0.6802	1.3016	1.6811	2.0167	2.4163	2.6951
44	0.6801	1.3011	1.6802	2.0154	2.4141	2.6923
45	0.6800	1.3006	1.6794	2.0141	2.4121	2.6896

附表5 F分布表

$$P\{F(n_1,n_2)>F_\alpha(n_1,n_2)\}=\alpha$$

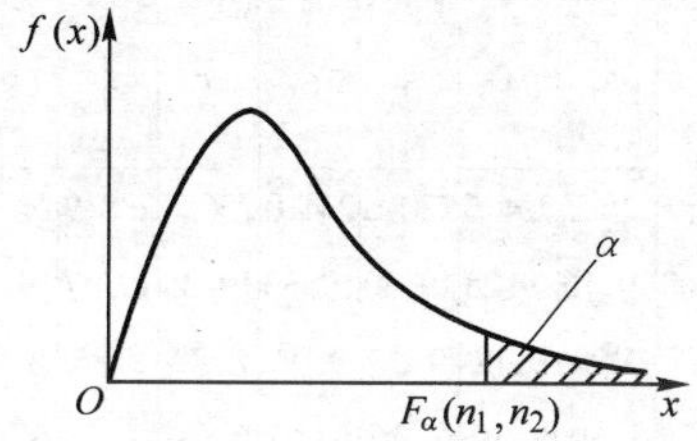

$\alpha=0.10$

n_2 \ n_1	1	2	3	4	5	6	7	8	9	10	12	15	20	24	30	40	60	120	∞
1	39.86	49.50	53.59	55.83	57.24	58.20	58.91	59.44	59.86	60.19	60.71	61.22	61.74	62.00	62.26	62.53	62.79	63.06	63.33
2	8.53	9.00	9.16	9.24	9.29	9.33	9.35	9.37	9.38	9.39	9.41	9.42	9.44	9.45	9.46	9.47	9.47	9.48	9.49
3	5.54	5.46	5.39	5.34	5.31	5.28	5.27	5.25	5.24	5.23	5.22	5.20	5.18	5.18	5.17	5.16	5.15	5.14	5.13
4	4.54	4.32	4.19	4.11	4.05	4.01	3.98	3.95	3.94	3.92	3.90	3.87	3.84	3.83	3.82	3.80	3.79	3.78	3.76
5	4.06	3.78	3.62	3.52	3.45	3.40	3.37	3.34	3.32	3.30	3.27	3.24	3.21	3.19	3.17	3.16	3.14	3.12	3.10
6	3.78	3.46	3.29	3.18	3.11	3.05	3.01	2.98	2.96	2.94	2.90	2.87	2.84	2.82	2.80	2.78	2.76	2.74	2.72
7	3.59	3.26	3.07	2.96	2.88	2.83	2.78	2.75	2.72	2.70	2.67	2.63	2.59	2.58	2.56	2.54	2.51	2.49	2.47
8	3.46	3.11	2.92	2.81	2.73	2.67	2.62	2.59	2.56	2.54	2.50	2.46	2.42	2.40	2.38	2.36	2.34	2.32	2.29
9	3.36	3.01	2.81	2.69	2.61	2.55	2.51	2.47	2.44	2.42	2.38	2.34	2.30	2.28	2.25	2.23	2.21	2.18	2.16
10	3.29	2.92	2.73	2.61	2.52	2.46	2.41	2.38	2.35	2.32	2.28	2.24	2.20	2.18	2.16	2.13	2.11	2.08	2.06
11	3.23	2.86	2.66	2.54	2.45	2.39	2.34	2.30	2.27	2.25	2.21	2.17	2.12	2.10	2.08	2.05	2.03	2.00	1.97
12	3.18	2.81	2.61	2.48	2.39	2.33	2.28	2.24	2.21	2.19	2.15	2.10	2.06	2.04	2.01	1.99	1.96	1.93	1.90
13	3.14	2.76	2.56	2.43	2.35	2.28	2.23	2.20	2.16	2.14	2.10	2.05	2.01	1.98	1.96	1.93	1.90	1.88	1.85
14	3.10	2.73	2.52	2.39	2.31	2.24	2.19	2.15	2.12	2.10	2.05	2.01	1.96	1.94	1.91	1.89	1.86	1.83	1.80
15	3.07	2.70	2.49	2.36	2.27	2.21	2.16	2.12	2.09	2.06	2.02	1.97	1.92	1.90	1.87	1.85	1.82	1.79	1.76
16	3.05	2.67	2.46	2.33	2.24	2.18	2.13	2.09	2.06	2.03	1.99	1.94	1.89	1.87	1.84	1.81	1.78	1.75	1.72
17	3.03	2.64	2.44	2.31	2.22	2.15	2.10	2.06	2.03	2.00	1.96	1.91	1.86	1.84	1.81	1.78	1.75	1.72	1.69
18	3.01	2.62	2.42	2.29	2.20	2.13	2.08	2.04	2.00	1.98	1.93	1.89	1.84	1.81	1.78	1.75	1.72	1.69	1.66
19	2.99	2.61	2.40	2.27	2.18	2.11	2.06	2.02	1.98	1.96	1.91	1.86	1.81	1.79	1.76	1.73	1.70	1.67	1.63
20	2.97	2.59	2.38	2.25	2.16	2.09	2.04	2.00	1.96	1.94	1.89	1.84	1.79	1.77	1.74	1.71	1.68	1.64	1.61
21	2.96	2.57	2.36	2.23	2.14	2.08	2.02	1.98	1.95	1.92	1.87	1.83	1.78	1.75	1.72	1.69	1.66	1.62	1.59
22	2.95	2.56	2.35	2.22	2.13	2.06	2.01	1.97	1.93	1.90	1.86	1.81	1.76	1.73	1.70	1.67	1.64	1.60	1.57
23	2.94	2.55	2.34	2.21	2.11	2.05	1.99	1.95	1.92	1.89	1.84	1.80	1.74	1.72	1.69	1.66	1.62	1.59	1.55
24	2.93	2.54	2.33	2.19	2.10	2.04	1.98	1.94	1.91	1.88	1.83	1.78	1.73	1.70	1.67	1.64	1.61	1.57	1.53
25	2.92	2.53	2.32	2.18	2.09	2.02	1.97	1.93	1.89	1.87	1.82	1.77	1.72	1.69	1.66	1.63	1.59	1.56	1.52
26	2.91	2.52	2.31	2.17	2.08	2.01	1.96	1.92	1.88	1.86	1.81	1.76	1.71	1.68	1.65	1.61	1.58	1.54	1.50
27	2.90	2.51	2.30	2.17	2.07	2.00	1.95	1.91	1.87	1.85	1.80	1.75	1.70	1.67	1.64	1.60	1.57	1.53	1.49
28	2.89	2.50	2.29	2.16	2.06	2.00	1.94	1.90	1.87	1.84	1.79	1.74	1.69	1.66	1.63	1.59	1.56	1.52	1.48
29	2.89	2.50	2.28	2.15	2.05	1.99	1.93	1.89	1.86	1.83	1.78	1.73	1.68	1.65	1.62	1.58	1.55	1.51	1.47
30	2.88	2.49	2.28	2.14	2.05	1.98	1.93	1.88	1.85	1.82	1.77	1.72	1.67	1.64	1.61	1.57	1.54	1.50	1.46
40	2.84	2.44	2.23	2.09	2.00	1.93	1.87	1.83	1.79	1.76	1.71	1.66	1.61	1.57	1.54	1.51	1.47	1.42	1.38
60	2.79	2.39	2.18	2.04	1.95	1.87	1.82	1.77	1.74	1.71	1.66	1.60	1.54	1.51	1.48	1.44	1.40	1.35	1.29
120	2.75	2.35	2.13	1.99	1.90	1.82	1.77	1.72	1.68	1.65	1.60	1.55	1.48	1.45	1.41	1.37	1.32	1.26	1.19
∞	2.71	2.30	2.08	1.94	1.85	1.77	1.72	1.67	1.63	1.60	1.55	1.49	1.42	1.38	1.34	1.30	1.24	1.17	1.00

（续）

$\alpha = 0.05$

n_2 \ n_1	1	2	3	4	5	6	7	8	9	10	12	15	20	24	30	40	60	120	∞
1	161.4	199.5	215.7	224.6	230.2	234.0	236.8	238.9	240.5	241.9	243.9	245.9	248.0	249.1	250.1	251.1	252.2	253.3	254.3
2	18.51	19.00	19.16	19.25	19.30	19.33	19.35	19.37	19.38	19.40	19.41	19.43	19.45	19.45	19.46	19.47	19.48	19.49	19.50
3	10.13	9.55	9.28	9.12	9.01	9.94	8.89	8.85	8.81	8.79	8.74	8.70	8.66	8.64	8.62	8.59	8.57	8.55	8.53
4	7.71	6.94	6.59	6.39	6.26	6.16	6.09	6.04	6.00	5.96	5.91	5.86	5.80	5.77	5.75	5.72	5.69	5.66	5.63
5	6.61	5.79	5.41	5.19	5.05	4.95	4.88	4.82	4.77	4.74	4.68	4.62	4.56	4.53	4.50	4.46	4.43	4.40	4.36
6	5.99	5.14	4.76	4.53	4.39	4.28	4.21	4.15	4.10	4.06	4.00	3.94	3.87	3.84	3.81	3.77	3.74	3.70	3.67
7	5.59	4.74	4.35	4.12	3.97	3.87	3.79	3.73	3.68	3.64	3.57	3.51	3.44	3.41	3.38	3.34	3.30	3.27	3.23
8	5.32	4.46	4.07	3.84	3.69	3.58	3.50	3.44	3.39	3.35	3.28	3.22	3.15	3.12	3.08	3.04	3.01	2.97	2.93
9	5.12	4.26	3.86	3.63	3.48	3.37	3.29	3.23	3.18	3.14	3.07	3.01	2.94	2.90	2.86	2.83	2.79	2.75	2.71
10	4.96	4.10	3.71	3.48	3.33	3.22	3.14	3.07	3.02	2.98	2.91	2.85	2.77	2.74	2.70	2.66	2.62	2.58	2.54
11	4.84	3.98	3.59	3.36	3.20	3.09	3.01	2.95	2.90	2.85	2.79	2.72	2.65	2.61	2.57	2.53	2.49	2.45	2.40
12	4.75	3.89	3.49	3.26	3.11	3.00	2.91	2.85	2.80	2.75	2.69	2.62	2.54	2.51	2.47	2.43	2.38	2.34	2.30
13	4.67	3.81	3.41	3.18	3.03	2.92	2.83	2.77	2.71	2.67	2.60	2.53	2.46	2.42	2.38	2.34	2.30	2.25	2.21
14	4.60	3.74	3.34	3.11	2.96	2.85	2.76	2.70	2.65	2.60	2.53	2.46	2.39	2.35	2.31	2.27	2.22	2.18	2.13
15	4.54	3.68	3.29	3.06	2.90	2.79	2.71	2.64	2.59	2.54	2.48	2.40	2.33	2.29	2.25	2.20	2.16	2.11	2.07
16	4.49	3.63	3.24	3.01	2.85	2.74	2.66	2.59	2.54	2.49	2.42	2.35	2.28	2.24	2.19	2.15	2.11	2.06	2.01
17	4.45	3.59	3.20	2.96	2.81	2.70	2.61	2.55	2.49	2.45	2.38	2.31	2.23	2.19	2.15	2.10	2.06	2.01	1.96
18	4.41	3.55	3.16	2.93	2.77	2.66	2.58	2.51	2.46	2.41	2.34	2.27	2.19	2.15	2.11	2.06	2.02	1.97	1.92
19	4.38	3.52	3.13	2.90	2.74	2.63	2.54	2.48	2.42	2.38	2.31	2.23	2.16	2.11	2.07	2.03	1.98	1.93	1.88
20	4.35	3.49	3.10	2.87	2.71	2.60	2.51	2.45	2.39	2.35	2.28	2.20	2.12	2.08	2.04	1.99	1.95	1.90	1.84
21	4.32	3.47	3.07	2.84	2.68	2.57	2.49	2.42	2.37	2.32	2.25	2.18	2.10	2.05	2.01	1.96	1.92	1.87	1.81
22	4.30	3.44	3.05	2.82	2.60	2.55	2.46	2.40	2.34	2.30	2.23	2.15	2.07	2.03	1.98	1.94	1.89	1.84	1.78
23	4.28	3.42	3.03	2.80	2.64	2.53	2.44	2.37	2.32	2.27	2.20	2.13	2.05	2.01	1.96	1.91	1.86	1.81	1.76
24	4.26	3.40	3.01	2.78	2.62	2.51	2.42	2.36	2.30	2.25	2.18	2.11	2.03	1.98	1.94	1.89	1.81	1.79	1.73
25	4.24	3.39	2.99	2.76	2.60	2.49	2.40	2.34	2.28	2.24	2.16	2.09	2.01	1.96	1.92	1.87	1.82	1.77	1.71
26	4.23	3.37	2.98	2.74	2.54	2.47	2.39	2.32	2.27	2.22	2.15	2.07	1.99	1.95	1.90	1.85	1.80	1.75	1.69
27	4.21	3.35	2.96	2.73	2.57	2.46	2.37	2.31	2.25	2.20	2.13	2.06	1.97	1.93	1.88	1.84	1.79	1.73	1.67
28	4.20	3.34	2.95	2.71	2.56	2.45	2.36	2.29	2.24	2.19	2.12	2.04	1.96	1.91	1.87	1.82	1.77	1.71	1.65
29	4.18	3.33	2.93	2.70	2.55	2.43	2.35	2.28	2.22	2.18	2.10	2.03	1.94	1.90	1.85	1.81	1.75	1.70	1.64
30	4.17	3.32	2.92	2.69	2.53	2.42	2.33	2.27	2.21	2.16	2.09	2.01	1.93	1.89	1.84	1.79	1.74	1.68	1.62
40	4.08	3.23	2.84	2.61	2.45	2.34	2.25	2.18	2.12	2.08	2.00	1.92	1.84	1.79	1.74	1.69	1.64	1.58	1.51
60	4.00	3.15	2.76	2.53	2.37	2.25	2.17	2.10	2.04	1.99	1.92	1.84	1.75	1.70	1.65	1.59	1.53	1.47	1.39
120	3.92	3.07	2.68	2.45	2.29	2.17	2.09	2.02	1.96	1.91	1.83	1.75	1.66	1.61	1.55	1.50	1.43	1.35	1.25
∞	3.84	3.00	2.60	2.37	2.21	2.10	2.01	1.94	1.88	1.83	1.75	1.67	1.57	1.52	1.46	1.39	1.32	1.22	1.00

（续）

$\alpha = 0.025$

n_2 \ n_1	1	2	3	4	5	6	7	8	9	10	12	15	20	24	30	40	60	120	∞
1	647.8	799.5	864.2	899.6	921.8	937.1	948.2	956.7	963.3	368.6	976.7	984.9	993.1	997.2	1001	1006	1010	1014	1018
2	38.51	39.00	39.17	39.25	39.30	39.33	39.36	39.37	39.39	39.40	39.41	39.43	39.45	39.46	39.46	39.47	39.48	39.49	39.50
3	17.44	16.04	15.44	15.10	14.88	14.73	14.62	14.54	14.47	14.42	14.34	14.25	14.17	14.12	14.08	14.04	13.99	13.95	13.90
4	12.22	10.65	9.98	9.60	9.36	9.20	9.07	8.98	8.90	8.84	8.75	8.66	8.56	8.51	8.46	8.41	8.36	8.31	8.26
5	10.01	8.43	7.76	7.39	7.15	6.98	6.85	6.76	6.68	6.62	6.52	6.43	6.33	6.28	6.23	6.18	6.12	6.07	6.02
6	8.81	7.26	6.60	6.23	5.99	5.82	5.70	5.60	5.52	5.46	5.37	5.27	5.17	5.12	5.07	5.01	4.96	4.90	4.85
7	8.07	6.54	5.89	5.52	5.29	5.12	4.99	4.90	4.82	4.76	4.67	4.57	4.47	4.42	4.36	4.31	4.25	4.20	4.14
8	7.57	6.06	5.42	5.05	4.82	4.65	4.53	4.43	4.36	4.30	4.20	4.10	4.00	3.95	3.89	3.84	3.78	3.73	3.67
9	7.21	5.71	5.08	4.72	4.48	4.32	4.20	4.10	4.03	3.96	3.87	3.77	3.67	3.61	3.56	3.51	3.45	3.39	3.33
10	6.94	5.46	4.83	4.47	4.24	4.07	3.95	3.85	3.78	3.72	3.62	3.52	3.42	3.37	3.31	3.26	3.20	3.14	3.08
11	6.72	5.26	4.63	4.28	4.04	3.88	3.76	3.66	3.59	3.53	3.43	3.33	3.23	3.17	3.12	3.06	3.00	2.94	2.88
12	6.55	5.10	4.47	4.12	3.89	3.73	3.61	3.51	3.44	3.37	3.28	3.18	3.07	3.02	2.96	2.91	2.85	2.79	2.72
13	6.41	4.97	4.35	4.00	3.77	3.60	3.48	3.39	3.31	3.25	3.15	3.05	2.95	2.89	2.84	2.78	2.72	2.66	2.60
14	6.30	4.86	4.24	3.89	3.66	3.50	3.38	3.29	3.21	3.15	3.05	2.95	2.84	2.79	2.73	2.67	2.61	2.55	2.49
15	6.20	4.77	4.15	3.80	3.58	3.41	3.29	3.20	3.12	3.06	2.96	2.86	2.76	2.70	2.64	2.59	2.52	2.46	2.40
16	6.12	4.69	4.08	3.73	3.50	3.34	3.22	3.12	3.05	2.99	2.89	2.79	2.68	2.63	2.57	2.51	2.45	2.38	2.32
17	6.04	4.62	4.01	3.66	3.44	3.28	3.16	3.06	2.98	2.92	2.82	2.72	2.62	2.56	2.50	2.44	2.38	2.32	2.25
18	5.98	4.56	3.95	3.61	3.38	3.22	3.10	3.01	2.93	2.87	2.77	2.67	2.56	2.50	2.44	2.38	2.32	2.26	2.19
19	5.92	4.51	3.90	3.56	3.33	3.17	3.05	2.96	2.88	2.82	2.72	2.62	2.51	2.45	2.39	2.33	2.27	2.20	2.13
20	5.87	4.46	3.86	3.51	3.29	3.13	3.01	2.91	2.84	2.77	2.68	2.57	2.46	2.41	2.35	2.29	2.22	2.16	2.09
21	5.83	4.42	3.82	3.48	3.25	3.09	2.97	2.87	2.80	2.73	2.64	2.53	2.42	2.37	2.31	2.25	2.18	2.11	2.04
22	5.79	4.38	3.78	3.44	3.22	3.05	2.93	2.84	2.76	2.70	2.60	2.50	2.39	2.33	2.27	2.21	2.14	2.08	2.00
23	5.75	4.35	3.75	3.41	3.18	3.02	2.90	2.81	2.73	2.67	2.57	2.47	2.36	2.30	2.24	2.18	2.11	2.04	1.97
24	5.72	4.32	3.72	3.38	3.15	2.99	2.87	2.78	2.70	2.64	2.54	2.44	2.33	2.27	2.21	2.15	2.08	2.01	1.94
25	5.69	4.29	3.69	3.35	3.13	2.97	2.85	2.75	2.68	2.61	2.51	2.41	2.30	2.24	2.18	2.12	2.05	1.98	1.91
26	5.66	4.27	3.67	3.33	3.10	2.94	2.82	2.73	2.65	2.59	2.49	2.39	2.28	2.22	2.16	2.09	2.03	1.95	1.88
27	5.63	4.24	3.65	3.31	3.08	2.92	2.80	2.71	2.63	2.57	2.47	2.36	2.25	2.19	2.13	2.07	2.00	1.93	1.85
28	5.61	4.22	3.63	3.29	3.06	2.90	2.78	2.69	2.61	2.55	2.45	2.34	2.23	2.17	2.11	2.05	1.98	1.91	1.83
29	5.59	4.20	3.61	3.27	3.04	2.88	2.76	2.67	2.59	2.53	2.43	2.32	2.21	2.15	2.09	2.03	1.96	1.89	1.81
30	5.57	4.18	3.59	3.25	3.03	2.87	2.75	2.65	2.57	2.51	2.41	2.31	2.20	2.14	2.07	2.01	1.94	1.87	1.79
40	5.42	4.05	3.46	3.13	2.90	2.74	2.62	2.53	2.45	2.39	2.29	2.18	2.07	2.01	1.94	1.88	1.80	1.72	1.64
60	5.29	3.93	3.34	3.01	2.79	2.63	2.51	2.41	2.33	2.27	2.17	2.06	1.94	1.88	1.82	1.74	1.67	1.58	1.48
120	5.15	3.80	3.23	2.89	2.67	2.52	2.39	2.30	2.22	2.16	2.05	1.94	1.82	1.76	1.69	1.61	1.53	1.43	1.31
∞	5.02	3.69	3.12	2.79	2.57	2.41	2.29	2.19	2.11	2.05	1.94	1.83	1.71	1.64	1.57	1.48	1.39	1.27	1.00

(续)

n_2 \ n_1	1	2	3	4	5	6	7	8	9	10	12	15	20	24	30	40	60	120	∞
										$\alpha=0.01$									
1	4052	4999	5403	5625	5764	5859	5928	5982	6022	6056	6106	6157	6209	6235	6261	6287	6313	6339	6366
2	98.50	99.00	99.17	99.25	99.30	99.33	99.36	99.37	99.39	99.40	99.42	99.43	99.45	99.46	99.47	99.47	99.48	99.49	99.50
3	34.12	30.82	29.46	28.71	28.24	27.91	27.67	27.49	27.35	27.23	27.05	26.87	26.69	26.60	26.50	26.41	26.32	26.22	26.13
4	21.20	18.00	16.69	15.98	15.52	15.21	14.98	14.80	14.66	14.55	14.37	14.20	14.02	13.93	13.84	13.75	13.65	13.56	13.46
5	16.26	13.27	12.06	11.39	10.97	10.67	10.46	10.29	10.16	10.05	9.89	9.72	9.55	9.47	9.38	9.29	9.20	9.11	9.02
6	13.75	10.92	9.78	9.15	8.75	8.47	8.26	8.10	7.98	7.87	7.72	7.56	7.40	7.31	7.23	7.14	7.06	6.97	6.88
7	12.25	9.55	8.45	7.85	7.46	7.19	6.99	6.84	6.72	6.62	6.47	6.31	6.16	6.07	5.99	5.91	5.82	5.74	5.65
8	11.26	8.65	7.59	7.01	6.63	6.37	6.18	6.03	5.91	5.81	5.67	5.52	5.36	5.28	5.20	5.12	5.03	4.95	4.86
9	10.56	8.02	6.99	6.42	6.06	5.80	5.61	5.47	5.35	5.26	5.11	4.96	4.81	4.73	4.65	4.57	4.48	4.40	4.31
10	10.04	7.56	6.55	5.99	5.64	5.39	5.20	5.06	4.94	4.85	4.71	4.56	4.41	4.33	4.25	4.17	4.08	4.00	3.91
11	9.65	7.21	6.22	5.67	5.32	5.07	4.89	4.74	4.63	4.54	4.40	4.25	4.10	4.02	3.94	3.86	3.78	3.69	3.60
12	9.33	6.93	5.95	5.41	5.06	4.82	4.64	4.50	4.39	4.30	4.16	4.01	3.86	3.78	3.70	3.62	3.54	3.45	3.86
13	9.07	6.70	5.74	5.21	4.86	4.62	4.44	4.30	4.19	3.10	3.96	3.82	3.66	3.59	3.51	3.43	3.34	3.25	3.17
14	8.86	6.51	5.56	5.04	4.69	4.46	4.28	4.14	4.03	3.94	3.80	3.66	3.51	3.43	3.35	3.27	3.18	3.09	3.00
15	8.68	6.36	5.42	4.89	4.56	4.32	4.14	4.00	3.89	3.80	3.67	3.52	3.37	3.29	3.21	3.13	3.05	2.96	2.87
16	8.53	6.23	5.29	4.77	4.44	4.20	4.03	3.89	3.78	3.69	3.55	3.41	3.26	3.18	3.10	3.02	2.93	2.84	2.75
17	8.40	6.11	5.18	4.07	4.34	4.10	3.93	3.79	3.68	3.59	3.46	3.31	3.16	3.08	3.00	2.92	2.83	2.75	2.65
18	8.29	6.01	5.09	4.58	4.25	4.01	3.84	3.71	3.60	3.51	3.37	3.23	3.08	3.00	2.92	2.84	2.75	2.66	2.57
19	8.18	5.93	5.01	4.50	4.17	3.94	3.77	3.63	3.52	3.43	3.30	3.15	3.00	2.92	2.84	2.76	2.67	2.58	2.49
20	8.10	5.85	4.94	4.43	4.10	3.87	3.70	3.56	3.46	3.37	3.23	3.09	2.94	2.86	2.78	2.69	2.61	2.52	2.42
21	8.02	5.78	4.87	4.37	4.04	3.81	3.64	3.51	3.40	3.31	3.17	3.03	2.88	2.80	2.72	2.64	2.55	2.46	2.36
22	7.95	5.72	4.82	4.31	3.99	3.76	3.59	3.45	3.35	3.26	3.12	2.98	2.83	2.75	2.67	2.58	2.50	2.40	2.31
23	7.88	5.66	4.76	4.26	3.94	3.71	3.54	3.41	3.30	3.21	3.07	2.93	2.78	2.70	2.62	2.54	2.45	2.35	2.26
24	7.82	5.61	4.72	4.22	3.90	3.67	3.50	3.36	3.26	3.17	3.03	2.89	2.74	2.66	2.58	2.49	2.40	2.31	2.21
25	7.77	5.57	4.68	4.18	3.85	3.63	3.46	3.32	3.22	3.13	2.99	2.85	2.70	2.62	2.54	2.45	2.36	2.27	2.17
26	7.72	5.53	4.64	4.14	3.82	3.59	3.42	3.29	3.18	3.09	2.96	2.81	2.66	2.58	2.50	2.42	2.33	2.23	2.13
27	7.68	5.49	4.60	4.11	3.78	3.56	3.39	3.26	3.15	3.06	2.93	2.78	2.63	2.55	2.47	2.38	2.29	2.20	2.10
28	7.64	5.45	4.57	4.07	3.75	3.53	3.36	3.23	3.12	3.03	2.90	2.75	2.60	2.52	2.44	2.35	2.26	2.17	2.06
29	7.60	5.42	4.54	4.04	3.73	3.50	3.33	3.20	3.09	3.00	2.87	2.73	2.57	2.49	2.41	2.33	2.23	2.14	2.03
30	7.56	5.39	4.51	4.02	3.70	3.47	3.30	3.17	3.07	2.98	2.84	2.70	2.55	2.47	2.39	2.30	2.21	2.11	2.01
40	7.31	5.18	4.31	3.83	3.51	3.29	3.12	2.99	2.89	2.80	2.66	2.52	2.37	2.29	2.20	2.11	2.02	1.92	1.80
60	7.08	4.98	4.13	3.65	3.34	3.12	2.95	2.82	2.72	2.63	2.50	2.35	2.20	2.12	2.03	1.94	1.84	1.73	1.60
120	6.85	4.79	3.95	3.48	3.17	2.96	2.79	2.66	2.56	2.47	2.34	2.19	2.03	1.95	1.86	1.76	1.66	1.53	1.38
∞	6.63	4.61	3.78	3.32	3.02	2.80	2.64	2.51	2.41	2.32	2.18	2.04	1.88	1.79	1.70	1.59	1.47	1.32	1.00

（续）

$\alpha = 0.005$

n_2 \ n_1	1	2	3	4	5	6	7	8	9	10	12	15	20	24	30	40	60	120	∞
1	16211	20000	21615	22500	23056	23437	23715	23925	24091	24224	24426	24630	24836	24940	25044	25148	25253	25359	25465
2	198.5	199.0	199.2	199.2	199.3	199.3	199.4	199.4	199.4	199.4	199.4	199.4	199.4	199.5	199.5	199.5	199.5	199.5	199.5
3	55.55	49.80	47.47	46.19	45.39	44.84	44.43	44.13	43.88	43.69	43.39	43.08	42.78	42.62	42.47	42.31	42.15	41.99	41.83
4	31.33	26.28	24.26	23.15	22.46	21.97	21.62	21.35	21.14	20.97	20.70	20.44	20.17	20.03	19.89	19.75	19.61	19.47	19.32
5	22.78	18.31	16.53	15.56	14.94	14.51	14.20	13.96	13.77	13.62	13.38	13.15	12.90	12.78	12.66	12.53	12.40	12.27	12.14
6	18.63	14.54	12.92	12.03	11.46	11.07	10.79	10.57	10.39	10.25	10.03	9.81	9.59	9.47	9.36	9.24	9.12	9.00	8.88
7	16.24	12.40	10.88	10.05	9.52	9.16	8.89	8.68	8.51	8.38	8.18	7.97	7.75	7.65	7.53	7.42	7.31	7.19	7.08
8	14.69	11.04	9.60	8.81	8.30	7.95	7.69	7.50	7.34	7.21	7.01	6.81	6.61	6.50	6.40	6.29	6.18	6.06	5.95
9	13.61	10.11	8.72	7.96	7.47	7.13	6.88	6.69	6.54	6.42	6.23	6.03	5.83	5.73	5.62	5.52	5.41	5.30	5.19
10	12.83	9.43	8.08	7.34	6.87	6.54	6.30	6.12	5.97	5.85	5.66	5.47	5.27	5.17	5.07	4.97	4.86	4.75	4.64
11	12.23	8.91	7.60	6.88	6.42	6.10	5.86	5.68	5.54	5.42	5.24	5.05	4.86	4.70	4.65	4.55	4.44	4.34	4.23
12	11.75	8.51	7.23	6.52	6.07	5.76	5.52	5.35	5.20	5.09	4.91	4.72	4.53	4.43	4.33	4.23	4.12	4.01	3.90
13	11.37	8.19	6.93	6.23	5.79	5.48	5.25	5.08	4.94	4.82	4.64	4.46	4.27	4.17	4.07	3.97	3.87	3.76	3.65
14	11.06	7.92	6.68	6.00	5.56	5.26	5.03	4.86	4.72	4.60	4.43	4.25	4.06	3.96	3.86	3.76	3.66	3.55	3.44
15	10.80	7.70	6.48	5.80	5.37	5.07	4.85	4.67	4.54	4.42	4.25	4.07	3.88	3.79	3.69	3.58	3.48	3.37	3.26
16	10.58	7.51	6.30	5.64	5.21	4.91	4.69	4.52	4.38	4.27	4.10	3.92	3.73	3.64	3.54	3.44	3.33	3.22	3.11
17	10.38	7.35	6.16	5.50	5.07	4.78	4.56	4.39	4.25	4.14	3.97	3.79	3.61	3.51	3.41	3.31	3.21	3.10	2.98
18	10.22	7.21	6.03	5.37	4.96	4.66	4.44	4.28	4.14	4.03	3.86	3.68	3.50	3.40	3.30	3.20	3.10	2.99	2.87
19	10.07	7.09	5.92	5.27	4.85	4.56	4.34	4.18	4.04	3.93	3.76	3.59	3.40	3.31	3.21	3.11	3.00	2.89	2.78
20	9.94	6.99	5.82	5.17	4.76	4.47	4.26	4.09	3.96	3.85	3.68	3.50	3.32	3.22	3.12	3.02	2.92	2.81	2.69
21	9.83	6.89	5.73	5.09	4.68	4.39	4.18	4.01	3.88	3.77	3.60	3.43	3.24	3.15	3.05	2.95	2.84	2.73	2.61
22	9.73	6.81	5.65	5.02	4.61	4.32	4.11	3.94	3.81	3.70	3.54	3.36	3.18	3.08	2.98	2.88	2.77	2.66	2.55
23	9.63	6.73	5.58	4.95	4.54	4.26	4.05	3.88	3.75	3.64	3.47	3.30	3.12	3.02	2.92	2.82	2.71	2.60	2.48
24	9.55	6.66	5.52	4.89	4.49	4.20	3.99	3.83	3.69	3.59	3.42	3.25	3.06	2.97	2.87	2.77	2.66	2.55	2.43
25	9.48	6.60	5.46	4.84	4.43	4.15	3.94	3.78	3.64	3.54	3.37	3.20	3.01	2.92	2.82	2.72	2.61	2.50	2.38
26	9.41	6.54	5.41	4.79	4.38	4.10	3.89	3.73	3.60	3.49	3.33	3.15	2.97	2.87	2.77	2.67	2.56	2.45	2.33
27	9.34	6.49	5.36	4.74	4.34	4.06	3.85	3.69	3.56	3.45	3.23	3.11	2.93	2.83	2.73	2.63	2.52	2.41	2.29
28	9.28	6.44	5.32	4.70	4.30	4.02	3.81	3.65	3.52	3.41	3.25	3.07	2.89	2.79	2.69	2.59	2.48	2.37	2.25
29	9.23	6.40	5.28	4.66	4.26	3.98	3.77	3.61	3.48	3.38	3.21	3.04	2.86	2.76	2.66	2.56	2.45	2.33	2.21
30	9.18	6.35	5.24	4.62	4.23	3.95	3.74	3.58	3.45	3.34	3.18	3.01	2.82	2.73	2.63	2.52	2.42	2.30	2.18
40	8.83	6.07	4.98	4.37	3.99	3.71	3.51	3.35	3.22	3.12	2.95	2.78	2.60	2.50	2.40	2.30	2.18	2.06	1.93
60	8.49	5.79	4.73	4.14	3.76	3.49	3.29	3.13	3.01	2.90	2.74	2.57	2.39	2.29	2.19	2.08	1.96	1.83	1.69
120	8.18	5.54	4.50	3.92	3.55	3.28	3.09	2.93	2.81	2.71	2.54	2.37	2.19	2.09	1.98	1.87	1.75	1.61	1.43
∞	7.88	5.30	4.28	3.72	3.35	3.09	2.90	2.74	2.62	2.52	2.36	2.19	2.00	1.90	1.79	1.67	1.53	1.36	1.00

（续）

$\alpha = 0.001$

n_2 \ n_1	1	2	3	4	5	6	7	8	9	10	12	15	20	24	30	40	60	120	∞
1	4053t	5000t	5404t	5625t	5764t	5859t	5929t	5981t	6023t	6056t	6107t	6158t	6209t	6235t	6261t	6287t	6313t	6340t	6366t
2	998.5	999.0	999.2	999.2	999.3	999.3	999.4	999.4	999.4	999.4	999.4	999.4	999.4	999.5	999.5	999.5	999.5	999.5	999.5
3	167.0	148.5	141.1	137.1	134.6	132.8	131.6	130.6	129.9	129.2	128.3	127.4	126.4	125.9	125.4	125.0	124.5	124.0	123.5
4	74.14	61.25	56.18	53.44	51.71	50.53	49.66	49.00	48.47	48.05	47.41	46.76	46.10	45.77	45.43	45.09	44.75	44.40	44.05
5	47.18	37.12	33.20	31.09	29.75	28.84	28.16	27.64	27.24	26.92	26.42	25.91	25.39	25.14	24.87	24.60	24.33	24.06	23.79
6	35.51	27.00	23.70	21.92	20.81	20.03	19.46	19.03	18.69	18.41	17.99	17.56	17.12	16.89	16.67	16.44	16.21	15.99	15.75
7	29.25	21.69	18.77	17.19	16.21	15.52	15.02	14.63	14.33	14.08	13.71	13.32	12.93	12.73	12.53	12.33	12.12	11.91	11.70
8	25.42	18.49	15.83	14.39	13.49	12.86	12.40	12.04	11.77	11.54	11.19	10.84	10.48	10.30	10.11	9.92	9.73	9.53	9.33
9	22.86	16.39	13.90	12.56	11.71	11.13	10.70	10.37	10.11	9.89	9.57	9.24	8.90	8.72	8.55	8.37	8.19	8.00	7.81
10	21.04	14.91	12.55	11.28	10.48	9.92	9.52	9.20	8.96	8.75	8.45	8.13	7.80	7.64	7.47	7.30	7.12	6.94	6.76
11	19.69	13.81	11.56	10.35	9.58	9.05	8.66	8.35	8.12	7.92	7.63	7.32	7.01	6.85	6.68	6.52	6.35	6.17	6.00
12	18.64	12.97	10.80	9.63	8.89	8.38	8.00	7.71	7.48	7.29	7.00	6.71	6.40	6.25	6.09	5.93	5.76	5.59	5.42
13	17.81	12.31	10.21	9.07	8.35	7.86	7.49	7.21	6.98	6.80	6.52	6.32	5.93	5.78	5.63	5.47	5.30	5.14	4.97
14	17.14	11.78	9.73	8.62	7.92	7.43	7.08	6.80	6.58	6.40	6.13	5.85	5.56	5.41	5.25	5.10	4.94	4.77	4.60
15	16.59	11.34	9.34	8.25	7.57	7.09	6.74	6.47	6.26	6.08	5.81	5.54	5.25	5.10	4.95	4.80	4.64	4.47	4.31
16	16.12	10.97	9.00	7.94	7.27	6.81	6.46	6.19	5.98	5.81	5.55	5.27	4.99	4.85	4.70	4.54	4.39	4.23	4.06
17	15.72	10.66	8.73	7.68	7.02	7.56	6.22	5.96	5.75	5.58	5.32	5.05	4.78	4.63	4.48	4.33	4.18	4.02	3.85
18	15.38	10.39	8.49	7.46	6.81	6.35	6.02	5.76	5.56	5.39	5.13	4.87	4.59	4.45	4.30	4.15	4.00	3.84	3.67
19	15.08	10.16	8.28	7.26	6.62	6.18	5.85	5.59	5.39	5.22	4.97	4.70	4.33	4.29	4.14	3.99	3.84	3.68	3.51
20	14.82	9.95	8.10	7.10	6.46	6.02	5.69	5.44	5.24	5.08	4.82	4.56	4.29	4.15	4.00	3.86	3.70	3.54	3.38
21	14.59	9.77	7.94	6.95	6.32	5.88	5.56	5.31	5.11	4.95	4.70	4.44	4.17	4.03	3.88	3.74	3.58	3.42	3.26
22	14.38	9.61	7.80	6.81	3.19	5.76	5.44	5.19	4.99	4.83	4.58	4.33	4.06	3.92	3.78	3.63	3.48	3.32	3.15
23	14.19	9.47	7.67	6.69	3.08	5.65	5.33	5.09	4.89	4.73	4.48	4.23	3.96	3.82	3.68	3.53	3.38	3.22	3.05
24	14.03	9.34	7.55	6.59	5.98	5.55	5.23	4.99	4.80	4.64	4.39	4.14	3.87	3.74	3.59	3.45	3.29	3.14	2.97
25	13.88	9.22	7.45	6.49	5.88	5.46	5.15	4.91	4.71	4.56	4.31	4.06	3.79	6.66	3.52	3.37	3.22	3.06	2.89
26	13.74	9.12	7.36	6.41	5.80	5.38	5.07	4.83	4.64	4.48	4.24	3.99	3.72	3.59	3.44	3.30	3.15	2.99	2.82
27	13.61	9.02	7.27	6.33	5.73	5.31	5.00	4.76	4.57	4.41	4.17	3.92	3.66	3.52	3.38	3.23	3.08	2.92	2.75
28	13.50	8.93	7.19	6.25	5.66	5.24	4.93	4.69	4.50	4.35	4.11	3.86	3.60	3.46	3.32	3.18	3.02	2.86	2.69
29	13.39	8.85	7.12	6.19	5.59	5.18	4.87	6.64	4.45	4.29	4.05	3.80	3.54	3.41	3.27	3.12	2.97	2.81	2.64
30	13.29	8.77	7.05	6.12	5.53	5.12	4.82	4.58	4.39	4.24	4.00	3.75	3.49	3.36	3.22	3.07	2.92	2.76	2.59
40	12.61	8.25	6.60	5.70	5.13	4.73	4.44	4.21	4.02	3.87	3.64	3.40	3.15	3.01	2.87	2.73	2.57	2.41	2.23
60	11.97	7.76	6.17	5.31	4.76	4.37	4.09	3.87	3.69	3.54	3.31	3.08	2.83	2.69	2.55	2.41	2.25	2.08	1.89
120	11.38	7.32	5.79	4.95	4.42	4.04	3.77	3.55	3.38	3.24	3.02	2.78	2.53	2.40	2.26	2.11	1.95	1.76	1.54
∞	10.83	6.91	5.42	4.62	4.10	3.74	3.47	3.27	3.10	2.96	2.74	2.51	2.27	2.13	1.99	1.84	1.66	1.45	1.60

参考答案

第 1 章

习题 1

A 组　基本练习题

1. (1) $A_3-A_2=\overline{A}_2A_3=A_3-A_3A_2$

(2) $A_1A_2A_3$

(3) $A_1A_2\overline{A}_3$

(4) A_2+A_3

(5) $A_1+A_2+A_3$

(6) $A_1A_2+A_1A_3+A_2A_3$ 或 $A_1A_2A_3+A_1A_2\overline{A}_3+A_1\overline{A}_2A_3+\overline{A}_1A_2A_3$

(7) $\overline{A_1A_2+A_1A_3+A_2A_3}$ 或 $\overline{A}_1\overline{A}_2\overline{A}_3+\overline{A}_1\overline{A}_2A_3+A_1\overline{A}_2\overline{A}_3+\overline{A}_1A_2\overline{A}_3$

(8) $A_1\overline{A}_2\overline{A}_3+\overline{A}_1A_2\overline{A}_3+\overline{A}_1\overline{A}_2A_3$

(9) $\overline{A}_1\overline{A}_2\overline{A}_3+\overline{A}_1\overline{A}_2A_3+\overline{A}_1A_2\overline{A}_3+A_1\overline{A}_2\overline{A}_3+\overline{A}_1A_2A_3+A_1\overline{A}_2A_3+A_1A_2\overline{A}_3$ 或 $\overline{A_1A_2A_3}$

(10) $A_1A_2\overline{A}_3+A_1\overline{A}_2A_3+\overline{A}_1A_2A_3$

(11) $\overline{A}_1+\overline{A}_2=\overline{A_1A_2}$

(12) $\overline{A}_2\overline{A}_3=\overline{A_2+A_3}$

(13) $\overline{A}_1(A_2+A_3)$

2. (1) $\overline{A}_1\overline{A}_2\overline{A}_3\overline{A}_4\overline{A}_5$

(2) $A_1\overline{A}_2\overline{A}_3\overline{A}_4\overline{A}_5+\overline{A}_1A_2\overline{A}_3\overline{A}_4\overline{A}_5+\overline{A}_1\overline{A}_2A_3\overline{A}_4\overline{A}_5+\overline{A}_1\overline{A}_2\overline{A}_3A_4\overline{A}_5+\overline{A}_1\overline{A}_2\overline{A}_3\overline{A}_4A_5$

(3) $A_1A_2A_3A_4A_5+A_1A_2A_3A_4\overline{A}_5+A_1A_2A_3\overline{A}_4A_5+A_1A_2\overline{A}_3A_4A_5+A_1\overline{A}_2A_3A_4A_5+\overline{A}_1A_2A_3A_4A_5$

(4) $A_1A_2A_3A_4A_5+A_1A_2A_3A_4\overline{A}_5+A_1A_2A_3\overline{A}_4A_5+A_1A_2\overline{A}_3A_4A_5+A_1\overline{A}_2A_3A_4A_5+\overline{A}_1A_2A_3A_4A_5$

(5) $\overline{A}_1A_2A_3A_4A_5+A_1\overline{A}_2A_3A_4A_5+A_1A_2\overline{A}_3A_4A_5+A_1A_2A_3\overline{A}_4A_5+A_1A_2A_3A_4\overline{A}_5$

(6) $\overline{A}_1\overline{A}_2\overline{A}_3\overline{A}_4\overline{A}_5+\overline{A}_1\overline{A}_2\overline{A}_3\overline{A}_4A_5+\overline{A}_1\overline{A}_2\overline{A}_3A_4\overline{A}_5+\overline{A}_1\overline{A}_2A_3\overline{A}_4\overline{A}_5+\overline{A}_1A_2\overline{A}_3\overline{A}_4\overline{A}_5+A_1\overline{A}_2\overline{A}_3\overline{A}_4\overline{A}_5$

3. $\dfrac{1}{60}$　　4. (1) C_{37}^5/C_{40}^5　　(2) $C_3^2C_{37}^3/C_{40}^5$

5. (1) 1/12　(2) 1/20　　6. $(N-1)^n/N^n$

7. (1) $A_{365}^r/365^r$　(2) 41/96

8. $C_7^2(2^6-2)/7^6$　　11. $p+q-r, r-q, r-p, 1-r$

12. $\frac{5}{8}$　　13. $\frac{1013}{1152}$　　14. $\frac{1}{4}$

15. 0.124　　16. 0.6　　17. $P(A)=P(B)=\frac{1}{2}$

21. 0.9732　　22. $\frac{13}{25}$, $\frac{15}{26}$　　23. 0.75

B 组　综合练习题

填空题

1. $\frac{1}{8}$, $\frac{3}{8}$　2. 0.3　3. 0.68　4. 30%　5. 0.496　6. $\frac{1}{11}$

单项选择题

1. (C)　2. (B)　3. (B)　4. (C)　5. (D)　6. (C)

计算题

1. $\frac{3}{8}$　　2. $n=15$　　3. (1) $\frac{2}{105}$　(2) $\frac{2}{5}$　　4. 0.6

5. (1) $\frac{53}{120}$　(2) $\frac{20}{53}$　6. (1) 0.15　(2) $\frac{5}{21}$　7. $\frac{37}{64}$

8. $\frac{(\lambda p)^L}{L!}e^{-\lambda p}$　　9. 0.63　　10. 不可信

第　2　章

习　题　2

A 组　基本练习题

1. (1) 是　(2) 不是　(3) 是

2. $P\{X=N\}=\frac{6}{\pi^2 N^2}$, $N=1,2,\cdots$

提示：$\sum_{N=1}^{\infty}\frac{1}{N^2}=\frac{\pi^2}{6}$

3. $P\{X=k\}=p(1-p)^k, k=0,1,2,\cdots$

4. $P\{X=k\}=pq^{k-1}+qp^{k-1}, k=2,3,\cdots, q=1-p$

5.

X	0	1	2	3	4
P	$\frac{1}{2}$	$\left(\frac{1}{2}\right)^2$	$\left(\frac{1}{2}\right)^3$	$\left(\frac{1}{2}\right)^4$	$\left(\frac{1}{2}\right)^4$

6. $P\{X=k\}=\dfrac{C_b^k C_a^{r-k}}{C_{a+b}^r}$, $k=\max\{0,r-a\}$, $\max\{0,r-a\}+1,\cdots,\min\{b,r\}$

7. $P\{X=k\}=q^{k-1}p, q=1-p, k=1,2,\cdots; P\{X=\text{偶数}\}=\dfrac{1}{5}$

8. (1) $\dfrac{1}{5}$ (2) $\dfrac{1}{5}$ 9. $\dfrac{2}{3}e^{-2}$ 10. 14 11. (1) 0.163 (2) 0.353

12. 次品数为3，$P\{X=3\}=0.243$ 13. 0.264

14. $\begin{cases} k=\lambda-1,\lambda & \text{当}\lambda\text{为整数时} \\ k=[\lambda] & \text{当}\lambda\text{为非整数时} \end{cases}$

16. (1) $\dfrac{7}{27}$

(2) $P\{Y=k\}=C_3^k\left(\dfrac{1}{3}\right)^k\left(\dfrac{2}{3}\right)^{3-k}, k=0,1,2,3$

(3) $F(x)=\begin{cases} 0 & x<0 \\ \dfrac{8}{27} & 0\leqslant x<1 \\ \dfrac{20}{27} & 1\leqslant x<2 \\ \dfrac{26}{27} & 2\leqslant x<3 \\ 1 & x\geqslant 3 \end{cases}$

17. (1) $A=\dfrac{1}{2}$, $B=\dfrac{1}{\pi}$

(2) $P\{|X|<1\}=0.5$

(3) $p_X(x)=\dfrac{1}{\pi(x^2+1)}$, $-\infty<x<+\infty$

18. (1) $P\{X\leqslant 2\}=0.8647$, $P\{X>3\}=0.04979$

(2) $p(x)=\begin{cases} e^{-x} & x>0 \\ 0 & x\leqslant 0 \end{cases}$

19. $F(x)=\begin{cases} 0 & x<0 \\ \dfrac{x^2}{2} & 0\leqslant x<1 \\ -\dfrac{x^2}{2}+2x-1 & 1\leqslant x\leqslant 2 \\ 1 & x>2 \end{cases}$

20. 0.6

21. $\frac{3}{5}$

22. (1) 0.4821　(2) 0.4838　(3) 0.1105

23. (1) 0.2858　(2) 0.7745　(3) 0.0606

24. (1) 0.988　(2) 111.84　(3) 57.5

25. 0.87

26.

Y	0	1	4	9
P	$\frac{1}{5}$	$\frac{7}{30}$	$\frac{1}{5}$	$\frac{11}{30}$

27. $P\{0\leqslant Z\leqslant 1\}=\frac{1}{3}$, $P\{0\leqslant Y\leqslant 1\}=1$

28. (1) $p_Y(y)=\begin{cases}\frac{1}{y} & 1<y<\mathrm{e}\\ 0 & \text{其他}\end{cases}$

(2) $p_Y(y)=\begin{cases}\frac{1}{2}\mathrm{e}^{-\frac{y}{2}} & y>0\\ 0 & y\leqslant 0\end{cases}$

29. $p_Y(y)=\begin{cases}\frac{1}{\sigma y\sqrt{2\pi}}\mathrm{e}^{-\frac{(\ln y-\mu)^2}{2\sigma^2}} & y>0\\ 0 & y\leqslant 0\end{cases}$

30. $p_Y(y)=\begin{cases}\sqrt{\frac{2}{\pi}}\mathrm{e}^{-\frac{y^2}{2}} & y>0\\ 0 & y\leqslant 0\end{cases}$

B组　综合练习题

填空题

1. 2　2. $\frac{9}{64}$　3. $P\{X=k\}=\left(\frac{1}{5}\right)^{k-1}\times\frac{4}{5}, k=1,2,\cdots$　4. 3

单项选择题

1. (C)　2. (A)

计算题

2. (1) $A=\frac{1}{2}$, $B=\frac{1}{\pi}$　(2) $\frac{1}{3}$

(3) $f(x)=\begin{cases}\frac{1}{\pi\sqrt{a^2-x^2}} & -a<x<a\\ 0 & |x|\geqslant a\end{cases}$

3. (1)

X	0	1	2	3	4
p_k	$\frac{1}{10000}$	$\frac{9}{10000}$	$\frac{9}{1000}$	$\frac{9}{100}$	$\frac{9}{10}$

(2) $F(x)=\begin{cases}0 & x<0\\ 10^{-4} & 0\leqslant x<1\\ 10^{-3} & 1\leqslant x<2\\ 10^{-2} & 2\leqslant x<3\\ 10^{-1} & 3\leqslant x<4\\ 1 & x\geqslant 4\end{cases}$

4. (1) 0.96 (2) 0.62 (3) $n\leqslant 8$

5.

X	0	1	4	9
p_k	$\frac{1}{3}$	$\frac{1}{4}$	$\frac{11}{36}$	$\frac{1}{9}$

6. $F_Y(y)=\begin{cases}1-\mathrm{e}^{-\frac{(1+y)2}{18}} & y>-1\\ 0 & y\leqslant -1\end{cases}$

7. $\Psi_Y(y)=\begin{cases}\dfrac{1}{(b-a)\sqrt{\pi y}} & \dfrac{\pi a^2}{4}<y<\dfrac{\pi b^2}{4}\\ 0 & \text{其他}\end{cases}$

8. (1)

X	1	2	3	4
p_k	$\frac{37}{64}$	$\frac{19}{64}$	$\frac{7}{64}$	$\frac{1}{64}$

(2) $F(x)=\begin{cases}0 & x<1\\ \dfrac{37}{64} & 1\leqslant x<2\\ \dfrac{56}{64} & 2\leqslant x<3\\ \dfrac{63}{64} & 3\leqslant x<4\\ 1 & x\geqslant 4\end{cases}$

第 3 章

习 题 3

填空题

1. $\frac{1}{8}$, $f_X(x)=\begin{cases}\frac{1}{4}-3x & 0<x<2\\ 0 & \text{其他}\end{cases}$

2. $\frac{6}{11}$, $\frac{36}{49}$ 3. $\frac{1}{3}$, $\frac{1}{9}$

4. $f(x,y)=\begin{cases}2y\mathrm{e}^{-x} & x>0,0<y<1\\ 0 & \text{其他}\end{cases}$

$$f_{X+Y}(z)=\begin{cases}0 & z<0\\ 2(z+\mathrm{e}^{-z}-1) & 0\leqslant z<1\\ 2\mathrm{e}^{-z} & z\geqslant 1\end{cases}$$

单项选择题

1.（A） 2.（B） 3.（D） 4.（A） 5.（A） 6.（D）

计算题

1.

X \ Y	1	2	3
1	0	$\frac{1}{6}$	$\frac{1}{12}$
2	$\frac{1}{6}$	$\frac{1}{6}$	$\frac{1}{6}$
3	$\frac{1}{12}$	$\frac{1}{6}$	0

2.

X \ Y	1	3	$p_{i\cdot}$
0	0	$\frac{1}{8}$	$\frac{1}{8}$
1	$\frac{3}{8}$	0	$\frac{3}{8}$
2	$\frac{3}{8}$	0	$\frac{3}{8}$
3	0	$\frac{1}{8}$	$\frac{1}{8}$
$p_{\cdot j}$	$\frac{6}{8}$	$\frac{2}{8}$	1

3. 分布列可以写成 6 行 6 列的矩阵，其主对角线上的元素为 $q,2q,\cdots,6q$，而 $q=\frac{1}{36}$，对角线一边的元素为零，另一边的元素为 q.

4. (1) $\frac{4}{9}$

(2)

Y \ X	0	1	2
0	$\frac{9}{36}$	$\frac{12}{36}$	$\frac{4}{36}$
1	$\frac{6}{36}$	$\frac{4}{36}$	0
2	$\frac{1}{36}$	0	0

5.

(1)

Y \ X	0	1	2
0	0	0	$\frac{1}{35}$
1	0	$\frac{6}{35}$	$\frac{6}{35}$
2	$\frac{3}{35}$	$\frac{12}{35}$	$\frac{3}{35}$
3	$\frac{2}{35}$	$\frac{2}{35}$	0

(2)

X	0	1	2	3
p_k	$\frac{1}{35}$	$\frac{12}{35}$	$\frac{18}{35}$	$\frac{4}{35}$

Y	0	1	2
p_k	$\frac{1}{7}$	$\frac{4}{7}$	$\frac{2}{7}$

6. $\frac{5}{8}$

7. (1) $\frac{15}{64}$ (2) 0 (3) $\frac{1}{2}$ (4) $\frac{1}{2}$

8. (1) $\frac{3}{8}$ (2) $\frac{5}{24}$

9. (1) $f(x,y)=\begin{cases}\frac{1}{2}e^{-\frac{y}{2}} & 0\leqslant x\leqslant 1, y>0\\ 0 & 其他\end{cases}$

(2) $p\approx 0.1445$

10. (1) $C=\frac{3}{\pi R^3}$ (2) $\frac{3r^2}{R^2}\left(1-\frac{2r}{3R}\right)$

11. $p(x,y)=\begin{cases}\dfrac{3}{4} & (x,y)\in D\\ 0 & \text{其他}\end{cases}$

$p_X(x)=\begin{cases}\dfrac{3}{4}(1-x^2) & |x|<1\\ 0 & |x|\geqslant 1\end{cases}$

$P_Y(y)=\begin{cases}\dfrac{3}{2}\sqrt{1-y} & 0<y<1\\ 0 & \text{其他}\end{cases}$

12. (1) $A=\dfrac{1}{\pi^2}$, $B=C=\dfrac{\pi}{2}$

(2) $f(x,y)=\dfrac{6}{\pi^2(4+x^2)(9+y^2)}$, $-\infty<x<+\infty$, $-\infty<y<+\infty$

(3) $f_X(x)=\dfrac{2}{\pi^2(4+x^2)}(-\infty<x<+\infty)$, $f_Y(y)=\dfrac{3}{\pi^2(9+y^2)}(-\infty<y<+\infty)$

(4) 独立

13. $\dfrac{47}{64}$

14. $P=a^{-3}-a^{-6}-a^{-9}+a^{-12}$,独立

15. 独立

16. 不独立

17. (1) $f_{Y|X}(y|x)=\begin{cases}\dfrac{1}{x} & 0<y<x\\ 0 & \text{其他}\end{cases}$

(2) $\dfrac{\mathrm{e}-2}{\mathrm{e}-1}$

18. (1) $f_X(x)=\begin{cases}x & 0<x\leqslant 1\\ 2-x & 1<x\leqslant 2\\ 0 & \text{其他}\end{cases}$

(2) $f_{X|Y}(x|y)=\begin{cases}\dfrac{1}{2-2y} & (x,y)\in G\\ 0 & \text{其他}\end{cases}$

21.

V \ U	1	4	
0	$\frac{1}{12}$	$\frac{1}{12}$	$\frac{1}{6}$
1	$\frac{1}{3}$	$\frac{1}{2}$	$\frac{5}{6}$
	$\frac{5}{12}$	$\frac{7}{12}$	

22. $\begin{pmatrix} 3 & 5 & 7 \\ 0.18 & 0.54 & 0.28 \end{pmatrix}$

23. $\dfrac{n-1}{2^n}$, $n=2,3,\cdots$

24. 提示：计算过程中，利用下面的组合公式.

当 $i \leqslant n$ 时，$\sum\limits_{k=0}^{i} C_n^k C_n^{i-k} = C_{2n}^i$.

当 $n < i \leqslant 2n$ 时，$\sum\limits_{k=i-n}^{n} C_n^k C_n^{i-k} = C_{2n}^i$.

26. $p_Z(z) = \begin{cases} \dfrac{3}{2}(1-z^2) & 0<z<1 \\ 0 & \text{其他} \end{cases}$

27. $p_Z(z) = \begin{cases} 0 & z \leqslant 0 \\ \dfrac{1}{2} & 0<z\leqslant 1 \\ \dfrac{1}{2z^2} & z>1 \end{cases}$

29. (1) $\dfrac{1}{4}$ (2) $f_Z(z) = \begin{cases} \dfrac{2}{3}(z+1) & -1<z\leqslant 0 \\ \dfrac{2}{3}z & 0<z\leqslant 1 \\ \dfrac{2}{3}(z-1) & 1<z\leqslant 2 \\ 0 & \text{其他} \end{cases}$

30. $F_Y(y)=\begin{cases}0 & y<0\\ y & 0\leqslant y\leqslant 1\\ 1 & y>1\end{cases}$

第 4 章

习 题 4

填空题

1. 46　2. 2　3. 18.4　4. 2, $\frac{1}{4}$　5. $51-4\sqrt{26}$　6. 2　7. 6　8. $\mu_1(\mu_2^2+\sigma_2^2)$

单项选择题

1.（B）　2.（D）　3.（C）　4.（C）　5.（B）　6.（C）　7.（B）　8.（A）　9.（C）　10.（D）

计算题

1. $EX=3$, $E(X^2)=11$, $E(X+2)^2=27$

2. $EX=\frac{1}{3}$, $E(1-X)=\frac{2}{3}$, $E(X^2)=\frac{35}{24}$

3. $EX=2$, $DX=1$

4. $EX=10$, $DX=90$

5.（1）$EX=0$, $DX=\frac{1}{6}$　（2）$EX=1$, $DX=\frac{1}{7}$　（3）$EX=1$, $DX=\frac{1}{6}$

6. 4

7. 1, $\frac{1}{\sqrt{2}}$

8. 256

9. $\frac{\pi}{24}(a+b)(a^2+b^2)$

10. $\sqrt{\frac{2}{\pi}}\sigma$, $E(a^X)=\frac{1}{\sigma\sqrt{2\pi}}\int_{-\infty}^{+\infty}a^x e^{-\frac{(x-\mu)^2}{2\sigma^2}}dx$

$$=\frac{1}{\sigma\sqrt{2\pi}}\int_{-\infty}^{+\infty}e^{x\ln a-\frac{(x-\mu)^2}{2\sigma^2}}dx$$

$$=\cdots=a^{\mu}e^{\frac{\sigma^2}{2}\ln^2 a}$$

11. $EX=EY=0$, $DX=\frac{5}{8}$, $DY=\frac{17}{32}$, $E(XY)=\frac{9}{16}$

12. $EX=\frac{7}{12}$, $DX=\frac{11}{144}$

13. $EX = \frac{2}{3}$, $EY = 0$, $E(XY) = 0$ 14. $E(XY) = 4$, $D(XY) = 2.5$

17. $EX = M\left\{1 - \left(1 - \frac{1}{M}\right)^n\right\}$

18. 1

19. $p_1 + p_2 + p_3$, $p_1(1 - p_1) + p_2(1 - p_2) + p_3(1 - p_3)$

20. $EX = \frac{k}{2}(n+1)$, $DX = \frac{k}{12}(n^2 - 1)$

21. $EX = 1$ 22. $EX = \frac{7}{2}n$, $DX = \frac{35}{12}n$

23. 8.784

24. (1)

X \ Y	−1	0	1
0	0	$\frac{1}{3}$	0
1	$\frac{1}{3}$	0	$\frac{1}{3}$

(2)

Z	−1	0	1
P	$\frac{1}{3}$	$\frac{1}{3}$	$\frac{1}{3}$

(3) $\rho_{XY} = 0$

25. (1)

U \ V	1	2
1	$\frac{4}{9}$	0
2	$\frac{4}{9}$	$\frac{1}{9}$

(2) $\mathrm{Cov}(U,V)=0$

26. $D(X+Y)=85$, $D(X-Y)=37$

27. $EW=1 \quad DW=3$

28. (1)

X	0	1	2
p_i	0.25	0.45	0.30

(2)

$X+Y$	0	1	2	3
p_k	0.10	0.4	0.35	0.15

(3) 0.25

29. $\frac{\sqrt{2\pi}}{2}\sigma$, $2\sigma^2-\frac{\pi}{2}\sigma^2$

30. (1) 0, $\frac{2}{3}$, 0 (2) 不相关，不独立

第 5 章

习 题 5

填空题

1. 0 2. $\frac{1}{12}$

计算题

1. $P\{0<x<6\}\geqslant\frac{2}{3}$ 5. $p\geqslant0.9$ 6. $\varepsilon\geqslant0.3$ 8. $n\geqslant250$

13. (1) 0.1802 (2) 441 14. 0.9859 15. 0.1814

16. 0.9977 17. 25 18. 0.999

19. 设 T_i 表示检查第 i 个产品所需时间，则 T_i 独立同分布，且

$$T_i=\begin{cases}10 & \text{第 } i \text{ 个产品没重复检查}\\ 20 & \text{其他}\end{cases} \qquad (i=1,2,\cdots,1900)$$

易得 $P\{\sum_{i=1}^{1900}T_i\leqslant 8\times3600\}=0.916$.

第 6 章

习 题 6

填空题

1. $\frac{1}{n\sigma^2}$　2. $\frac{1}{20}, \frac{1}{100}, 2$　3. n, 2　4. σ^2

选择题

1. (D)　2. (C)　3. (C)　4. (A)

计算题

1. $P\{X_1=x_1,\cdots,X_n=x_n\}=\frac{\lambda^{\sum x_i}e^{-n\lambda}}{(x_1!\ \cdots x_n!)}$

2. $P\{X_1=x_1,\cdots,X_n=x_n\}=\begin{cases}\lambda^n e^{-\lambda\sum x_i} & x_1>0,\cdots,x_n>0\\ 0 & \text{其他}\end{cases}$

3. (1), (3), (4), (5), (7), (8)

5. (1) $p_{Y_1}(x)=\begin{cases}\frac{x^{\frac{n}{2}-1}}{\sigma^n 2^{\frac{n}{2}}\Gamma\left(\frac{n}{2}\right)}e^{-\frac{x}{2\sigma^2}} & x>0\\ 0 & x\leqslant 0\end{cases}$

(2) $p_{Y_2}(x)=\begin{cases}\frac{1}{\sqrt{2\pi nx}\sigma}e^{-\frac{x}{2n\sigma^2}} & x>0\\ 0 & x\leqslant 0\end{cases}$

6. (1) $t(m)$　(2) $F(n,m)$　7. $t(n-1)$　8. $t(n_1+n_2-2)$

9. $E\overline{X}=\lambda, D\overline{X}=\lambda/n$　10. $E\overline{X}=\frac{a+b}{2}, D\overline{X}=\frac{1}{n}\ \frac{(b-a)^2}{12}$

11. $E\overline{X}=p$, $D\overline{X}=p(1-p)/n$, $ES^2=p(1-p)$

13. (1) $a=\frac{1}{n\sigma^2}$, $b=\frac{1}{m\sigma^2}$　(2) $c=\sqrt{\frac{m}{n}}$　(3) $d=\frac{m}{n}$

第 7 章

习 题 7

填空题

1. $\frac{1}{n-1}$

2. $\overline{X}-\overline{Y}$, $\left(\dfrac{S_1^2}{S_2^2}\cdot\dfrac{1}{F_{\frac{\alpha}{2}}(n_1-1,\ n_2-1)},\ \dfrac{S_1^2}{S_2^2}\cdot\dfrac{1}{F_{1-\frac{\alpha}{2}}(n_1-1,n_2-1)}\right)$

3. (4.8,5.2)

4. (4.58,9.60)

5. $\overline{X}-1$

单项选择题

1.(C) 2.(C) 3.(B) 4.(D) 5.(B)

计算题

1. $\hat{\theta}=2\overline{X}-1$ 2. $\hat{p}=\dfrac{\overline{X}}{n}$, $\hat{p}=\dfrac{\overline{X}}{n}$

3. (1) $\dfrac{\overline{X}^2}{(1-\overline{X})^2}$ (2) $\dfrac{n^2}{\left(\sum\limits_{i=1}^{n}\ln X_i\right)^2}$

4. $\hat{\mu}=2809$, $\hat{\sigma}^2=1206.8$

5. $\hat{\theta}=1-\dfrac{C}{\overline{x}}$ 6. $\hat{\theta}=2\overline{X}-\dfrac{1}{2}$

7. (1) $\hat{\theta}=\dfrac{n}{\sum\limits_{i}x_i^{\alpha}}$

(2) 当 $n=2k+1$ 时, $\hat{\theta}=x_{(k+1)}$; 当 $n=2k$ 时, $x_{(k)}\leqslant\hat{\theta}\leqslant x_{(k+1)}$

8. $\hat{\theta}=x_{(1)}$

9. $\hat{\theta}=\dfrac{N}{n}$提示: $L(\theta)=\theta^N(1-\theta)^{n-N}$

10. (1) $\hat{\beta}=\dfrac{\overline{X}}{\overline{X}-1}$ (2) $\hat{\beta}=\dfrac{n}{\sum\limits_{i=1}^{n}\ln X_i}$ (3) $\hat{\alpha}=\min\{X_1,X_2,\cdots,X_n\}$

11. (2) $\dfrac{2}{n(n-1)}$

12. (1)、(2)、(3)都是 μ 的无偏估计,(4)、(5)、(6)一般均不是 μ 的无偏估计.

提示: 如 $X\sim B(1,p)$, 知 $P\{X=1\}=p$, $EX=\mu=p$, 而 $x_{(1)}$ 或 $x_{(n)}$ 非 0 即 1.

$P\{x_{(1)}=1\}=P\{x_1=1\}=p$, $EX=\mu=p$, 而 $x_{(1)}$ 或 $x_{(n)}$ 非 0 即 1

$P\{x_{(1)}=1\}=P\{x_1=1,\cdots,x_n=1\}=p^n$

$P\{x_{(1)}=0\}=1-p^n$

故 $$Ex_{(1)}=p^n\neq p$$

类似可得 $$Ex_{(n)}=1-(1-p)^n\neq p$$

且 $$E[(x_{(1)}+x_{(2)})/2]\neq p$$

16. $\hat{\mu}_2$ 最有效

17. (1) $F(x)=\begin{cases}1-e^{-2(x-\theta)} & x>\theta\\ 0 & x\leqslant\theta\end{cases}$

(2) $F_{\hat{\theta}}(x)=\begin{cases}1-e^{-2n(x-\theta)} & x>\theta\\ 0 & x\leqslant\theta\end{cases}$

(3)不具有无偏性

19. (4.786,6.214),(1.825,5.792)

20. $\bar{x}=2$, $S^2=5.778$

μ 和 σ^2 的 0.90 的置信区间分别为(0.607, 3.393),(3.074,15.693)

21. (−146.62,95.12)

22. (−0.63,3.43)

23. (−6.187,17.687)　24. (0.0032,0.1290)

25. (0.1424,4.6392)　26. (0.078,0.084)　27. (0.101,0.244)

28. (λ_1,λ_2),其中 $\lambda_1=\bar{x}+\dfrac{k^2}{2n}-\sqrt{\dfrac{k^2\bar{x}}{n}+\dfrac{k^4}{4n^2}}$

$$\lambda_2=\bar{x}+\frac{k^2}{2n}+\sqrt{\frac{k^2\bar{x}}{n}+\frac{k^4}{4n^2}}$$

$$k=1.96$$

29. $n\geqslant\dfrac{4\sigma^2u_{\frac{\alpha}{2}}^2}{d^2}$

第 8 章

习 题 8

填空题

1. $t,\dfrac{|\overline{X}-\mu|}{S/\sqrt{n}},t_{\frac{\alpha}{2}}(n-1)$　　2. $\mu>\mu_0$, $\mu\neq\mu_0$

3. $(-\infty,3.35)\cup(20.5,+\infty)$　4. $F,\dfrac{S_1^2}{S_2^2}$

单项选择题

1. (B)　2. (D)　3. (B)　4. (B)　5. (C)　6. (A)

计算题

1. 不正常　　2. 甲厂灯泡质量好

3. μ 未知，方差的检验，$H_0:\sigma^2=1.6^2$

$$\chi^2_{0.025}(8)<\chi^2=\frac{(9-1)S^2}{\sigma^2}=3.73<\chi^2_{0.975}(8)$$

故接受 H_0，即方差没有显著变化.

4. 选取检验统计量 $T=\frac{\overline{X}-\mu_0}{S}\sqrt{n}$，$H_0:\mu=\mu_0=10.5$，检验结果为不能认为车床工作正常.

5. $H_0:\mu_1-\mu_2=0$，$T=\frac{\overline{X}-\overline{Y}}{S_\omega\sqrt{\frac{1}{m}+\frac{1}{n}}}$，检验结果为接受 H_0，即可用乙代替甲.

6.（1）拒绝 H_0　（2）$\beta=0.7257$

7. 不能　8. 可以　9. 不合格　10. 能

11. 合格　12. 提高了　13. 无　14. 可以

15. 否　16. 高于旧品种　17. 无显著差异

参 考 文 献

[1] ЕФИМОВ А В. Сборник задач по математике. з [M] . Москва: Наука, 1990.

[2] ОВЧИННИКОВ П Ф и д р. Высшая математика: Сборник задач[M]. Киев: Виша школа, 1991.

[3] ЗУБКОВ А М. и др. Сборник задач по теории вероятностей [M] . Москва: Наука, 1989.

[4] МАНТУРОВ О В. Курс высшей математики. Ⅲ [M] . Москва: Высшая школа, 1991.

[5] Чернеко В. А. Высшая Матембтика В примерах и задачах [M] . Санкт-Петебург:Издательство Санкт-Петербург. 2003.

[6] 曹彬,许承德. 概率论与数理统计[M]. 哈尔滨:哈尔滨工业大学出版社,1996.